教育部高等学校材料类专业教学指导委员会规划教材

国家级一流本科专业建设成果教材

材料分析技术

张耀 万克树 张法明 罗强 编著

MATERIALS ANALYSIS TECHNOLOGY

化学工业出版社

·北京·

内容简介

《材料分析技术》是教育部高等学校材料类专业教学指导委员会规划教材。书中聚焦材料分析的基本原理和方法，主要介绍了 X 射线分析、电子束分析、表面分析、分子光谱分析、热分析。第 1 章为绪论，概述了材料分析技术。第 2 章重点讲述 X 射线的物理基础，X 射线衍射、X 射线光谱分析、X-CT 分析以及 X 射线同步辐射分析。第 3 章重点讲述电子束分析的物理基础，并着重讲解透射电镜、扫描电镜分析。第 4 章侧重于两种用于表面成分分析的能谱表征方法（X 射线光电子谱分析和俄歇能谱分析）以及两种扫描探针显微镜（扫描隧道显微镜和原子力显微镜）用于表面形貌结构分析。第 5 章的分子振动光谱则着重介绍常用的傅里叶变换红外吸收光谱和拉曼散射光谱。第 6 章的热分析重点介绍差热分析、差示扫描量热分析和热重分析。

本书可作为高等院校材料类各专业的本科和研究生教材，也可作为相关领域科技工作者的参考书。

图书在版编目（CIP）数据

材料分析技术/张耀等编著. —北京：化学工业出版社，2024.1（2025.5 重印）
ISBN 978-7-122-44472-1

Ⅰ. ①材… Ⅱ. ①张… Ⅲ. ①工程材料-分析方法 Ⅳ. ①TB3

中国国家版本馆 CIP 数据核字（2023）第 229193 号

责任编辑：陶艳玲　　文字编辑：李婷婷　杨振美
责任校对：宋　玮　　装帧设计：史利平

出版发行：化学工业出版社（北京市东城区青年湖南街 13 号　邮政编码 100011）
印　　装：北京科印技术咨询服务有限公司数码印刷分部
787mm×1092mm　1/16　印张 17¼　字数 399 千字　2025 年 5 月北京第 1 版第 2 次印刷

购书咨询：010-64518888　　售后服务：010-64518899
网　　址：http://www.cip.com.cn
凡购买本书，如有缺损质量问题，本社销售中心负责调换。

定　　价：69.00 元

前 言

在漫长的材料研究与开发过程中，人们依靠不断创新的分析技术掌握了大量的理论知识，可以认为材料的分析技术和理论知识是相辅相成、共同提升的。随着材料研究前沿技术和知识的发展突飞猛进，材料学科已经细分出了诸多领域，不同的领域对于材料分析提出了不同的要求。面对日新月异的现代分析仪器，掌握其工作原理、构造功能、分析方法尤为重要。与材料分析相关的教材也有必要与时俱进，追赶上新时代的步伐。本书正是为满足以上需求而出版的。

本书将围绕材料的成分分析和结构分析这两条主线展开陈述，基本逻辑顺序是：X 射线分析（X 射线衍射、X 射线光谱、X 射线成像等）、电子束分析（透射电镜、扫描电镜）、表面分析（光电子能谱、俄歇电子能谱、扫描隧道显微镜、原子力显微镜）、分子振动光谱分析（侧重于红外吸收光谱、拉曼散射光谱）。此外，材料的热分析（差示扫描量热分析、热重分析等）作为实验室常规分析手段的拓展和延伸，也将在本书中体现。限于篇幅，一些内容放在拓展阅读部分，读者可以扫描二维码进行阅读。

本书主要面向材料类各专业的本科生，也可供材料、物理、化学、化工、机械、能源、电子、生物等多学科的研究生参考。帮助他们系统地掌握现代分析测试技术的基本原理、仪器设备、样品制备及实际应用，最终使学生能独立地开展材料的研究工作。

本书基于东南大学二十多年“材料分析技术”课程的授课经验编撰而成，同时参考了众多兄弟院校的相关课程内容，结合了当今材料学的发展前沿与趋势。东南大学余焜教授主持编撰的普通高等教育“十一五”国家级规划教材《材料结构分析基础》为各高校的相关课程提供了精良的参考用书，也为本书的编写提供了坚实的基础。

张耀老师负责本书的第 1 章绪论、第 2 章（除 X-CT 和同步辐射）、第 3 章和第 4 章（除扫描探针显微镜）内容的编写。万克树老师编写了第 2 章 X-CT 和同步辐射、第 4 章扫描探针显微镜内容。张法明老师编写了第 5 章分子振动光谱分析内容。罗强老师负责编写第 6 章热分析内容。书中部分透射电镜的照片由北京工业大学王凯文博士提供。在本书编写过程中，吴子强、许诺、栗志鹏、张嘉坤、郭付仪、梁泽、周浩然、吴泽冲、石载、李乃琪、邵里良、崔静贤、张正国和匡娟等给予了大力的帮助，在此一并表示感谢。

由于本书编者的水平及时间有限，遗漏和疏忽之处在所难免，热切期盼读者提出宝贵意见。读者在教学过程中遇到的疑问之处，本书编者也将尽力协助解答。

编者

2023 年 9 月

目 录

第1章 绪 论

第2章 X射线分析

第5章 分子振动光谱分析

第6章 热分析

附录（电子版）

思考题参考答案(电子版)

参考文献

第1章

绪论

1.1 材料分析概述

材料的研究内容可以看作四面体的四个顶点（如图 1.1.1 所示）。它们是：材料的制备工艺、材料的物理和化学性质、材料的组成与结构以及材料的效能。这四个顶点之间彼此联系，相互影响。其中最重要的一对关联就是材料的组成结构与材料的效能之间的关联，简称材料的构-效关系。材料的组成结构与效能之间的关系规律也是材料学研究中最重要的规律之一。

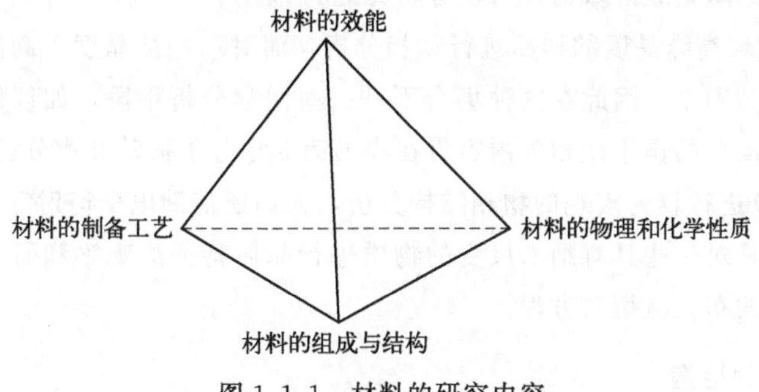

图 1.1.1　材料的研究内容

材料的组成分析侧重于揭示材料所包含元素或物相的种类及其含量。人们在研究某些未知物质的时候，首先要解决以下问题：物质包含哪些元素，这些元素的含量为多少？元素原子构成哪些原子基团、分子，它们的化学表达式是什么？这些由原子、分子构成的物相的结构是怎样的，其含量又是多少？

材料的结构分析则侧重于揭示材料的存在形式，包括材料的微观形貌结构（含组织结构）、物相结构（一般是指晶体结构）等。人们在揭示了物质的成分之后，必定会对该物质的结构展开探索研究。根据物质的观察视野，可以划分为宏观结构、微观结构。根据物质的物理尺度，又可细分为微米结构（0.1～100μm）、纳米结构（1～<100nm）、亚纳米结构（0.1～<1nm）、亚埃结构（0.01～<0.1nm）等。

材料的组成和材料的结构两方面问题，需要借助特定的仪器设备，从材料的不同方位（表面或体相内部）、不同受激辐射频段（从射线区到射频区）、不同观察视野（从宏观到微观）、不同尺度范围（m→mm→μm→nm→pm）开展探索。将这些设备分析所获得的认知拼图进行整合，最终构建一套完整而立体的材料组成与结构的知识体系。

“材料分析技术”作为一门有关材料研究方法论的课程，将帮助学生掌握不同测试分析手段的物理基础、设备原理、操作方法、结果分析等知识。主要介绍的材料分析手段包括：X射线分析、电子束分析、表面分析、分子振动光谱分析、热分析等。

具体而言，本书着重于下述几个方面。

（1）材料的化学组成

材料的化学组成往往与某些谱学性质相关。本课程着重讲述X射线荧光光谱分析、X射线光谱和能谱分析、电子探针分析、X射线光电子能谱分析、俄歇电子能谱分析等与成分相关的谱学分析方法。

（2）材料的物相结构

物相结构的分析方法最常用的是X射线衍射（XRD），本书第2章将作重点讲述。XRD是利用特征X射线在晶体中的衍射现象，对材料的晶体结构、晶格参数、原子坐标、物相丰度、晶体缺陷、内应力等特征进行表征和鉴定的方法。这种分析方法是建立在理论模型（劳埃方程、布拉格衍射方程等）基础上的间接方法。与透射电镜的微观结构分析方法相比，这是一种物相结构的宏观分析方法。X射线由于难以聚焦，所能分析的最小区域是毫米量级的，而对于微米甚至是纳米量级区域的针对性分析无能为力。

XRD能对具有较高结晶度的样品进行物相分析，而对一些结晶度不高的纳米晶体或无定形物相的鉴定就较为困难。因此在这种场合下，一些谱学分析手段，如红外光谱分析、拉曼光谱分析就将发挥重要的作用。相关内容将在本书第5章分子振动光谱分析中着重讲述。

除了采用XRD进行较为宏观的物相结构分析，人们还借助电子衍射等手段对微观物相结构进行分析，特别是对一些具有纳米尺度的物质进行晶体特征的观察和研究，电子衍射分析方法也遵循电子束的布拉格衍射方程。

（3）材料的形貌结构

与形貌结构相关的分析方法通常称为图像分析法。常用研究手段为X射线断层扫描（CT）、光学显微镜（OM）、电子显微镜（EM）等。

X射线断层成像是数位几何处理后重建的三维放射线影像。该技术主要通过单一轴面的X射线旋转照射材料，由于不同的材料组织对X射线的吸收不同，可以用电脑的三维技术重建出断层面影像。将断层影像层层堆叠，即可形成立体影像。

电子显微镜是用高能电子束作为光源，以磁场或静电场聚焦，具有高放大倍数和高分辨率的显微镜。根据功能和光路原理不同可分为以下几种类型。

① 透射电子显微镜（TEM）。分辨率可达10^{-1}nm，放大倍率可到10^{6}以上。一般采用透射电子束成像来显示所透射的粉末或者薄膜样品的内部组织形态、微观结构特征。除了通过电子衍射成像呈现微观形貌结构外，还可通过物镜背焦面的放大成像获得晶体结构信息，从而进行物相微观结构的鉴定分析。TEM经过数十年的发展，现已成为材料、物理、化学以及生命科学领域研究物质微观结构的一大利器。随着这些学科领域的快速发展，透射电子显微技术也取得了巨大的进步，又衍生出了球差校正透射电镜、扫描透射电镜等多种技术。本书第3章将重点介绍这些电镜技术。

② 扫描电子显微镜（SEM）。SEM的分辨率可达到1nm，放大倍率可达10^{5}以上。它是利用电子束在样品表面进行扫描，激发出二次电子、背散射电子束等表面物理信号并成像。此技术可用来观察表面的微观形貌（如断面、坡口等）以及成分分布状况。

③ 电子探针显微分析（EPMA）。它是利用高度聚焦（细小焦斑）的电子束打在样品的微观区域，激发出特征 X 射线，分析 X 射线的波长和强度来鉴定样品在该区域的元素组成和成分含量。人们时常将 EPMA 与 TEM 或 SEM 结合起来，可以在观察样品微观形貌或者分析微观物相结构的同时，对该区域内的化学成分进行同步分析。

1.2 本书的内容和要求

① 内容：本书将围绕材料的结构分析和成分分析这两条主线展开讲述。讲授的主要内容包括 X 射线分析（X 射线衍射、X 射线光谱、X 射线成像等）、电子束分析（透射电镜、扫描电镜）、表面分析（光电子能谱、俄歇电子能谱、扫描隧道显微镜、原子力显微镜）、分子振动光谱分析（侧重于红外吸收光谱、拉曼散射光谱）。除了讲述物相成分和结构的分析外，材料的热分析（差示扫描量热分析、热重分析等）作为实验室常规分析手段的拓展和延伸，也作为材料的构-效关系分析的关键方法之一，将在本书中进行讲述。

② 要求：掌握各种分析手段的基本原理、各种实验测试的基本方法。从本课程的一些实例得到启发，能够做到在课外各种科研实践中活学活用，能够独立或者与相关科研人员共同制定和实施实验方案，测试和分析各类材料的成分结构以及构-效关系。

第 2 章

X 射线分析

2.1 X 射线的物理基础

2.1.1 X 射线的发现

X 射线又名伦琴射线，以纪念其发现者德国物理学家伦琴（Wilhelm Conrad Röntgen）。这种电磁辐射的波长通常在 0.001nm 到 10nm 之间。

在伦琴发现之前，已经有人在探索这种神秘射线了。1894 年，德国物理学家莱纳德（Philipp Eduard Anton von Lénárd）在阴极射线管的玻璃壁上打开一个薄铝窗口，把阴极射线引出了管外。他接着又用一种荧光物质铂氰化钡涂在玻璃板上，从而创造出了能够探测阴极射线的荧光板。当阴极射线照到荧光板上时，荧光板就会在黑暗中发出炫目的亮光。

伦琴多次重复了莱纳德的试验，一次偶然机会使他惊喜地发现，这种阴极射线能够使一米以外的荧光屏上出现闪光。当他把荧光板靠近阴极射线管上的铝片洞口时，荧光板顿时亮了，而距离稍微远些，亮光又消失了。

紧接着，伦琴又发现了一系列有意思的现象：

① 密封的一张底片，尽管丝毫都没有暴露在光线下，但是因为放在放电管的附近，底片也曝光了；

② 一个完整的梨形阴极射线管被包裹好，尽管不透一点亮光，但是放在远处的荧光板竟然亮了起来；

③ 一个涂有磷光质的屏幕趋近放电管时，立即发出了亮光；

④ 真空管内的气体越稀薄，射线的穿透性就越强；

⑤ 金属的厚片放在管与磷光屏中间时，立即投射阴影，而比较轻的物质如铝片或木片，平时不透光，在这种射线内投射的阴影却几乎看不见；

⑥ 顺手拿起闪闪发亮的荧光板，一个完整手骨的影子便出现在荧光板上。

为了验证射线的穿透性，伦琴把实验室里几乎所有的东西都用来进行试验，发现只有铅板可以阻止射线的穿透。然而由于当时的条件和认知限制，对这种射线的物理本质、产生机理及相关特性了解甚少，但伦琴意识到这种未知射线非常具有研究价值，为了激励后人更加关注和重点研究，他就把这种射线命名为 X 射线。因为这一具有划时代意义的重大发现，伦琴于 1901 年被授予第一届诺贝尔物理学奖。

2.1.2 X 射线的物理本质

X 射线与宇宙射线（主要是 α、β 粒子）、γ 射线、紫外光、可见光、红外光、微波辐射等的本质都是一样的，也就是电磁辐射或电磁波。与 α、β 粒子相比，X 射线光子没有质量，α、 β粒子却是有质量的。γ射线与X射线本质都是不可见光，但是这两种光能量很大，可对人造成损伤。常见的电磁辐射频率范围如图2.1.1所示。

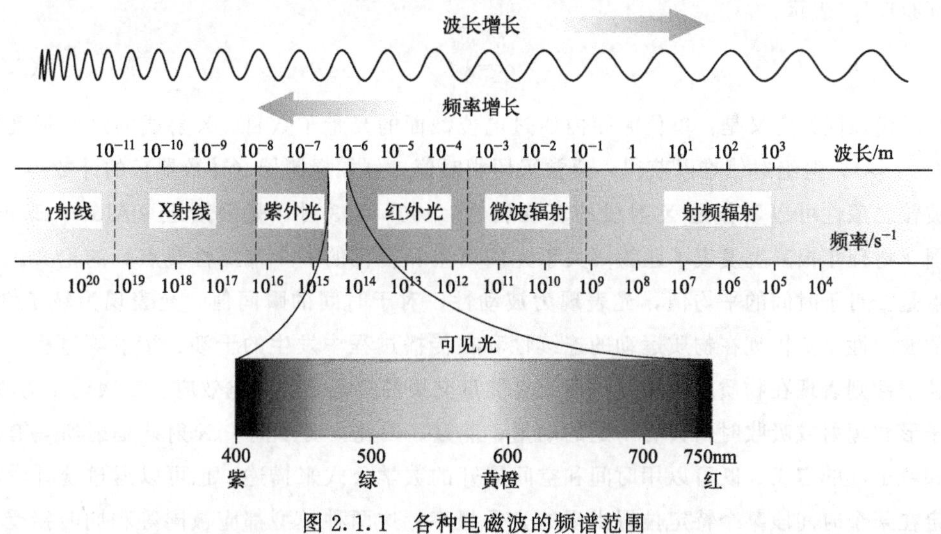

图2.1.1　各种电磁波的频谱范围

X射线波长对应的电磁辐射频谱范围处于γ射线跟紫外光之间，其波长通常在0.001～10nm之间。X射线兼具波动性和粒子性的特征。

X射线的波动性主要表现为在空间中的传播是以一定的波长和频率进行的。X射线是原子中的电子在两个相差悬殊的能级之间跃迁而产生的粒子流，是波长介于紫外光和γ射线之间的电磁辐射。波长小于0.01nm的称超硬X射线，在0.01～<0.1nm范围内的称硬X射线，0.1～10nm范围内的称软X射线。

我们知道电磁波为横波。电磁波的磁场、电场及其行进方向三者互相垂直。因此，作为电磁波的单色X射线（即波长一定的X射线）沿着x轴方向传播时，同时具有电场强度矢量$\boldsymbol{E}$和磁场强度矢量$\boldsymbol{H}$，这两个矢量周期相位相同，相互垂直。波的振幅便在这两个相互垂直的平面内（也就是y、z方向）作周期性交变，且与x方向垂直。

在本书X射线分析中，只记录电场强度矢量$\boldsymbol{E}$引起的物理效应，磁场强度矢量$\boldsymbol{H}$引起的效应可忽略不计。因此本书中的振幅A通常是指电场强度矢量$\boldsymbol{E}$随着X射线传播时间t或者传播距离x的变化所呈现的周期性交替变化，或称为周期性波动（如图2.1.2所示）。

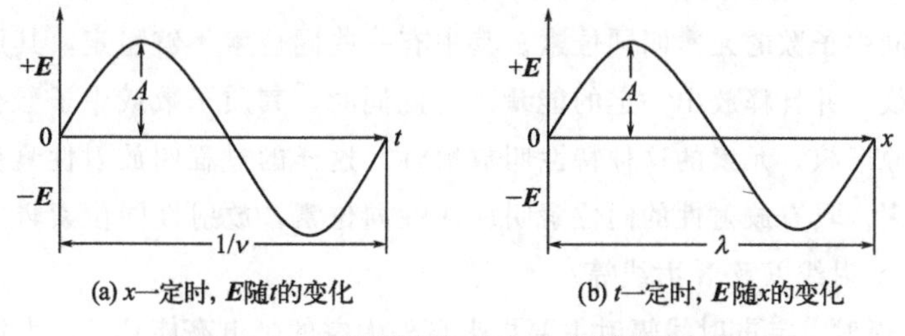

图2.1.2　电场强度矢量大小的周期性变化

X射线的强度的波动性定义是单位时间内通过垂直于传播方向的单位截面的能量大小，用I表示，它与距离的平方A成反比，即$I\propto 1/A^2$，其速度约等于光速（3×10^8m/s）。在空间传播的电磁波，距离最近、电场（磁场）强度方向相同、量值最大的两点之间的距离，就是电磁波的波长，电磁每秒变动的次数便是频率，速度 c、波长 λ、频率 f 三者之间的关系可用式（2.1.1）表示：

$$c=\lambda f \tag{2.1.1}$$

X 射线强度的定义是：单位时间内通过电位截面的光量子数目。X 射线的绝对强度单位是 $J/(m^2 \cdot s)$，但绝对值难以获得，通常采用相对值，例如探测器（计数器）的计数等。

波粒二象性可以看作是 X 射线的客观属性。1905 年 3 月，爱因斯坦（Albert Einstein）在德国《物理年报》上发表了题为《关于光的产生和转化的一个推测性观点》的论文。论文的观点是：对于时间的平均值，光表现为波动性；对于时间的瞬间值，光表现为粒子性。X 射线的波动性主要体现在物质运动的连续性和在传播过程中发生的干涉、衍射等过程中；而它的粒子性则表现在物质发生相互作用或者能量交换的时候，如光电效应、二次电子等现象。以光子形式辐射或吸收时，具有一定的动量、能量。因此，对于同一 X 射线辐射所具有的波动性和粒子性的定义，既可以用时间和空间展开的数学公式来描述，也可以通过统计学的方法确定在某个时间段某个特定位置出现的光子概率。这两种模型都应被同等和同时接受。这是人类历史上第一次揭示微观客体波动性和粒子性的统一，即波粒二象性。

1912 年德国物理学家劳埃（Max von Laue）发现晶体 X 射线衍射现象，证明了 X 射线的波动性。1921 年，美国物理学家康普顿（Arthur Holly Compton）在 X 射线散射试验中证明了 X 射线的粒子性。在一系列理论与试验结果面前，之前长期存在的光的波动说与微粒说之争以“光具有波粒二象性”正式落下了帷幕，这一科学理论最终得到了学术界的广泛认可。

2.1.3 X 射线的产生机理

X 射线作为一种电磁辐射形式，根据其产生机理可划分为等离子体辐射、放射性同位素辐射、宇宙射线辐射、同步辐射、韧致辐射等。

① 等离子体辐射主要指从等离子体中发射的电磁辐射。等离子体（plasma）又叫作电浆或离子浆，是原子及原子基团被电离后产生的离子化的气体状物质，这些离子浆中正负电荷总量相等，宏观上呈现电中性，受电磁力支配表现出显著的集体行为。它广泛存在于宇宙中，常被视为除固、液、气外，物质存在的第四态。其范围覆盖从红外到 X 射线的波段。

② 放射性同位素辐射。同种元素具有相同的质子数，但可以有不同的中子数，这种具有相同质子数和不同中子数的元素叫同位素。其中有一些同位素不够稳定，其原子核能自发地发射出粒子或射线，并且释放出一定的能量。与此同时，其质子数或中子数会发生变化，成为另一种元素的原子核。元素的这种特性叫放射性，这样的过程叫放射性衰变，这些元素也被称为放射性元素。具有放射性的同位素叫放射性同位素，放射性同位素辐射出的射线包括 α 射线、β 射线、γ 射线以及 X 射线等。

③ 宇宙射线辐射。宇宙射线辐射主要指来自外太空的带电高能粒子。大约 89% 的宇宙射线是单纯的质子，10% 是氦原子核（即 α 粒子），还有不到 1% 是重元素原子核。这些粒子构成宇宙射线的 99%，电子（β 粒子）占据其余不到 1% 的绝大部分，X 射线、γ 射线和超高能中微子只占极小的一部分。

④ 同步辐射。同步辐射是指速度接近光速的带电粒子，在磁场作用下运动轨迹发生偏转，沿弧形轨道运动时以电磁辐射（包含X射线）的形式向外辐射能量。由于人们最初是在同步加速器上观察到的，所以这类辐射又被称为同步加速器辐射。由于同步辐射消耗了加速器的能量，阻碍粒子能量的提高，因此最初并未受到过多关注，但是，后续研究很快了解到同步辐射是从远红外到X射线范围内的连续光谱，具有高强度、高通量、高准直性、高极化性、高偏振性、高纯净性、高稳定性、可计算性、窄脉冲性等优异特性，可以开展其他光源无法实现的许多前沿科学技术研究。因此在后来所有的高能电子加速器上，都建造了伴随运行的同步辐射光束线及各种实验应用装置。至今，同步辐射装置的建造及基于此装置的研究、应用已经历了三代，正在向第四代光源发展。

⑤ 轫致辐射。轫致辐射又称刹车辐射或制动辐射，是指在强电场中带电粒子突然减速所产生的电磁辐射，泛指带电粒子在碰撞过程中发出的辐射。例如一个高能电子与一个原子相碰撞时就产生这种辐射。根据经典电动力学，带电粒子做加速或减速运动时必然伴随电磁辐射。其中，又将遵循麦克斯韦分布的电子所产生的轫致辐射叫作热轫致辐射。

高速电子轰击金属靶而骤然减速时就会产生这类X射线。这是因为电子接近原子核时与原子核的库仑场相互作用，电子的运动方向发生偏折，并急剧减速，能量转化成辐射的形式。轫致辐射也泛指带电粒子碰撞过程中发出的辐射。带电粒子的速度远小于光速 c 时，轫致辐射与电离相比显得并不重要；带电粒子的速度接近光速 c 时，轫致辐射是其能量损失的主要机制。轫致辐射是产生高能光子束（X射线、γ 射线）的基本方法，用这种光子束可研究基本粒子和原子核的电磁结构，以及辐射与物质相互作用的过程。

轫致辐射的X射线谱往往是连续谱，这是由于在原子核电磁场作用下，带电粒子的速度是连续变化的。轫致辐射的强度与靶核电荷的平方成正比，与带电粒子质量的平方成反比。因此重的粒子产生的轫致辐射往往远远小于电子的轫致辐射。

综上所述，产生轫致辐射的X射线需要具备以下几个条件：

① 空间要有自由电子；

② 要将这些自由电子定向加速；

③ 电子运动空间处于高真空状态；

④ 在电子运动末端设置障碍，改变电子的速度矢量，通常设置金属靶材降低电子运动速度。

基于以上几种条件，人们设计了X射线管。按其结构特点可分为开放式X射线管、密封式X射线管、转靶式X射线管。图2.1.3为常见的密封式X射线管。

密封式X射线管由以下几个部分组成。

① 阴极　通常采用钨丝作为X射线管的阴极，其功能是在热电场作用下激发辐射电子。

② 阳极　通常作为金属靶材，是电子运动路线上的障碍物和减速端。实验室常用的金属靶材为Cr、Fe、Co、Cu、Mo等。

③ 窗口　它是射线管中产生的X射线透射出来的出口。通常在密封射线管上设置2～4个窗口，材料要求有足够的耐压强度、耐电子和X射线轰击、维持管内的高真空，同时对X射线的吸收系数最小，能够透过足够强度的X射线。目前实验室常用的窗口材料为铍（Be），或采用含硼酸铍锂的林德曼玻璃。

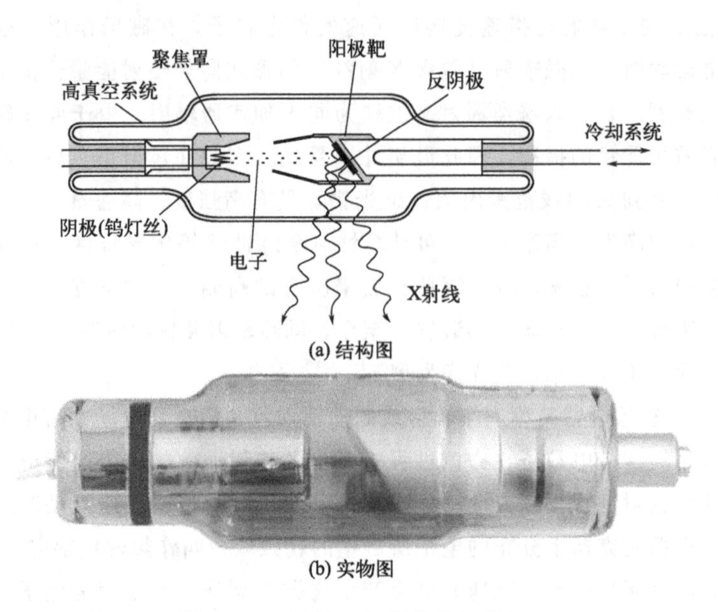

图 2.1.3　密封式 X 射线管的构造

④ 冷却水　阴极电子高密度轰击靶材，其能量只有 1%转化成了 X 射线辐射，99%的能量都转变为热能，且 X 射线管两端电压通常有几十至上百千伏（kV)。因此靶材必须紧贴高导热性材料（通常为紫铜或黄铜)，并通过冷却水带走热量，防止靶材熔化。除了水冷外，有些 X 射线管也采用风冷和油冷系统。通常来说，低功率低电压一体机通常使用风冷，高功率高电压一体机通常为水冷，单极 X 射线管为水冷，双极 X 射线管则为油冷。选择合适的冷却方式，才能保证 X 射线管的使用寿命。

⑤ 焦斑　X 射线管的靶材上通常会设计一定形状和尺寸的焦斑，它是阳极靶上被电子束大概率轰击的面积，也是 X 射线集中产生的部位。焦斑的形状和尺寸是 X 射线管设计和制作的重要参数。一般而言，X 射线衍射实验中都希望较小的焦斑和较强的射线强度。焦斑越小，X 射线的分辨率越高。而 X 射线强度越高，X 射线辐射的曝光时间就可以越短。

密封式 X 射线管的靶和灯丝密封在高真空的壳体内，壳体上有 X 射线出射的铍窗口，使用方便，但靶和灯丝不能更换，若灯丝烧断后管子也就报废了，其寿命一般为 1000～2000h。

开放式 X 射线管在动态真空下工作，配有真空系统，使用时需抽真空使管内真空度达到 10^{-5} MPa 或更佳。不同元素的靶可以随时更换，灯丝损坏后也可以更换。

由于固定的阳极靶被电子束集中高强度轰击，其寿命和功率都会受到限制，产生的 X 射线强度也有限，水冷系统的功率要求也较高。若不断旋转阳极，使得电子束轰击部位不断改变，将提高电子束功率，不会烧熔靶面。目前有 100kW 的旋转阳极（转速达 3000r/min)，其功率比普通 X 射线管大数十倍。

2.1.4　X 射线的辐射——连续 X 射线谱与特征 X 射线谱

在 X 射线管中阴极发射出的电子，经特定电压加速轰击阳极靶会产生 X 射线。如果采用一定的检测手段收集所有的 X 射线波长和强度信息，将其关系曲线作图，就会得到 X 射线的强度-波长关系图谱。图 2.1.4 清楚显示，有两种性质不同的谱线叠加在一起，分别是 X 射线连续谱和 X 射线特征谱。

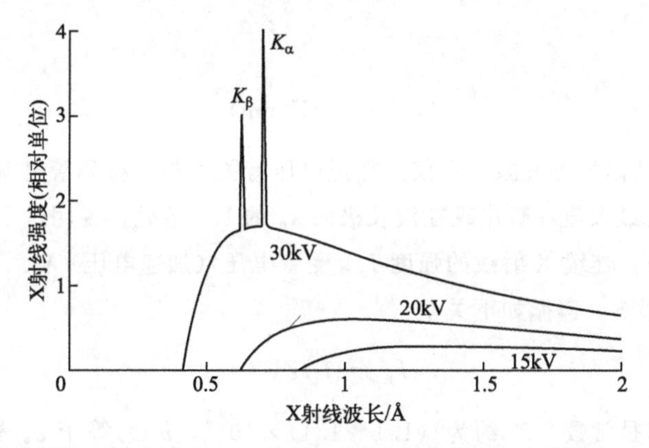

图 2.1.4　X 射线谱［包含连续 X 射线谱和特征 X 射线谱（尖锐峰），1Å=10^{-10} m］

（1） X 射线连续谱

X 射线连续谱是图 2.1.5 中波长范围很宽广的连续谱带。这种谱图对应的 X 射线波长与靶的材质无关，是高速电子受到靶的抑制作用后速度骤减，电子动能转化为辐射能所致。因此连续 X 射线的产生机制是韧致辐射。至于谱线为什么是连续的，有两种解释。

① 按照量子理论的观点，由于大量电子到达靶位的时间和进入靶材深度不同，导致电子动能转化为辐射能的转化率不同，因而 X 射线的波长不是特定的而是连续值，而且有部分电子会与靶材产生多次碰撞，产生一系列能量为 $h\nu_1$，$h\nu_2$，$h\nu_3$…的光子，故 X 射线的波长会形成很宽泛的谱带。

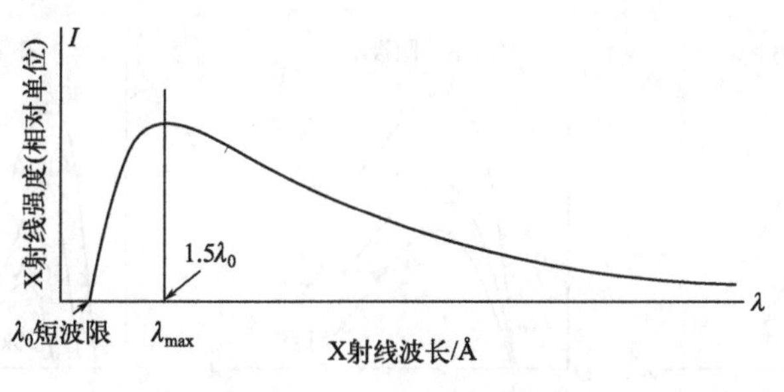

图 2.1.5　X 射线的连续谱

② 根据经典电动力学的观点，由于大量电子到达靶材并急剧减速后，会引起周边磁场的剧烈变化，从而向外辐射谱带宽泛的电磁波。

连续谱中，最短的波长 λ_0 对应的是一个极限值，它是电子轰击靶材产生韧致辐射的极限最短波长（最高频率）。基于这样一个极限假设：极个别电子在一次轰击靶材过程中，动能100%转化为一个 X 光子的辐射能，可得到式（2.1.2）：

$$hc/\lambda = eV \tag{2.1.2}$$

式中，eV 是电子的动能；e 是基本电荷 1.602176634×10^{-19} C；V 是 X 光管的加速电压，或称管电压，V；c 是光子速率（299792458m/s）；h 是普朗克常数 6.62607015×10^{-34} J·s。

则

$$\lambda_0 = hc/eV \tag{2.1.3}$$

于是，

$$\lambda_0 = 1240/V(\text{nm}) \tag{2.1.4}$$

最短的波长 λ_0 又称为短波限，它仅与加速电压有关，与靶材和管电流等因素都无关。

连续谱中的强度最大值一般出现在波长极限 λ_0 的 1.5 倍处，说明这个波长 $\lambda_{\max}$ 处 X 射线光子的产出概率最高。连续 X 射线的强度 $I_{连续}$ 受管电压（加速电压）V、管电流 i、靶材元素的原子序数 Z 三者影响，遵循如下关系：

$$I_{连续} = KiZV^m \tag{2.1.5}$$

式中，K、m 都是常数，K 约为（1.1～1.4）$\times 10^{-9}$，m 约等于 2。由式（2.1.5）及图 2.1.6 可知，$I_{连续}$ 随着管电压（加速电压）V、管电流 i、靶材元素的原子序数 Z 的增大，而呈现增加的趋势。

因此，可以进一步计算 X 射线管辐射 X 射线的转化效率，通常用连续 X 射线的强度与阴极发射电子功率相比，见式（2.1.6）：

$$\eta = I_{连续}/电子发射功率 = KiZV^m/iV = KZV^{m-1} \tag{2.1.6}$$

如 X 射线管采用钨丝（$Z=74$）作为阴极，管电压为 100kV，$m=2$ 时，η 仅有约 1%。转化效率非常低，剩下 99% 的能量基本都转为热能了。根据式（2.1.6），为提高转化率 η，通常采用原子序数高的金属作为阴极灯丝，同时提高管电压（加速电压）。一般情况下都是采用耐高温的钨丝作为灯丝，管电压为 60～100kV。

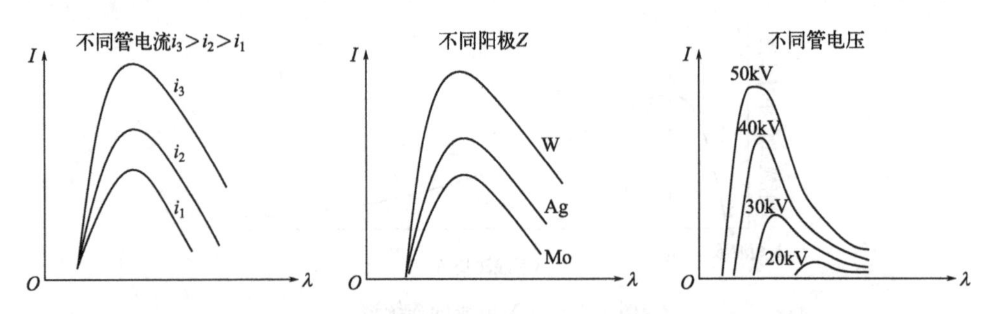

图 2.1.6　连续 X 射线的强度 I 受管电流 i、阳极靶材元素原子序数 Z、管电压（加速电压）V 三者的影响结果

（2） X射线特征谱

X 射线谱的另一种类型是特征 X 射线谱，又称标识谱，是图 2.1.4 中峰形尖锐、波长固定的线状谱。在 X 射线谱中，特征谱常与连续谱叠加，所对应的 X 射线波长与加速电压无关，而与靶材有关。随着靶元素原子序数 Z 的增加，波长只是单调变化，而不作周期性变化。标识谱的这一特征表明它是原子内层的电子跃迁所产生的。

当加速电子轰击靶原子并将其内层电子击出时，原子内层就会产生一个电子的空位，这时原子处于能量不稳定的受激态（见图 2.1.7）。能量较高的外层电子就会跃迁到能量低的内层空位，使原子能量状态恢复到稳态。同时会以特定的电磁辐射的形式向外辐射能量。所发出的电磁辐射为X射线，它反映的是电子跃迁的特定能级差，因此又称为特征X射线或标识X射线。核外电子分布遵循泡利不相容原理（Pauli exclusion principle）、能量最低原理和洪特规则（Hund's rule）。泡利不相容原理又称泡利原理，是微观粒子运动的基本规律之一。我们知道，原子中电子的状态由主量子数n、角量子数l、磁量子数m、自旋量子数m_s所描述，因此泡利原理又可表述为原子内不可能有两个或两个以上的电子具有完全相同的4个量子数n、l、m、m_s，或者说在轨道量子数m、l、n确定的一个原子轨道上最多可容纳两个电子，而这两个电子的自旋方向必须相反。

能量最低原理，是指原子核外电子的排布遵循"能量越低越稳定"的规律。多电子原子在基态时，核外电子总是尽可能地先占据能量最低的轨道，然后按原子轨道近似能级图的顺序依次向能量较高的能级上分布。原子轨道能量的高低（也称能级）主要由主量子数n和角量子数l决定。当l相同时，n越大，原子轨道能量E越高，例如$E_{1s}<E_{2s}<E_{3s}$，$E_{2p}<E_{3p}<E_{4p}$。当n相同时，l越大，能级也越高，如$E_{3s}<E_{3p}<E_{3d}$。当n和l都不同时，必须同时考虑原子核对电子的吸引及电子之间的相互排斥力。由于其他电子的存在往往减弱了原子核对外层电子的吸引力，从而使多电子的能级产生交错现象，如$E_{4s}<E_{3d}$，$E_{5s}<E_{4d}$。美国化学家鲍林（Linus Carl Pauling）根据光谱实验数据以及理论计算结果，提出了多电子原子轨道的近似能级图。如图2.1.8所示，电子可按能级从低至高顺序填入。

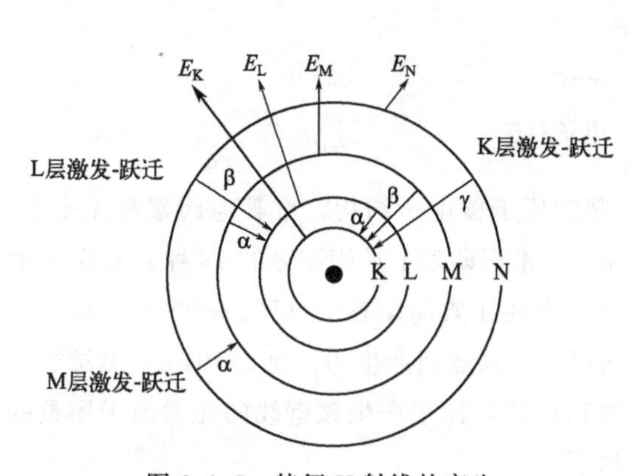

图2.1.7　特征X射线的产生

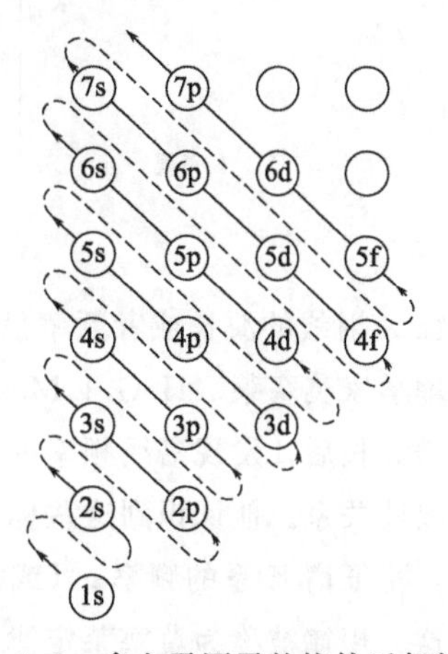

图2.1.8　多电子原子的核外近似能级

洪特规则通常是对于基态原子来说的。在能量相等的轨道上，自旋平行的电子数目最多时，原子的能量最低。所以在能量相等的轨道上，电子尽可能多、自旋平行地占据不同的轨道。例如氮原子核外有7个电子，按能量最低原理和泡利不相容原理，首先有2个电子排布到第一层的1s轨道中，另外2个电子填入第二层的2s轨道中，剩余3个电子排布在3个不同的2p轨道上，具有相同的自旋方向，而不是两个电子集中在一个p轨道，自旋方向相反。此外，能量相等的轨道处在全充满、半满或全空的状态时比较稳定。根据以上原则，电子在原子轨道中填充排布的顺序为1s 2s 2p 3s 3p 4s 3d 4p 5s 4d 5p 6s 4f 5d 6p 7s 5f 6d……

基态原子是基于以上原理和规则进行核外电子排布的。原子受激发以后电子会产生跃迁，本质上是核外电子的一种能量变化。根据能量守恒原理，粒子的外层电子从低能级转移到高能级的过程中会吸收能量，从高能级转移到低能级则会释放能量，能量为两个能级能量之差的绝对值。

电子的跃迁则是基于以下规则（如图 2.1.9）：首先，用“K，L，M，N…”表示主量数（分别是原子核外的电子层数）$n=1,2,3,4\cdots$壳层的能级。其次，$n=2$ 的电子跃迁到 $n=1$ 壳层空位的辐射称为 K_α 系辐射，$n=3$ 的电子跃迁到 $n=1$ 壳层空位的辐射称为 K_β 系辐射，$n=3$ 跃迁到 $n=2$ 对应 L_α 系辐射，$n=4$ 跃迁到 $n=2$ 对应 L_β 系辐射，等等。同理类推可得 M 系、N 系等标识 X 射线谱。实际分析当中，经常遇到的是强度较高的 K 系和 L 系特征 X 射线谱。

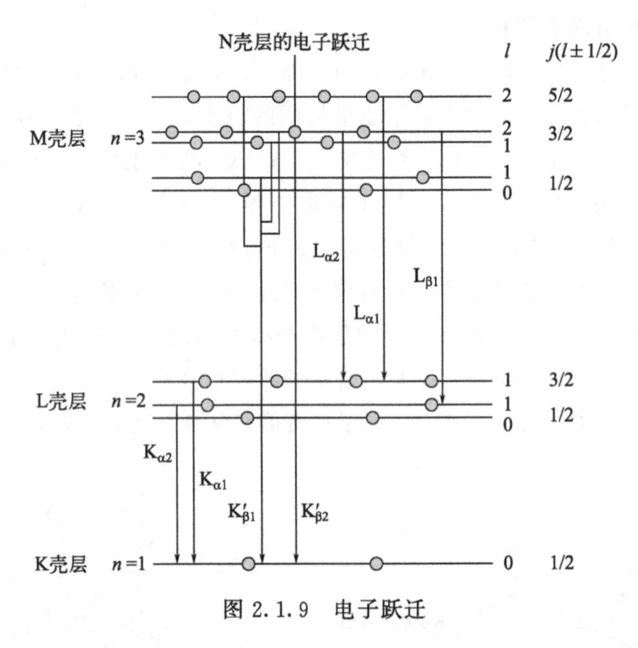

图 2.1.9　电子跃迁

特征 X 射线的波长或者频率只决定于阳极靶的原子核电子结构，跟其他因素都无关系。英国物理学家莫塞莱（H. G. J. Moseley）在研究了元素周期表上从铝到金的 38 种元素的 X 射线特征谱波长后，发现谱线频率的二次方根与该元素在元素周期表中排列的顺序号（原子序数）呈线性关系。他认识到这些标识谱是原子内层电子跃迁而产生的。他于 1913 年总结了一条规律：特征谱 K 系的频率 ν（或波长 λ 的倒数）近似正比于产生该谱线的元素原子序数的平方。这一规律被称为莫塞莱定律，公式表示如下：

$$\nu=R(Z-\sigma_K)^2 \tag{2.1.7}$$

$$\text{或}\sqrt{\frac{1}{\lambda}}=K(Z-\sigma_K) \tag{2.1.8}$$

式中，K、R 为与靶材物质主量子数相关的常数；Z 为靶材原子序数；σ_K 为 K 壳层的屏蔽因子，近似为 1。

莫塞莱定律中特征 X 射线的频率（或波长）与靶材原子序数的关联，为靶材成分的鉴定奠定了坚实的理论基础。本章 2.6 节将讲述的 X 射线荧光光谱分析、电子探针微区成分分析都是基于此定律而开展的。

特征 X 射线谱的强度 $I_{特征}$ 与 X 射线管的工作电压、激发电压、管电流等因素相关，可用如下公式表示：

$$I_{特征}=Bi(V-V_{K})^{n} \tag{2.1.9}$$

式中，B、n 为常数，其中 $n=1.5\sim1.7$；i 为管电流；V 为工作电压；V_{K} 是 K 系 X 射线谱的激发电压，是产生该特征谱的阈值电压。

在 2.2 节将要讲述的多晶的 X 射线衍射中，通常会用 K_{α} 线作为辐射源。K_{β} 线、L 系、M 系等特征 X 射线由于波长较长容易被物质吸收，因此不宜担任 X 射线衍射的辐射源。在应用当中，人们希望提高作为“信号”的特征 X 射线强度 $I_{特征}$，抑制作为“背底”的连续 X 射线强度 $I_{连续}$，通过提升辐射源的信背比，达到提升衍射信号强度和分辨率的目的。研究表明，当工作电压达到 K 系激发电压的 3～5 倍时，$I_{特征}/I_{连续}$ 将达到最大值，此时的电压又称为最佳工作电压。表 2.1.1 给出了几种靶材的特征 X 射线的特性。

表 2.1.1　阳极材料的特征 X 射线

阳极材料	原子序数	$\lambda_{K_{\alpha}}$/nm	临界激发电势/keV	最优化管电压/kV
Cr	24	0.22291	5.99	40
Fe	26	0.1937	7.11	40
Cu	29	0.1542	8.98	45
Mo	42	0.0710	20.00	80

其中，铜靶的特征 X 射线波长 $\lambda_{K_{\alpha}}$ 是 $\lambda_{K_{\alpha1}}$ 和 $\lambda_{K_{\alpha2}}$ 的均值，具体值如下：

$$\lambda_{K_{\alpha1}}=0.15406\text{nm}$$
$$\lambda_{K_{\alpha2}}=0.15444\text{nm}$$
$$\lambda_{K_{\beta}}=0.13922\text{nm}$$

最后，将 X 射线谱中的连续谱和特征谱进行列表对比（表 2.1.2），可以更直观加以区分。

表 2.1.2　X 射线的连续谱和特征谱的对比

X 射线谱类型		连续谱	特征谱
谱线特征	谱线形态	I 沿 λ 连续分布，有短波限 λ_{0} 和强度最大波长 λ_{max}	I 不连续分布，有 $\lambda_{K_{\alpha}}$、$\lambda_{K_{\beta}}$ 等线状谱
	工作电压变化	电压升高，λ_{0} 和 λ_{max} 减小	λ 不变
	管电流变化	λ_{0} 和 λ_{max} 不变	λ 不变
	靶材原子序数升高	λ_{0} 和 λ_{max} 不变	λ 变小
产生机理		轰击电子轫致辐射	核外电子跃迁辐射

2.1.5 X 射线与物质的相互作用

X 射线产生后，将与被观察的物质相互作用，产生一些物理信号（如图 2.1.10 所示）。这些物理信号包括：散射 X 射线，透过 X 射线，荧光 X 射线，激发出电子（包括光电子、俄歇电子等），还有热量。这些物理信号都有各自的特征，因此可用这些信号对被观察物质进行结构和成分的分析。

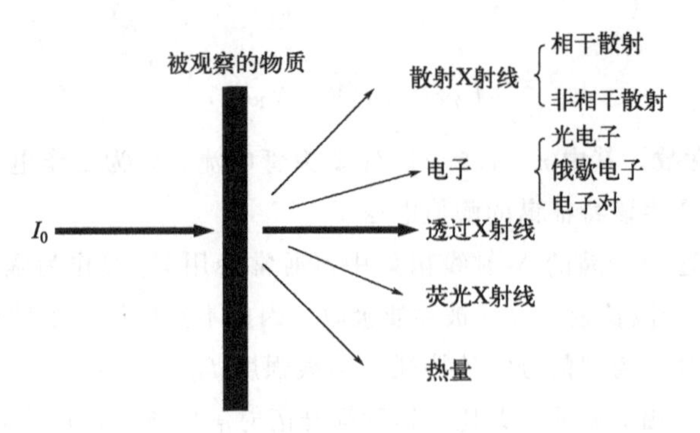

图 2.1.10　X 射线与物质相互作用后产生的物理信号

2.1.5.1　散射 X 射线

散射 X 射线可进一步分为相干散射射线和非相干散射射线。

相干散射是指入射线光子与原子内受核束缚较紧的电子（如内层电子）发生弹性碰撞，只改变运动方向而没有改变能量的散射，相干散射又称为弹性散射。

相干散射的产生及特点可用经典电动力学的观点加以说明：当入射线光子能量不足以使原子电离，也不足以使原子发生能级跃迁时，原子中的电子可能在入射线电场（交变电场）的作用下，产生与入射线频率一致的受迫振动，并产生交变电磁场。电子作为新的电磁波源，又产生次级 X 射线电磁辐射。因晶体中各个电子受迫振动产生的 X 射线散射射线均与入射 X 射线具有确定的相位关系，因此各电子散射波之间有可能产生相互干涉，故而称为相干散射。

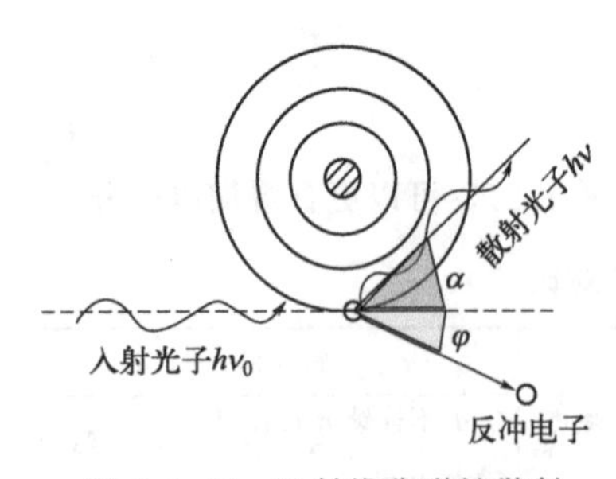

图 2.1.11　X 射线非弹性散射

非相干散射是当 X 射线光量子冲击束缚较松的电子或自由电子时，形成反冲电子，同时在 α 角度下产生一个新光子（如图 2.1.11），由于入射光子一部分能量转化成为电子的动能，因此新光子的能量必然较碰撞前的能量 $h\nu_0$ 要小。散射辐射的波长 λ 应比入射光束的波长 λ_0 长，波长的增量 $\Delta\lambda$ 取决于散射角 α，散射相位与入射波相位之间不存在固定关系，故这种散射是不相干的，称之为非相干散射，也称为非弹性散射。

相干散射不损失 X 射线总能量，但改变其传播方向；非相干散射减少了 X 射线的能量并改变其传播方向，散射作用使入射线方向上 X 射线强度减少。

非相干散射中产生反冲电子现象，是由美国物理学家康普顿和他的弟子吴有训（中国物理学家，1897.4—1977.11）实验发现的，故称为康普顿-吴有训散射。

1922 年康普顿在研究石墨中的电子对 X 射线的散射时发现了一个新的现象，即散射光中除了有原波长 λ_0 的 X 光外，还产生了波长 $\lambda>\lambda_0$ 的 X 光，其波长的增量随散射角的不同而变化，这种现象称为康普顿效应。

康普顿从光子与电子碰撞的角度对此实验现象进行了解释。康普顿认为 X 光的这种非相干散射现象，是由于光子和电子碰撞时，光子的一些能量传递给了电子。借助于爱因斯坦的光子理论，康普顿假设光子和电子、质子这样的实物粒子一样，不仅具有能量，也具有动量，碰撞过程中能量守恒，动量也守恒。按照这个思想列出方程后求出了散射前后的波长差，结果跟实验数据完全符合，从而证实了他的假设。

康普顿效应（Compton effect）第一次用实验证实了爱因斯坦提出的关于光子具有动量的假说，不仅有力地证实了光子假说的正确性，也证实了微观粒子的相互作用过程中，严格遵守能量守恒和动量守恒定律。这些验证结果在物理学发展史上占有重要的历史地位。

解释射线方向和强度的分布，根据能量守恒和动量守恒，考虑到相对论效应，散射波长为

$$\Delta\lambda = \lambda - \lambda_0 = (2h/mc)\sin^2(\theta/2) \tag{2.1.10}$$

式中，$\Delta\lambda$ 为入射波长 λ_0 与散射波长 λ 之差；h 为普朗克常数；c 为光速；m 为电子的静止质量；θ 为散射角。

吴有训对康普顿效应有很大的贡献，证实了康普顿效应的普遍性。他测试了多种元素对X射线的散射曲线，结果都满足康普顿的量子散射公式。康普顿和吴有训在1924年共同发表的论文（*Proceeding of the National Academy of Sciences*，1924，10：27）中写道，这张图的重点在于：从各种材料所得之谱在性质上几乎完全一致。在每种情况中，不变线的峰值都出现在与荧光 Mo K_α 线相同之处；而变线的峰值，则在允许的实验误差范围内。

吴有训对康普顿效应的突出贡献还在于测定了X射线散射中变线、不变线的强度比率 R 随散射物原子序数变化的曲线，证实并发展了康普顿的量子散射理论。

2.1.5.2 光电子、荧光效应、俄歇效应

(1) 光电子

根据X射线的粒子说，X射线是由能量不连续的光子组成，当照射到对光灵敏的物质上时，光子的能量可以被该物质原子核外的某个电子全部吸收。电子吸收光子的能量后，动能增大。当动能达到足以克服原子核对它的束缚（逸出功）的时候，就能在十亿分之一（10^{-9}）秒时间内飞逸出金属表面，成为光电子。单位时间内，入射光子的数量愈大，逸出的光电子就愈多，光电流也就愈强，这种由光能转变成电能的放电现象，就叫光电效应。

光电效应的现象最早于1887年由德国物理学家赫兹（Hertz）发现，爱因斯坦解释了光电效应。被光束照射到的电子会吸收光子的能量，但是其遵照的是一种“非全有即全无”的判据，光子所有能量都必须被吸收，用来克服逸出功，否则这些能量会被释出。假若电子所吸收的能量能够克服逸出功，并且还有剩余能量，则这剩余能量会成为电子被发射后的动能。

逸出功 W 是从金属表面发射出一个光电子所需要的最小能量。如果转换到频率的角度来看，光子的频率必须大于金属特征的极限频率，才能给予电子足够的能量克服逸出功。逸出功与极限频率 ν_0 之间的关系为

$$W = h\nu_0 \tag{2.1.11}$$

式中，h 是普朗克常数；W 是频率为 ν_0 的光子的能量。克服逸出功之后，光电子的最大动能 K_{max} 为

$$K_{max} = h\nu - W = h(\nu - \nu_0) \tag{2.1.12}$$

式中，$h\nu$ 是频率为 ν 的光子所携带并且被电子吸收的能量。实际要求动能必须是正值，因此光频率必须大于或等于极限频率，光电效应才能发生。

（2）荧光效应

荧光效应是指当高能 X 射线光子激发出被照射物质原子的内层电子（通常是 K 层电子）形成光电子后，较外层电子填充空穴而产生了次生特征 X 射线（荧光 X 射线）的现象。因其本质上属于光致发光的荧光现象，故称为荧光效应，也称为荧光辐射。相对于入射的初级特征 X 射线，荧光 X 射线又称二次特征 X 射线。又因其是核外电子在不同能级间跃迁所导致的能量辐射，携带的是元素原子的近核信息，故该效应具有元素的指纹特性，可被用来进行元素的成分分析。

（3）俄歇效应

俄歇效应（Auger effect）是指原子发射光电子（K 层电子被轰击）出现空穴，L 层或 M 层的较高能级电子跃迁补位，导致与其同能级或更外层的另一个或多个电子（俄歇电子）被发射出来的现象。以其发现者——法国人皮埃尔·维克托·俄歇（Pierre Victor Auger）的名字命名。

当 X 射线或 γ 射线辐射到物体上时，由于光子能量很高，能穿入物体，使原子内壳层上的束缚电子发射出来。一个处于 K 层的电子被移除后，在内壳层上出现空位，原子外壳层上高能级的电子（如 L 层的 L_{II} 电子）可能跃迁到该空位上，同时释放能量，引起一个或多个俄歇电子跃迁（如 L 层的 L_{III} 能级）。跃迁时释放的能量若通过发射电子（如 L_{III}）来释放，被发射的 L_{III} 电子叫作俄歇电子。被发射时，俄歇电子的动能等于被轰击的 K 层能级的能量 E_K 与 L 层两个跃迁能级 L_{II} 和 L_{III} 之间的能级差。这些能级的大小取决于原子类型和原子所处的化学环境。

俄歇效应与荧光效应一样，都是光电效应的次生效应，其关系可见图 2.1.12。

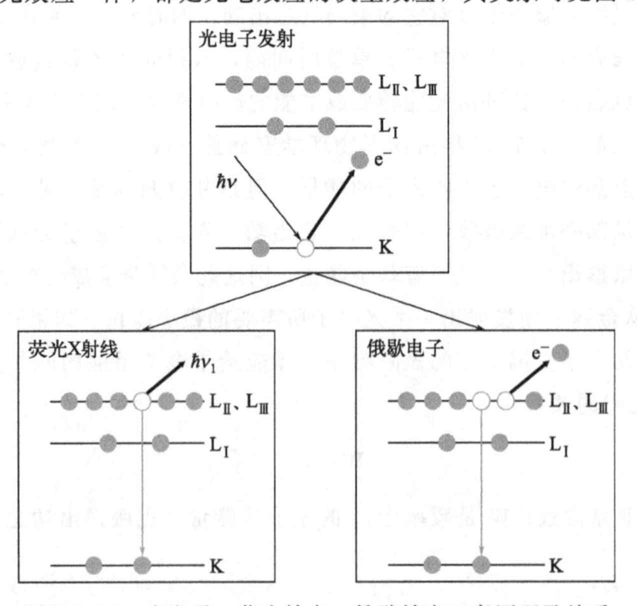

图 2.1.12　光电子、荧光效应、俄歇效应三者原理及关系

2.1.5.3 X射线的吸收

X射线通过物体后，其强度会衰减，称之为X射线吸收。X射线经过物体后减弱是由两种过程导致的，一种是射线被物体吸收，另一种是被散射。前者是入射X射线作用导致原子核外电子迁移，一部分X射线能量转化为光电子、俄歇电子、荧光X射线、正负电子对、热量散失等形式，因此也称之为真吸收。后者是原子对X射线的漫反射，其能量只占X射线吸收能量的很少部分。真吸收和散射吸收构成了物体对X射线的全吸收。

当一束强度为 I 的X光通过厚度为 dx 的吸收体后，强度减少量 $-dI$ 正比于 dx 和强度 $I(x)$ 之乘积，如式（2.1.13）引入衰减常数 μ，两边积分则公式可写为（2.1.14）：

$$-dI=\mu I(x)dx \tag{2.1.13}$$

$$I=I_0e^{-\mu_l x} \tag{2.1.14}$$

通常将衰减常数记为 μ_l，它又被称为线吸收系数，表示单位厚度 dl 的物质对X射线的吸收。它与X射线的波长，吸收物质的种类（原子序数），吸收物质的物理状态特别是厚度 x、密度 ρ 有关（如图2.1.13所示）。

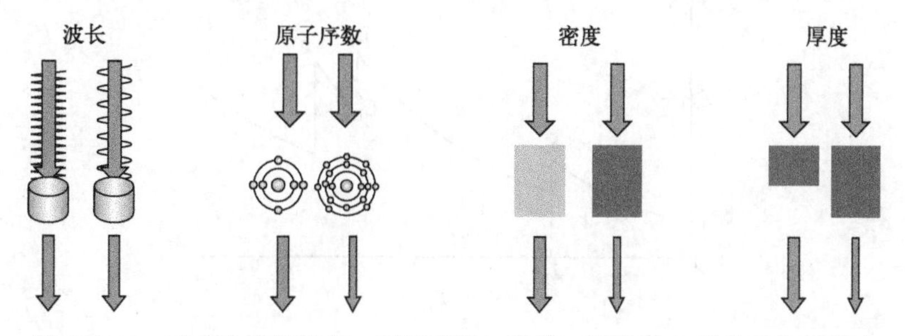

图2.1.13 吸收物质的波长、原子序数、密度、厚度对X射线吸收的影响

线吸收系数还可用以下关系表示：

$$\mu_l=\rho\mu_m \tag{2.1.15}$$

式中，μ_m 被称为质量吸收系数，表示单位质量物质对X射线的吸收。它与吸收体的原子序数及X射线波长有关，而与吸收体的密度，以及凝聚态（气体、液体还是固体）无关。

将式（2.1.15）代入式（2.1.14）中，即可得到以下表达式：

$$I_x=I_0e^{-\rho\mu_m x} \tag{2.1.16}$$

式中，I_0 是入射X射线强度；I_x 是 I_0 穿过厚度为 x 的物质后的射线强度。

各元素对不同波长X射线的质量吸收系数 μ_m 可查阅附录2，也可按照以下经验公式计算求得：

$$\mu_m=KZ^3\lambda^3 \tag{2.1.17}$$

式中，K 是常数；Z 为吸收体的原子序数；λ 是X射线波长。质量吸收系数具有加和性，例如化合物、陶瓷、合金等物相的 μ_m 是按组分元素 μ_{mi} 的加权平均求得：

$$\mu_m=\sum_{i=1}^{n}w_i\mu_{mi} \quad (2.1.18)$$

式中，w_i 是吸收体中各元素质量分数；μ_{mi} 是吸收体中各元素的质量吸收系数。

2.1.6 X 射线的吸收限与滤波片

根据式（2.1.17），当波长 λ 逐渐减小时，X 射线光子能量逐渐增大，穿透吸收体的能力逐渐增强，因此 μ_m 本应呈指数关系单调递减。然而我们在图 2.1.14 发现，μ_m 曲线在特定波长会急剧跃升，而后再逐渐递减。这一现象的原因是：入射 X 射线在某些特定波长时，其能量刚好将吸收体的电子轰击出来，形成大量的光电子和特征 X 射线，因绝大部分能量都产生光电效应了，该波长的入射 X 射线极少穿透吸收体，从而导致吸收系数 μ_m 大幅增加，因此在 μ_m-λ 谱图中表现出 μ_m 的急剧跃升。而当进一步减小入射 X 射线的波长 λ（$\lambda<\lambda_K$）时，产生 K 线特征辐射的能量已经超过逸出功 W_K，光电效应达到饱和。这时候多余的能量可以穿透吸收体，且 λ 越小，透过性越强。遵循式（2.1.17），μ_m 又呈指数递减趋势。

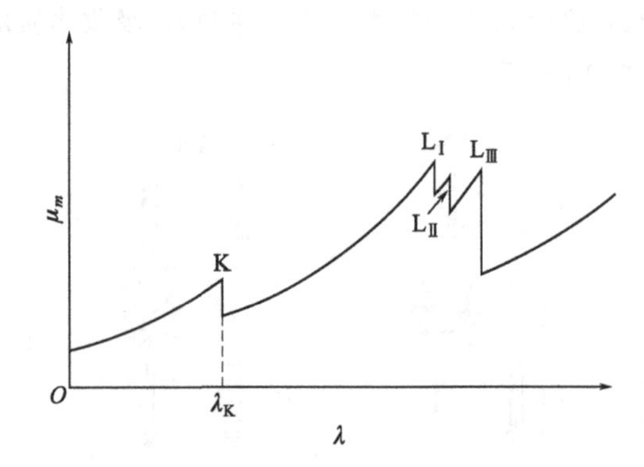

图 2.1.14 μ_m 随波长 λ 的变化曲线以及 L_{III}、L_{II}、L_I 和 K 吸收限

这些特定波长位置标记为 L_{III}、L_{II}、L_I 和 K。曲线中的跳跃上升点称为吸收边或吸收限。图中 L_{III}、L_{II}、L_I 和 K 分别代表钡元素中 L_{III}、L_{II}、L_I 和 K 特征 X 射线的激发。

吸收限的上述特征可用于 X 射线的滤波。X 射线管辐射的特征 X 射线谱中包含 K，L，M 等系特征谱，其中 K 系还包含 K_α 和 K_β 特征谱。在实际应用当中，人们都希望从 K_α 和 K_β 中过滤一个谱线，获得“纯色”X 射线辐射，即波长为单一线状波长的 X 射线。X 射线过滤机制如图 2.1.15 所示。

我们可以选择一种滤波片材料，其吸收限的波长略短于 X 射线管所辐射的 K_α 射线，同时略高于 K_β 射线。这样将会在滤波片的 K 系吸收限附近将 K_β 射线大量吸收，只保留 K_α 射线。

滤波片的厚度也是滤波效果的重要影响因素。在实际应用中，太厚的滤波片对 K_α 线的吸收效应也增强，对实验不利。有研究发现：当 K_α 线的强度被吸收到原来的一半时，K_β 与 K_α 的强度比值从滤波前的 1/5 骤降至滤波后的 1/500，K_β 被滤去效果显著，满足实验室常规测试需求。因此厚度的选择以 K_β 与 K_α 的强度比值为参考。

由此，我们在选用滤波片时，应遵循以下几个规律。

① 利用特征 X 射线进行物相分析（X 射线衍射分析）时，只能用单色 K_α 谱线，须将 K_β

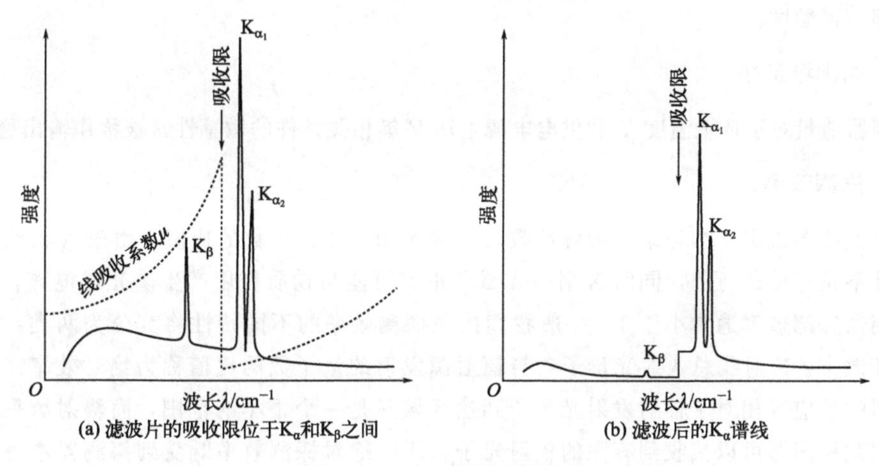

(a) 滤波片的吸收限位于K_α和K_β之间　(b) 滤波后的K_α谱线

图 2.1.15　X射线过滤机制

等滤掉，必须使用滤波片。

② 滤波片材料根据阳极靶元素而定，一般依据下列关系进行选择：

$$\lambda_{K_\alpha}(\text{靶}) > \lambda_K(\text{片}) > \lambda_{K_\beta}(\text{靶}) \quad (2.1.19)$$

$$Z_{\text{靶}} < 40\text{ 时},Z_{\text{滤波片}} = Z_{\text{靶}} - 1 \quad (2.1.20)$$

$$Z_{\text{靶}} > 40\text{ 时},Z_{\text{滤波片}} = Z_{\text{靶}} - 2 \quad (2.1.21)$$

③ 滤波片是利用吸收限两边吸收系数相差悬殊的特点，大量吸收位于特定波长区域的特征峰对应的射线。

④ 滤波片的厚度对滤波质量影响很大，应选择适当的厚度。

2.1.7　X射线探测器

X射线探测器是一种将X射线能量转换为可供记录的电信号的装置，它接收到射线照射后产生与辐射强度成正比的电信号。探测器种类可分为气体探测器、闪烁探测器、半导体探测器等几类。其探测信号有以下几个指标。

(1) 能量分辨率

X射线探测器中最为重要的系统参数便是能量分辨率，能量分辨率反映了探测器对不同类型的入射粒子的能量分辨能力。能量分辨率越高，则表示探测器可区分越小的能量差别。通常我们将能量分辨率分为绝对、相对分辨率两种类型。以能量高斯分布的半高宽（FWHM）来表示的被称为绝对分辨率，而相对分辨率则是使用绝对分辨率与峰位的比值来表示。

探测器的能量分辨率受诸多因素的影响，如：探测器的有效探测面积、探测元器件类型、甄别和计数器能力、后续处理电路时间常数等。时间常数通常指脉冲处理器所耗费时间，也就是射线从进入探测器后，测量并处理能量所需时长。探测器分辨率与其时间常数、面积、分析效率几者之间有着明晰的关联，即：面积大小与分辨率高低成反比；当面积不变时，时间常数与光子测量准确度同时增加时，其分辨效果较好。由此不难看出，时间常数是影响分析效率与能量分辨率的重要因素，然而两者却无法统一，因此从仪器实用层面出发，必须兼顾分辨率与灵敏度。

（2）输出稳定性

探测器能量对于环境温度 T 和供电电源电压 V 等相关条件的敏感性常被称作输出稳定性。

（3）探测效率

探测效率多被定义为记录到的脉冲数与入射 X 射线光量子数的比值。由于 X 射线和物质的作用并不是连续进行的，同时 X 射线光量子也有可能与物质作用产生磷光或电离，因此 X 射线探测器探测效率通常小于 1。一般我们按照探测效率的不同特性将其分为两类：绝对效率和本征效率。X 射线总入射光量子数与辐射源发射的量子数的比值称为绝对效率。通常由于探测器的感应区相对于辐射发射光量子到达区域只是一个很小的范围，而辐射源是均匀光发射，因此探测器可以接收到有限的辐射光子，所以绝对探测效率既受到探测器本身特性的影响，也和探测器系统的外观设计有关。本征效率是指系统所记录的脉冲个数同入射到探测器感应区的光量子数之比。

（4）时间分辨能力

探测器时间分辨能力主要由探测器系统信号输出的上升时间和数据信号获取的采集时间两方面决定。当然也和探测器的光敏面积、探测器材料、环境温度等条件相关。

思考题

1. 为何射线管的窗口由 Be 制成，而其屏蔽装置由 Pb 制成？

2. 试计算用 50kV 操作时，X 射线管中的电子在撞击靶时的速度和动能及所发射的 X 射线短波限。

3. 请算出 Cr 靶在 75kV 下 X 射线的短波限 λ_0。

4. 请分别计算 Mo K_α（$\lambda=0.071$nm）和 Cu K_α（$\lambda=0.154$nm）X 射线的振动频率 ν 和能量 E。

5. 设空气中有 80%（质量分数）的 N_2 和 20%（质量分数）的 O_2，空气的密度为 1.29×10^{-3}g/cm^3，试计算空气对 Cr K_α 的质量吸收系数和线吸收系数。

6. 已知 Ni 的密度是 8.9g/cm^3，试求多厚的 Ni 滤波片可以将 Cu K_α 的强度衰减一半。

7. 分析用 Cu K_α、Cu K_β 的 X 射线分别激发 Cu K_α 荧光辐射的可能性，并讲述原因。

2.2 X 射线的衍射原理

2.2.1 引言

（1）X 射线衍射的基本原理

X 射线衍射的应用范围非常广泛，现已渗透到物理、化学、地球科学、材料科学以及各种工程技术科学中，成为一种重要的实验方法和结构分析手段，且对试样无损坏。

考虑到X射线的波长和晶体内部原子面间的距离相近，1912年德国物理学家劳埃(Laue)提出一个重要的科学预见：晶体可以作为X射线的空间衍射光栅。即当一束X射线通过晶体时将发生衍射，衍射波叠加的结果是射线的强度在某些方向上加强，在其他方向上减弱。分析在照相底片上得到的衍射花样，便可确定晶体结构，这一预见随即被实验所验证。劳埃由此推断：晶体材料中相距几十到几百皮米（pm，10^{-3}nm）的原子是周期性排列的；这个周期排列的原子结构可以成为X射线衍射的“衍射光栅”；X射线具有波动特性，是波长为几十到几百皮米的电磁波，并具有衍射的能力。这一实验成为X射线衍射（XRD）学的第一个里程碑。

当一束单色X射线入射到晶体时，由于晶体是由原子规则排列成的晶胞组成，这些规则排列的原子间距离与入射X射线波长有相同数量级，因此由不同原子散射的X射线相互干涉，在某些特殊方向上产生强X射线衍射。衍射线在空间分布的方位和强度，与晶体结构密切相关，每种晶体所产生的衍射花样都反映出该晶体内部的原子分布规律，这就是X射线衍射的基本原理。

X射线的衍射方向和衍射强度是X射线衍射的基本特征，是材料结构分析等工作的基本依据。本章节关于X射线的方向理论主要讲述劳埃方程及布拉格方程，X射线衍射的强度理论主要关于五大因子及结构消光规律。

在讲述XRD理论前，先要做一些简化处理，并确定几点概念。

① 入射X射线与原子发生相互作用产生的散射X射线，实际是入射光子与该原子中不同电子散射的叠加效应。可以近似认为散射X射线从原子中心处辐射出来形成的散射波（球面波），其波长与入射X射线相同。

② 原子在晶体中是周期排列的，X射线球面波之间存在着固定的相位关系，它们之间会在空间产生干涉。

③ 由于干涉的作用，在一些特定的方向球面波相互加强，而在其他方向则相互抵消。

④ 大量原子散射波相互干涉的结果就是衍射花样，出现德拜环或衍射斑点，这就是XRD的实质。

⑤ XRD中，衍射方向取决于晶胞大小或晶体的周期性，衍射强度则决定于原子种类及其空间占位。

（2）晶体衍射的运动学理论的基本假设

晶体中X射线衍射现象发现后，劳埃随即提出了一种简单的衍射理论来进行计算。这种理论处理方法的特征在于相互独立地考虑各原子对X射线的散射，完全忽略了入射束与衍射束之间的动力学相互作用。因而这种衍射理论就被称为衍射运动学理论，以区别于入射束与衍射束相互作用的动力学理论。

衍射运动学理论所包含的基本假设是：

① 每个原子都是独立的散射体，相互间的作用可以忽略不计；

② 每个原子收到的入射波辐射强度都相同，入射波传播过程因为吸收以及散射导致的强度衰退可以忽略不计；

③ 衍射波均视为一次辐射，且波的强度很小，不考虑再衍射；

④ 观察点与晶体衍射的距离足够远，以至于可以忽略衍射投影的曲面，近似认为到达观察点的散射波为平面波。

一般研究体积较小的晶体对X射线的衍射，以上的基本假设都是可以得到满足的。因为原子对于X射线的散射能力较弱，所以衍射波的强度就比较弱。晶体的基本单位是晶胞，其构造的基本特点都体现在晶胞当中。因此后续的X射线晶体衍射问题都是以晶胞作为基本散射单元来加以探讨的。

2.2.2 X射线衍射的方向理论

本节将着重介绍X射线衍射方向的三种理论（劳埃方程、布拉格定律、埃瓦尔德球理论）以及它们之间的联系。

2.2.2.1 劳埃方程

在劳埃1912年晶体衍射实验（获得1914年诺贝尔物理学奖）之前，物理学已经取得了相当大的进展，但也存在以下几个方面的问题。

① X射线的波动性和粒子性还没有定论，X射线到底是什么属性在当时是科学难题；

② 当时晶体点阵理论还没有实验验证；

③ 原子论受到怀疑和争论；

④ 可见光领域的光栅理论非常成熟。

劳埃方程的提出是基于以下几点假设（见图2.2.1）：

① 设想X射线是电磁辐射波，劳埃认为X射线的波长非常短，远小于可见光；

② 设想晶体作为光栅（点阵常数为光栅常数）；

③ 知识背景：劳埃作为当时最优秀的理论物理学家之一，已掌握那个年代最新的理论物理知识如光学、辐射等，且坚信原子论；

④ 切入点：判定晶体可以作为X射线的天然光栅，劳埃认为既然晶体具备光栅属性，必定会对波产生衍射作用。

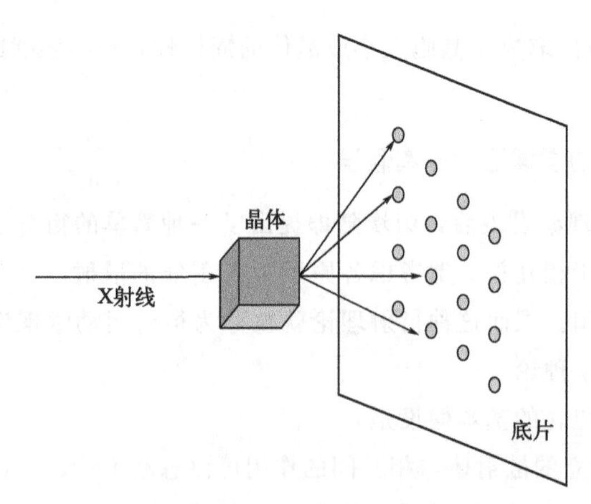

图2.2.1 劳埃设想的X射线晶体所产生的衍射

在劳埃的鼓励下，索末菲（A. Sommerfeld）的助教弗里德利奇（W. Friedrich）和伦琴的博士生尼平（P. Knipping）在1912年4月实施了著名的晶体衍射实验，观察到了有序衍射斑点（图2.2.2）。劳埃推导了衍射方程，很好地解释了成因。

(a) 弗里德利奇和尼平在1912年4月搭建的晶体衍射实验平台

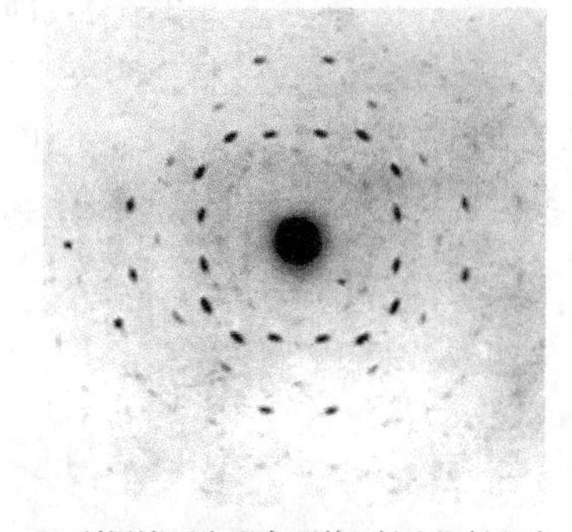

(b) 利用该平台观察到的X射线衍射斑点

图2.2.2　晶体衍射实验

（1）一维劳埃方程式

如图2.2.3，设 $\boldsymbol{s}_0$ 及 $\boldsymbol{s}$ 分别为入射线及任意方向上原子散射线单位矢量，$\boldsymbol{a}$ 为点阵基矢，α_0、α 分别为 $\boldsymbol{s}_0$ 与 $\boldsymbol{a}$、$\boldsymbol{s}$ 与 $\boldsymbol{a}$ 之夹角。

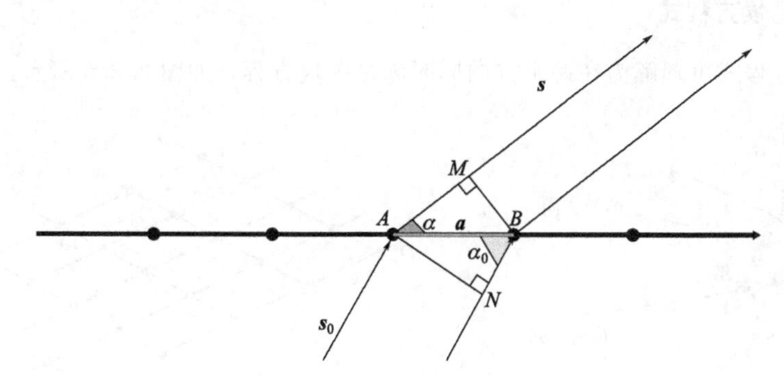

图2.2.3　一维劳埃方程

则原子列中任意两相邻原子（点 A 与点 B）散射线间光程差（δ）为

$$\delta = AM - BN = \boldsymbol{a}\cos\alpha - \boldsymbol{a}\cos\alpha_0 \tag{2.2.1}$$

散射线干涉一致加强的条件为 $\delta = H\lambda$，即

$$\boldsymbol{a}(\cos\alpha - \cos\alpha_0) = H\lambda \tag{2.2.2}$$

式中，H 为任意整数（$0, \pm1, \pm2, \pm3, \cdots$）。

此式表达了单一原子列衍射线方向（α）、入射线波长（λ）、方向（α_0）和点阵常数的相互关系，称为一维劳埃方程。

亦可写为

$$\boldsymbol{a}\cdot(\boldsymbol{s} - \boldsymbol{s}_0) = H\lambda \tag{2.2.3}$$

满足一维劳埃方程式，即可产生X射线衍射，且衍射线与一维行列成 α_h 角（如图2.2.4

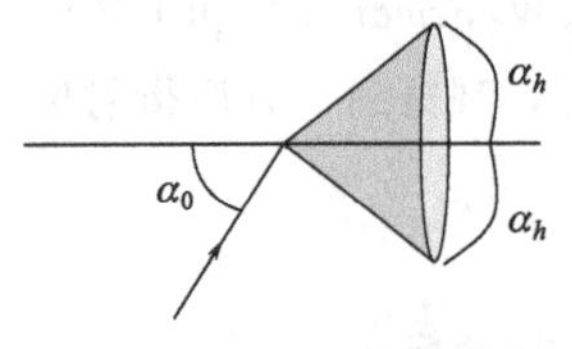

图 2.2.4　与一维行列成 α_h 角的方向（锥面）所产生的 X 射线衍射

所示）。换句话说，与一维行列成 α_h 角的方向（锥面）都可以产生 X 射线衍射。因此 X 射线分布方向是以原子行列为轴，以 α_h 为半径角的圆锥母线。由此，上式中 H 每等于一个整数（0，±1，±2，…），即形成一个圆锥状衍射面。因此一维原子列对 X 射线的衍射为一套圆锥（图 2.2.5）。

如果用单色 X 光垂直于原子列照射［$\alpha_0=90°$时，图 2.2.5（b）］，上述方程式可以写为

$$a\cos\alpha = H\lambda \tag{2.2.4}$$

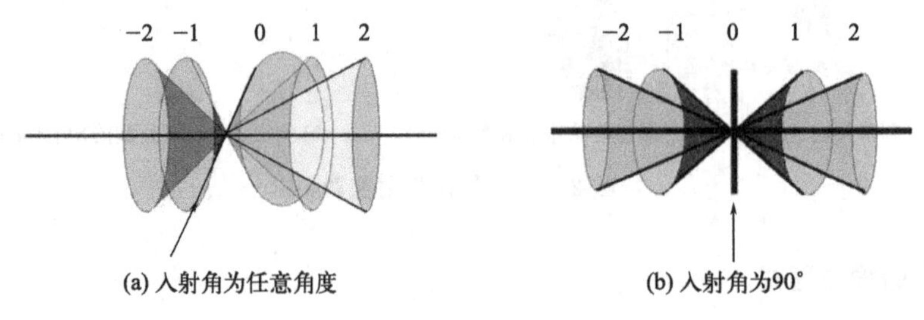

图 2.2.5　一维劳埃方程的多套圆锥解

（2）二维劳埃方程式

二维劳埃方程式可理解为在两个方向同时满足劳埃方程，如图 2.2.6 所示：

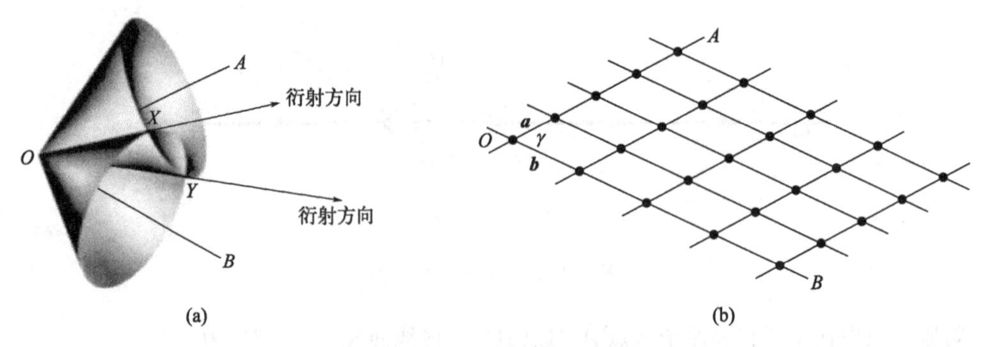

图 2.2.6　二维劳埃方程衍射

$$a(\cos\alpha - \cos\alpha_0) = H\lambda \tag{2.2.5}$$

$$b(\cos\beta - \cos\beta_0) = K\lambda \tag{2.2.6}$$

或者

$$\boldsymbol{a}\cdot(\boldsymbol{s}-\boldsymbol{s}_0) = H\lambda \tag{2.2.7}$$

$$\boldsymbol{b}\cdot(\boldsymbol{s}-\boldsymbol{s}_0) = K\lambda \tag{2.2.8}$$

式中，H，K 为任意整数（0，±1，±2，±3，…）。

（3）三维劳埃方程式

同上，三维劳埃方程式可以看作三维方向上的 X 射线衍射满足劳埃方程（如图 2.2.7），

由此可以导出式（2.2.9）～式（2.2.11）：

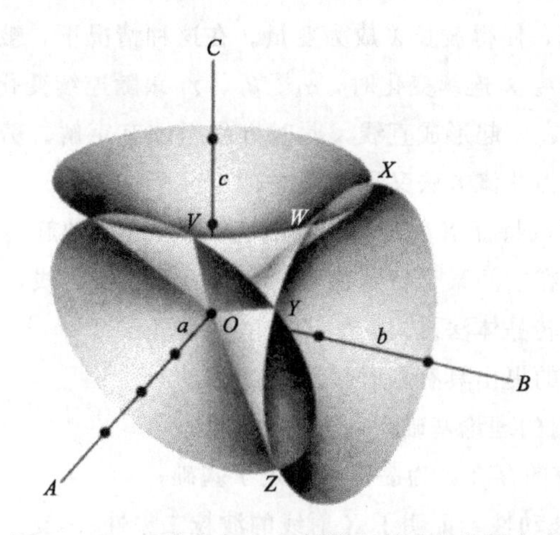

图 2.2.7　三维方向上 X 射线衍射满足劳埃方程

$$a(\cos\alpha-\cos\alpha_0)=H\lambda \tag{2.2.9}$$

$$b(\cos\beta-\cos\beta_0)=K\lambda \tag{2.2.10}$$

$$c(\cos\gamma-\cos\gamma_0)=L\lambda \tag{2.2.11}$$

或

$$\boldsymbol{a}\cdot(\boldsymbol{s}-\boldsymbol{s}_0)=H\lambda \tag{2.2.12}$$

$$\boldsymbol{b}\cdot(\boldsymbol{s}-\boldsymbol{s}_0)=K\lambda \tag{2.2.13}$$

$$\boldsymbol{c}\cdot(\boldsymbol{s}-\boldsymbol{s}_0)=L\lambda \tag{2.2.14}$$

H、K、L 是指任意整数（0，±1，±2，±3，…）的衍射指数，以上三式可写为：

$$a(\cos\alpha_h-\cos\alpha_0)=H\lambda \tag{2.2.15}$$

$$b(\cos\beta_k-\cos\beta_0)=K\lambda \tag{2.2.16}$$

$$c(\cos\gamma_l-\cos\gamma_0)=L\lambda \tag{2.2.17}$$

三晶轴正交，方程（2.2.18）无确定解。

$$\cos^2\alpha_0+\cos^2\beta_0+\cos^2\gamma_0=1 \tag{2.2.18}$$

特定晶面组能否衍射 X 射线的必要条件：三个方向的衍射圆锥面必须同时交于一直线，该直线的方向即为衍射线束的方向。对于以下 4 个联立方程［式（2.2.19）～式（2.2.22）］，只有 3 个未知数，可能无解。必须再增加一个变量，使得方程有定解。

$$a(\cos\alpha_h-\cos\alpha_0)=H\lambda \tag{2.2.19}$$

$$b(\cos\beta_k-\cos\beta_0)=K\lambda \tag{2.2.20}$$

$$c(\cos\gamma_l-\cos\gamma_0)=L\lambda \tag{2.2.21}$$

$$\cos^2\alpha_0+\cos^2\beta_0+\cos^2\gamma_0=1 \tag{2.2.22}$$

这个增加的变量可以采用以下两种方式获得。

一是采用连续X射线，使得波长λ成为变量。在这种情况下，被测晶体空间位置保持不动（α_0、β_0、γ_0保持定值）。λ连续变化时，α_h、β_k、γ_l跟随连续变化，三个圆锥的顶角连续变化，三个锥面总能交汇在一起形成直线，此时方程组才有定解。劳埃跟他的同事最早提出了这一研究单晶的方法，因此该方法又称劳埃法。

二是采用单色X射线（特征X射线），单晶体围绕某一晶轴旋转，使得α_0、β_0、γ_0中的一个或者两个连续变化，在空间某个特定位置三个锥面交汇于一线，从而获得α_h、β_k、γ_l的定解。这种方法又称为周转晶体法。

综上所述，劳埃方程的提出具有划时代意义：

① 奠定了X射线衍射的理论基础；

② 实验验证晶体点阵的存在，为晶体学奠定了基础；

③ 实验验证X射线波动性，证明了X射线的波粒二象性；

④ 确认原子的存在，推动了原子学说的发展；

⑤ 从衍射花样反推晶体点阵结构，为X射线衍射分析方法奠定了理论基础。

当然，劳埃方程也有其局限性，主要表现在以下两方面。

首先，劳埃方程之所以有价值，是因为其在几何描述上的优势，劳埃方程有一个简单而清晰的几何诠释。三个锥必须截交于一条公共的射线，这个条件非常苛刻，只有在非常巧合的情况下才能满足。要得到这种特殊的巧合，除了纯粹的偶然性以外，一般需要对波长或者晶体取向进行连续的扫描、搜索，方法上较为烦琐。

其次，用劳埃方程来描述X射线被晶体衍射的方向时，在三个方向上入射线、衍射线、晶轴的6个夹角不易确定，三个联立的劳埃方程在使用上非常不方便。因此从实用的角度上来说，该理论有简化的必要。

2.2.2.2 布拉格定律与布拉格方程

布拉格定律（Bragg's law）产生的理论背景如下。

① 晶体点阵理论：晶体是由（hkl）晶面堆垛而成的，即一系列平行等距原子面层层叠合而成。

② 可见光干涉衍射理论：干涉加强的条件是晶体中任意两相邻原子面上的原子散射波，在原子面反射方向的光程差为波长的整数倍，即$\delta = n\lambda$，n=1、2、3等整数。

③ 布拉格衍射方程（Bragg's diffraction equation）理论。

在以上理论背景基础上提出的布拉格定律，包含两方面的内容：a. 布拉格反射定律；b. 布拉格衍射方程。

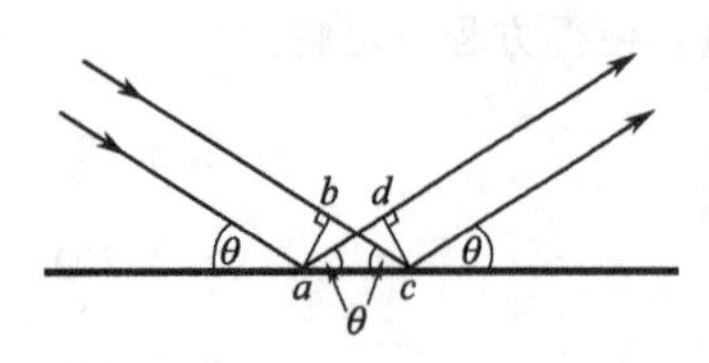

图 2.2.8 布拉格反射定律

布拉格反射定律：X射线的衍射可看成是原子面对入射线的“反射”。类似于光学镜面反射，如图 2.2.8 所示。

单原子面反射模型（图 2.2.8）：经单原子面反射的任意两相邻原子的散射波的光程差为：

$$\delta = ad - bc = ac(\cos\theta - \cos\theta) = 0 \qquad (2.2.23)$$

布拉格衍射方程的推导，是基于多层原子面对入射 X 射线的反射和在特定方向上的相干散射进行的。

如图 2.2.9 所示，一组平行入射的 X 射线照射到间距为 d 的平行晶面 hkl 上。入射角度为 θ，反射的角度也应该是 θ 角。这组平行的反射束因具有波长整数倍的光程差而产生相位重合叠加，由此导致在某个特定方位产生相干加强条纹，称之为衍射束。

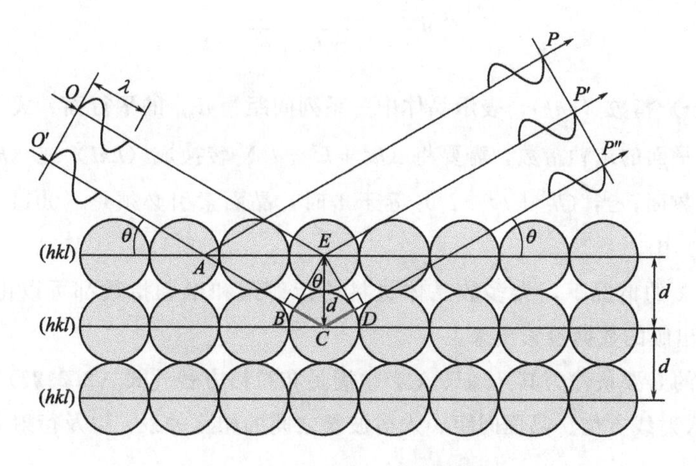

图 2.2.9　布拉格衍射方程推导

图 2.2.9 中两相邻原子面的反射波光程差为

$$\delta = BC + CD \tag{2.2.24}$$

则

$$\delta = 2EC\sin\theta = 2d\sin\theta \tag{2.2.25}$$

光束干涉加强条件为光程差与波长整数倍相等，则：

$$n\lambda = \delta = 2d\sin\theta \tag{2.2.26}$$

由此推导出布拉格衍射方程为

$$n\lambda = 2d\sin\theta \tag{2.2.27}$$

式中，n 为正整数，即“反射”级数（衍射级数）；θ 为布拉格角（入射线与晶面夹角），或称为半衍射角。

X 射线和可见光一样都是电磁波，但是 X 射线的波长比可见光短得多，只有 0.1 纳米量级。X 射线衍射方法是基于波干扰现象，两个波长相同的光波，在同一方向传播可以互相加强，也可以互相抵消，这取决于它们的方向相位差。当它们的相位差为 $n\lambda$ 时（n 是整数），称为“同相”，发生相长性的干扰；但是，当它们有 $\lambda/2$ 的相位差时，叫作“完全不同步”，发生相消性的干扰。

入射到晶体固体上的 X 射线束将被晶体衍射（如图 2.2.9 所示）。两个同相入射波，波束 O 和波束 O′，被两个晶面偏转。偏转的波不会同相，除非满足 $n\lambda = 2d\sin\theta$ 的关系。

通过计算图 2.2.9 中两光束之间的路径差，可以得到布拉格定律。路径差取决于入射角 θ

和平行晶面的间距 d。为了保持这些光束的相位，它们的路径差（$BC+CD=2d\sin\theta$）必须等于一个或多个 X 射线波长 λ。

基于布拉格方程，知道晶面间距 d，可通过衍射方法，确定晶体的结构。例如，立方晶体的晶面间距 d_{hkl} 与晶格参数 a 的关系由式（2.2.28）确定。

$$d_{hkl}=\frac{a}{\sqrt{h^2+k^2+l^2}} \tag{2.2.28}$$

米勒（Miller）指数（hkl），表示晶体中一系列间距为 d_{hkl} 的平行面。式（2.2.28）没有直接提供晶体学平面的米勒指数，需要将（$h^2+k^2+l^2$）转换成（hkl）或 $\{hkl\}$。例如，对于立方系的低指数面，当（$h^2+k^2+l^2$）等于 1 时，晶面索引必须是 {001}；而当它等于 2 时，则必须是 {110}。

在给定波长 λ 的情况下，大多数晶体材料的衍射角和米勒指数都可以由国际衍射中心（ICDD）确定并出版的数据检索出来。

X 射线衍射的必要条件为其 θ、d、λ 必须满足布拉格方程［式（2.2.27）］。θ、d、λ 三者表达了反射/入射线方位、晶面间距、入射波长之间的相互关系，以及衍射方向与晶体结构的关系。

布拉格方程有两方面的应用：

① 结构分析时已知 λ，通过测定 θ 求得 d，从而可对晶体结构进行分析确定；

② X 射线光谱学中已知 d，通过测定 θ 求得未知 X 射线波长 λ，从而进行设备校准。

布拉格方程与光学反射定律合称为布拉格定律，或 X 射线“反射”定律。X 射线在晶面“反射”与可见光镜面反射比较如下。

二者的相同点在于：

① 入射角与反射角相等；

② 入射线、反射线、法线三线共面。

二者的不同点在于：

① 可见光反射仅限于物体表面，不能深入物质的基体中，X 射线“反射”不仅可以发生在表面，而且能进入晶体内部；

② X 射线只有在特殊角度才能进行反射，称为 X 射线的“选择反射”，可见光以任意角度入射都可进行反射，称为“漫反射”。

2.2.2.3 布拉格方程的极限条件

X 射线产生布拉格衍射的条件是

$$\sin\theta=n\lambda/2d \tag{2.2.29}$$

因 $\sin\theta\leqslant1$，故有以下几个极限关系式：

$$\text{波长 } \lambda\leqslant 2d \tag{2.2.30}$$

$$\text{面间距 } d\geqslant \lambda/2 \tag{2.2.31}$$

$$\text{衍射级数 } n \leqslant \frac{2d}{\lambda} \tag{2.2.32}$$

式（2.2.30）说明，X射线的入射波长应该不大于晶面间距的2倍，$2d$ 是波长的极大值，否则无法用布拉格衍射方程进行晶体分析；式（2.2.31）说明，晶体的晶面间距的极小值是 $\lambda/2$，低于此值也无法套用布拉格方程进行分析；式（2.2.32）说明，晶面衍射级数应不超过 $2d/\lambda$。以上三个极值条件为布拉格方程划定了使用边界。

2.2.2.4 劳埃方程与布拉格方程式的关系

我们对劳埃方程的三维方程式（2.2.19）～(2.2.21）进行变形，得到如下关系式：

$$(\cos\alpha_h - \cos\alpha_0) = H\lambda/a \tag{2.2.33}$$

$$(\cos\beta_k - \cos\beta_0) = K\lambda/b \tag{2.2.34}$$

$$(\cos\gamma_l - \cos\gamma_0) = L\lambda/c \tag{2.2.35}$$

取以上方程式的平方和，得到如下公式：

$$(\cos^2\alpha_h + \cos^2\beta_k + \cos^2\gamma_l) + (\cos^2\alpha_0 + \cos^2\beta_0 + \cos^2\gamma_0) - 2(\cos\alpha_h\cos\alpha_0 + \cos\beta_k\cos\beta_0 + \cos\gamma_l\cos\gamma_0) = (H^2/a^2 + K^2/b^2 + L^2/c^2)\lambda^2 \tag{2.2.36}$$

在左式中，根据几何定理，直线方向余弦的平方和为1，且两条直线之间的夹角与每条直线的方向角之间满足如下关系：

$$\cos\omega = \cos 2\theta = \cos\alpha_h\cos\alpha_0 + \cos\beta_k\cos\beta_0 + \cos\gamma_l\cos\gamma_0 \tag{2.2.37}$$

因此等式的左边可写为

$$(\cos^2\alpha_h + \cos^2\beta_k + \cos^2\gamma_l) + (\cos^2\alpha_0 + \cos^2\beta_0 + \cos^2\gamma_0) - 2(\cos\alpha_h\cos\alpha_0 + \cos\beta_k\cos\beta_0 + \cos\gamma_l\cos\gamma_0) = 1 + 1 - 2\cos 2\theta = 2(1 - \cos 2\theta) = (2\sin\theta)^2 \tag{2.2.38}$$

而等式的右边可以写为

$$(H^2/a^2 + K^2/b^2 + L^2/c^2)\lambda^2 = \lambda^2/d_{HKL}{}^2 \tag{2.2.39}$$

左右等式整合，则为

$$(2\sin\theta)^2 = \lambda^2/d_{HKL}{}^2 \tag{2.2.40}$$

最终获得如下与布拉格方程一致的标准形式：

$$2\sin\theta = \lambda/d_{HKL} \tag{2.2.41}$$

由此可见，劳埃方程与布拉格方程虽然形式和推导方式不同，但彼此之间是有内在的本质联系的。

2.2.2.5 埃瓦尔德衍射球

埃瓦尔德衍射球（Ewald's diffraction sphere）是在倒易空间中表达确定晶体衍射方向的重要概念。倒易空间（也称为k空间，reciprocal space）是指真实空间（正空间）函数的傅里叶变换（Fourier transform）的空间。傅里叶变换将正空间变换到倒易空间，反之亦然。假设与晶体结构基向量对应的倒易格子基本向量为 $\boldsymbol{a}'$、$\boldsymbol{b}'$、$\boldsymbol{c}'$，则以整数数组 hkl 为标号的倒易格点，代表正空间的晶面（hkl）。如图 2.2.10 所示：

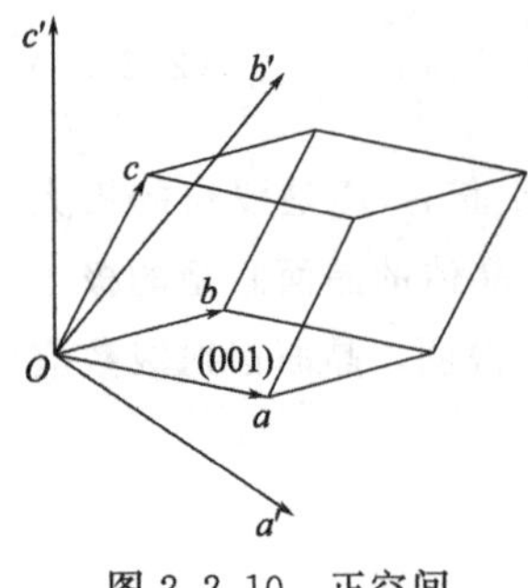

图 2.2.10 正空间与倒易空间

假设 X 射线照射在 S 点发生衍射，现以 S 为球心，以 X 射线波长的倒数 $1/\lambda$ 为半径，作埃瓦尔德球（如图 2.2.11），入射束与球面的交点 O^* 作为倒易原点。

已知三角形 ABO^* 为直角三角形，$AO^*=2/\lambda$，$BO^*=1/d$（倒易矢量性质），$\sin\angle BAO^*=(1/d)/(2/\lambda)$（认为 d 包括 N 层干涉面），即符合布拉格方程 $n\lambda=2d\sin\theta$。因此，凡落在埃瓦尔德球面上的倒易阵点 B 所对应的正空间的晶面，均可产生衍射。

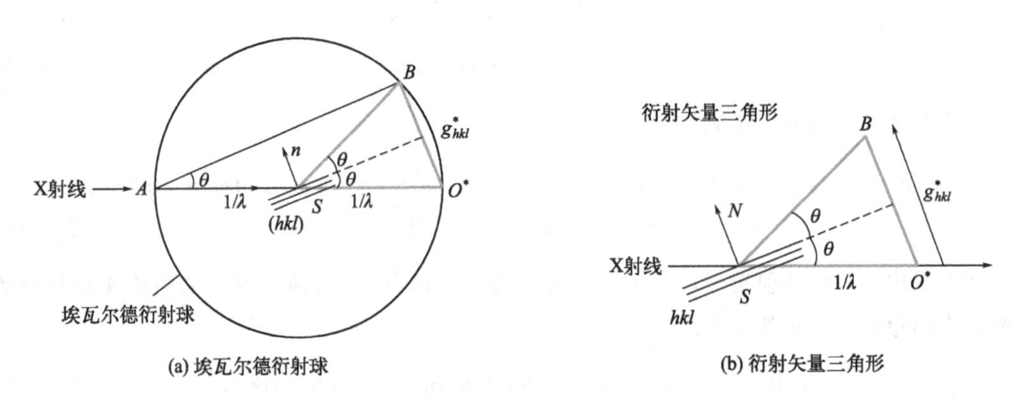

图 2.2.11 埃瓦尔德衍射球与衍射矢量三角形

2.2.3 X 射线衍射的强度理论

布拉格方程可以反映出晶体结构中晶胞大小及形状，但布拉格方程未反映出晶胞中原子的种类和位置。波长 λ 的 X 射线照射相同点阵常数的不同晶胞，形成的衍射角从布拉格方程中反映不出区别，由此诞生衍射强度理论。

X 射线衍射线束的强度分为绝对强度和相对强度。绝对强度的定义是：单位时间内单位面积通过的能量。相对强度为同一衍射图像中各衍射线强度的比值。衍射线强度的测量采用衍射仪法，得到 $I\sim\theta$ 曲线。每个衍射峰下面的面积（积分面积）称为积分强度或累积强度。

波长 λ、强度 I_0 的 X 射线，照射到晶胞体积 V_0 的多晶试样上，被照射晶体的体积为 V，在入射线夹角为 2θ 的散射方向上产生（HKL）晶面的衍射，距试样 R 处记录到的衍射线其单位弧长度上积分强度为

$$I=I_0\frac{\mathrm{e}^4}{m^2c^4}\frac{\lambda^3}{32\pi R}\frac{V}{V_0^2}|F_{HKL}|^2P\times\varphi(\theta)\mathrm{e}^{-2M}A(\theta) \tag{2.2.42}$$

式中，I_0 为入射 X 射线强度；m、e 为电子的质量与电荷；c 为光速；λ 为入射 X 射线波长；R 为衍射仪半径，cm；V 为试样被 X 射线照射体积，cm^3；V_0 为晶胞体积，cm^3；F_{HKL}

为结构因子；P 为多重性因子；$\varphi(\theta)$ 为角因数；e^{-2M} 为温度因子；$A(\theta)$ 为吸收因子。

同一衍射花样中，e、m、c 为固定物理常数，I_0、λ、R、V、V_0 对同一物相的各衍射线均相等。衍射线的相对积分强度 $I_{相}$ 可用5个强度因子的乘积来表示：

$$I_{相}=F^2P\varphi(\theta)e^{-2M}A(\theta) \tag{2.2.43}$$

由式（2.2.42）和式（2.2.43）所示，影响晶体衍射强度的因素主要是以下五个：结构因子 F，多重性因子 P，角因数 $\varphi(\theta)$，温度因子 e^{-2M}，吸收因子 $A(\theta)$，接下来分别介绍。

2.2.3.1 结构因子与消光规律

研究发现，晶胞中原子位置（或原子坐标）发生改变，将使得衍射强度减小甚至消失。这说明布拉格方程是反射的必要条件，而不是充分条件。研究还发现，如果晶胞中A原子被B原子替代，也会对X射线散射的波振幅产生削弱影响，由此也会降低干涉强度，甚至在某些情况下衍射线强度会降为零。以上因原子占位不同，或者原子种类不同而引起的某些方向上的衍射线消失的现象，称为“系统消光”。根据系统消光的结果及通过测定衍射线的强度变化，可以推断出原子种类及其在晶体中的坐标。采用定量的方法来表征原子占位及原子种类对衍射强度影响规律的参数，称为结构因子。

对结构因子的分析，可以按照X射线在一个电子上的散射强度、在一个原子上的散射强度、在一个晶胞上的散射强度的顺序逐层展开。

（1）一个电子对X射线的散射

原子对电子的散射主要是核外电子而不是原子核引起的，因为电子相比于原子核质量小得多，更容易受激发产生振动。X射线与核外电子相互作用，产生两种类型的散射：入射线和散射线的相位差恒定且频率波长不变的，称之为相干散射或弹性散射；散射线频率波长发生改变的，称之为非相干散射或非弹性散射。

当一束强度为 I_0 的非偏振入射X射线，被电子散射出去以后，在距离电子 R 处的X射线强度 I_e，与入射电子束强度 I_0 及其散射角度 θ 相关，即发生了偏振化，其强度可以表示为

$$I_e=I_0\left(\frac{r_e}{R}\right)^2\frac{1+(\cos2\theta)^2}{2} \tag{2.2.44}$$

式中，r_e 为经典电子半径 2.817938×10^{-5} m；I_0 为入射X射线强度；2θ 为电场中任一点与入射X射线夹角；R 为电场中任一点到发生散射的电子的距离。

该公式是电子对X射线散射的汤姆逊（Thomson）公式。式（2.2.44）表明，一束非偏振的X射线经过电子散射后，其强度在各个方向上是不相同的，随着 2θ 的改变而改变。因此可以认为X射线被偏振化了，偏振程度取决于 2θ 角。基于此认识，可以将（2.2.44）中的 $\frac{1+(\cos2\theta)^2}{2}$ 项视为偏振因子，或极化因子。在后面的角因数讨论中，也将要涉及极化因子。

综上所述，电子对X射线散射主要有以下几个特点。

① 散射强度 I_e 很弱，约为入射强度 I_0 的几十分之一。

② 散射强度 I_e 与距离的平方（R^2）成反比。

③ 散射强度 I_e 与入射波频率无关。

④ 散射强度 I_e 在各个方向上的强弱不同：

$2\theta=0$，入射方向强度最强，且符合相干散射条件；

$2\theta=90°$，与入射线垂直的方向强度最弱，为入射方向强度的一半；

$2\theta\neq0$，散射线强度减弱。

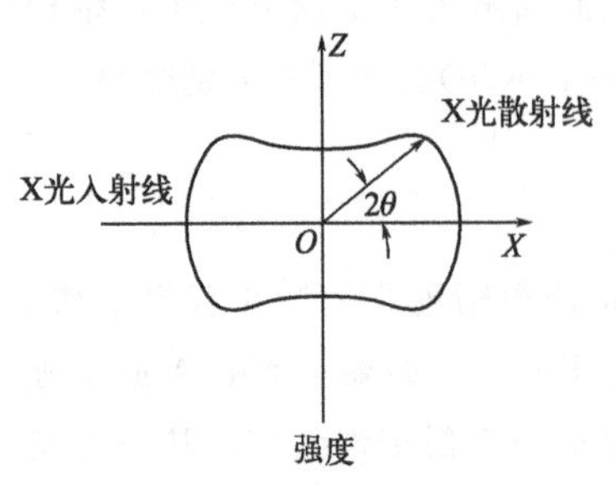

图 2.2.12　X 射线在各个方向的散射强度

⑤ 一束非偏振的 X 射线经过电子散射后，其强度在各个方向上是不相同的，随着 2θ 的改变而改变（如图 2.2.12 所示）。因此可以认为 X 射线被偏振化了，偏振程度取决于 2θ 角。散射强度 I_e 与粒子质量的平方（m^2）成反比。可见与电子散射强度相比，原子核（约为电子质量的 1840 倍）的散射强度可以忽略不计。

对于非相干散射，可以用康普顿-吴有训效应来进行表达。当携带能量为 $h\nu_1$ 的光子与核外电子发生碰撞时，一部分光子能量传递给了电子，使其获得动能摆脱原子束缚，而自身能量变为 $h\nu_2$，显然 $h\nu_2<h\nu_1$。由于频率波长发生变化，使得散射 X 射线与入射 X 射线不符合干涉条件，故不可能产生衍射现象。这种散射只是作为衍射图谱的背底杂峰，不作为 X 射线衍射峰的影响因素重点讨论。

（2）一个原子对 X 射线的散射

正如前述，原子核的质量远高于电子，约为电子的 1840 倍，因此由原子核引起的散射线的强度极弱，可以忽略不计。换言之，原子对 X 射线的散射波，是原子中各个电子散射波合成的结果。然而，序数为 Z 的原子的 Z 个电子散射波相位不尽相同，不可能产生波长整数倍的相位差。因此引入原子散射系数 f，f 是综合考虑了各个电子散射波的相位差之后，原子中所有电子散射波合成的结果。定义如下：

$$f=\frac{A_a}{A_e}=\left(\frac{I_a}{I_e}\right)^{\frac{1}{2}} \tag{2.2.45}$$

式中，f 为原子散射波与一个电子散射波的波振幅之比或强度比；I_a 和 I_e 分别为 1 个原子和 1 个电子对 X 射线的散射强度；A_a 和 A_e 分别为原子散射波振幅和电子散射波振幅。式(2.2.45) 可以理解为以一个电子散射波振幅为单位度量的一个原子的散射波振幅，所以它反映的是一个原子将 X 射线向某个方向散射时的散射效率。f 与 $\sin\theta$ 和 λ 都有关系，当 $\sin\theta/\lambda$ 值减小时 f 增大，在 $\sin\theta=0$ 时 $f=Z$，一般情况下 $f\leqslant Z$。f 与 $\sin\theta/\lambda$ 的关系如图 2.2.13 所示。

因此，原子对 X 射线的散射强度有如下关系：

$$I_a\leqslant Z^2 I_e \tag{2.2.46}$$

（3）一个晶胞上的 X 射线散射

我们首先来看波的合成原理，已知两个衍射波场强 E_1 和 E_2 随着时间 t 的变化情况如图 2.2.14 所示。

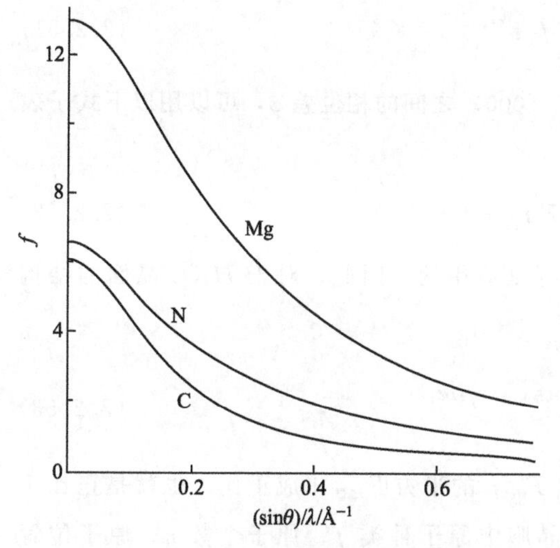

图 2.2.13　原子散射系数 f 曲线

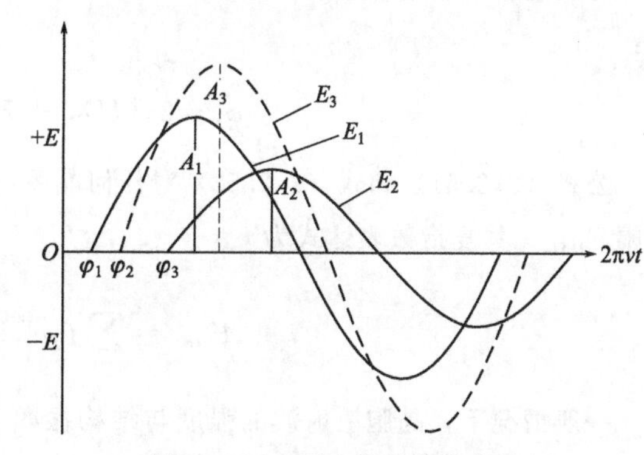

图 2.2.14　两个衍射波的合成

A_1、A_2—衍射波振幅；φ_1、φ_2—衍射波的初相位；E_1、E_2—衍射波的场强；v—角频率；E_3、A_3、φ_3—合并后的衍射波的场强、振幅、初相位

E_1 和 E_2 这两个衍射波波长相同，相位和振幅不同，可以用正弦周期函数方程式表示［式（2.2.47）］。所合成的场强为 E_3 波也是正弦波，但振幅和相位发生了变化。

$$\begin{aligned} E_1 &= A_1 \sin(2\pi vt - \varphi_1) \\ E_2 &= A_2 \sin(2\pi vt - \varphi_2) \\ E_3 &= A_3 \sin(2\pi vt - \varphi_3) \end{aligned} \tag{2.2.47}$$

假设单胞由 N 个原子构成，每个原子散射波的振幅和相位不同，单胞的合成振幅不能视为各原子散射波振幅的简单加和，而应当是和原子自身的散射能力（考虑原子的散射因子 f）、原子间的相位差 φ 以及与单胞中原子个数 N 有关。

若单胞中各原子散射波振幅为 f_1A_e、f_2A_e、…、f_iA_e、…，f_nA_e，A_e 为电子散射波振幅，它们与入射波的相位差分别为 φ_1，φ_2，φ_3，…，φ_j，…，φ_n。晶胞内各原子相干散射波为

$$A_a e^{i\varphi_j} = f_i A e^{i\varphi_j} \tag{2.2.48}$$

晶胞内两原子之间存在相干散射，各原子相干散射波为

$$A_b = A_e(f_1 e^{i\varphi_1} + f_2 e^{i\varphi_2} + \cdots + f_n e^{i\varphi_n}) = A_e \sum_{j=1}^{n} f_j e^{i\varphi_j} \tag{2.2.49}$$

因此，可以将单位晶胞中所有原子散射波的叠加波称为结构因子，用 F_{hkl} 来表示。同时定义结构振幅 F_{HKL} 为

$$F_{HKL} = \frac{A_b}{A_e} = \frac{一个晶胞的相干散射波振幅}{一个电子的相干散射波振幅} \tag{2.2.50}$$

F_{HKL} 表示以一个电子散射的相干散射波振幅 A_e 为单位，所表示的晶胞散射波振幅 A_b，由式（2.2.49）可记作：

$$F_{HKL}=\sum_{j=1}^{n} f_j e^{i\varphi_j} \tag{2.2.51}$$

可以证明，晶胞中原子（坐标 XYZ）与原点（000）之间的相位差 φ，可以用以下式子表示：

$$\varphi_j=2\pi(HX_j+KY_j+LZ_j) \tag{2.2.52}$$

公式（2.2.51）和式（2.2.52）对任何晶系都是适用的。因此，对于 HKL 晶面的结构振幅 F_{HKL}，其复指数表达式为

$$F_{HKL}=\sum_{j=1}^{n} f_j e^{2\pi i(HX_j+KY_j+LZ_j)} \tag{2.2.53}$$

一般情况下，晶胞散射波的强度与结构振幅 F_{HKL} 的平方 $|F_{HKL}|^2$ 成正比，也就是正比于散射波振幅的平方。$|F_{HKL}|^2$ 称为结构因子，受晶胞中原子种类 f、原子个数 n、原子位置 (X,Y,Z) 对（HKL）晶面衍射方向上衍射强度的影响，在 X 射线晶体学中占有重要的地位。

由此可见，X 射线衍射产生的充分必要条件是：

① 满足布拉格方程；

② 结构因子 F 不为 0。

（4）消光规律

1）简单晶胞　如图 2.2.15 所示，对于简单晶胞，在坐标原点（0，0，0）含有一个等效原子（空心球）。

代入式（2.2.54）并结合欧拉公式 $e^{ix}=\cos x+i\sin x$ 可得

$$\begin{aligned}F&=fe^{2\pi i(0)}=f\\|F|^2&=f^2\end{aligned} \tag{2.2.54}$$

即 F 与 hkl 无关，所有晶面均可产生 X 射线衍射。

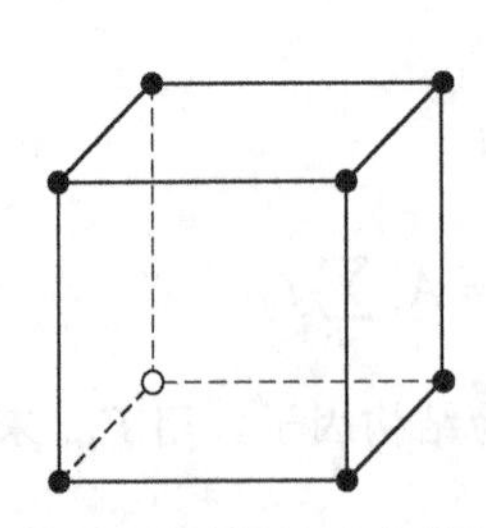
图 2.2.15　简单晶胞中的等效原子

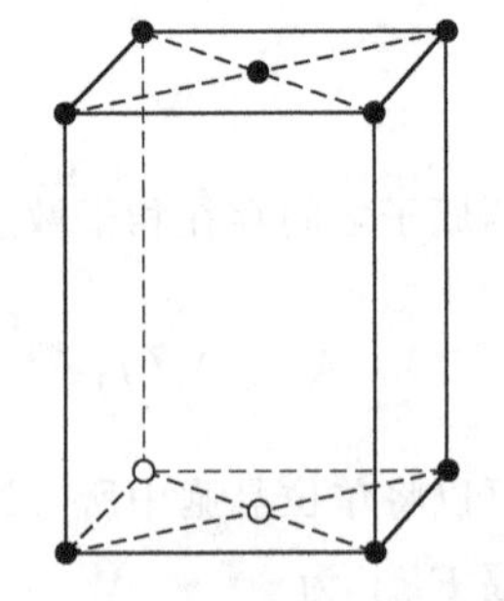
图 2.2.16　底心晶胞中的等效原子

2）底心晶胞　如图 2.2.16 所示，对于底心晶胞，在坐标原点（0，0，0）和坐标（1/2，1/2，0）两个位置各有一个等效原子。因此式（2.2.53）展开即可得

$$F=fe^{2\pi i(0)}+fe^{2\pi i(h/2+k/2)}=f[1+e^{\pi i(h+k)}] \tag{2.2.55}$$

在式子中，$h+k$ 一定是整数，以下分两种情况进行讨论：

① 如果 h 和 k 均为偶数或均为奇数，则 $h+k$ 为偶数

$$F=2f,\quad F^2=4f^2 \tag{2.2.56}$$

② 如果 h 和 k 一奇一偶，则 $h+k$ 为奇数，$F=0$，$F^2=0$。

不论哪种情况，l 值对 F 均无影响。

由上可见，(111)、(112)、(113)、(021)、(022)、(023) 等面反射的 F 值相同，均为 $2f$，而 (012)、(013)、(101)、(102)、(103) 等晶面的 F 值均为 0。

3）体心晶胞　如图 2.2.17 所示，对于体心晶胞，在坐标原点 (0,0,0) 和坐标 (1/2,1/2,1/2) 两个位置各有一个等效原子。

因此式 (2.2.53) 展开即可得

$$F=f\mathrm{e}^{2\pi i(0)}+f\mathrm{e}^{2\pi i(h/2+k/2)}=f[1+\mathrm{e}^{\pi i(h+k+l)}] \tag{2.2.57}$$

由 $\mathrm{e}^{n\pi i}=(-1)^n$

故当 $h+k+l$ 为偶数，$F=2f$，$F^2=4f^2$；

当 $h+k+l$ 为奇数，$F=0$，$F^2=0$。

因此对体心晶胞，有以下两点结论：

① $h+k+l$ 等于偶数时衍射强度不为 0，例如 (110)、(200)、(211)、(310) 等均有衍射；

② $h+k+l$ 等于奇数时衍射强度为 0，(100)、(111)、(210)、(221) 等均无衍射。

4）面心晶胞　如图 2.2.18 所示，对于面心晶胞，在坐标 (0,0,0)、(1/2,1/2,0)、(1/2,0,1/2)、(0,1/2,1/2) 四个位置各有一个等效原子。

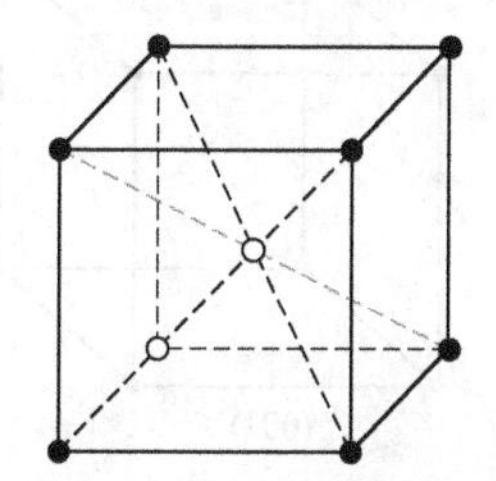

图 2.2.17　体心晶胞中的等效原子

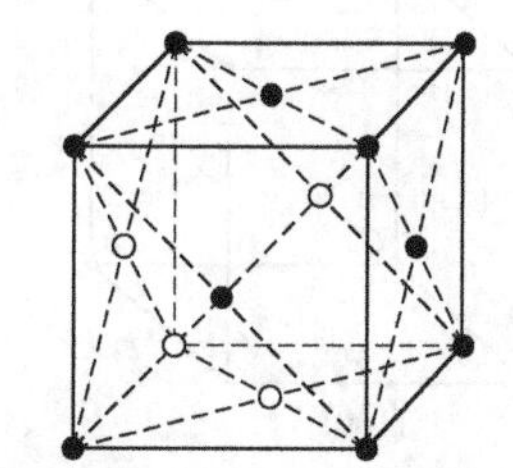

图 2.2.18　面心晶胞中的等效原子

$$\begin{aligned}F&=f\mathrm{e}^{2\pi i(0)}+f\mathrm{e}^{2\pi i(h/2+k/2)}+f\mathrm{e}^{2\pi i(k/2+l/2)}+f\mathrm{e}^{2\pi i(h/2+l/2)}\\&=f[1+\mathrm{e}^{\pi i(h+k)}+\mathrm{e}^{\pi i(l+k)}+\mathrm{e}^{\pi i(h+l)}]\end{aligned} \tag{2.2.58}$$

因此对面心晶胞，有以下两点结论：

① 当 h，k，l 为全奇或全偶，$h+k$、$k+l$ 和 $h+l$ 必为偶数，故 $F=4f$，$F^2=16f^2$；

② 当 h，k，l 中有两个奇数或两个偶数时，则在 $h+k$、$k+l$ 和 $h+l$ 中必有两项为奇数，一项为偶数，故 $F=0$，$F^2=0$。

所以 (111)、(200)、(220)、(311) 等有反射，而 (100)、(110)、(112)、(221) 等无反射。

综上所述，系统消光和不消光的规律可用表 2.2.1 阐述。

表 2.2.1　布拉菲各类晶胞对 X 射线衍射消光和不消光的晶面规律

布拉菲点阵	出现衍射线	不出现衍射线
简单立方	全部出现	—
底心立方	$h+k$ 为偶数	$h+k$ 为奇数
体心立方	$h+k+l$ 为偶数	$h+k+l$ 为奇数
面心立方	h，k，l 为全奇或全偶	h，k，l 中两奇一偶 或两偶一奇

以上消光规律和式（2.2.53）的推演都是基于同类原子的晶胞的构想。如果晶胞中有异种原子存在，必须在 F 的求和公式中考虑各个原子的散射因子 f。因此消光规律和反射强度都会发生相应的变化。例如，一种合金当中原来不存在的衍射线，因为热处理形成长程有序结构以后在 XRD 图谱中出现了，即形成了所谓的超点阵谱线，其形成原因就是晶胞中异种原子使得 F 发生变化。

2.2.3.2　多重性因子

通常情况下，将晶面间距相同、原子排列规律相同的晶面称为等同晶面。例如立方晶系 {100} 的晶面簇有（100）、（010）、（001）等 6 个等同晶面（如图 2.2.19）。在满足布拉格衍射方程的情况下，等同晶面簇中所有晶面均可参与衍射，形成同一个衍射圆锥。等同晶面越多，参与衍射的晶面越多，晶面簇对衍射强度的影响越大。例如立方晶系的 {111} 晶面簇有 8 个等同晶面，与 {100} 的 6 个等同晶面比，前者数量是后者的 4/3 倍。因此在其他条件均相同的情况下，{111} 对 X 射线的反射强度也是 {111} 的 4/3 倍。

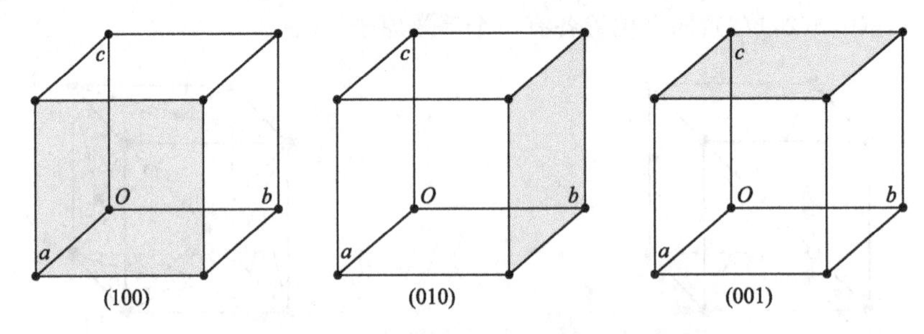

图 2.2.19　立方晶系 {100} 的部分等同晶面

因此，等同晶面的数目对于衍射强度的影响不可忽略，在研究不同晶面的衍射强度时，这一因素应当予以考虑。人们将等同晶面的个数对衍射强度的影响因子称为多重性因子，常用 P 来代表等同晶面数目，例如上述立方晶系的 {111} 晶面簇的多重性因子 P 为 8，而 {100} 的 P 值为 6。所有晶系的多重性因子见表 2.2.2。

表 2.2.2　各系的多重性因子

晶系	$H00$	$0K0$	$00L$	HHH	$HH0$	$HK0$	$0KL$	$H0L$	HHL	HKL
立方	6			8	12	24			24	48
三方 六方	6		2		6	12				24

续表

晶系	$H00$	$0K0$	$00L$	HHH	$HH0$	$HK0$	$0KL$	$H0L$	HHL	HKL
四方	4		2		4	8		8		16
斜方		2					4			8
单斜		2				4		2		4
三斜		2					2			2

2.2.3.3 角因数

在实际衍射中，入射X射线并非绝对平行，X射线也绝非完全单色，依据布拉格公式，会有 $2d\sin(\theta_B+\delta)=\lambda+\Delta\lambda$（$\theta_B$ 为布拉格角，δ 为偏离角度）。衍射方向虽然在布拉格角 θ_B 方向最大，但稍微偏离一定角度（δ）时，强度也不会为零，因此实际的衍射线是一个具有一定宽度的衍射峰，而不是一条线。一般测试时，晶体会在布拉格角 θ_B 的左右 $\pm\delta$ 范围内旋转，把全部衍射记录在底片或者计数器上。把这些被记录的能量进行积分所得的强度，就是衍射强度。而积分强度则是强度分布曲线下所涵盖的面积（如图 2.2.20）。这种积分强度与X射线的衍射线位置、参与衍射的晶粒数、晶粒的大小等因素有关，以下分别进行讨论。

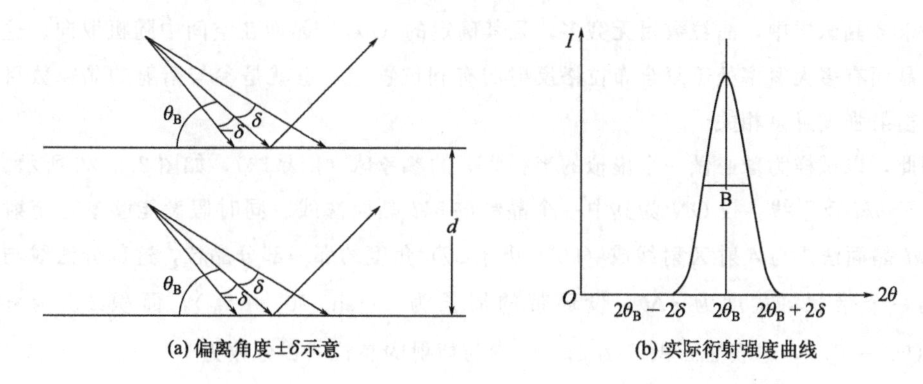

图 2.2.20　入射X射线的偏离角度 $\pm\delta$ 示意与实际衍射强度曲线

（1）晶粒大小的影响

之前在讨论布拉格方程时默认晶粒是无限大的，然而实际情况是晶粒也可能非常小，例如纳米晶粒，会对衍射产生一定的影响，因此有必要对其影响进行探讨。

根据前人研究总结的规律，衍射强度和衍射角的关系可以写成式（2.2.59），它反映了晶粒大小对衍射强度的影响。

$$I\propto\frac{\lambda^3}{\sin2\theta V_c}\tag{2.2.59}$$

式中，V_c 为晶粒体积。

（2）衍射线位置

在 2.3 节将要讲述的德拜法用于粉末多晶X射线衍射时，粉晶样品的衍射圆锥面与底片相交构成感光弧对，而衍射强度均匀分布在圆锥面上，圆锥面越大（θ_B 越大），单位弧长上的能量密度越小，在 $2\theta=90°$时，能量密度最小。因此，就衍射强度而言，我们往往以几个圆弧上的单位弧长的能量密度（积分强度）为研究目标，圆锥的衍射线长度为 $2\pi R\sin2\theta_B$，如图 2.2.21 所示。因此单位弧长的积分强度与 $1/\sin2\theta_B$ 成正比，衍射强度呈如下关系：

$$I \propto 1/\sin2\theta_B \tag{2.2.60}$$

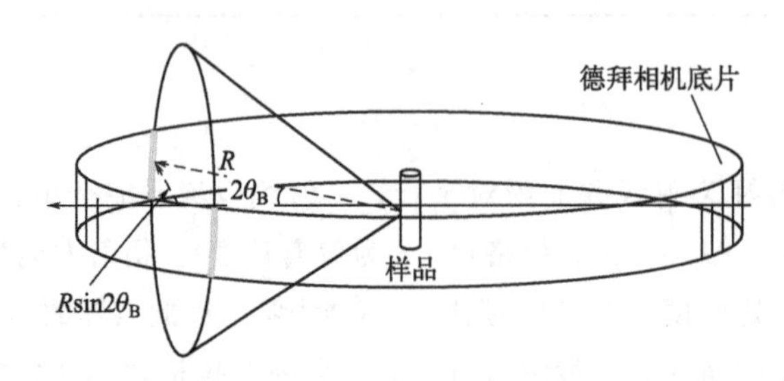

图 2.2.21　德拜法中的衍射圆锥与底片的相交过程

（3）参与衍射的晶粒数目

粉末多晶试样中，晶粒数目无穷多，且其确定的（hkl）晶面在空间中随机取向。这些无穷多的晶面有多大概率处于复合布拉格反射的有利位置上，也就是参与衍射的晶粒数目有多少，跟衍射强度息息相关。

因此，以试样为球心做一个虚拟的半径为 r 的参考球（倒易球），如图 2.2.22 所示。

对于 hkl 反射线，设 ON 为其中一个晶粒的 hkl 晶面法线。同时假设能够参与衍射的仅仅是 hkl 晶面法线与入射 X 射线成（$90°-\theta_B\pm\Delta\theta$）角度的那一部分晶粒，这部分法线与球面相交成一个带状，宽度为 $r\Delta\theta$。设环带的周长为 $2\pi r\sin(90°-\theta_B)$，面积 ΔS 为 $r\Delta\theta\times2\pi r\sin(90°-\theta_B)$，球表面面积 S 为 $4\pi r^2$，参与衍射的晶粒的百分数为

$$\frac{\Delta S}{S}=\frac{r\Delta\theta\times2\pi r\sin(90°-\theta_B)}{4\pi r^2}=\frac{\Delta\theta\cos\theta_B}{2} \tag{2.2.61}$$

由此可见，粉末多晶体的衍射强度与参与衍射晶粒数成正比，最终与衍射角相关关系为 $I\propto\cos\theta_B$。

结合式（2.2.59）～式（2.2.61），可以归并 I 与布拉格角 θ_B 的关系：

$$I\propto\left(\frac{1}{\sin2\theta}\right)(\cos\theta)\left(\frac{1}{\sin2\theta}\right)=\frac{\cos\theta}{\sin^2 2\theta}=\frac{1}{4\sin^2\theta\cos\theta} \tag{2.2.62}$$

以上归并因子统称为洛伦兹因子，如果与极化因子 $1/2(1+\cos^2 2\theta)$ 组合并略去常数项 1/8，就可得到洛伦兹-极化因子 $\varphi(\theta)$ ［式（2.2.63）］，它们是角度 θ 的函数，统称为角因数。如图 2.2.23，角度 θ 在 45°时候谱线强度达到最大。

$$\frac{1+\cos^2 2\theta}{\sin^2\theta\cos\theta}=\varphi(\theta) \tag{2.2.63}$$

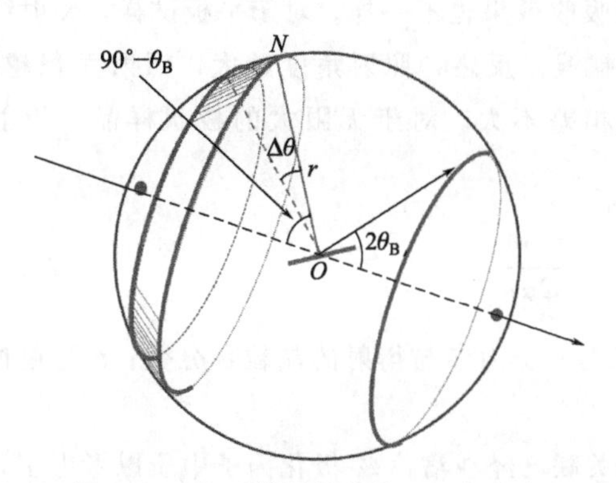

图 2.2.22　反射圆锥的晶面法线分布

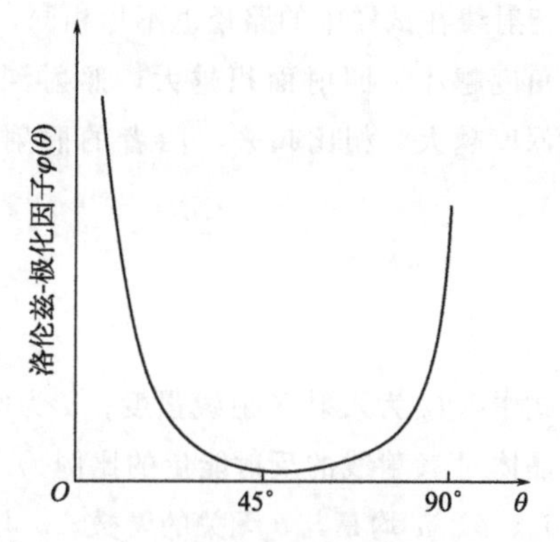

图 2.2.23　洛伦兹-极化因子 $\varphi(\theta)$ 与角度 θ 的关系曲线

2.2.3.4　温度因子

在布拉格方程的推导过程中，原子被理想化处理“固定”在点阵中。而在真实晶格中，原子一直处于以平衡位置为中心的振动状态。其振动偏离原点对 X 射线衍射的影响不可忽视，主要的影响有以下几个方面。

① 温度升高导致晶格膨胀。根据布拉格方程，晶面间距 d 发生改变会导致 2θ 发生变化，利用这一规律可以测定晶体的热膨胀系数。

② 热振动导致的晶格膨胀。使得原子面发生“增厚”效应，符合布拉格衍射的相长干涉不够充分。特别是在高 θ 角区，衍射线由 d 值低的晶面产生，晶面变厚引起的相对误差更大。

③ 随着 2θ 角的增大，各个方向的非相干散射也逐渐增强，这些非相干散射称为热漫散射。热漫散射使得背底增强，因而导致衍射图形的衬度下降。

考虑到以上因素，X 射线衍射强度需要乘以一个系数，称之为温度因子。该系数定义如下：

$$\text{温度因子}=\text{热振动影响之下的衍射强度}/\text{无热振动影响之下的衍射强度}$$
$$=I_T/I=\mathrm{e}^{-2M} \tag{2.2.64}$$

其中

$$M=\frac{6h}{m_a k\Theta}\left[\frac{\varphi(x)}{x}+\frac{1}{4}\right]\frac{\sin^2\theta}{\lambda^2} \tag{2.2.65}$$

式中，h 为普朗克常数；m_a 为原子的质量；k 为玻尔兹曼常数；Θ 为以热力学温度表示的特征温度平均值，也称德拜温度 x 为特征温度与试样的热力学温度之比，即 $x=H/T$；$\varphi(x)$ 为德拜函数；θ 为布拉格角；λ 为入射 X 射线波长。

θ 一定时，温度 T 越高，M 越大，e^{-2M} 越小，衍射强度随之减弱；而 T 一定时，衍射角越大，M 越大，衍射强度也随之减弱。

2.2.3.5　吸收因子

试样对 X 射线的吸收也是影响衍射强度的重要因素。由于试样形状与 X 射线入射方向不同，衍射线在试样中的路径也不尽相同，故而吸收效果也不一样。对于平板试样，X射线照射的角度越小，照射面积越大，照射深度也越浅。反之，照射角度越大，照射面积越小，照射深度越大。相比起来，两者的照射体积相差不大。对于无限大的板状样品，衍射强度为

$$I=\int_0^\infty \mathrm{d}I=\frac{I_0ab}{2\mu} \tag{2.2.66}$$

式中，I_0 为入射X射线强度；μ 为吸收系数；a 为参与衍射的晶粒百分数；b 为单位体积的晶体对X射线的反射能量的比例。

I_0、b、μ 均是与 θ 无关的常数，a 与 θ 的关联已经在洛伦兹-极化因子中予以考虑了，在这里可视为常数。因此，可以得出结论：对于无限厚度的平板样品，在入射角与反射角相等的情况下，吸收系数因子 $A(\theta)\propto 1/(2\mu)$，与 θ 角度无关。吸收系数 μ 越大，X射线衍射强度越低。

对于圆柱试样，设直径为 r，线吸收系数为 μ_l，吸收因子为 $A(\theta)$。如果 r 和 μ_l 比较大时，入射线仅仅穿透一定深度便被吸收殆尽，实际只是表面薄层物质参与了衍射［如图2.2.24（a）］。故吸收因子为布拉格角 θ 和 $\mu_l r$ 的函数。对同一试样，$\mu_l r$ 为定值，则 $A(\theta)$ 随 θ 的增大而增大，在 $\theta=90°$ 时为最大值，一般设为1。对于不同的 $\mu_l r$，在同一 θ 处，$\mu_l r$ 越大 $A(\theta)$ 越小［如图2.2.24（b）］。

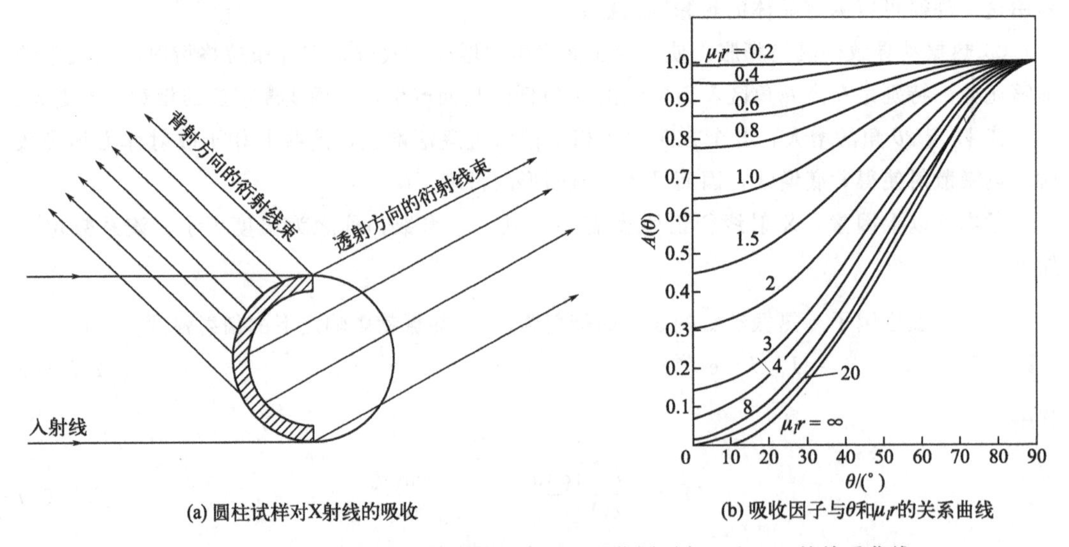

(a) 圆柱试样对X射线的吸收

(b) 吸收因子与θ和$\mu_l r$的关系曲线

图2.2.24　圆柱试样对X射线的吸收以及吸收因子与 θ 和 $\mu_l r$ 的关系曲线

思考题

1. 名词解释：结构因子、多重因子、洛伦兹因子、系统消光。

2. 衍射强度公式中各参数的含义是什么？

3. 多重性因子、吸收因子及温度因子是如何引入多晶体衍射强度公式的？衍射分析时如何获得它们的值？

4. “衍射线在空间的方位仅取决于晶胞的形状与大小，而与晶胞中的原子位置无关；衍射线的强度则仅取决于晶胞中原子位置，而与晶胞形状及大小无关。”此种说法是否正确？

5. 有人说：“当X射线在原子列上反射时，相邻原子散射线在某个方向上的光程差如果不是波长的整数倍，则此方向上必然不存在反射。”此话是否正确？为什么？

6. 将以下几个立方晶系的干涉面按照间距的大小进行排列：(123)、(100)、(311)、(210)、(110)、(030)、(130)。

7. 对简单立方晶体（晶格常数 $a=0.3\text{nm}$）的粉末样品进行XRD分析，试预测最初三根衍射线（2θ 为最小的三根线）的 hkl，并按角度大小顺序排列。（入射线为Cu K_α 的X射线。）

2.3 X射线衍射的分析方法

2.3.1 引言

X射线衍射的定义是：具有特定波长 λ 的X射线照射结晶性物质，因在晶体内遇到规则排列的原子或离子而发生散射，散射线在某些方向上相位得到加强，从而显示与该晶体结构相对应的、特征性的衍射现象。根据被测物质的晶型特征，可将X射线衍射的分析方法初步划分为单晶X射线衍射分析方法和粉末多晶X射线衍射分析方法，以下将对这两种方法展开详细阐述。

2.3.2 单晶衍射分析方法

单晶衍射分析方法可以细分为以下几类。

2.3.2.1 周转晶体法

(1) 周转晶体法原理

这个方法是在单一波长的X射线照射下，旋转或摆动晶体以获得特定的X射线衍射图样。由于波长是固定的，晶面是随着样品的旋转面而发生变化的，在满足布拉格定律的条件下，不同的晶面随着试样的旋转而进入特定的反射位置。

衍射斑排列在层线上，层线上的斑点又依次形成一系列平行线。因此，所有平行于旋转轴的晶面把X射线反射到零层线上。以晶体的 c 轴作为旋转轴，用此法获得的图像具有从 $(hk0)$ 类型晶面反射构成的零层线。类似地，$(hk1)$ 类型晶面分别把X射线反射到中心线上下的第一层线。因此，从层线间隔可以得出晶体的参数。

周转晶体法以单色X射线照射转动的单晶样品，以圆柱形底片与单晶旋转轴同轴，记录其衍射线，这样的衍射花样容易准确测定衍射图。

晶体的衍射方向和衍射强度，适用于未知晶体的结构分析。周转晶体法能够分析对称性较低的晶体（如正交、单斜、三斜等晶系晶体）结构，但应用较少。

单色X射线照射转动的单晶体会产生如下效应：

① 只有一个反射球（埃瓦尔德球），且固定不动；

② 单晶样品在转动的同时，倒易点阵相对反射球转动，于是就有倒易点不断转到反射球上，从而发生布拉格反射；

③ 由于倒易点阵的周期性，衍射斑点在底片上形成几条平行的横线，这种衍射花样可测定晶体的衍射方向和强度，也可用于未知晶体的结构分析（晶胞常数、衍射方法及强度）。

（2）周转晶体法装置

① 周转晶体法用X射线管作为X射线源。利用X射线管产生的特征X射线作为辐射源，经滤波片，获得单色X射线辐射。

② 周转晶体法一般采用针孔圆筒相机，其构造类似于多晶法中的德拜相机。用圆筒形底片记录衍射花样，底片直径多采用57.3mm，宽度约80mm，如图2.3.1所示。单晶X射线经准直光阑入射形成细小光束，垂直照射到位于圆筒轴线的样品上。

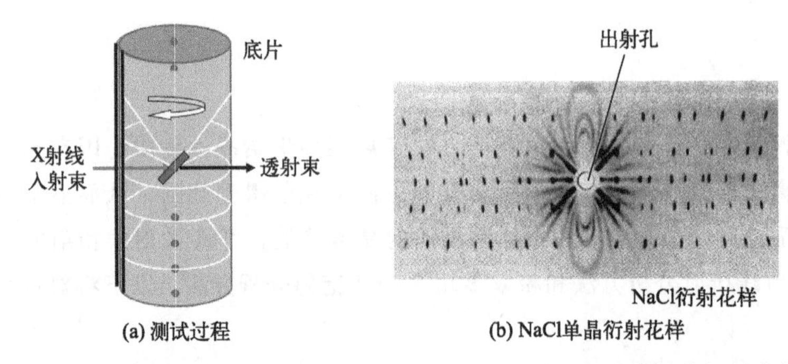

图2.3.1　周转晶体法测试过程及底片展开后显示的NaCl单晶的衍射花样

单晶试样先粘在玻璃丝上，再置于试样的夹头上，确定晶体取向。晶体旋转轴与圆柱底片同轴。

2.3.2.2　劳埃法

前文劳埃方程曾讲述，劳埃法使用X射线管产生的连续X射线。连续X射线所使用的波长范围是$1.1\lambda_0 \sim 11\lambda_0$，$\lambda_0$为短波限，且最强辐射波长在$1.5\lambda_0$处。为获得较强的连续X射线，劳埃法常选用重元素W作为射线管的靶材。W的熔点高，耐高温性强，且不易被钨丝阴极污染，使用寿命长。

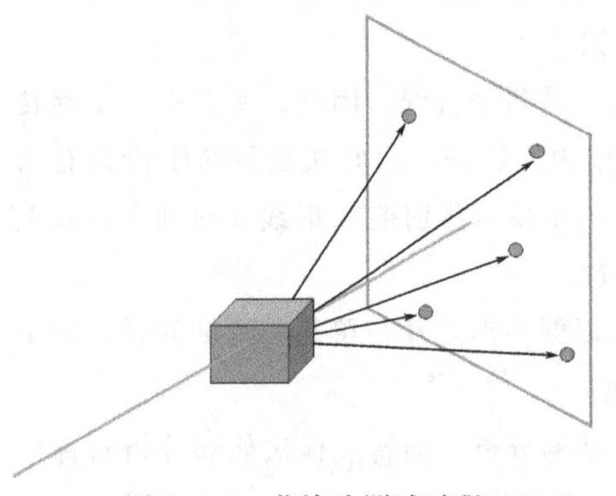

图2.3.2　劳埃法测试过程

劳埃法中采用的X射线管的焦点一般是点状焦点，使用的相机为平板相机，又称为劳埃相机。如图2.3.2所示：X射线经准直光阑约束后，形成细束照射到样品上，在垂直于入射束的方向设置感光底片。根据底片的设置位置不同，可分为透射劳埃法和背射劳埃法。透射劳埃法通常用来分析薄片状的试样，它对X射线来说是透明的；而背射劳埃法是用来分析块状不透明样品的。两者都是用来测试单晶的，有时候也可测试多晶中较为大块的晶粒。

（1）劳埃法测试原理

① 衍射斑点的形成：因为晶体的位置固定不动，采用的X射线是连续X射线，因此入射束与每个晶面（hkl）都会发生反射，生产波长为 $\lambda=2d_{hkl}\sin\theta$ 的光子衍射，由此关系可知，面间距小于 $\lambda_0/2$ 的晶面是不能成为反射面的。这些衍射会在反射束与底片的交会处留下斑点，称之为单晶的劳埃斑点（如图 2.3.3）。劳埃斑点不一定是单色的，平行晶面具有同一方向的反射束。如果某晶面（hkl）所产生的反射束的波长为 λ，那么晶面（$2h,2k,2l$），（$3h,3k,3l$），…，（nh,nk,nl）产生的反射束波长分别为 $\lambda/2$，$\lambda/3$，…，λ/n。n 的取值是有限的，因为 λ/n 不可能小于 λ_0。由此可知，晶面（hkl）的反射束中包含了 λ 及其谐波的波长成分。

② 衍射晶面取向和对称性：劳埃法主要用于测定晶体的取向和对称性。劳埃斑点的分布与晶体取向息息相关，同一晶带上各个晶面系的反射斑点在背射劳埃相上可连成双曲线，在透射劳埃相上可以连成过中心的椭圆，因此利用劳埃法测定晶体取向是可行的。

如图 2.3.4 透射法所示，劳埃斑点 P 所对应的反射晶面的法线 n 是入射线 ZO 和反射线 PO 夹角的补角 $\angle ZOP$ 平分线，因此可以根据 P 的位置确定反射晶面法线 n 的方位。在确定了所有的劳埃斑点所对应的反射晶面法线方向之后，将它们投射到投影面上。劳埃斑点 P 至中心的距离为

$$Po=Oo\tan(180°-2\theta)=D\tan(180°-2\theta) \tag{2.3.1}$$

式中，D 为试样至底片的距离，等于 Oo。

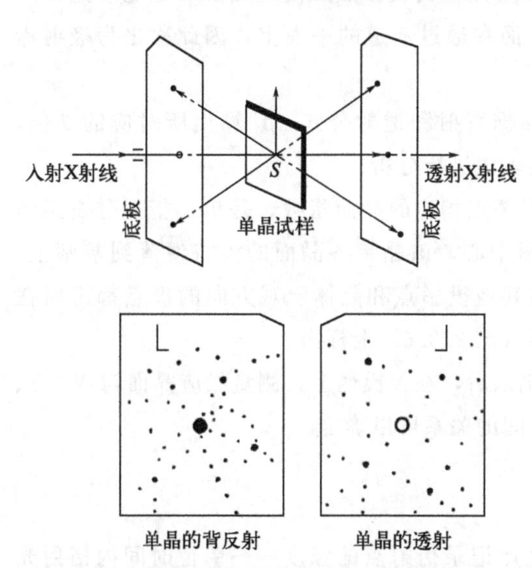

图 2.3.3　劳埃法原理及测得的单晶衍射斑点

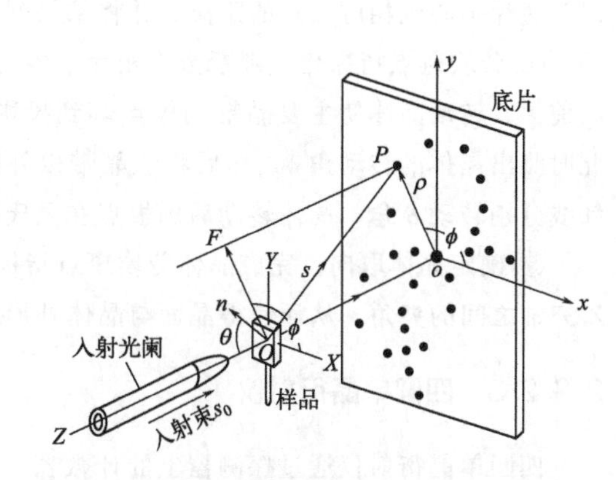

图 2.3.4　劳埃法确定斑点至底片中心的距离

（2）劳埃法试验步骤

① 对于同一样品，摄取其背射和透射的劳埃像。

② 确定主要晶带并将斑点编号。

③ 做出极射赤面投影图。极射赤面投影的原理是：将待观察晶体置于参考球体的球心。晶体上某一晶面的法线 s 与参考球体的上半球面相交形成极点 A。如下半球极点 S（南极）向 A 投射直线，与赤道平面相交于 P，P 为 A 的极射赤面投影点。如图 2.3.5 所示。同理，P'为 B 的极射赤面投影点。

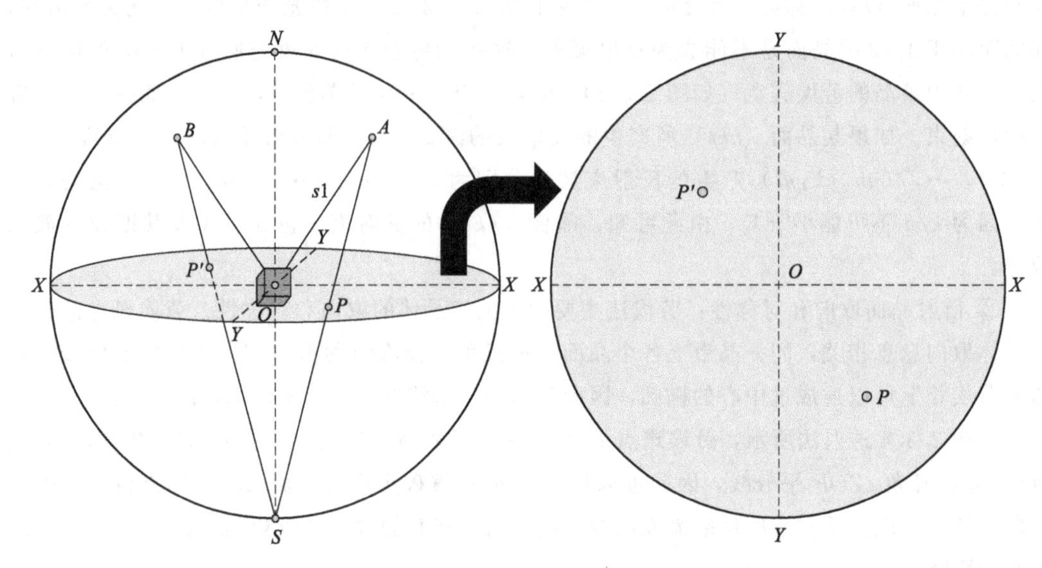

图 2.3.5　极射赤面投影

晶体中点阵平面的球面投影极点在上半球以内者，均可投影在基圆以内。而极点在下半球者，则投影到基圆以外。越是远离 P 点的球面极点，其投影点距离基圆圆心越近。这样的投影，因为光源在参考球的一个极点上，而投影面在通过赤道的平面上，因此称之为极射赤面投影。

测量已编号的斑点至底片中心的距离，再根据背射和透射公式，计算出所对应的 θ 值，以及底片中心到相应极点的距离，并将结果列入表中进行分析。

④ 劳埃斑点指标化。判断劳埃相片中各衍射斑点相应的晶面指数，是单晶衍射分析工作的前提。转动晶体使主要晶带轴极点落到投影图中心，该晶带各晶面的极点便落到基圆上，此时测出晶体的转动角 δ，然后将该晶带以外的其他投影点和晶体宏观方向的极点都沿所在纬线分别转动 δ 角，晶体转动后的极点在吴氏网（图 2.3.6）上标出。

⑤ 确定晶体取向。完成晶体劳埃斑点指标化以后，在吴氏网上，测量相应晶面与 X、Y、Z 三轴之间的夹角，从而使得晶面与晶体外形之间的关系可以确定。

2.3.2.3　四圆单晶衍射仪

四圆单晶衍射仪通过探测器上的计数器，逐点记录衍射点的强度——单位时间内衍射光束的光子数。入射光和探测器处在一个平面内，称为赤道平面。晶体则位于入射光与探测器轴线的交点，探测器可在此平面内绕交点旋转。因此只有那些法线在此平面内的晶面簇，才可能通过样品和探测器的旋转，在适当位置发生衍射并被记录下来。通过让晶体做三维旋转，有可能将那些不在赤道平面内的晶面簇法线转到赤道平面内，从而使其发生衍射并能被记录，四圆单晶衍射仪正是以此设计的。依据上述原理，设计构造出了两种四圆单晶衍射仪，如图

2.3.7 所示。

此方法的特点是强度数据准确，灵敏度高。用计算机通过程序控制来完成自动寻峰、测定晶胞参数、收集衍射强度数据，以及根据消光条件来确定晶体结构等工作。

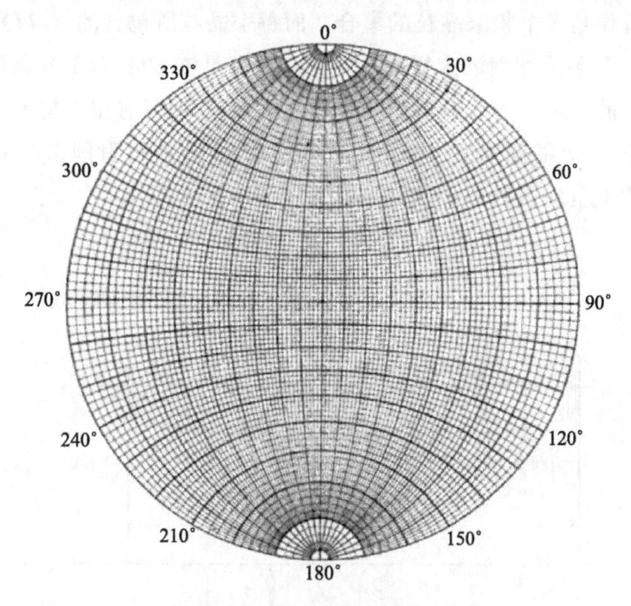

图 2.3.6　极射赤面投影吴氏网

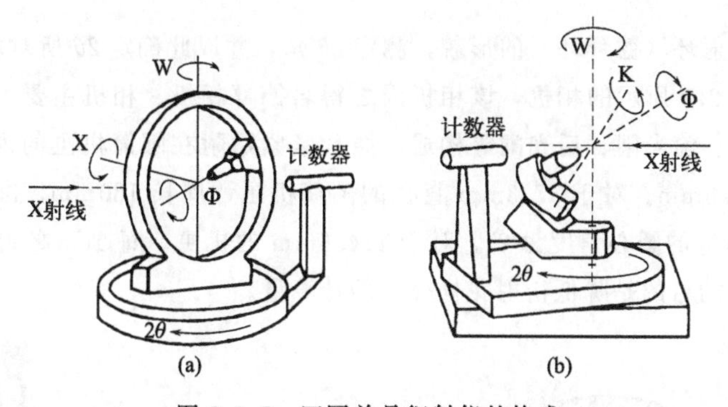

图 2.3.7　四圆单晶衍射仪的构成

2.3.3　粉末多晶衍射分析方法

X 射线粉末衍射是多晶样品物相结构分析最常用、最基本的分析方法。多晶样品常制成粉末状（微米甚至纳米尺度）。粉末样品在材料当中很常见，制备相对容易，且粉末试样最符合多晶试样的条件，没有块状试样中难以避免的结构特征带来的问题（例如粗大晶粒）。此外，也可以把每个多晶的晶粒视为微/纳米粉末。综上所述，多晶衍射可以被称为粉末衍射。

X 射线粉末衍射常用的方法有两种：一种是照相法，另一种是衍射仪法。照相法是由德国物理学家德拜（Debye）和谢乐（Scherrer）于 1916 年提出的。随后照相法又发展出了三种不同的方法：德拜-谢乐法、聚焦照相法、针孔法。衍射仪法是盖革（Geiger）与米勒（Müller）首先开发的方法。照相法与衍射仪法的共同点在于：①都遵从晶体衍射的布拉格方程；②都采用单色 X 射线辐射；③样品均为粉末多晶样品。

2.3.3.1 照相法

粉末样品可以看作是多个粉末晶粒的集合，而每个晶粒所包含的（hkl）面随晶粒在空间中随机分布。当入射 X 射线照射粉末样品的时候，总有足够多的（hkl）面满足布拉格衍射方程，在空间某个特定的方位（与入射角成 2θ 的方向上）出现衍射相干现象。这些衍射线的集合，就呈现一个顶角为 4θ 的圆锥面（如图 2.3.8 所示）。这些衍射圆锥与底片相交就会使底片曝光，从而在底片上呈现衍射环，也称之为德拜环。

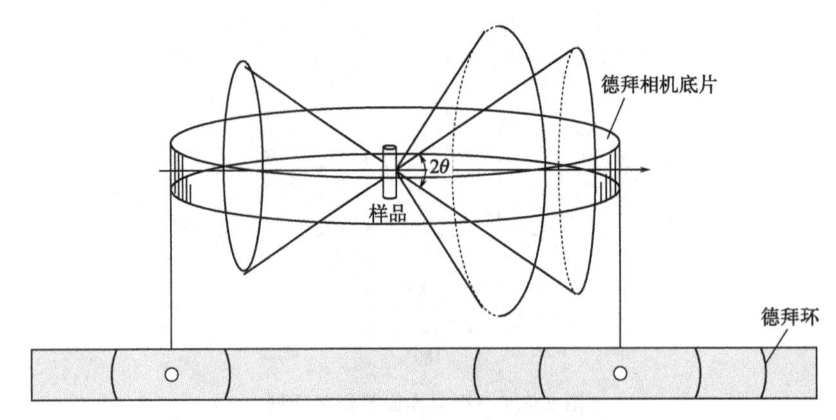

图 2.3.8　粉末样品的衍射锥面和德拜环

为记录这些衍射环（德拜环）的形貌，测定 2θ 角，并以此确定 2θ 所对应的 hkl 晶面，德拜等设计了如图 2.3.9 所示的相机，该相机因之得名德拜相机。相机主要由密不透光的金属筒状机匣、试样架、前光阑、后光阑等构成。照片紧紧贴附在圆筒机匣的内壁，直径一般采用 57.3mm 或 114.6mm。对于 57.3mm 直径的圆筒机匣，周长 180mm，圆心角为 360°。因此每 1cm 的圆弧对应的圆心角度为 2°。对于 114.6mm 的机匣，每 1cm 的圆弧对应的圆心角度为 1°。这样设计的目的是降低衍射花样公式的计算量。

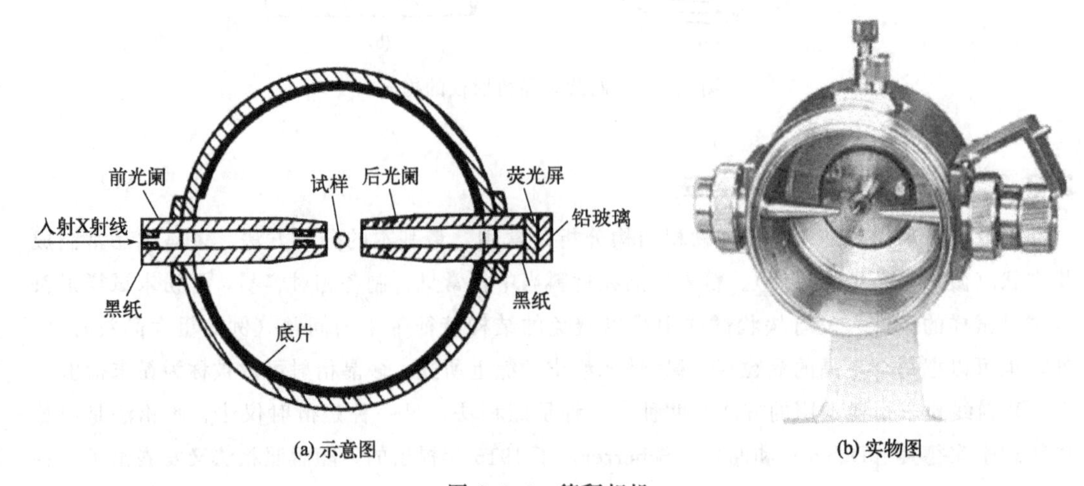

(a) 示意图　　(b) 实物图

图 2.3.9　德拜相机

前光阑孔由重元素合金制成，对防止荧光辐射增加底影黑度有效果。光阑和相盒采用锥孔连接，安装方便，重复安装精度高，适合暗室操作。前光阑的作用是限制入射线的不平行度，固定其位置和方向，提升入射线的准直度。后光阑的作用是监视入射线和试样的相对位置，吸收透射的X射线，保护操作人员的安全。调整样品由机壳外部调整螺旋完成，照相底片采用偏装法装入相盒，通过拉紧销把底片拉紧。照相法的试验方法如下。

（1）试样的制备

常用试样为圆柱形的粉状集合体或细棒，直径一般0.5mm，长度10mm左右。脆性样品一般用玛瑙罐通过球磨机进行研磨，颗粒度大小经过筛后控制在250～325目之间。

颗粒粉末过大或者过细都不利于观察。过大的样品（直径$>10^{-3}$cm）因为晶粒数目少，导致衍射环不连贯，在底片上不连续的线条难以分析2θ角；而过小的样品（直径$<10^{-5}$cm）会导致衍射线条变宽，同样难以准确分析2θ角。

一些采用锉刀或者机械研磨的金属样品，因为存在着内应力，同样会导致衍射线条宽化，影响分析准确性。需要首先在真空环境或保护性气氛下进行退火，以消除内应力。

（2）底片的安装

长底片与机匣紧贴。底片的安装方式根据圆筒底片开口处的位置，可分为以下三种方式。

① 正装法［如图2.3.10（a）］。X射线从底片开口处入射，从底片中心孔（预先打孔）位置穿出。低衍射角的衍射线将接近中心孔，高衍射角的衍射线靠近底片的端部。该方法可用于物相的定性分析，高角度衍射线的分辨率高，能把$K_{\alpha1}$和$K_{\alpha2}$双线区分开，可以作为判断依据。

② 反装法［如图2.3.10（b）］。与正装法相反，X射线从底片中心孔（预先打孔）位置入射，从底片开口处穿出。高衍射角的衍射线对称分布于中心孔附近，形成高角弧对。这些弧对的间距较小，因此由底片收缩造成的误差也较小，适用于点阵常数的测定。

③ 偏装法［如图2.3.10（c）］。在底片上打两个孔，分别安装于X射线的前光阑和后光阑处，X射线分别入射和穿出这两个孔，在这两个孔附近留下进出两组衍射弧对。这种方法兼具了正装和反装的一些优势，可有效消除因底片收缩、试样偏心、相机半径不准等造成的测试偏差，成为目前较为常用的底片安装方法。

（3）德拜花样的测量和计算

在底片上留下的德拜花样，是衍射锥面与底片的交线，代表的是$\{hkl\}$晶面簇对X射线产生相干散射之后的衍射信号（衍射弧）。利用德拜花样，可以确定衍射线的相对位置和相对强度。

可以利用衍射线的相对位置推导出衍射角，求出产生衍射圆弧对的衍射晶面的间距S，进而根据晶面指数，计算晶胞常数，具体方法如下（参考图2.3.11）。

① 将圆弧对编号，将底片展开，测量衍射圆弧对的间距S。

② 根据弧与圆心角的关联，可将公式写为式（2.3.2）

$$S=2L=R\times 4\theta \tag{2.3.2}$$

式中，L为孔到花样线的距离；R为圆弧半径；θ的单位为rad。

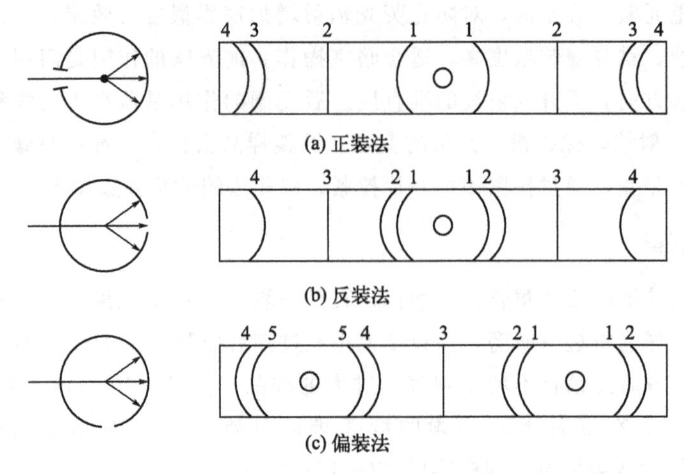

图 2.3.10　德拜相机机匣中底片的三种安装方式

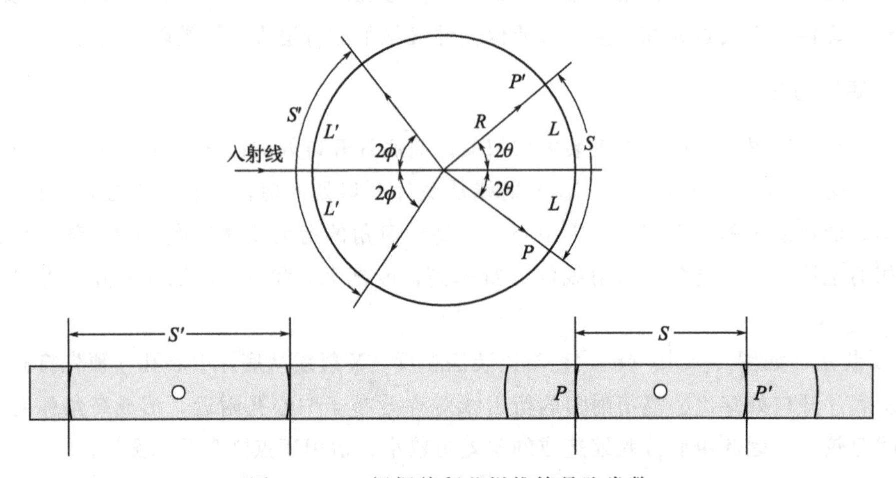

图 2.3.11　根据德拜花样推算晶胞常数

③ 对于正装法

$$S=2L=R\times 4\theta\left(\frac{2\pi}{360^{\circ}}\right)=4R\theta/57.3 \tag{2.3.3}$$

$$\theta=57.3L/2R \tag{2.3.4}$$

求算出 θ 后，可代入布拉格衍射方程，从而求出晶面间距 d。

当相机直径 $2R$ 为 57.3mm 时，$\theta=L$；而当相机直径 $2R$ 为 114.6mm 时，$\theta=L/2$。

④ 对于反装法 $2\phi=180^{\circ}-2\theta$，则

$$S'=R\times 4\phi(2\pi/360^{\circ})=4R/57.3(90^{\circ}-\theta) \tag{2.3.5}$$

当直径 $2R$ 为 57.3mm 时，

$$\theta=90^{\circ}-L' \tag{2.3.6}$$

当直径 $2R$ 为 114.6mm 时，

$$\theta = 90° - L'/2 \tag{2.3.7}$$

对于衍射线相对强度，无法定量分析，但可将强度大致分为五级进行判定。更精确的强度量化分析，则需借助X射线衍射仪。

（4）衍射花样指标化

衍射花样指标化就是确定每个衍射圆环所对应的晶面指数。在金属或合金的衍射当中，常遇到的晶系是立方、六方、正方晶系，它们各自对应的衍射花样和指标化是不同的。下面以立方晶系为案例，讲述指标化的方式。

首先我们将立方晶系的面间距与晶格常数的关系 $d=\frac{a}{\sqrt{h^2+k^2+l^2}}$ 代入布拉格方程，得到

$$\sin^2\theta = \frac{\lambda^2}{4a^2}(h^2+k^2+l^2) \tag{2.3.8}$$

此时该公式是难获得解的，需要借助不同的 $\sin^2\theta$ 之比，得到一组数列。即

$$\sin^2\theta_1 : \sin^2\theta_2 : \sin^2\theta_3 : \cdots = N_1 : N_2 : N_3 : \cdots \tag{2.3.9}$$

N 为整数，且

$$N = h^2+k^2+l^2 \tag{2.3.10}$$

把所有晶面指数及平方和 N 列表得表2.3.1。

表2.3.1　立方晶系的晶面指数及平方和 N

hkl	简单立方 N	体心立方 N	面心立方 N
100	1	—	—
110	2	2	—
111	3	—	3
200	4	4	—
210	5	—	—
211	6	6	—
220	8	8	8
221	9	—	—
300	—	—	—
310	10	10	—
311	11	—	11
…	…	…	…

这些特征反映了晶体的结构消光规律，其 $\sin^2\theta$ 值构成的连比数列特征，为指标化分析提供了便利，特别是在区分体心立方点阵和面心立方点阵方面。我们知道体心立方点阵的数列特征为2：4：6：8：10…或简化为1：2：3：4：5…而面心立方点阵的特征为1：1.33：2.67：3.67：4：5.33：6.33…两者极易区分。因此，得出一个规律：在进行指标化之前，只

需计算衍射线的 $\sin^2\theta$ 值，并列出连比数列，就可以大致确定其对应的晶型结构，从而可推断出各衍射线所对应的晶面指数。

由表可见，三种晶型的晶面指数的平方和之比，规律是不同的。特别是简单立方和体心立方，在数列最初几个 $N_i : N_1$ 是相同的，但是后面会出现分化。因此应该尽量多利用一些衍射线的数列进行对比。

（5）分辨率

一般而言，以衍射线中最近邻的两条线的分离程度来定量表征相机的分辨本领。该分辨本领表示分辨因晶面间距 d 变化（Δd）引起的衍射线条相对位置发生变化（ΔL）的灵敏度。

我们设定分辨本领表示为 φ，φ 值越高，分辨本领越强，分辨率越高。则根据以上分析得到的ΔL 可以写为以下形式：

$$\Delta L=\varphi(\Delta d/d) \tag{2.3.11}$$

$$\varphi=\Delta L/(\Delta d/d) \tag{2.3.12}$$

根据前面 $2L=R\times 4\theta$（θ 角度为弧度），则两边积分得到

$$\Delta L=2R\Delta\theta \tag{2.3.13}$$

又根据之前的布拉格衍射方程 $2d\ \sin\theta=n\lambda$，公式两边取微分，则

$$(\Delta d)\,2\sin\theta+2d\,\Delta\theta\cos\theta=0 \tag{2.3.14}$$

则

$$(\Delta d)\sin\theta=-d\,\Delta\theta\cos\theta \tag{2.3.15}$$

得到

$$-\operatorname{ctan}\theta\Delta\theta=\frac{\Delta d}{d} \tag{2.3.16}$$

将式（2.3.16）与$\Delta L=2R\ \Delta\theta$ 一同代入式（2.3.12），求解 φ，则

$$\varphi=2R\Delta\theta/(-\operatorname{ctan}\theta\Delta\theta)=-2R\tan\theta \tag{2.3.17}$$

进一步地代入布拉格方程 $\sin\theta=n\lambda/2d$，可以将公式写为

$$\varphi=-2R\ \frac{\sin\theta}{\sqrt{1-\sin^2\theta}}=-2R\ \frac{n\lambda}{\sqrt{2d^2-(n\lambda)^2}} \tag{2.3.18}$$

根据以上公式可知，分辨率 φ 的绝对值与以下几个因素相关。

① 相机半径 R　当其他参数不变时，增大相机半径将有助于提高分辨率。但相机半径过大，也将延长曝光时间，并增加空气散射引起的噪音背底。

② 顶角 θ　θ 角越高，则分辨率越高。由此可知，在高角度范围，X 射线特征峰双线 $K_{\alpha1}$ 和 $K_{\alpha2}$ 是可以区分开的。

③ X 射线的波长 λ　λ 越长，分辨本领（φ）越高。因此有时候为了提高衍射线的分辨率，常采用高波长的特征 X 射线。

④ 面间距 d　d 越大，φ 的绝对值越小，分辨本领越低。说明晶胞尺度过大，对分辨本领会带来不利影响。

2.3.3.2 X 射线衍射仪法

X 射线衍射的照相法是较为早期的研究方法，其优势在于：

① 可以确定晶体的取向和判断晶粒度；

② 样品用量小，通常 1mg 样品即可。

但也存在着一些缺陷，比如：

① 拍摄时间较长，通常需要 10～20 小时才能获得一张底片；

② 衍射线的强度通常难以量化，只能通过明暗来对比其强弱。

相比之下，X 射线衍射仪法克服了上述不足。首先，可以用光子检测器（或称计数器）来代替底片，省去了底片安装、曝光、冲洗等烦琐流程。计数器获得的光子信号正比于衍射线强度，可以非常精确地测定衍射线强度。除此之外，衍射仪法还有测试速度快、信息量大、分辨率高、数据分析简便等优势。因此广泛地应用于各类科研机构。

近代 X 射线衍射仪是在 1943 年弗里德曼的设计基础上制造而成的。从 20 世纪 50 年代开始，X 射线衍射仪便得到了普及和应用。随着现代电子学、计算机、集成电路、传感器等的发展，X 射线衍射技术与上述技术相结合，获得了越来越强大的功能，在高稳定性、高分辨率、全自动、多功能联用等性能方面取得重要进展。

图 2.3.12 所示是粉末衍射仪的工作原理图和实物图。图 2.3.12（a）中 F 为光源点，A_1、A_2 分别为滤波片 1 和 2，S_1、S_2 分别为光阑 1 和 2。粉末衍射仪的核心部件由 X 射线管（源）、测角仪、X 射线探测器（计数器）、样品台、滤波片、光阑等组成。

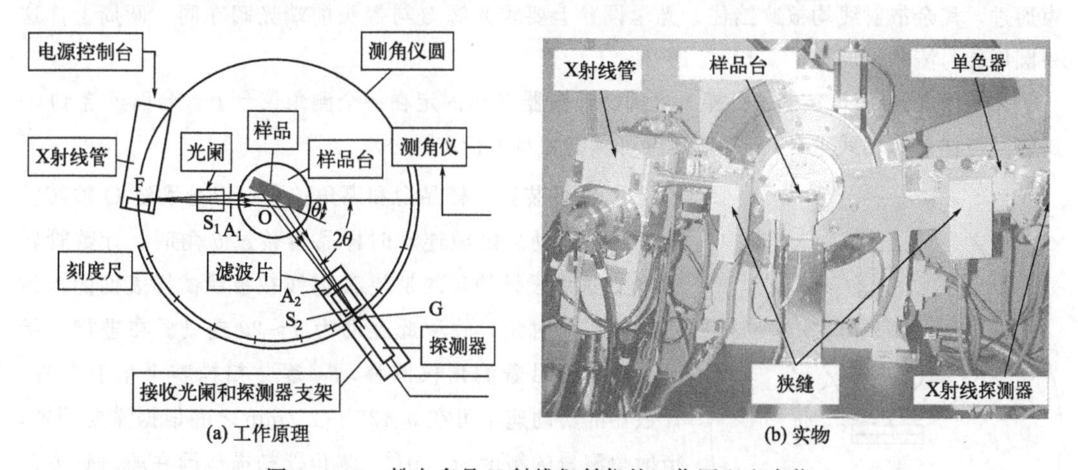

图 2.3.12　粉末多晶 X 射线衍射仪的工作原理和实物

（1）X 射线管

通常选择波长为几个埃的特征 X 射线用于结构分析，这是因为一般物质的点阵常数为几个埃。一些元素（如 Cu）的 K 辐射或 L 辐射波长常在此范围之内。

在一般的 X 射线衍射分析中，通常选用的辐射是 Cu K_α，其波长为 0.1542nm（1.542Å）。

选择此辐射不仅仅因为该波长适合多种分析场合（大多数物质的点阵常数都在此量级），还因为 Cu 作为一种导热性优异的金属，非常适合用作 X 射线管的阳极靶材，电子轰击阳极所产生的热量会被及时疏导。

在 X 射线分析中还需考虑辐射的选择问题，即选择哪种类型的 X 射线管，一般而言需要符合以下三原则。

① 试样不能产生强烈的荧光，因为荧光会成为衍射束的背底噪音信号。

② 衍射线的数量、位置、强度应该符合分析要求。

③ X 射线的入射深度要满足分析的要求。一些元素如 Co、Fe、Mn、Cr、V、Ti 等会强烈吸收 Cu K_α 的信号，造成某些衍射角上衍射线的缺失，可根据需要更换 X 射线管。再比如，要想获得钢铁衍射分析中 $2\theta>150°$ 的位置出现的强烈的衍射线，则需要选择 Co K_α 或者 Cr K_α 作为射线源。

(2) 测角仪

测角仪是 X 射线衍射仪的核心部件，它与德拜相机有许多相似之处，相当于粉末照相法中的相机。它的基本构造如下。

① 样品台　位于测角仪中心，可绕 O 轴旋转，O 轴是垂直于台面（纸面）的轴线。平板状试样放置于样品台上，与中心重合，误差≤ 0.1mm。

② X 射线源　由 X 射线管的靶 T 上的线状焦点 S 发出，S 也垂直于纸面，位于以 O 为中心的圆周上，与 O 轴平行。

③ 光路装置　发散的 X 射线经 S 发出后，辐射到样品上，部分衍射线在光阑处收敛形成焦点，而后进入计数管 F。为确保入射线和衍射线的平行，特设置 A、B 两个狭缝，让平行光束通过，其余散射线均被遮挡住。光学设置上要求光源 S 与探头前端光阑在同一圆周上，这一圆周称为测角仪圆。

④ 测角仪台面　狭缝 B、探头光阑、计数器 F 均固定在一个测角仪台上，台面可绕 O 轴旋转（与样品台轴线重合），旋转角度可从刻度盘上读取。

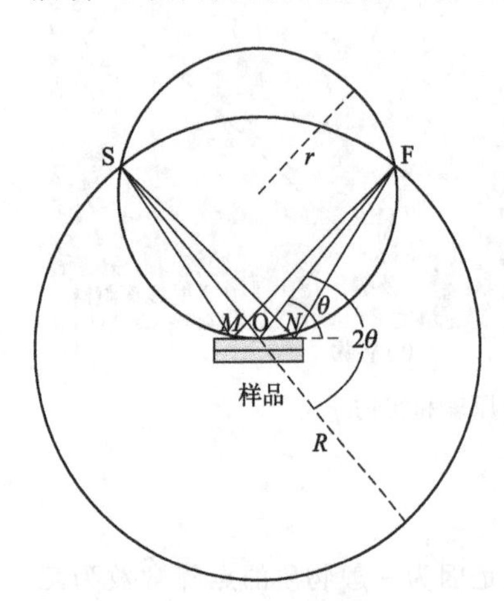

图 2.3.13　测角仪的衍射几何（又称为 Bragg-Brantano 衍射几何图形）

⑤ 测量装置　样品台和测角仪台可以分别绕 O 轴转动或者机械连动。机械连动时样品台转过 θ 角时，计数管转 2θ 角，这一设计的目的是使 X 射线在板状试样表面的入射角恒等于反射角，故称此连动为 $\theta \sim 2\theta$ 连动。在进行分析时，计数管沿着测角仪圆移动，逐一扫描整个衍射花样。计数器的转动速率可在 0.125°～2°/min 之间根据需要调整，衍射角测量的精度为 0.01°，测角仪扫描范围在顺时针方向 2θ 为 165°，逆时针为 100°。

测角仪的衍射几何关系如图 2.3.13 所示。衍射几何必须同时满足两个条件：一方面要满足布拉格方程的反射条件；另一方面要满足衍射线的聚焦条件。为达到聚焦的目的，将使 X 射线管的焦点 S、样品表面 O、计数器接收光阑 F 位于聚焦圆上。

理想设计上，试样是弯曲的，曲率与聚焦圆相同。对于粉末多晶的样品而言，由于满足布拉格方程，朝向各异的晶面（hkl）产生的反射也是四面八方的。而只有与试样表面平行的晶面（hkl）才有可能满足入射角、反射角皆为 θ 的衍射条件。而此时，入射线与反射线的夹角 $\pi-2\theta$ 正好是聚焦圆的圆周角。在聚焦圆上处于试样表面不同部位的 M、O、N 三处所对应的圆弧是等同的，因此其圆周角也是相等的。它们各自的反射线会聚到 F 点，达到聚焦的目的。由此可以看出，只有来自试样表面的平行的反射线，才有可能组成衍射仪的衍射花样，这一点与粉末照相法中的衍射花样是不同的。

在 X 射线衍射仪测量动作中，计数器有自己的运动轨迹，即测角仪圆。它不与聚焦圆重合，且只有两个公共交点：一个是 X 射线管焦点 S，另一个是接收光阑的交点 F。S 点是固定不动的，衍射条件的改变使得 F 随 θ 发生位置变化。但无论衍射条件如何改变，一个（hkl）的衍射线只有聚焦到 F 点才能被聚焦检测。因此，在衍射仪测量过程中，计数器必须沿着测角仪圆，以 $\theta \sim 2\theta$ 连动的方式逐个对衍射线进行测量。

因此可以近似得到如下的结论。

(a) 聚焦圆半径 r 随着 θ 的变化而变化。当 2θ 增大时，r 将减小；而当 2θ 减小时，r 会增加。它们之间的关系可近似写成式（2.3.19）：

$$r=R/(2\sin\theta) \tag{2.3.19}$$

式中，R 是测角仪半径；r 是聚焦圆半径。

存在两种极端情况：当 $\theta=0°$时，r 为∞；而当 $\theta=90°$时，$r=R/2$。

(b) 按照聚焦条件要求，试样表面最好与聚焦圆拥有相同的曲率。但聚焦圆的半径随时都在随 θ 发生改变，因此曲率也是变数。试样表面的曲率要求难以实现，所以只能取聚焦圆的切面作为平板样品的近似形状，确保样品的法线通过聚焦圆的圆心。故而在 X 射线仪测量时，必须确保 $\theta \sim 2\theta$ 的联动。这也就要求样品台转动与计数器转动的角速率比值保持在 1∶2。

X 射线衍射的测角仪有时候也采用 $\theta \sim \theta$ 连动方式，此时样品所在的样品台保持在测角仪圆中心 O 的水平位置不变，样品台和测角仪台可以分别绕 O 轴转动。样品台转过 θ 角时，计数管也转 θ 角，这一设计的目的是使 X 射线在板状试样表面的入射角恒等于反射角，如图 2.3.14 所示。

(3) 光阑

X 射线衍射仪的测角仪要求与 X 射线管的线状焦点联用，线焦点的长边方向与测角仪的中心轴平行。一般采用线焦点可以确保较多的入射线能量照射到样品上。但如果只是采用通常的狭缝光阑，难以控制沿窄缝长边方向的发散度，会造成衍射线的不均匀。为此，在测角仪中采用狭缝光阑与索拉光阑 S1 组合构建光阑系统，限制发散度。如图 2.3.15 所示，在线焦点 S 与样品之间建立了狭缝 a+索拉观澜 S1 的组合光阑系统。光路中心线所确定的平面称为测角仪平面，它与测角仪中心轴是垂直的。

索拉光阑的组成，是一组相互平行、间隔很密集的重金属（Ta 或 Mo）薄片。其尺寸大小为：长 32mm，厚 0.05mm，间距 0.43mm。这些平行薄片是与测角仪平面保持平行的，这样可以将一些倾斜发散的 X 射线遮挡住，控制发散度在 1.5°以内。狭缝光阑 a 可以控制与测角仪平面平行方向的 X 射线发散度，而狭缝光阑 b 还可控制入射线在试样上的照射面积。

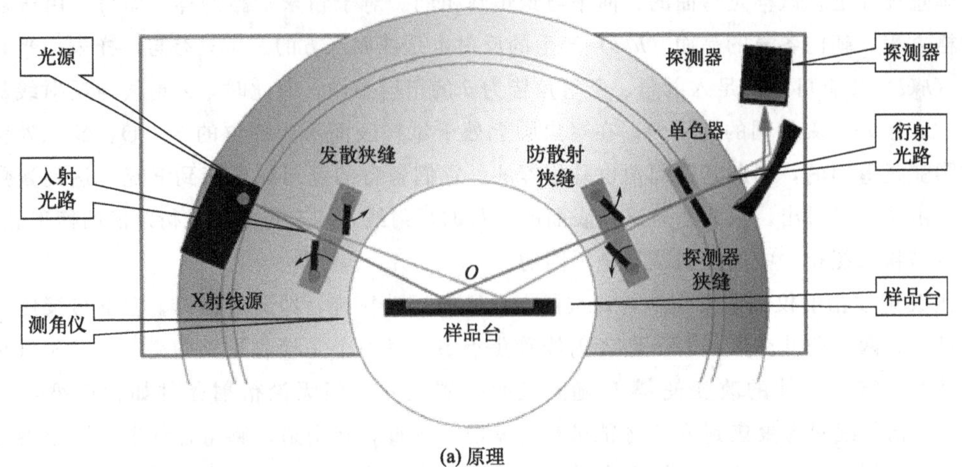

(a) 原理

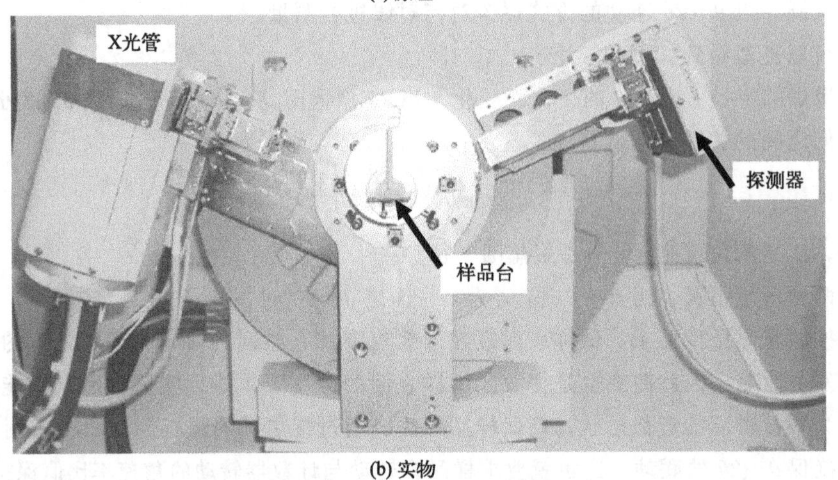

(b) 实物

图 2.3.14 （a）测角仪的 $\theta \sim \theta$ 连动方式原理与 $\theta \sim \theta$ 连动的实物

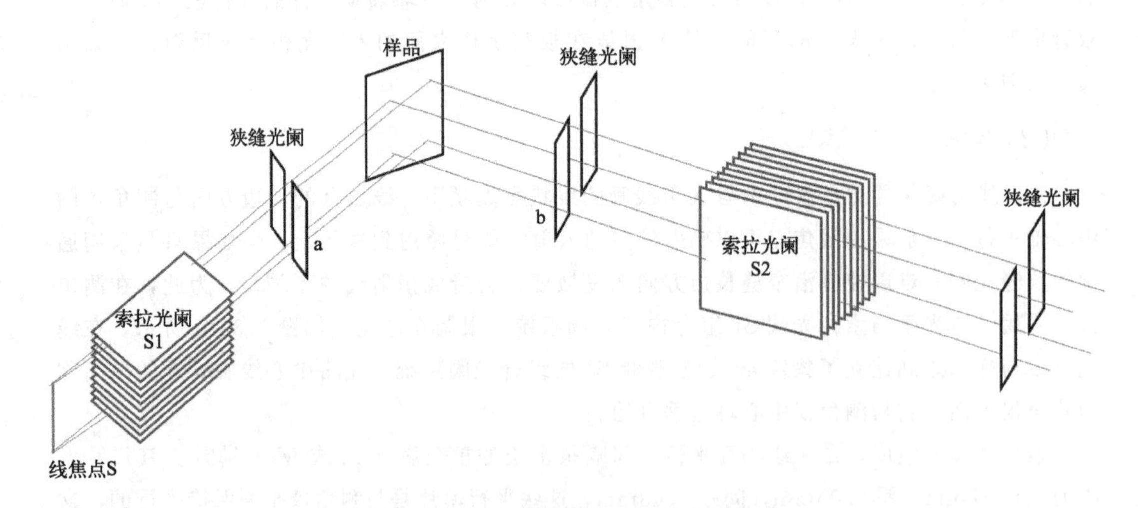

图 2.3.15 狭缝与索拉光阑组合的光路

在前反射区，入射角与试样表面的倾斜角很小，因此只要求较小的入射线发散度（如1°的狭缝光阑）。在背反射区，试样表面被照射的宽度增加，需要3°～4°的狭缝光阑。

（4）滤波片

滤波片常常置于防散射狭缝之前。对于滤波材料的选择，通常要求对 K_β 有较大的吸收系数，而对于 K_α 的吸收系数一般比较小。前文已经论述，Ni 滤波片的吸收限介于 Cu K_α 和 K_β 之间，基本可将 Cu K_β 的特征峰完全吸收，而只保留 Cu K_α 的特征峰。

（5） X射线探测器

① 正比计数器　正比计数器（图 2.3.16）是用气体作为工作物质，输出脉冲幅度与初始电离有正比关系的粒子探测器。可以用来计数单个粒子，并根据输出信号的脉冲高度来确定入射辐射的能量。

这种探测器的结构大多为圆柱形，中心是阳极细丝，圆柱筒外壳是阴极，工作气体一般是惰性气体和少量负电性气体的混合物。入射粒子与筒内气体原子碰撞使原子电离，产生电子和正离子。在电场作用下，电子向中心阳极丝运动，正离子以比电子慢得多的速度向阴极移动。电子在阳极丝附近受强电场作用加速获得能量可使原子再电离。从阳极丝引出的输出脉冲幅度较大，且与初始电离成正比。

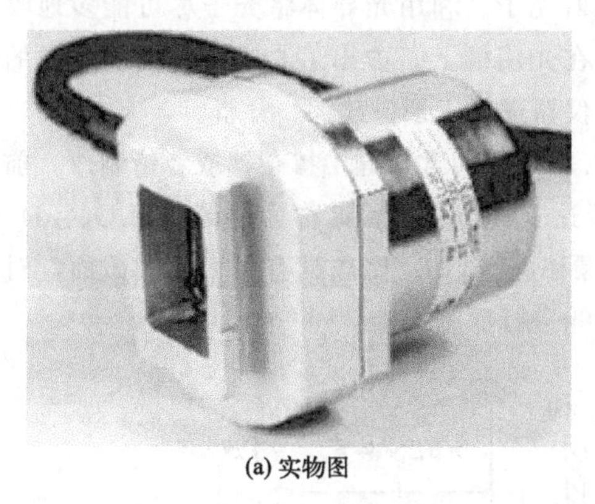
(a) 实物图

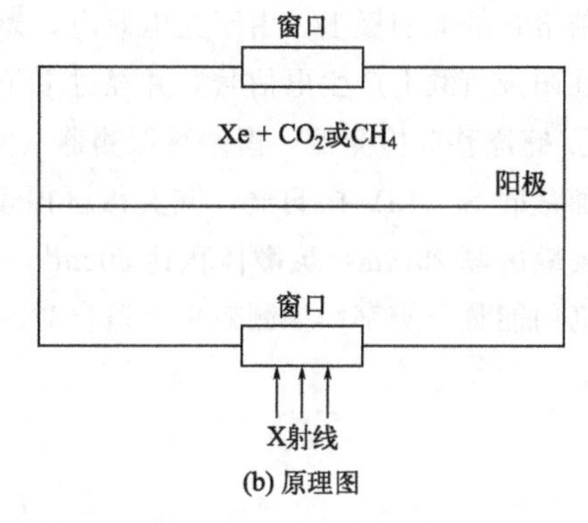

(b) 原理图

图 2.3.16　正比计数器实物与结构

正比计数器具有较好的能量分辨率和能量线性响应，探测效率高，寿命长，1～50keV 的 X 射线经常用正比计数器进行探测。其具有较薄的入射窗口，以获得较低的低能端探测下限，较大的观测面积，以及良好的气密性。常用的是铍窗正比计数器。当代 X 射线探测器多采用正比计数器阵列，以及装有多根阳极丝和阴极丝的多丝正比室，以获得更大的有效观测面积。

② 盖革计数器　盖革计数器又称为盖革-米勒计数器（Geiger-Müller counter），是由德国物理学家盖革（Geiger）和著名的英国物理学家卢瑟福（Ernest Rutherford）在 α 粒子散射实验中，为了探测 α 粒子而设计的。1928 年，盖革又和他的学生米勒（Müller）对其进行了改进，使其可以用于探测所有的电离辐射。

盖革计数器（**图 2.3.17**）与正比计数器同属气体电离型计数器，但与后者相比，盖革计数器有以下几个特点：

（a）电压高，盖革计数器的电压为 900～1500V，而正比计数器的电压为 600～900V；

(b) 盖革计数器气体放大倍数约 8 个数量级，正比计数器只有 3～4 个数量级；

(c) 盖革计数器电压脉冲幅度值为 1～10V，正比计数器约为 1.0mV；

(d) 盖革计数器脉冲间隔时间约 10^{-4}s，正比计数器小于 10^{-6}s。

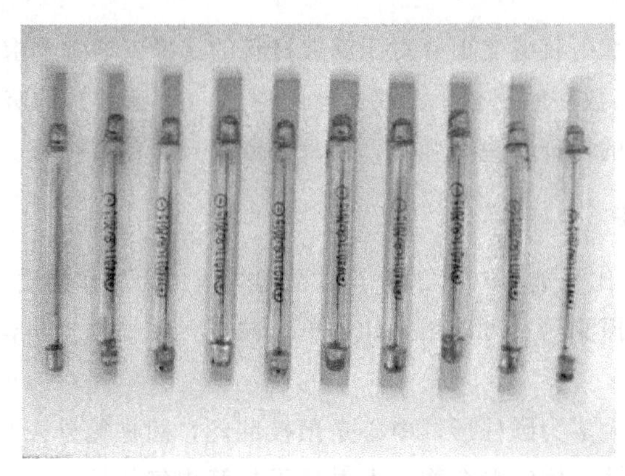

图 2.3.17 盖革计数器实物

③ 闪烁计数器 闪烁计数器（**图 2.3.18**）由闪烁体、光收集系统和光电器件三部分组成，其工作原理为：X 射线与闪烁体之间发生相互作用，使得闪烁体中的原子、分子产生电离或激发，被激发的原子、分子退激发时会发射光子。利用光导体将光子尽可能多地收集到光电倍增管的光阴极上。由于光电效应，光子在光阴极上轰击出了光电子。经过倍增的光电子流在阳极负载上产生电信号，并经过电子学仪器进行记录、放大、分析。

④ 锂漂移硅检测器 锂漂移探测器（**图 2.3.19**）通常在硅中掺杂锂或者锗制成，前者称为锂漂移硅 Si（Li）探测器，其灵敏区厚度可达 5～6mm。后者称为锂漂移锗 Ge(Li) 探测器，灵敏区厚 20mm，灵敏体积达 $50cm^3$。锂漂移硅 Si(Li) 比硅具有更大的光截面，对 γ 射线有高的能量分辨率和探测效率，适合对 γ 射线进行探测。

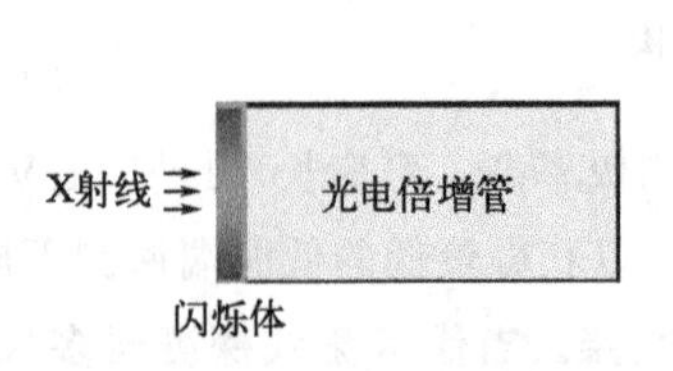

图 2.3.18 闪烁计数器结构

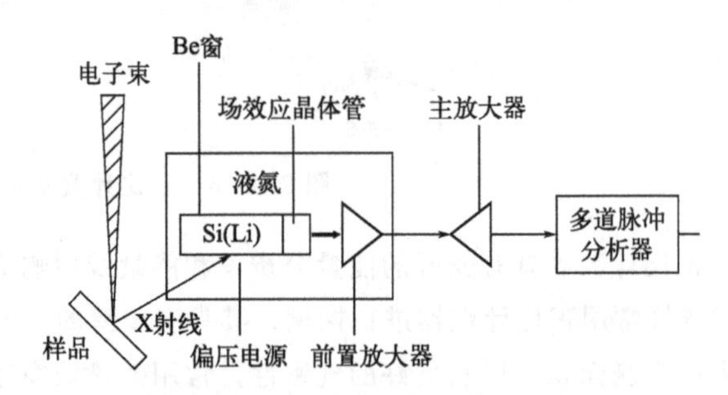

图 2.3.19 锂漂移硅探测器结构原理

当光子进入检测器后，会在 Si(Li) 晶体中激发出一定数目的电子-空穴对。产生一个空穴对的平均能量 ε，且 ε 值恒定。因此由一个 X 射线光子造成的空穴对的数目 N 为 $\Delta E/\varepsilon$。一般而言，入射 X 射线光子的能量越高，N 值就越大。人们通常在晶体两端施加偏压，以此来收集电子-空穴对。经过前置放大器将其转换成电流脉冲，电流脉冲的高度取决于 N 的大小。电流脉冲经过主放大器转换成电压脉冲，然后进入多道脉冲高度分析器中，脉冲高度分析器把脉冲进行分类计数，这样就可以获得按能量大小分布的 X 射线图谱。

2.3.3.3 衍射仪的操作方法

2.3.3.4 X射线衍射仪的分析项目

思考题

1. 粉末样品用德拜相机得到如下角度的谱线，试求算晶面间距（数字为 θ 角，所用射线源为 Cu K_α）。

14.48°（vs），20.70°（s），25.7°（w），30.4°（vw）［s 为 strong（强）的缩写，w 为 weak（弱）的缩写，v 为 very（非常）的缩写。］

2. 确定上述晶体的晶系及晶胞参数。

3. 求 5.73cm 德拜相机的 Cu K_α 在 $\theta=10°$、35°、60°、85°时，K_α 的 $K_{\alpha1}$ 和 $K_{\alpha2}$ 双重线间隔，用角度和厘米表示。

4. 试述衍射仪在入射光束、试样形状、试样吸收、衍射线记录等方面与德拜法的异同点。测角仪工作时，试样表面转到与入射线成30°角时，计数管与入射线角度成多少度？

5. 在单色X射线照射下，定轴转动的单晶和多晶的衍射图像是否相同？

6. 在单色X射线照射下，面心立方的Cu多晶体产生一系列的衍射锥，这些衍射锥都是哪些晶面反射的？按照 2θ 由小到大的顺序写出5个晶面。

2.4 物相的定性分析

X射线衍射的物相分析，主要是检测试样中的物相种类，判断物相的晶体结构（如点阵类型、晶胞大小、原子数目、原子在晶胞中的位置等）、晶体的大小和完整性等，这些都是物相的定性分析所要了解的内容。而如果进一步想知道物相的含量（相丰度），那么所进行的相关分析（依据X射线衍射的强度理论）就称为物相的定量分析。

物相的分析（定性和定量）与试样中元素的分析是有所区别的。元素分析有时候又称为化学分析，通常采用光谱分析、X射线荧光等手段对试样当中所包含的组成元素进行鉴定，给出元素的种类和相应的含量。因此二者根本区别是主要研究对象分别为物相（化合物或固溶体）和元素。

化学分析的方法可以测定成分组成，但是不能鉴别物相。对于单质元素（例如碳），物相指的就是以某种状态（例如碳的石墨或者金刚石结构）存在的元素。但当元素相互组成化合物或固溶体的时候，物相就是指化合物或固溶体。例如 Al_2O_3 有多达14种同分异构体，只能用X射线衍射物相分析进行鉴别，而无法通过化学元素分析进行区分。

X射线的物相定性分析是后续其他研究的基础，通过各衍射线对应的晶面指数来鉴别物相是定性分析的前提。

多晶的衍射线数目、出现的位置（衍射角）、衍射线强度等信息，就像人的指纹一样是特征信息。借助这些特征信息可以在纷繁复杂的材料世界中，鉴别出特定的物相。这些特征信息如果汇总成“指纹库”，就构成了物相的X射线衍射卡片库，便于人们在其中检索相关信息。

1942年，美国材料与试验协会（ASTM）初步整理了约1300种物质的卡片，称为ASTM卡片。1969年，ASTM与英法等机构共同组成一个名为粉末衍射标准联合委员会（JCPDS）的国际组织负责收集、校订、整理卡片，后ASTM卡片改称粉末衍射卡片（PDF）。1992年起，PDF卡片转由国际衍射数据中心（ICDD）进行收集、出版（电子和纸质版）。1997年以来，通过ICDD同国际晶体学数据库组织的一系列战略性合作，物相条目开始激增。

ICDD的2023版PDF数据库包含无机物、有机物在内的PDF卡片共计超过110万张。每一个数据条目包含衍射、晶体学、参考文献和实验、仪器、样品条件，以及按通常的标准格式精选的物理性质。

PDF卡片的收集建档，使得物相分析的工作大为简化，成为信息采集处理和查找核对的有力工具。特别是其数据库与某些XRD应用程序软件数据库的合并，为XRD数据的电脑检索分析提供了极大便利。

接下来借助图2.4.1，以SiO_2为例讲解PDF卡片的各栏内容及某些符号的意义，图中标记了区位编号，以助于论述和理解。

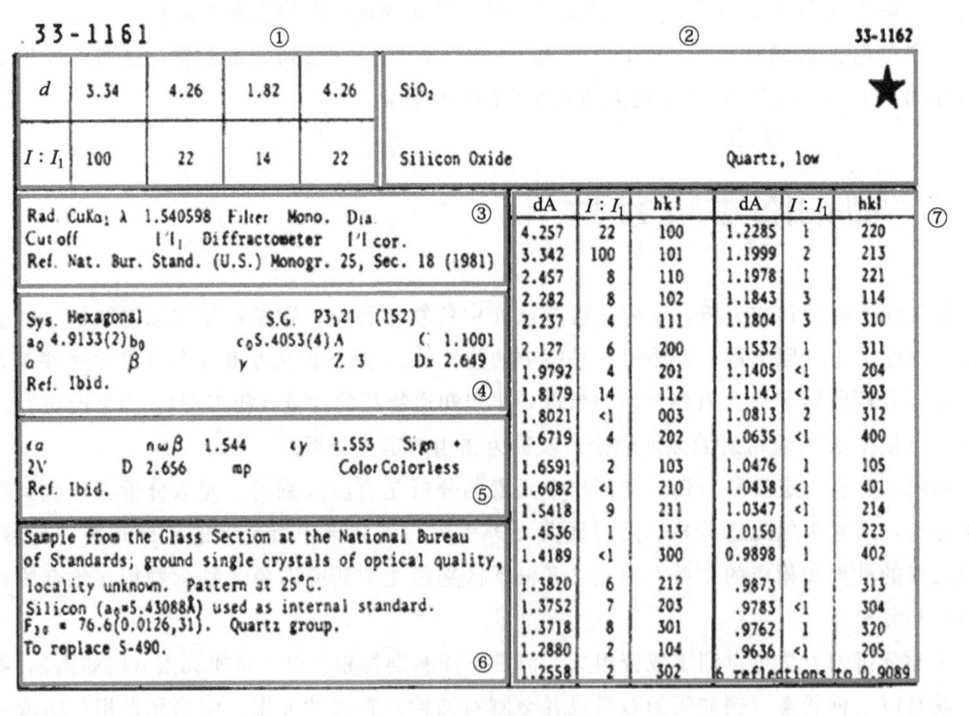

33-1161 ① ② 33-1162

d	3.34	4.26	1.82	4.26
$I:I_1$	100	22	14	22

SiO_2 ★

Silicon Oxide Quartz, low

Rad. CuKα₁ λ 1.540598 Filter Mono. Dia.
Cut off I/I₁ Diffractometer I/I cor.
Ref. Nat. Bur. Stand. (U.S.) Monogr. 25, Sec. 18 (1981) ③

Sys. Hexagonal S.G. P3₁21 (152)
a₀ 4.9133(2) b₀ c₀ 5.4053(4) A C 1.1001
α β γ Z 3 Dx 2.649
Ref. Ibid. ④

εα nωβ 1.544 εγ 1.553 Sign +
2V D 2.656 mp Color Colorless
Ref. Ibid. ⑤

Sample from the Glass Section at the National Bureau of Standards; ground single crystals of optical quality, locality unknown. Pattern at 25°C.
Silicon (a₀=5.43088Å) used as internal standard.
F₃₀ = 76.6(0.0126,31). Quartz group.
To replace 5-490. ⑥

⑦

dA	$I:I_1$	hkl	dA	$I:I_1$	hkl
4.257	22	100	1.2285	1	220
3.342	100	101	1.1999	2	213
2.457	8	110	1.1978	1	221
2.282	8	102	1.1843	3	114
2.237	4	111	1.1804	3	310
2.127	6	200	1.1532	1	311
1.9792	4	201	1.1405	<1	204
1.8179	14	112	1.1143	<1	303
1.8021	<1	003	1.0813	2	312
1.6719	4	202	1.0635	<1	400
1.6591	2	103	1.0476	1	105
1.6082	<1	210	1.0438	<1	401
1.5418	9	211	1.0347	<1	214
1.4536	1	113	1.0150	1	223
1.4189	<1	300	0.9898	1	402
1.3820	6	212	.9873	1	313
1.3752	7	203	.9783	<1	304
1.3718	8	301	.9762	1	320
1.2880	2	104	.9636	<1	205
1.2558	2	302	6 reflections to 0.9089		

图2.4.1 SiO_2的PDF卡片

卡片的最左上方33-1161为该PDF卡片序号，其他卡片的序号形式也是××-××××。

卡片左上角（1）区是SiO_2的三强峰所对应的晶面间距d，分别是3.34Å、4.26Å、

1.82Å。I/I_1 是三强峰的相对强度。在 XRD 的图谱中，常常会有位置重合或相近的某两相的衍射线。但其余的次强或第三强峰的位置是不同的，因此将强度最高的三个衍射峰所对应的晶面间距和相对强度，放置在卡片最醒目的左上角，有助于检索时快速找到对应物相的特征。且该三强峰所受测试条件的影响较小，是最具特征的物相指纹。

① 区 d 的最右边一项数字是指常规手段所能测得的该物相的最大晶面间距。

② 区是物相的化学式和英文名称，化学式后面有时候也会有数字及英文字母，数字表示单胞中的原子数，英文字母（有下划线）表示布拉菲点阵常数。②区右上角的标记，黑五星代表数据可靠性非常高，i 表示可靠性高，O 表示可靠性比较低，C 表示物相仅仅是计算所得的理论存在。无符号表示空缺。

③ 区表示衍射线的测试条件。通过分析可以获得本卡片的衍射数据的试验条件：Rad. $CuK_{\alpha 1}$ 表示 X 射线辐射源为铜靶的 $K_{\alpha 1}$ 特征峰。λ 及其后数据指该特征峰的波长为 1.540598Å。Filter（滤片）为单滤片（Mono.）。Dia. 是相机直径。Cut off 是本装置所能测得的最大晶面间距。I/I_1 是指本装置采用衍射线相对强度的测试方法。$I/I_{cor.}$ 是指本装置也采用实测和吸收校正的衍射峰强度比值。Ref. 是介绍本栏目和其他栏目的数据资料来源。

④ 区是结晶学数据。本卡片物相的一些结晶学数据项目是：Sys. 代表晶系；S. G. 是空间群；a_0、b_0、c_0 是晶轴长度；$A(a_0/b_0)$、$C(c_0/b_0)$ 是轴比：α、β、γ 是晶轴夹角；Z 是晶胞中化学式的原子或分子数；D_x 指用 X 射线衍射法测得的质量密度；Ref. Ibid. 表示资料来源同上。

⑤ 区为物相的物理性质、ε_α、$n_{\omega\beta}$、ε_γ 分别代表物相的折射率，Sign 为光学性质的正负，2V 是光轴之间的夹角，D 是该物相的质量密度，m_p 是熔点，Color 是颜色，Ref. Ibid. 表示资料来源同上。

⑥ 区讲述试样来源、制备方法、样品分析条件等。此外，一些补充信息如物相分解温度、转变点温度、照射温度、卡片修正信息等都列入此栏中。

⑦ 区是数据栏。该栏列出了衍射晶面的晶面间距 d（以 Å 为单位）、相对强度 I/I_1、衍射晶面 hkl。此栏有时候也会出现一些字母，如 b 代表宽线或漫散峰；d 是双线。

2.4.1 PDF 卡片索引

想要快速从成千上万的卡片中找到对应的一张，需要建立一套简捷高效的检索方法。一般而言，检索方法分为两类：第一种是以物质的英文名进行检索，第二种是以晶面间距 d 的数列进行检索。

当物相未知时，一般采用数列值方法进行索引，具体方法又可以分为哈氏数值索引和芬克数值索引。哈氏索引是将每一物相的数据在索引中列一行，每一行依次为数据可靠性、晶面间距（一般依据强弱顺序列出 8 条强线）及其对应的相对强度（晶面间距数值下脚标，x 为 100%，7 为 70%，3 为 30%……）、化学式、卡片序号、微缩胶片序号，一一列举进行对照。其样式如下：

$i2.89_x$ 2.65_9 2.49_7 2.36_7 2.16_6 1.88_6 1.45_6 1.45_6 Sr_2VO_4Br 22-1445 1-158-E2

芬克索引与哈氏索引较为类似，也是以 8 条最强线的 d 值作为分析依据，但排列顺序与哈氏不同，不是以强度递减顺序而是以 d 值递减顺序列出 8 条最强线的 d 值、英文名称、卡片序号、微缩胶片序号。如果衍射线少于8根，则用0.00来补足。每种物相在索引中至少出现4次。若8条最强线的 d 值从大到小顺次为 d_1、d_2、d_3、d_4、d_5、d_6、d_7、d_8，再假定 d_2、d_5、d_7、d_8 为8条强度顺序高的线，则在索引中4次的 d 值为：

第一次　d_2，d_3，d_4，d_5，d_6，d_7，d_8，d_1

第二次　d_5，d_6，d_7，d_8，d_1，d_2，d_3，d_4

第三次　d_7，d_8，d_1，d_2，d_3，d_4，d_5，d_6

第四次　d_8，d_1，d_2，d_3，d_4，d_5，d_6，d_7

若已知物质的英文名称，则通常采用戴维无机字母索引。索引中，每种物相只占一行。依次出现的是英文名、化学式、三强峰的晶面间距、卡片序号、微缩胶片序号。比如样品中含有Cu、Mo、O，则检索Copper开头的物相，得到如下一些检索结果：

i　Copper Molybdenum Oxide $CuMoO_4$　3.72_x 3.36_8 2.71_7　22-242　1-147-B12

O　Copper Molybdenum Oxide $Cu_3Mo_2O_9$　3.28_x 2.63_8 3.39_6　22-609　1-150-D9

……

2.4.2 定性分析基本程序

在获得衍射的图像之后，可根据衍射峰位置（2θ）并结合布拉格方程获得晶面间距 d。同时根据所得到的相对强度 I/I_1，可对物相进行鉴别。对于单相物质的鉴别，相对较为容易，只需遵循如下几个步骤即可：

① 将待测样品的三强线所对应的晶面间距 d_1、d_2、d_3 进行对照索引；

② 将三强线与卡片进行对照索引，必要时，将八强线也加入对照索引，以排除可能的误差，确保结果的准确性；

③ 与卡片一番比对后，获得与待测物相的三强线吻合较好的某张卡片，同时淘汰一些不相符的卡片，最终确定待测相的成分并完成鉴定。

针对复相进行定性分析：当物质的组成是多个物相时，分析原理与单相物质定性分析相同，但分析过程会更加复杂一些。因为复相物质所有的衍射线是各个单相物质的衍射结果的简单叠加。因此，需要从这些叠加在一起的衍射线中，将各个物相逐一检索出来。在衍射线比较多的情况下，需要考虑所有的三强线组合，并进行逐一尝试。

PDF卡片是在特定条件下（如图2.4.1中第①区和第②区）测试样品获得的，在与其不完全一致的其他条件下，相同物相的衍射线可能会稍有差别。研究人员应该对自身的研究条件有预先认识，并对可能引起的误差范围有适当的评判。晶面间距 d 是主要的比较量，在定性分析中 d 是首要的评判标准，相对强度 I/I_1 则是第二位的评判标准。因此我们在研究误差 Δd 时，应该重点考量其背后的致变因素，究竟是自身测试条件引起的误差 Δd，还是由固溶等因素引起的 Δd。比如Pt原子固溶于Ni中形成固溶体，就会引起Ni的衍射线位置（2θ）和晶面间距出现变化。这种情况就不能归结为试验误差了，而是样品的性质发生了变化。

物相分析在实际的运用中，会遇到各种复杂的情况和问题。例如，某些物质由多种物相构成，物相的衍射线有相互重叠或相近的。从衍射图上无法获得全面的三强线。这时候需要对某些衍射线进行分峰处理，将叠加在一起的衍射线分辨出来。

再比如，某物相含量过少，因相丰度少而强度低，不足以产生完整的衍射图样（部分偏弱的衍射线被背底或者其他相的衍射线所掩盖），这些不明显的物相衍射线，需要更加耐心细致地检索和甄别才能分析出来。

还比如，某些物相如 $LiBH_4$，在结晶度较高的体相时是能够获得比较尖锐的衍射线的。但是如果经过球磨非晶化，或者纳米限域后，衍射线将宽化难以检索。这时候单单借助 PDF 卡片进行物相鉴别会有一定难度，必须与其他分析手段（例如红外光谱、拉曼光谱、核磁共振波谱等）相结合，一起完成物相结构的定性分析。

2.4.3 自动检索

物相检索往往要耗费大量的人力、物力和时间，随着信息产业的进步，人们目前普遍采用专业软件进行自动检索。计算机检索大致按照以下步骤进行。

① 粗选衍射峰　所谓粗选就是将数据库中各物相的晶面间距与衍射谱图当中各衍射峰所对应的晶面间距进行比对。在一定合理的误差范围内，把与卡片上的强线相匹配的试样谱图检索和标记出来，供研究人员进一步深入分析。

② 精选衍射峰　研究人员根据谱图与卡片的强线吻合程度，以及所掌握的样品物相的信息，排除一些无关联或关联度低的物相。

③ 合成谱图　将经过筛选的候选衍射谱图进行整合得到合成谱图，然后与试样的测试谱图进行对比，给出确定结果。

2.5 物相的定量分析

物相定量分析的主要目的是确定样品中各物相的含量（相丰度）。而根据 2.2 节所讲述的衍射强度理论公式（2.2.42），因 $A(Q)\alpha 1/(2\mu)$，可得

$$I=I_0\frac{e^4}{m^2c^4}\frac{\lambda^3}{32\pi R}\frac{V}{V_0^2}|F_{HKL}|^2P\varphi(\theta)e^{-2M}\frac{1}{2\mu}$$

衍射线条的强度与物相丰度之间是可以建立一定线性关系的，如下式所示：

$$I=I_0Q\left(\frac{P\ |\ F\ |^2\varphi e^{-2M}}{V_0^2}\right)\frac{V}{\mu}\tag{2.5.1}$$

式中，Q 表示 $\frac{e^4}{m^2c^4}\frac{\lambda^3}{32\pi R}$，为常数。

以上是单一物相的多晶试样的衍射峰积分强度。如果试样是 n 个物相构成的混合体系，用 V_i 表示试样中第 i 相的体积分数，则里面第 i 相第 j 条的衍射线强度可表示为

$$I_{i,j}=I_0Q\left(\frac{P\ |\ F\ |^2\varphi e^{-2M}}{V_0^2}\right)_{i,j}\frac{V_i}{\rho\mu_m}\tag{2.5.2}$$

式中，μ_m 为试样的质量吸收系数。如果试样中第 i 相的质量分数用 W_i 来表示的话，那么它与第 i 相的体积分数 V_i 之间的关系可以用下式表示：

$$V_i = W_i \rho / \rho_i \tag{2.5.3}$$

式中，ρ 是试样（多相混合物）的密度；ρ_i 是试样中所包含的第 i 相的密度。

将此式代入即得到

$$I_{i,j} = I_0 Q \left(\frac{P \mid F \mid^2 \varphi e^{-2M}}{V_0^2} \right)_{i,j} \frac{W_i}{\rho_i \mu_m} \tag{2.5.4}$$

上述公式是X射线衍射物相定量分析的基础方程，其中 $(\mu_m)_i$ 是试样各相的质量吸收系数，μ_m 是 W_i 的函数。各物相衍射峰的强度 $I_{i,j}$ 与它们的质量分数 W_i 之间的关系未必是线性的，只有在待测样品是同分异构体的特殊情况下，待测样品的衍射强度与该相的相对含量成正比。

$$\mu_m = \sum_{i=1}^{n} (\mu_m)_i W_i \tag{2.5.5}$$

在定量分析中，虽然建立了衍射强度与质量分数 W_i 之间的数学关系，但是要想直接从衍射线强度求算 W_i 也是很困难的。因为在方程式中含有未知的常数 $I_0 Q \left(\frac{P \mid F \mid^2 \varphi e^{-2M}}{V_0^2} \right)_{i,j}$，可简称为 K_i。在实际计算中，必须想办法消掉常数 K_i。实验中可以建立待测相的某根衍射线强度，与同根衍射线的标准衍强度之间的比值关系，消掉常数 K_i。基于此设想，人们采用以下几种实验方法来进行定量分析。

2.5.1 外标法

外标法的测试步骤（见图 2.5.1）：

① 首先制备与待测多相物质（包含 A、B、C、D 等多种物相）中某待测物相 A 相同的纯相标准样品；

② 在相同的实验条件下，测量多相物质（包含 ABCD 等多种物相）样品中，待测相 A 的某个衍射线 hkl 的积分强度；

③ 测试标样 A 的相同衍射线 hkl 的积分强度；

④ 将②中的积分强度与③中的积分强度相对比，即可算出待测物相 A 在待测混合物质中的含量了。

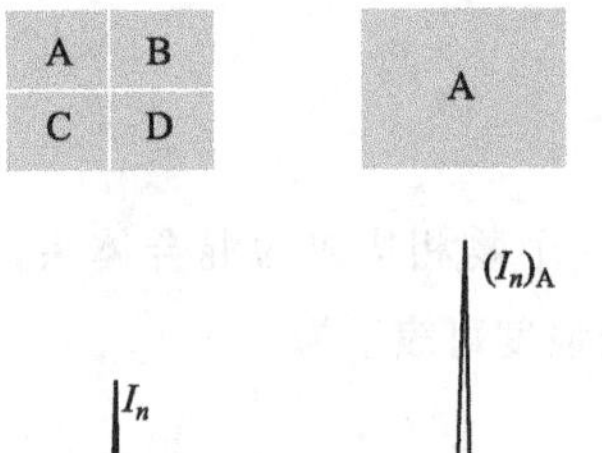

这一计算方法的理论依据是多相物质中的待测物相 A 的第 n 条衍射线（h_n，k_n，l_n）的强度为

$$I_n = K W_A / \rho \mu_m \tag{2.5.6}$$

而在纯 A 相的衍射谱中，相同密勒指数的衍射线（h_n，k_n，l_n）的积分强度 $(I_n)_A$ 可写为

$$(I_n)_A = K / \rho (\mu_m)_A \tag{2.5.7}$$

式（2.5.6）与式（2.5.7）相除，就得到如下公式：

$$\frac{I_n}{(I_n)_A} = \frac{(\mu_m)_A}{\mu_m} W_A \tag{2.5.8}$$

图 2.5.1 外标法求算同分异构体物相含量

其中

$$\mu_m=\sum_{i=1}^{n}(\mu_m)_iW_i \tag{2.5.9}$$

考虑到多相物质中B、C、D等对A的衍射线的吸收程度不同，故而A相的衍射强度并不必然等于$I_n/(I_n)_A$，且$(\mu_m)_A/\mu_m$之值也未可知。因此，只有当待测物相A的质量吸收系数与混相试样的质量吸收系数相同时，多相物质中A的衍射峰强度与纯相标样A的衍射峰强度之比$I_n/(I_n)_A$，才等于A相的质量分数W_A。这意味着，只有混相试样中的几个构成相的质量吸收系数相同时，例如是同分异构体时，可以用以上关系式进行定量分析。

例如在Al_2O_3的混相物质中（包含α-Al_2O_3、γ-Al_2O_3等同分异构体），待测物相α-Al_2O_3即可应用外标法进行测试。此时可先测试纯相α-Al_2O_3的衍射线强度$(I_n)_A$，再在相同衍射条件下测量混相中α-Al_2O_3的衍射线强度I_n，于是I_n与$(I_n)_A$的比值即为α-Al_2O_3在多相物质中的百分含量。

2.5.2 内标法

2.5.2.1 一般内标法

内标法又称为双峰法。如图2.5.2，如需测试多相物质中某一相（如A相）的含量时，可往试样中加入已知量的标准物质S相作为内标。在这一混合物中，选取A相和S相各一条最强衍射线，测量它们的积分强度I_A和I_S，然后利用式（2.5.10）和式（2.5.11）进行计算。

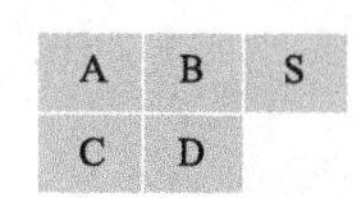

图2.5.2
内标法操作

$$I_A=I_0Q\left(\frac{P\mid F\mid^2\varphi e^{-2M}}{V_0^2}\right)_A\frac{W'_A}{\rho_A\mu_m} \tag{2.5.10}$$

$$I_S=I_0Q\left(\frac{P\mid F\mid^2\varphi e^{-2M}}{V_0^2}\right)_S\frac{W_S}{\rho_S\mu_m} \tag{2.5.11}$$

式中，W'_A和W_S分别为混合试样中A相和S相的质量分数。两式相对比，可得

$$\frac{I_A}{I_S}=\frac{K_S^AW'_A}{W_S} \tag{2.5.12}$$

其中

$$K_S^A=I_0Q\left(\frac{P\mid F\mid^2\varphi e^{-2M}}{\rho_AV_0^2}\right)_A\Big/\left[I_0Q\left(\frac{P\mid F\mid^2\varphi e^{-2M}}{\rho_SV_0^2}\right)_S\right] \tag{2.5.13}$$

K_S^A与A相及S相的含量无关，与其他相是否存在无关，也与衍射各参数无关。它只取决于A和S两相以及样品的晶面和波长，故可以认为K_S^A为常数。

K_S^A难以通过简捷手段获得，因此要想办法绕开K_S^A的测试计算，配制一组定标曲线。一般制取3个以上的A+S相的混合试样（S质量为恒量、A质量为变量），然后测试这三组试样的XRD图谱（如图2.5.3）。测试计算特定衍射线的I_A/I_S，然后做出曲线。

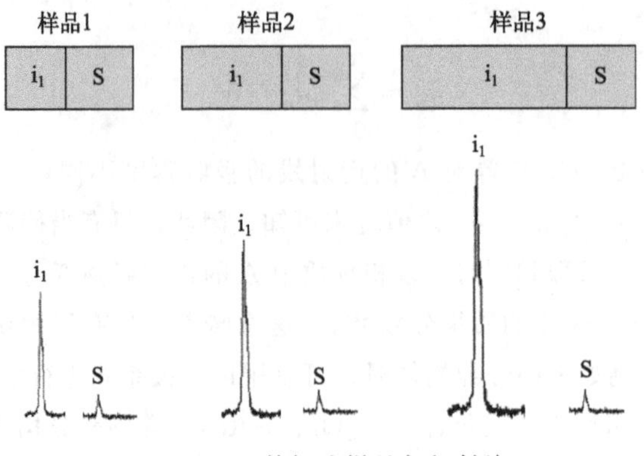

图 2.5.3　外标法样品与衍射峰

如图 2.5.4 的定标曲线实例，可直接通过拟合的直线，由测试得到的 I_A/I_S 确定混合物中 A 相的质量分数 W'_A，从而计算出多相物质中 A 相的质量分数 W_A。

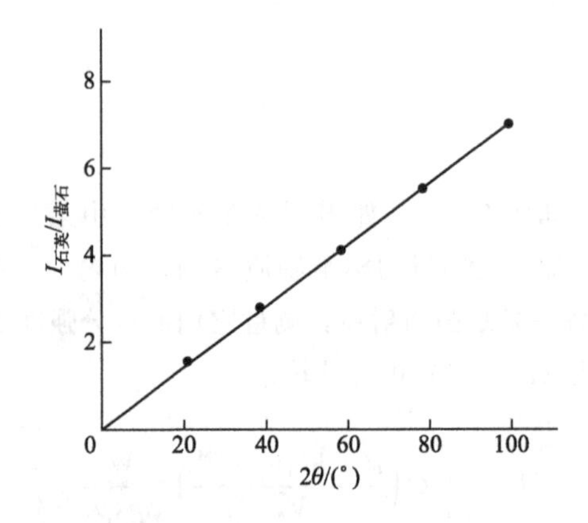

图 2.5.4　石英定量分析的定标曲线（以萤石为定标物相）

由此可见，内标法确定多相样品中目标物相 A 的含量，不一定要知道其他物相 B、C、D 等的成分和含量。整个确定过程快捷且方法通用性好，在冶金、化工、地质、石油等行业已经得到了广泛的应用。

2.5.2.2　内标法中的 K 值法

1974 年，Chung 对内标法做了改进，把强度公式中各吸收系数用其他量来取代，就好像把吸收效应从基体中冲洗出去一样，故称之为基体冲洗法。其推导的 K 值与加入标样的含量无关，无需做定标曲线，且 K 值易求，故称之为 K 值法（图 2.5.5）。

K 值法原理是根据内标法公式 $I_A/I_S=K_S^A W'_A/W_S$，以任意一种物相 A 与标样 S（一般选刚玉 $\alpha\text{-}Al_2O_3$）按照质量比 1∶1 配制混合物，然后测试其 I_A/I_S 值，即可得到 K_S^A，而无需再经历烦琐的定标曲线测试。

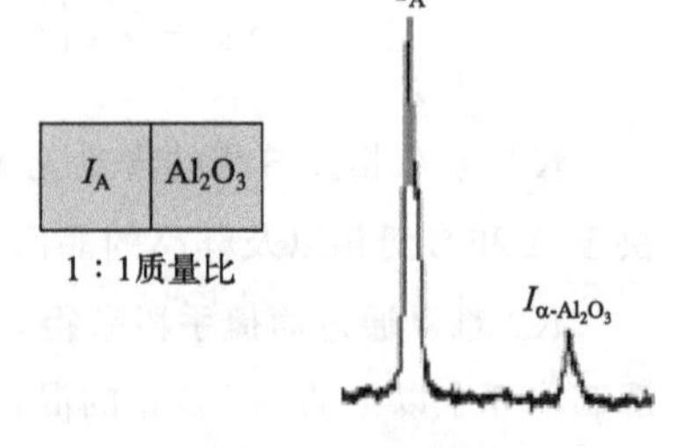

图 2.5.5　K 值法

简单归纳一下，K 值法的测试步骤为：

① 测试待测样品的 A 和 S 射线的积分强度 I_A 和 I_S；

② 求算加入标样 S 后 A 相的质量分数 W_A'；

③ 求算出未加标样的质量分数 W_A；

④ 确定 K 值 K_S^A。

K 值法的优缺点是：

① 无需测得定标曲线，K 值容易获得；

② 只要内标物质、待测物相与实验样品的测试条件相同，K 值即恒定，该方法有普适性；

③ 只需做一次扫测即可获得所有的强度数据；

④ 试样中也允许非晶相存在；

⑤ 缺点是需要加入 S 标样物相，因此只适用于粉末试样。

2.5.3 自标法

假设待测样品是多相样品（A、B、C、D 等），则在其衍射图谱当中，可挑选各个物相任意一个衍射线作为标样。该衍射线应该具有较高的峰强，而且不能跟其他的衍射线相互重叠。这 n 个物相被测试的衍射线强度，分别用 I_A，I_B，I_C，…，I_N 来表示，根据式（2.5.12），我们可以把这些衍射线强度联立，得到如下联立方程组：

$$
\begin{aligned}
I_B/I_A &= K_A^B W_B/W_A \\
I_C/I_A &= K_A^C W_C/W_A \\
I_D/I_A &= K_A^D W_D/W_A \\
&\cdots \\
I_N/I_A &= K_A^N W_N/W_A
\end{aligned}
\tag{2.5.14}
$$

这 $n-1$ 个方程可以获得 $n-1$ 个解，此法以样品中 A 相为标样，给出各物相之间的相对比值，同时成立的一个关系式是

$$\Sigma W_i = 1 \tag{2.5.15}$$

自标法是建立在已知多相试样各物相的组成都已确认，各物相晶粒足够小且混合均匀、无织构的基础之上的，它能够大体消除质量吸收系数的影响。

2.6 X 射线光谱分析

X 射线光谱分析是一种利用特征 X 射线识别化学元素的技术。待测物质中的原子被高能光束激发后会发出特征 X 射线，通过分析其波长（如波长色散 X 射线谱）或能量（如能量色散 X 射线谱），可获得待测物质的化学成分信息，从而辨别和确认化学元素及其数量。

X 射线荧光（XRF）光谱仪和电子探针 X 射线显微分析仪（EPMA）是最常用的 X 射线光谱分析仪。XRF 光谱仪利用初级 X 射线照射来激发待测物质中的原子，使其产生次级的特征 X 射线（X 射线荧光）。EPMA 则利用聚焦的高能电子束轰击待测样品中的原子，使被轰

击原子激发出特征X射线。由于电子束可以很容易地聚焦在样品的微观区域，EPMA可以检测微观区域的化学成分，而XRF光谱仪主要用于检测样品的宏观化学成分。本章主要介绍XRF光谱仪和EPMA电子探针。

2.6.1 X射线光谱分析的原理

特征X射线产生的原理如图2.6.1所示。当高能粒子（如X射线光子、电子或中子）轰击原子内壳中的电子时，其能量可以高到足以把电子从原子中的原始位置中撞出。被撞出的电子成为自由电子离开原子，使得原子被电离，处于激发态。此时原子的外层电子会自发地填充内部电子空位，使其回到正常态。同时，外层电子和内层电子之间的能量差将产生一个X射线光子（特征X射线）或另一个从原子发射的特征自由电子。后者被称为俄歇电子，同样可用于元素分析。

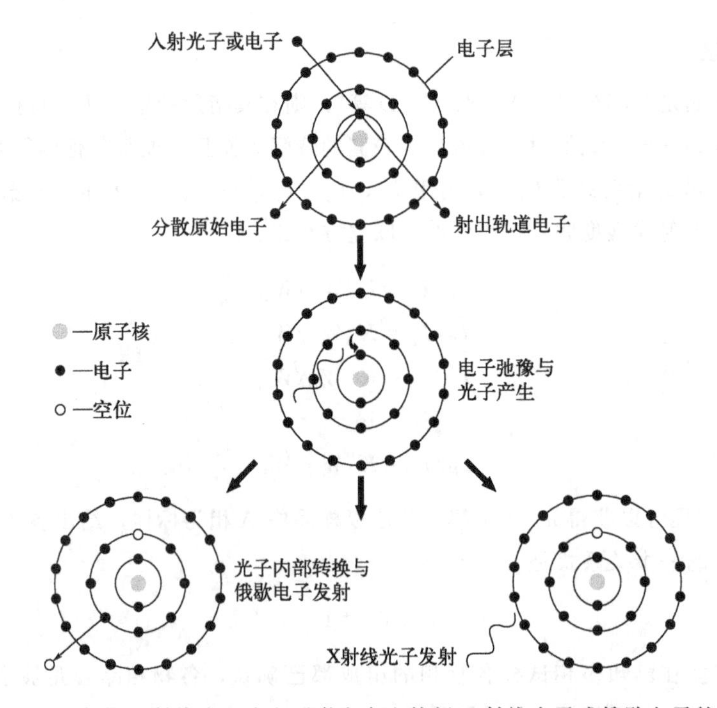

图2.6.1 高能X射线光子或电子激发产生特征X射线光子或俄歇电子的原理

莫塞莱定律定义了特征X射线的波长（λ）和原子序数（Z）之间的关系

$$\lambda=\frac{K}{(Z-\sigma)^2} \tag{2.6.1}$$

式中，K为常数；σ为屏蔽系数。它们都取决于特定的壳层。这种关系也可以通过能量～波长关系表示为特征X射线的能量和原子序数之间的关系。因此，通过测定特征X射线的波长，就可以确定待测元素的原子序数，并且由于某元素的特征X射线强度与该元素在样品中的浓度成比例关系，所以该元素的相对含量可以通过测定其特征X射线强度得到。这便是通过特征X射线作定性和定量分析的原理。

2.6.2 X射线荧光光谱

2.6.2.1 X射线荧光光谱仪

X射线荧光（XRF）光谱仪可测试固体、液体多种形态的试样，具有快速、准确、测试试样制备方便、测试过程不损坏试样的特点。其通过高能初级X射线照射试样发出的特征X射线的波长或能量来进行化学元素分析。因此，X射线荧光光谱仪有波谱仪和光谱仪之分。图2.6.2是它们的基础结构示意图，展示了它们的相似与相异性。X射线荧光光谱仪主要由三个部分组成：X射线源、探测系统、数据采集与处理系统。

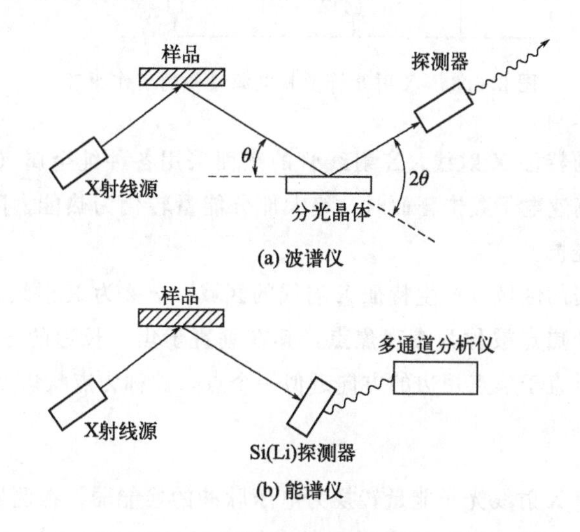

图 2.6.2 波谱仪和能谱仪的基础结构

（1） X射线源

X射线荧光光谱仪通常采用电子式（或称热阴极式）封闭型的X射线管作为X射线源，管内真空度为10^{-3}～10^{-5} Pa；有些使用可拆式X射线管作为激发源，开始工作时将管内抽成真空。X射线管工作时的功率为0.5～3 kW，高电压为30～50 kV。使用高电压是为了确保轰击试样的X射线超过试样中元素的特征X射线的激发临界电位。管电压与临界电位的最优比例约为3∶1～5∶1。

图2.6.3为X射线管及其电源设备的工作原理。大量的热电子在灯丝通电加热时产生，在极间电场作用下被加速，高速电子轰击管中的阳极（称为靶或阳极靶），因速度损失而产生韧致辐射，因激发靶原子而产生特征辐射。管身在阳极附近用对X射线吸收系数很小的材料（通常是金属铍）作窗口，允许来自靶表面的X射线射出。

X射线管电源设备的主要任务是为X射线管提供稳定可调的阳极电压和电流（也称管电压和管电流）。管电流由灯丝温度决定，实际上由灯丝电流控制，而灯丝电流由灯丝变压器T_1提供。管电压由高压变压器T_2以及整流电路提供。通过检测施加在X射线管上的实际工作电压或电流值，反馈控制输入侧电源的电压，使得实际值与设定值相等。

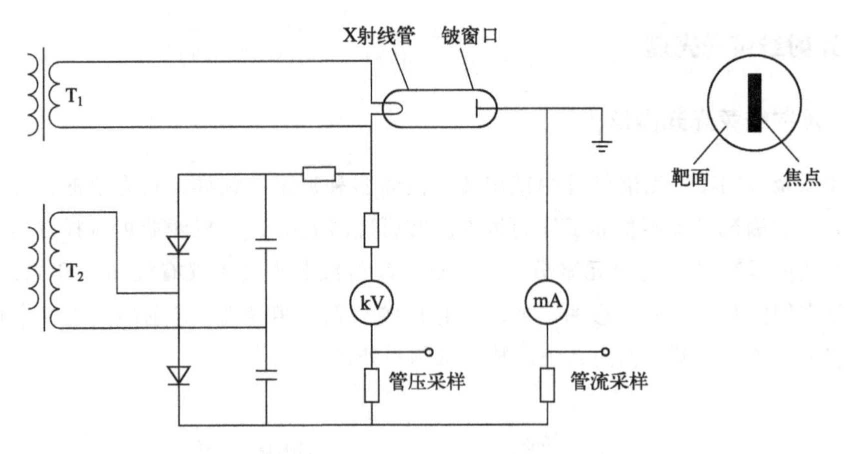

图 2.6.3　X 射线管及其电源设备的工作原理

为获得不同波长的特征 X 射线，X 射线管的靶面采用各种纯金属（如铬、铁、钴、铜、钨、钼等）涂覆。因高速电子轰击靶面时，绝大部分能量转化为热能，因此，阳极靶需有冷却水保护来避免靶面烧损。

靶面上被电子轰击的区域（产生特征 X 射线的区域）被称为 X 射线管的焦点，呈长条矩形。而从窗口外看到的焦点被称为表观焦点，其在垂直于焦点长边的方向近似一个直线段，被称为线状焦点。在垂直于焦点短边的方向近似一个点，被称为点状焦点。

（2）探测系统

X 射线探测器是将 X 射线光子能量转换为电压脉冲的换能器。探测器通过光致电离过程工作，在这个过程中，入射的 X 射线光子和有源探测器材料之间的相互作用产生许多电子。由这些电子产生的电流被电容器和电阻转换成电压脉冲，这样每进入一个 X 射线光子就产生一个数字电压脉冲。除了对适量的光子能量敏感（即适用于给定的波长或能量范围）外，理想探测器还应该具备另外两个重要的特性：比例性及线性。每一个进入探测器的 X 射线光子都会产生一个电压脉冲，如果电压脉冲的大小与光子能量成比例，探测器就具有比例性。而 X 射线光子以一定的速率进入探测器，如果电压脉冲以相同的速率产生，则探测器具有线性。

在波谱仪中，一般采用气体流量比例计数器测量较长的波长，闪烁计数器测量较短的波长。但这两种探测器都没有足够的分辨率单独分离多个波长，因此它们必须与分光晶体一起使用，利用单晶衍射来检测样品发射的特征波长，因为根据布拉格定律，单晶能够在入射 X 射线束和晶体平面之间的特定角度衍射特定波长。

在能谱仪中，必须使用更高分辨率的探测器，通常是 Si(Li) 探测器，根据它们的能量差异来分辨 X 射线光子的特征。Si(Li) 探测器是一个小圆柱体（直径约 1cm，厚 3mm）的 P 型硅，P 型硅表面蒸发一层金属锂并扩散形成 PN 结，然后在反向电压和适当温度下使锂离子漂移掺杂入硅中。为了抑制锂离子的迁移率和降低电子噪声，二极管及其前置放大器需冷却到液氮温度。入射的 X 射线光子相互作用产生特定数量的电子-空穴对。产生的电荷被偏置电压从二极管扫到电荷敏感的前置放大器，环集成电容器上的电荷产生电压脉冲。

2.6.2.2 X射线的二次激发

（1）激发方式

初级X射线激发试样产生X射线荧光有三种方式：

① X射线管发出的X射线直接照射在试样上，可得到的激发效率对各元素来说都较高，在实验中常选用钨靶，主要利用连续谱中波长短于受激元素吸收限的那部分辐射；

② 初级X射线通过滤片照射试样，主要是用特征辐射照射试样，这种激发更具有选择性，能强烈地激发吸收限波长稍大于特征辐射的元素；

③ 使用二次靶，即让初级X射线轰击一个金属靶，利用其产生的荧光辐射去照射试样，此举能完全避免初级X射线的连续谱照射试样。

测试过程中，应使试样尽量接近X射线管，使得试样接收的辐射尽可能强，并在允许情况下选择能强烈激发待测元素的特征辐射，施加尽可能高的功率。由于轻元素的吸收系数小，激发效率很低，可通过减少窗口材料的吸收（如采用薄铍窗）来增加初级X射线中的长波成分，从而提高对轻元素的激发效率。

（2）荧光产额

根据电子空穴被填满的壳层，特征X射线可分为K、L和M系。例如，K系指的是当一个外层电子填补了K层的电子空位时激发的特征X射线。当原子受到高能X射线光子或电子照射时，它产生特征X射线光子的能力是不同的。首先，当电子填充内壳层空位时，特征X射线光子和俄歇电子之间存在发射竞争。其次，K、L、M系X射线之间存在竞争。

荧光产额（ω）是一个被用来衡量X射线产生的相对有效性的参数。图2.6.4显示了不同原子序数的K、L和M系的荧光产额（ω）的变化。当原子序数小于4（Be）时，荧光产额为0。当原子序数小于8（O）时，荧光产额小于0.5%。从图2.6.4中可以看出，通常荧光产率随原子序数的增加而增加。此外还能看出，K系X射线的生成比L和M系生成更有效。这意味着K系X射线的强度总是高于L系，同时L系总是高于M系。当原子序数小于20

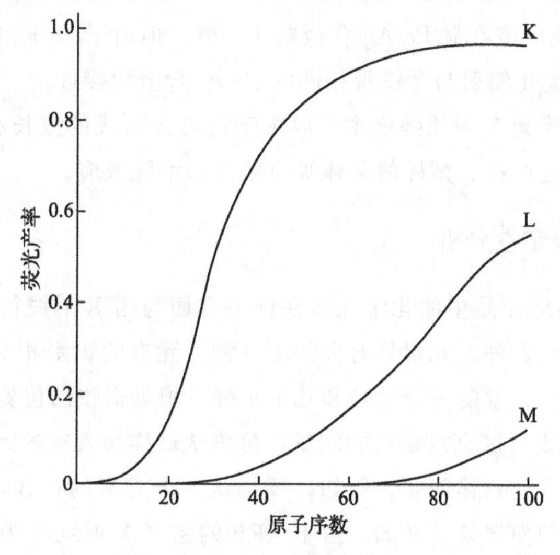

图2.6.4 荧光产率与原子序数和K、L、M系的关系

(Ca) 时，L 系的荧光产额为零；当原子序数小于 57(La) 时，M 系的荧光产额为零。

(3) 基体吸收效应

当初级辐射射入试样和荧光辐射射出试样时，两者都涉及试样的吸收问题，可用试样的质量吸收系数衡量吸收量。从图 2.6.5 可以看出吸收对荧光 X 射线强度的影响。图中 I_{Fe} 和 $(I_{Fe})_0$ 分别为合金 Fe 及纯 Fe 的 Fe K_α 强度。对于 Fe-Al 和 Fe-Ag 两个合金试样，由于 Fe-Al 合金的吸收系数低于含铁量相同的 Fe-Ag 合金，使得初级辐射在 Fe-Al 合金中的贯穿深度与 Fe-Ag 合金相比较大，从而在 Fe-Al 合金中有较多数目的铁原子发射出荧光辐射。此外，铁的荧光辐射在射出 Fe-Al 合金试样的过程中被吸收的也较在 Fe-Ag 合金中少，因此，其总结果是射出 Fe-Al 合金外部的 FeK_α 荧光辐射的强度较 Fe-Ag 合金高。

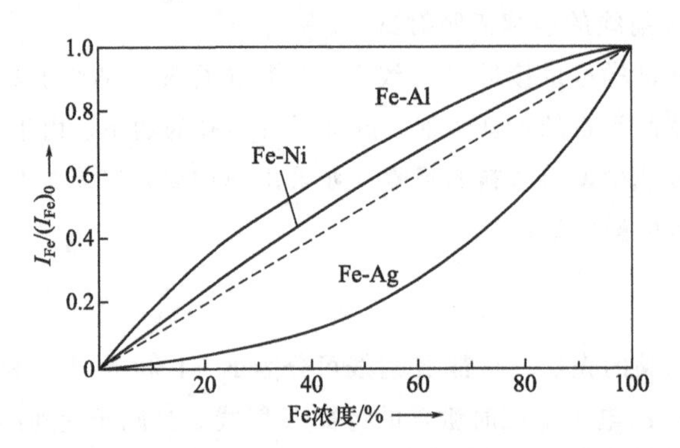

图 2.6.5　不同 Fe 浓度的合金所发射的 Fe K_α 荧光强度

(4) 增强效应

在多元素试样中，初级辐射使试样中的 B 元素发出波长为 λ 的荧光，如果它小于 A 元素的 K 吸收限波长，不但初级辐射能激发 A 元素使之发射 K 系荧光，而且来自 B 元素的荧光辐射也能激发 A 元素，这种现象称为二次荧光。这种增强效应在图 2.6.5 的 Fe-Ni 合金曲线上非常明显。由于 Ni 对 Fe K_α 辐射的吸收大于 Fe 对 Fe K_α 辐射的吸收，如果只考虑基体吸收效应，Fe-Ni 合金的曲线应该在靠 Fe-Ag 合金曲线一侧。但由于 Ni K_α 能激发 Fe K_α 辐射，结果使 Fe-Ni 合金发出的荧光辐射与含铁量相同的 Fe-Al 合金相接近。

综上，试样发射的荧光 X 射线强度主要取决于初级 X 射线的波长和强度分布、试样各元素原子的激发概率和荧光产额、试样的基体吸收效应和增强效应。

2.6.2.3　荧光 X 射线定性分析

用 X 射线光谱仪鉴定样品中的化学元素在许多方面与用 X 射线衍射仪鉴定化合物相似。然而，相比化合物有数百万种，元素只有大约 100 种，元素的识别相对容易。在 X 射线光谱中，我们可能只发现某一元素的一个主峰和几个小峰。根据谱线的位置 2θ 和分光晶体的面间距 d 可算出谱线波长，或通过直接给出的能量，可确认试样所含有的元素。

定性分析必须注意一些具体问题。例如，要确认一个元素的存在，至少应该找到两条谱线，以避免干扰线的影响而误认。又如，由于 XRF 的主要 X 射线源为连续辐射和特征辐射，连续的 X 射线产生了光谱的背景，而主要的特征 X 射线会在光谱中产生附加峰。因此，背景峰和X射线管靶材的附加峰应该从光谱中扣除。XRF中通常选择不常见的元素如铑（Rh）作为X射线管的靶材，以减少样品中元素识别的混乱。此外，对于轻元素试样，可能会出现康普顿散射。如果试样中所含元素的原子序数很接近，则其荧光波长相差甚微，就要注意波谱是否有足够的分辨率把它们分离。图2.6.6为铅合金的能谱仪型XRF谱图，其中Rh峰与样品元素峰不重叠。

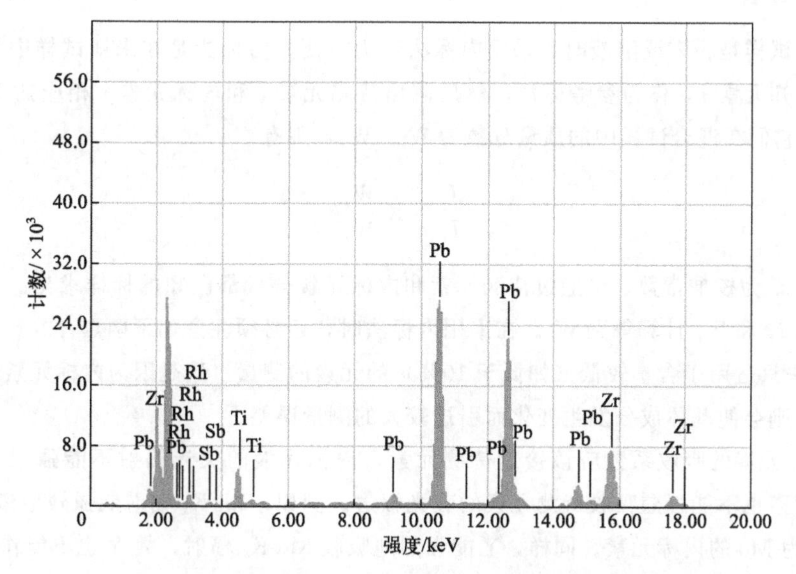

图2.6.6　采用Rh靶的X射线管对铅合金的能谱仪型XRF谱

2.6.2.4　荧光X射线定量分析

荧光X射线定量分析是在光学光谱分析方法基础上发展建立起来的。可归纳为数学计算法和实验标定法。

（1）计算法

试样内元素发出的荧光X射线的强I_i应该与该元素在试样内的含量成正比，即与该元素的质量分数W_i成正比：

$$W_i = k_i I_i \tag{2.6.2}$$

原则上，系数k_i可以根据试样中各元素原子激发的概率、荧光产额、基体吸收效应和增强效应等从理论上计算出来。但计算过程非常复杂，而且荧光产额、质量吸收系数等参数目前尚不能准确地了解，所以计算结果可能存在较大误差。

一般情况下，人们通常采用相似物理化学状态和已知成分的标样进行实验测量标定，而不是利用复杂的参数计算，常用的实验标定法有外标法和内标法两类。

（2）外标法

外标法是以试样中待测元素的某谱线强度，与标样中已知含量的这一元素的同一谱线强度相比较，来校正或测定试样中待测元素含量的方法。在测定某种试样中元素A的含量时，应预先准备一套成分已知的标样，测量该套标样中元素 A 含量不同时荧光 X 射线的强度 I_A 与纯 A 元素的荧光 X 射线的强度 $(I_A)_0$，作出相对强度 $I_A/(I_A)_0$ 与元素 A 含量之间的关系曲线，即校正曲线。之后便可通过测出待测试样中同一元素的荧光 X 射线的相对强度，从校正曲线上找出待测元素的含量。

（3）内标法

当待测试样是粉末或溶液时，采用内标法较为方便。内标法是在未知试样中均匀混入一定数量的已知元素 j，作为参考标样，然后测出待测元素 i 和内标元素 j 相应的 X 射线强度 I_i、I_j。设它们在混合试样中的质量分数为 W_i、W_j，则有

$$\frac{I_i}{I_j}=K\frac{W_i}{W_j} \tag{2.6.3}$$

式中，K 为校准常数，可通过待测元素和内标元素含量都已知的标样求出。然后，根据所测的 I_i、I_j 和 W_j 计算得到 W_i。在采用内标法时，还必须注意如下两点。

① 此法只适用于含量较低（如低于 10%）的元素的测量。这是因为内标元素的加入量不能太大，否则会使基体成分发生变化而引进较大的测量误差。

② 内标元素的吸收系数应该接近待测元素。内标元素的荧光辐射不能强烈激发待测元素，内标元素也不能强烈吸收待测元素的荧光辐射。例如，Rh K_α 辐射能强烈地激发 Mo，故 Rh 不能作为 Mo 的内标元素。同样，Y 能强烈地吸收 Mo K_α 辐射，故 Y 也不能作为 Mo 的内标元素。

通常，若待测元素的原子序数为 Z，内标元素的原子序数则为 $Z\pm1$。也可以用同种元素作为内标物质，这时校准常数 $K=1$，这是特殊的内标法，称峰值增强法。

（4）检测计数的精密度

X 射线波谱定量分析的精密度取决于强度测量的精密度，但成分测量的准确度必须通过对标准试样测量后才能确认。

衍射线的积分强度定义为在观察点 R 处，衍射强度沿 2θ 在底宽区间内的积分，也就是谱图中本底之上的衍射峰面积。扣除背景后，若接收狭缝足够宽，当它对准衍射峰位时，所获计数就是积分强度。

检测器定时测量谱线强度时，计数 N 有着明显的涨落现象，符合随机过程的统计规律。数学上可以证明，在总计数为 N 的单次测量中，标准偏差为

$$\sigma=\sqrt{N} \tag{2.6.4}$$

相对标准偏差为

$$\frac{\sigma}{N}=\frac{1}{\sqrt{N}} \tag{2.6.5}$$

相对标准偏差表示单次测量的精密度。谱线强度测量的精密度仅取决于所测得的脉冲总数，而与脉冲速率无关。为了使测定值实现高精密度，就要求大数目的计数。如果谱线强度微弱，则必须要有很长的计数时间。

由于峰强度的计算需要扣除背景，所以如果用 N_L 表示谱线的总计数，N_B 表示背景的总计数（两者测量时间相同），则

$$\sigma=\sqrt{\sigma_L^2+\sigma_B^2}=\sqrt{N_L+N_B} \tag{2.6.6}$$

式中，σ_L 和 σ_B 分别为谱线的总计标准偏差和背景的总计标准偏差。

2.6.3 波长色散X射线光谱仪

波长色散X射线光谱仪（又称为波谱仪，WDS）的结构如图2.6.7所示。类似于X射线衍射仪，其有一个旋转的X射线探测器系统（分光晶体和X射线光子计数器）来收集衍射光束，还有准直器结构来校准样品的特征X射线束和分光晶体的衍射束。旋转X射线光子计数器扫描范围为 2θ，从标本中检测出特定波长的特征X射线。由于采用了 2θ 扫描，WDS的信号检测本质上是连续的。一个WDS系统可以有一个晶体/检测器组（单通道）或多个晶体/检测器组（多通道）。多通道系统可以在一定程度上克服顺序检测的缺点，提高分析速度。

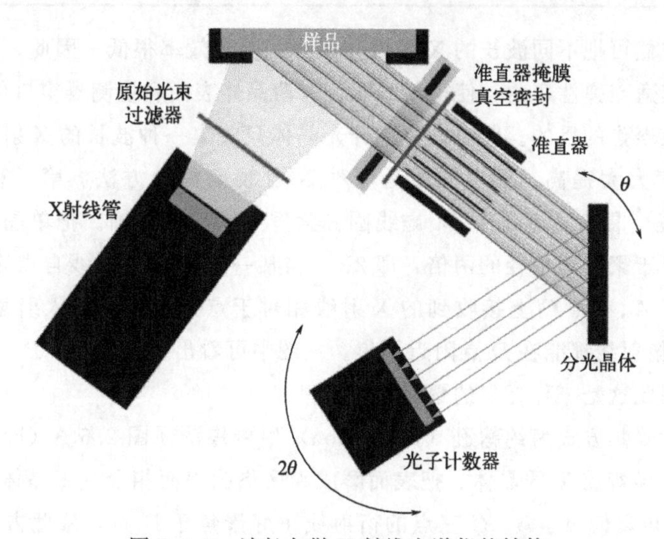

图2.6.7　波长色散X射线光谱仪的结构

在WDS中，分光晶体应谨慎选择，因为它决定了可检测元素的范围。晶体能探测到的波长是由布拉格定律定义的

$$\lambda=\frac{2d\sin\theta}{n} \tag{2.6.7}$$

通常，在WDS系统中，最大可达到的角度约为73°。因此，被衍射的特征X射线波长最大值约为分光晶体晶面间距 d 的1.9倍。表2.6.1列出了WDS常用的分光晶体，包括LiF、季戊四醇（PE）、邻苯二甲酸氢铊（TAP）和层状合成微结构（LSM）。为了探测具有X射线特征的长波长的轻元素，必须使用具有较大原子间距的分光晶体。对于原子序数小于9的元素，应使用面间距非常大的LSM材料。同时，虽然小的面间距限制了可检测原子数的范围，但其会增加角色散。这可以通过微分布拉格定律方程得到

$$\frac{d\theta}{d\lambda}=\frac{n}{2d\sin\theta} \tag{2.6.8}$$

由上式可知，当使用面间距小的晶体时，我们将获得更高分辨率的波谱。然而，由于 1.9d 的限制，面间距小的分光晶体将减小检测波长的范围。

表 2.6.1 WDS 常用的分光晶体

晶体	晶面	面间距，$2d$/Å	原子序数范围	
			K 系	L 系
氟化锂（LiF）	(220)	2.848	>Ti (22)	>La (57)
氟化锂（LiF）	(220	4.028	>K (19)	>Cd (48)
季戊四醇（PE）	(002)	8.742	Al (13) ～K (19)	—
邻苯二甲酸氢铊（TAP）	(001)	26.4	Fe (9) ～Na (11)	—
分层人造微结构（LSM）	—	50～120	Be (4) ～F (9)	—

平面单晶体虽然可把不同波长的 X 射线分散开，但其效率很低。因此，人们对平面单晶体做了改进，将其适当弹性弯曲，使得射线源、弯曲晶体表面和检测器窗口位于同一圆周上，以此达到把衍射束聚焦的目的。此时，整个分光晶体只收集一种波长的 X 射线，使这种单色 X 射线的衍射强度大大提高。图 2.6.8 是两种 X 射线聚焦的方法。第一种方法称为约翰（Johann）型聚焦法［图 2.6.8 (a)］，虚线圆称为罗兰圆或聚焦圆。把单晶体弯曲使它衍射晶面的曲率半径等于聚焦圆半径的两倍，即 $2R$。当某一波长的 X 射线自点光源 S 处发出时，晶体内表面任意点 A、B、C 上接收到的 X 射线相对于点光源来说，入射角都相等。由此，A、B、C 各点的衍射线都能在 D 点附近聚焦。从图中可看出，由于 A、B、C 三点的衍射线并不恰在一点，因此这是一种近似的聚焦方式。

另一种改进的聚焦方式为约翰逊（Johannson）型聚焦法［图 2.6.8 (b)］。这种方法是把衍射晶面曲率半径弯成 R 的晶体。把表面磨成和聚焦圆表面相合（即晶体表面的曲率半径和 R 相等），如此可以使 A、B、C 三点的衍射线正好聚焦于 D 点，故此方法又称为全聚焦法。而在实际 X 射线检测中，点光源发射的 X 射线在垂直于聚焦圆平面的方向上仍有发散性。分光晶体表面不可能处处符合布拉格定律，加之有些分光晶体虽可以进行弯曲，但不能磨制，因此不大可能达到理想的聚焦条件。而如果检测器上的接收狭缝有足够的宽度，即使采用不大精确的约翰型聚焦法，也是能够满足聚焦要求的。

X 射线波谱仪有两种常见的谱仪布置形式，如图 2.6.9 所示。图 2.6.9 (a) 所示为旋转式波谱仪的工作原理图。它用磨制的弯晶（分光晶体），将光源（电子束在样品上的照射点）发射出的射线束会聚在 X 射线探测器的接收狭缝处。通过将弯晶沿聚焦圆转动来改变 θ 角的大小，探测器也随之在聚焦圆上做同步运动。弯晶反射面和接收狭缝始终都在聚焦圆的圆周上。旋转式波谱仪虽然结构简单，但有三个缺点：①出射角 φ 是变化的，若 $\varphi_2<\varphi_1$ 则出射角为 φ_2 的 X 射线穿透路程比较长，相应的其强度就低，计算时须增加修正系数，较为麻烦；②X 射线出射窗口要设计得很大；③出射角 φ 越小，X 射线接受效率越低。

图 2.6.9 (b) 所示为直进式波谱仪的工作原理图。它的特点是 X 射线出射角 φ 固定不变，弥补了旋转式波谱仪的缺点。因此虽然在结构上比较复杂，但它是目前最常用的一种谱

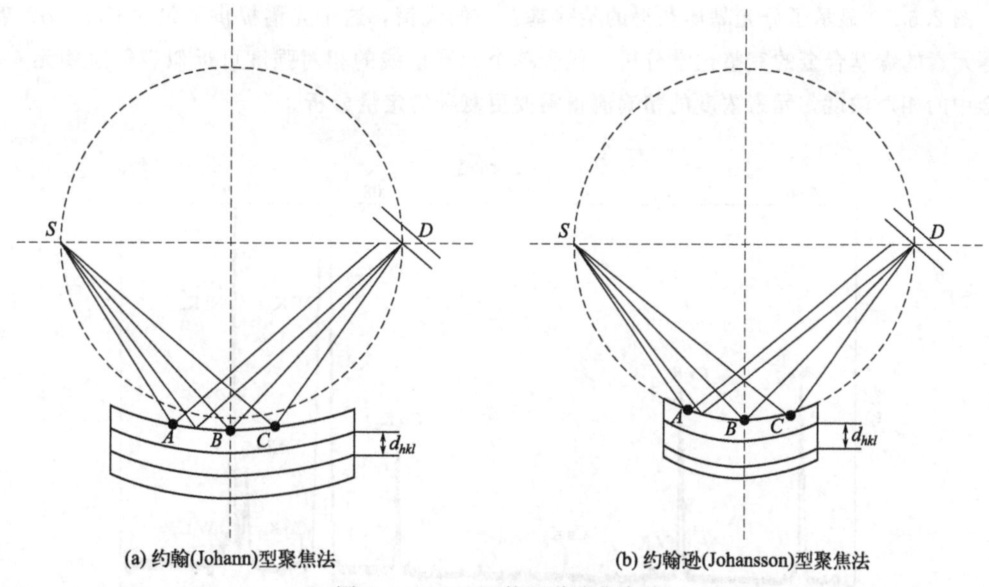

图 2.6.8 WDS 的两种聚焦方式

仪。弯晶在某一方向上做直线运动并转动，探测器也随之运动。聚焦圆半径不变，圆心在以光源为中心的圆周上运动，光源、弯晶和接收狭缝也都始终落在聚焦圆的圆周上。不难证明，由光源至晶体的距离 L（叫作谱仪长度）与聚焦圆的半径有下列关系：

$$L = 2R\sin\theta = \frac{R\lambda}{d} \tag{2.6.9}$$

对于给定的分光晶体，L 与 λ 之间为简单的线性关系，因此只要读出谱仪上的 L 值，就可计算得到 λ 值。在波谱仪中，是用弯晶将 X 射线分谱的。因此，恰当地选用弯晶是很有必要的，晶体展谱遵循布拉格方程 $2d\sin\theta=\lambda$。显然，对于不同波长的特征 X 射线就需要选用与其波长相当的分光晶体。对波长为 0.05～10nm 的 X 射线，需要使用几块晶体展谱。选择晶体的其他条件是晶体的完整性和波长分辨本领要好，衍射效率、衍射峰强度和峰背比要高，以提高分析的灵敏度和准确度。

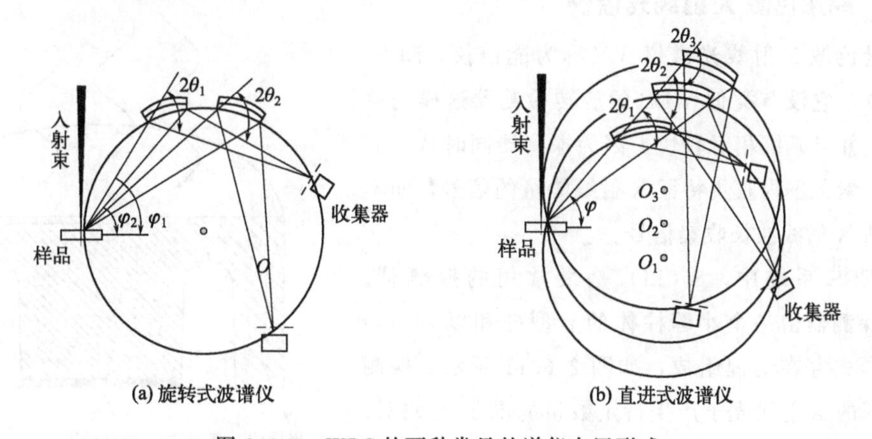

图 2.6.9 WDS 的两种常见的谱仪布置形式

图 2.6.10 显示了分光晶体获得的某镍基合金的光谱，这个光谱提供了包含 Cr、Co、W、V 等元素的镍基合金的完整化学分析。代表单个元素谱线的相对强度可近似表征这些元素在合金中的相对浓度，元素浓度的精确测量需要更复杂的定量分析。

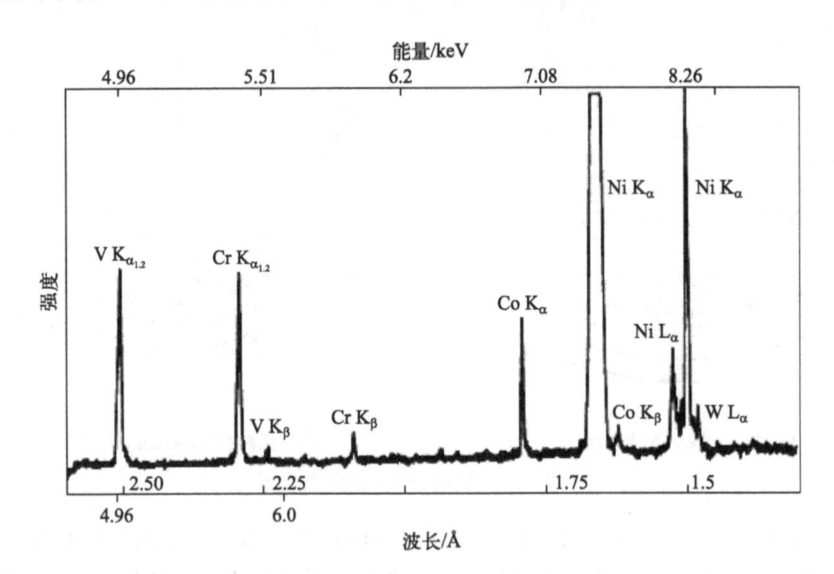

图 2.6.10　用 LiF 分析晶体得到的镍基高温合金的 WDS 谱

虽然 WDS 提供了高分辨率和高信背比，但光谱分析可能会很复杂。由布拉格定律可知，对于同一特征 X 射线，衍射级数（n）可以在光谱中产生多个波长峰。例如，从一个样品发射一个特定的 X 射线波长（λ），可能有三个峰对应于 $n=1$、2 和 3。此外，如果一个特定的波长几乎等于另一个波长的倍数，那么它们的峰就会在光谱中相互叠加。例如，S K_α（$n=1$）的波长为 5.372Å，非常接近于 Co K_α 波长的 3 倍（1.789Å×3=5.367Å）。因此，S K_α 谱线很可能会叠加在三阶（$n=3$）Co K_α 谱线上。在分析 WDS 谱时，我们应该意识到所有这些特殊问题。

2.6.4　能量色散 X 射线光谱仪

能量色散 X 射线光谱仪（又称为能谱仪，EDS）结构简单，它没有类似 WDS 的旋转检测器这样的移动部件，并且系统相对较快，因为探测器同时从样品中整个元素范围内收集特征 X 射线能量的信号，而不是单独从 X 射线波长收集信号。

在 EDS 系统中，Si(Li) 是最常用的探测器。Si(Li) 探测器由一个小圆柱体的 p 型硅和以 Si(Li) 二极管形式存在的锂组成，如图 2.6.11 所示。探测器收集到的 X 射线光子产生特定数量的电子-空穴对。在 Si(Li) 二极管中，产生电子-空穴对所需的光子平均能量约为 3.8eV。光子能量越高，产生的电子-空穴

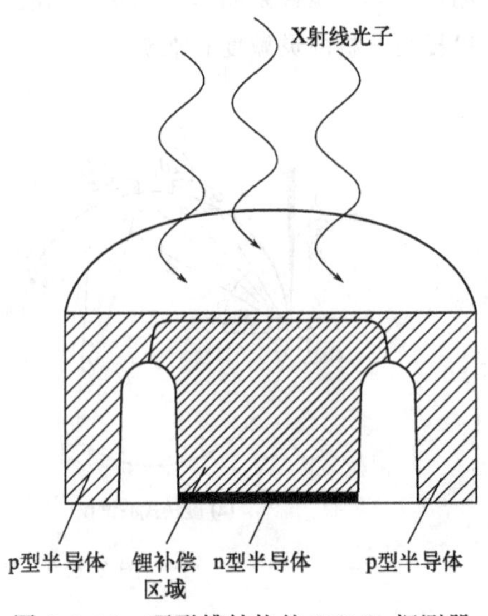

图 2.6.11　环形槽结构的 Si(Li) 探测器

对就越多。特征X射线光子可以根据它们产生的电子-空穴对的数量按能级分离。

在X射线能量范围内，能谱可以表现特征X射线谱图的强度。0.1～20keV范围内的光谱可以同时显示轻元素和重元素，因为轻元素的K线和重元素的M线或L线都可以显示在这个范围内。例如，图2.6.12显示了含有Si、O、Ca、Fe、Al和Ba等多种元素的玻璃样品的能谱，能谱强度范围可达10keV。

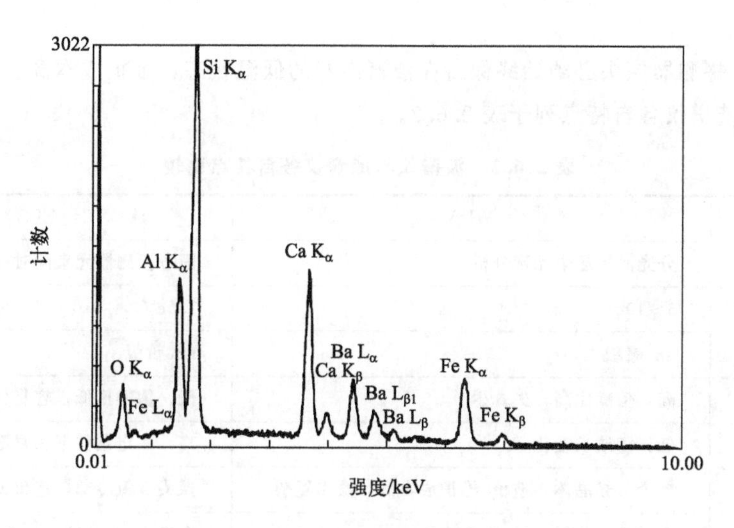

图2.6.12　某玻璃样品的EDS谱

2.6.5　波谱仪与能谱仪的比较

在波谱仪中，试样发出的各种波长，在检测之前已按波长大小在空间分散，检测器只需要接收一种波长。能谱仪的检测器则是同时接收试样中所有元素发出的荧光X射线，而后根据检测器输出信号的能量大小，把它们分到各个通道进行计数，展现为试样所发射的X射线信号的能谱组成，从而对试样进行定性、定量分析。

与波谱仪相比较，能谱仪有如下一些突出的优点。

① 能谱仪分析速度快。因为它同时接收所有不同能量的X射线光子，可以在几分钟的时间内对原子序数Z大于11的所有元素进行定性分析；而波谱仪的单次扫描要用几十分钟时间，还只能在有限的波长范围内进行，若更换分光晶体，则要用更多的时间。

② 能谱仪的灵敏度比波谱仪高一个数量级。这是因为能谱仪的检测器可紧靠着试样（几个厘米）放置，增加了接收辐射的立体角，同时它无需经过晶体衍射。因此，能谱仪可以使用小型、低功率、不需水冷却的X射线管。

③ 能谱仪的结构比波谱仪紧凑得多，它没有运动部件。因为它同时接收不同能量的光子信号，所以对系统的稳定度无严格要求，甚至可以使用同位素源产生X射线，可开发为便携式仪器。

④ 能谱仪没有聚焦的要求，对试样表面发射点的位置没有严格的限制，适合较粗糙表面的分析工作。

然而，与波谱仪相比，能谱仪在如下方面仍然处于劣势。

① 波谱仪在常用波长范围内的能量分辨率高达5～10eV，能谱仪的能量分辨率一般为140～150eV，因而在能谱仪中谱线的重叠现象严重，常需要借助电子计算机进行谱线的分解，由此会造成一定的分析误差。

② 波谱仪可以分析的浓度下限（约0.5%）比能谱仪低很多，定量分析精度比能谱仪高得多。能谱仪的信噪比较低（仅为50左右），而波谱仪可高达1000，相比之下，能谱分析只能是半定量的。

③ Si(Li) 探测器探头必须始终保持在液氮冷却的低温状态，维护成本高。

波谱仪与能谱仪各自特点列于表2.6.2。

表2.6.2 波谱仪与能谱仪各自特点比较

比较项目	WDS	EDS
元素分析方法	分光晶体逐个元素分析	固态检测器元素同时检测
能量分辨率/eV	5～10eV	135eV
空间分辨率	μm量级	nm量级
灵敏度	高，信噪比高，失真少	低，信噪比低，容易失真
检测效率	低，随波长变化	高，一定条件下为常数
仪器特殊性	多个分光晶体，造价/维护成本高，操作复杂	探头液氮冷却，造价便宜，操作简单
检测时间	全谱几十分钟	全谱1～2分钟

2.6.6 电子探针X射线显微分析

2.6.6.1 电子探针X射线显微分析仪

2.6.6.2 电子探针仪的实验方法

2.6.6.3 电子探针定量分析

思考题

1. X射线荧光光谱进行定性和定量分析的原理是什么？

2. 简要分析X射线荧光光谱与电子探针的区别。

3. 简要比较波谱仪和能谱仪的优缺点。

4. 直进式波谱仪和回转式波谱仪各有什么优缺点？

5. 电子探针与扫描电镜有何异同？电子探针如何与扫描电镜和透射电镜配合进行组织结构与微区化学成分的同位分析？

6. 举例说明电子探针的三种工作方式（点、线、面）在显微成分分析中的应用。

2.7 X射线 CT

2.7.1 引言

虽然X射线成像功能强大，应用广泛，然而普通的X射线成像有一个明显的缺陷，那就是影像重叠问题。我们生活的世界中的客观物体，包括人体都是三维的，X射线透视成像把三维实体压缩成了二维，必然造成影像重叠。比如，胸透时，我们的肋骨、肺部、皮肉图像都会叠加在一起，如果医生发现一个可疑病灶，如何确认这个病灶就是来自于肺部呢？有经验的医生通常会让患者呼气吸气，看可疑图像是否跟随呼吸变化来判断。更好的方法是从多个角度观测，也就是传统的断层成像法（conventional tomography）。

拓展阅读

传统断层成像

要想彻底解决影像重叠问题，需要进入本节主题——CT（computer tomography），中文译为计算机断层成像。CT不需要切开待测样品，就可以通过计算得到样品内部的断层信息。既然能得到一张断层图像，就能得到不同空间位置的多张断层像，把不同位置的很多张断层像摞在一起就得到了样品内部的三维数据，可以根据需要从不同方向去虚拟切割。从图2.7.1这两组典型的人体CT图像可以感受到CT成像的巨大作用。

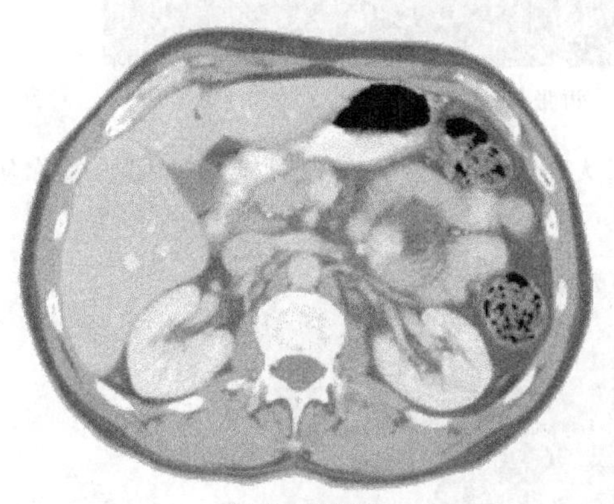

(a) 腹部断层像

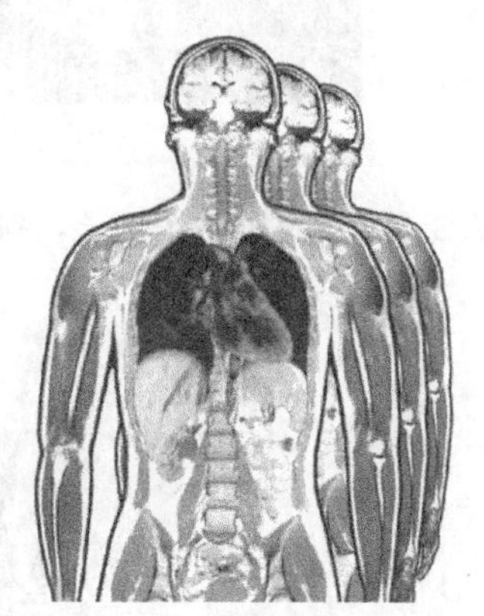

(b) 全身CT图像

图 2.7.1　典型的人体CT图像

CT不需要真实切割就可以得到人体内部断层信息，不用砍伐树木就能直接看到树的年轮，CT是怎么做到的呢？这离不开一位数学家的基础性工作（详情见2.7.2.2拉东定理）和两位天文学家的探索性工作；在此基础上，美国物理学家科马克（Cormack）和英国工程师亨斯菲尔德（Hounsfield）发明了CT，从此人类进入了CT时代。亨斯菲尔德和科马克凭CT发明获1979年的诺贝尔生理学或医学奖。

拓展阅读

天文学家的探索

科马克和他的CT机

亨斯菲尔德和他的CT机

2.7.2 CT原理

2.7.2.1 投影思想

我们生活的世界是三维的，可我们日常看到的照片等图像信息大都被压缩成了二维。基于生物进化，我们的大脑进化出了非常独特的三角视差算法，可以根据背景补上纵深信息，根据日常经验我们很自然地能从二维图像猜测出背后的三维实体，比如图2.7.2中的剪影照片，没有人会对图片背后的舞蹈演员和跳跃的袋鼠有什么误解。

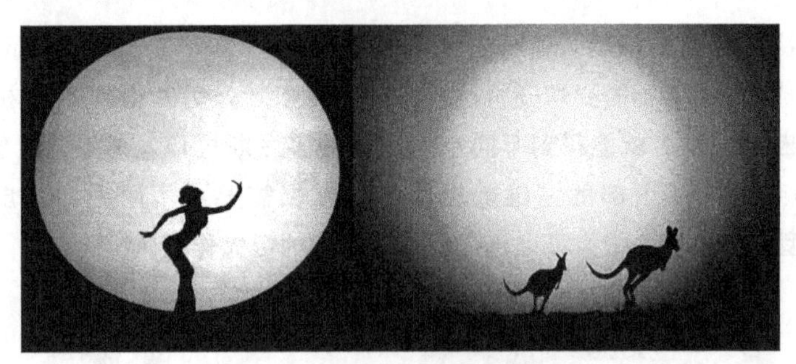

图2.7.2 两张典型的剪影照片

图2.7.3展示的另外一个例子，判断人手中拿的是香蕉还是菠萝，那要看你从哪个角度看问题。

图2.7.3 多角度投影

总之，常识告诉我们，单个二维的影子虽然可以告诉我们实体的一些重要信息，但要准确得到一个三维实体信息，需要结合多个角度的信息，这里就隐含着 CT 的原理。

2.7.2.2 拉东定理

CT 具有坚实的数学基础，要准确理解 CT 原理，我们就不得不讲拉东定理。1917 年，奥地利数学家拉东从数学上证明了某种物理参量的二维分布函数由该函数在其定义域内的所有线积分完全确定，这就是拉东定理。如图 2.7.4 所示，拉东定理揭示了某个物理参量分布函数 $f(x,y)$ 和其投影（projection）函数 P 之间的关系。这里的投影不同于我们日常口语中的投影，它有严格的数学定义，指的是某个物理参量分布函数沿某个方向的线积分。拉东定理和投影在 CT 思想中起着举足轻重的作用，需要深刻理解。

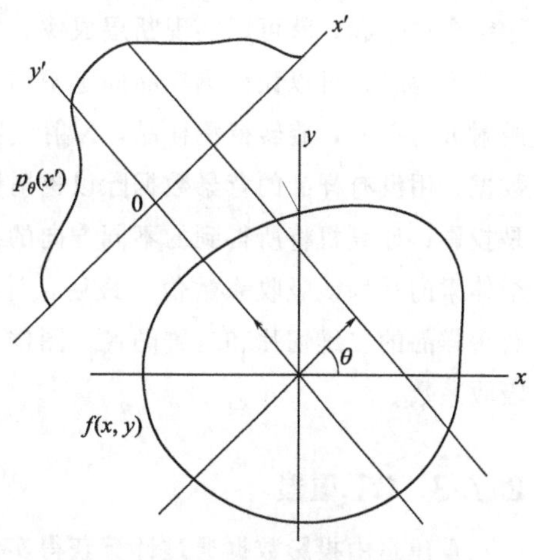

图 2.7.4　拉东定理

抛开复杂的数学推导，我们可以用影子来类比。根据常识，我们知道被压缩后的影子依然含有物体本身的信息，不同方向和不同角度的影子反映实体的不同特征信息。拉东定理告诉我们如果任意方向的影子都已知的话，那么物体本身的信息也就可以完全确定下来，而且是唯一的。换句话说，用很多被压缩成二维的影子可以反算出三维实体本身，这就是 CT 的数学原理。当然作为一个数学定理，拉东定理是非常严谨的函数运算，这里主要介绍其思想，不再展开介绍。

2.7.2.3 射线衰减

CT 不但具有坚实的数学基础，还具有坚实的物理基础。从中学的比色实验我们就知道朗伯-比尔（Lambert-Beer）定律。事实上，电磁波穿过半透明样品后伴随着强度衰减，即透射强度会随着样品的厚度指数衰减，不同材料的衰减程度不同。X 射线穿过样品之后的强度同样遵循朗伯-比尔定律，不同衰减程度可用线吸收系数（也叫衰减系数）来度量［式（2.7.1）］。

$$I=I_0\mathrm{e}^{-\mu L} \tag{2.7.1}$$

如果样品不均匀，内部线吸收系数有变化，可将样品分成若干体素，根据朗伯-比尔定律，则沿射线路径的总的衰减系数为每个体素衰减系数的线积分［式（2.7.2）］。只要将公式（2.7.2）稍作变换，这个衰减系数的线积分就可通过入射光强度和透射光强度比值的自然对数计算得到，这个线积分就是前文提到的投影。

$$I=I_0\mathrm{e}^{-\int_l \mu \mathrm{d}L} \tag{2.7.2}$$

2.7.2.4 CT 实现

CT 的目的是在不切开物体的前提下获得物体内部信息，可如何获得待测样品内部某个物理量的空间分布呢？拉东定理告诉我们，要想获取样品内部物理量的空间分布，不需要切开样品，只要从外部得到这个物理量的线积分就可以了。当然一个方向的线积分是不够的，所有方向（或者说任意方向）的线积分都要知道。CT 用到的物理量是物体内部的衰减系数，而射线衰减规律告诉我们，要获得衰减系数沿着某个方向的线积分并不难，只要把入射光强度和透射光强度比值取自然对数就得到这个方向的线积分了。因此将拉东定理和射线衰减规律结合在一起，就可以实现断层成像。

实验时，可以让待测样品固定不动，让射线源和探测器绕样品旋转，也可以固定 X 射线照射方向不变，旋转待测样品，X 射线穿透待测样品后的衰减情况由探测器获取，得到透射数据；用没有样品的背景数据除以透射数据，然后取自然对数得到不同方向的线积分，也就是投影；计算机将所得到的不同方向的投影数据按照一定的数学算法重建，得到物体内部每个体素的平均线吸收系数值；最后，计算机将每个体素的平均线吸收系数值转变为灰度值，获得样品的二维切片和三维图像，图像中每个像素点的灰度值即反映了物体在该点的平均线吸收系数。

2.7.3 CT 重建

重建是由投影数据通过计算获得实体数据的过程。拉东定理告诉我们，只要有了任意方向的投影，就能唯一确定实体数据，可如何确定呢？虽然拉东的成果，包括拉东定理、拉东变换、逆拉东变换，给出了图像重建的概念和思路，但由于 CT 采集的投影数据有限，无法用拉东变换进行准确的数据重建，我们需要寻找别的方法。

2.7.3.1 解联立方程法

亨斯菲尔德最早发明的 CT 就采用了解联立方程组的代数重建算法。将每个体素的线吸收系数作为一个未知数，一个方向的投影数据得到一组方程，换一个方向的投影数据会得到另外一组数据，联立多个角度的所有方程组，只要不同方向的投影数据足够多，方程数量多于要求解的体素个数，便可以用线性代数解出每个体素的线吸收系数。该方法从数学上来说是没问题的，关键点是未知数的个数，或将样品离散成的体素个数。

亨斯菲尔德当年求解的是 80×80 个未知数，这么多未知数直接代数解析太难了。线性方程组的求解难度和计算量会随着未知数个数增多而呈指数增长，当要重建的 CT 图像尺寸变大时，计算量快速变大，求解过程变得异常困难。亨斯菲尔德在他的求解过程中，用迭代法优化了算法。迭代法的主要思想是：从一个假设的初始数据出发，采用迭代的方法，将根据人为设定并经理论计算得到的投影值同实验测得的投影值比较，不断进行逼近，按照某种最优化准则寻找最优解。采用结合了迭代法的联立方程组求解算法，亨斯菲尔德获得了 80×80 的重建 CT 图像。用我们今天的眼光看，80×80 的图像空间分辨率太低了，看起来像马赛克，为了得到高分辨率的清晰图像，我们需要将样品划分为更多的体素。

今天，一组典型的 CT 数据含有 1024×1024×1024 个重建数据，甚至 2048×2048×2048 个重建数据。要求解这么多未知数，实验上需要获取尽量多角度的投影数据。实验上获得足够多的联立方程并不难，问题是求解这么多未知数，计算量过大。直到今天，虽然电子计算机的计算能力突飞猛进，但求解这么复杂的方程还是有巨大的负担。对线性方程直接求解是不现实的，通常需要包括迭代法在内的一些优化算法。总之，虽然解联立方程组的方法很直接，数学基础坚实，对理解 CT 原理很有帮助，但运算量太大，直到今天，几乎没有商业 CT 机采用这种重建算法。不过近年来，随着算法优化，将迭代算法用于 CT 重建有一些新的进展。未来，随着硬件计算能力的提升、软件迭代等优化算法的改善，这种代数求解联立方程组的重建算法有希望得到越来越多的应用。

2.7.3.2 傅里叶变换法

用傅里叶（Fourier）变换进行 CT 重建基于一个数学定理，这个定理被称为中心切片定理，也称投影切片定理或傅里叶中心切片定理。中心切片定理的含义是一个二维图像的一维投影的傅里叶变换等于过该图像的傅里叶变换中心的直线，当旋转投影角度时，其傅里叶变换的过中心的直线随之旋转。

这个定理最早由天文学家布雷斯韦尔（Bracewell）证明，并用于射电天文学研究。作为傅里叶变换方面的专家，Bracewell 早在 1955 年就证明了中心切片定理，然后基于该定理对射电望远镜接收到的多角度数据进行重构，获得了太阳的微波发射图像。不过，当时傅里叶变换的计算成本很高，今天广泛应用的快速傅里叶变换（FFT）算法直到 1965 年才被创造出来。作为傅里叶变换重建算法的替代方案，Bracewell 等人开发了一种计算量小一些的卷积滤波-反投影图像重建算法，经后人改进后成为今天通用的 CT 重建算法。

有了中心切片定理，用傅里叶变换进行图像重建就容易了（图 2.7.5）。每获得一个方向的投影后，就对投影数据进行傅里叶变换，得到目标实体傅里叶变换数据中的一条经过中心的直线；对不同角度的每个投影数据重复这个流程，就得到整个目标实体的傅里叶变换数据；

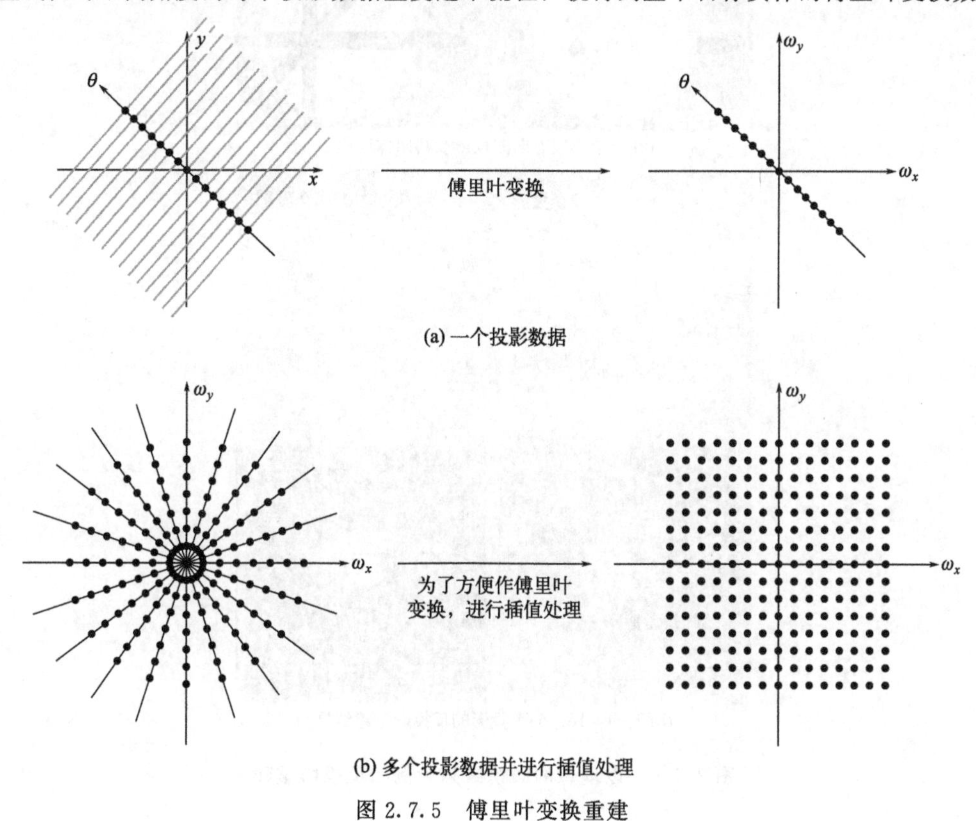

图 2.7.5　傅里叶变换重建

由于这套数据是极坐标，中心密、边缘疏，需要进行插值处理转换成笛卡尔坐标；最后对插值后的数据进行傅里叶逆变换便可以得到目标实体，即CT重建图像。

傅里叶变换图像重建算法具有坚实的数学基础，特别是有了快速傅里叶变换算法的支持后，计算量大幅降低，历史上曾得到一定应用。但频率域的插值处理对整体重建的影响是该方法的明显缺陷。插值是一种基于相邻数据进行猜测的近似算法，多出了一些虚构的信息，插值永远做不到完全准确。由于插值是在频率域进行的，其中任何一点问题都会影响整个重建图像，所以傅里叶变换算法存在天生缺陷。今天，CT重建中傅里叶变换算法应用较少，更多的是用卷积滤波-反投影法。要理解卷积滤波-反投影法，我们需要先认识反投影法。

2.7.3.3 反投影法

反投影法也叫均匀回抹法，其重建思路非常直白。我们只考虑一个CT断层像，断层平面中某一点的函数值可看作该平面内所有经过该点的射线投影之和的平均值。如何得到这一点的函数值呢？如图2.7.6所示，只需要把实验得到的所有投影数据沿着自己投影方向均匀回抹，就可以得到重建后的CT断层像。投影数量少的时候，重建结果很不理想；投影数量越多，得到的重建结果越接近真实。

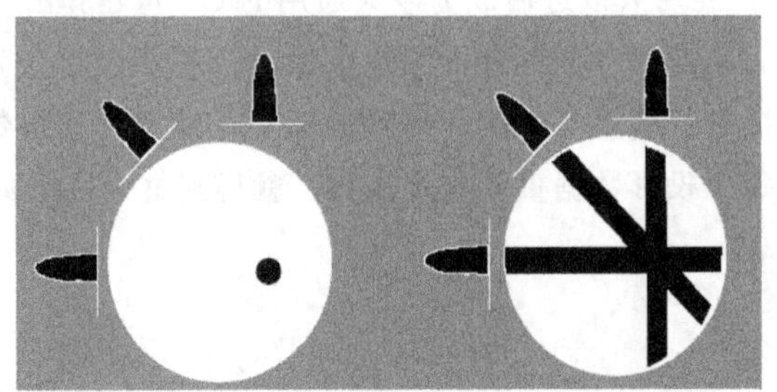

(a) 三个不同方向的投影及其回抹过程

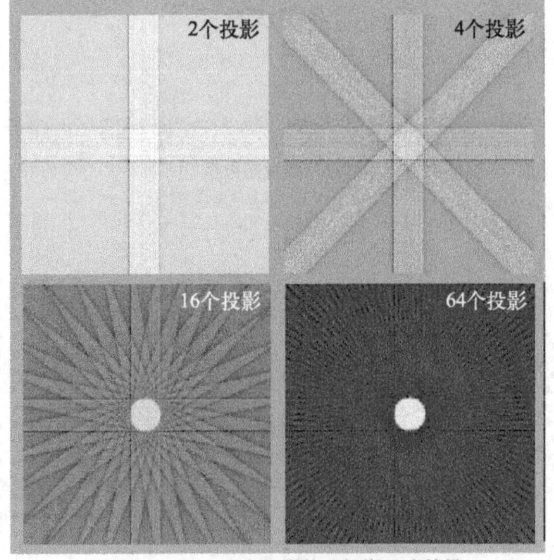

(b) 2、4、16、64个投影的反投影重建结果

图 2.7.6 以理想的圆饼缺陷为例的反投影重建

作为一种近似的方法，用反投影进行 CT 图像重建的逻辑大方向是对的，但问题也很明显：因为回抹的过程中，样品实体中本来没有的信息也会被重建出来，重建结果为典型的星状图像，显然这些星状图像是重建算法导致的虚假信息，称为伪影。如何消除这些虚假的伪影信息呢？前文提到，Bracewell 等人开发了卷积滤波-反投影图像重建算法。

2.7.3.4 卷积滤波-反投影法

卷积滤波-反投影法简称滤波反投影（filtered back projection，FBP），是今天商业 CT 的主流重建算法。FBP 是在反投影的基础上加入了卷积运算，FBP 重建图像的具体过程为：获得原始投影数据，投影数据与一个滤波函数进行卷积运算，得到各方向卷积滤波后的投影数据（具体操作是对投影数据做傅里叶变换，并在变换后的频率域空间进行滤波，然后再做傅里叶逆变换）；然后把这些滤波后的投影数据从各自方向进行反投影，即按其原路径平均分配到每个体素上，进行叠加后得到每个体素的重建数据，最终得到整体的重建数据。

FBP 可消除单纯的反投影产生的星状伪影，补偿投影中的高频成分，降低投影中心密度，既保证了重建图像边缘清晰，又保证了重建图像内部分布均匀。相对于反投影法，FBP 只是对投影数据进行了一个卷积滤波处理，就具有这么多的优势，显然滤波函数或滤波器的设计是关键。

对投影数据的滤波是在频率域空间进行的，频率域滤波实际上就是不同频率信号的选择问题，在信号处理领域有广泛的应用和深入的研究，这里只是简单概述一下。理想的滤波器是频带无限的 V 型滤波器，可根据佩利-维纳准则，理想滤波器无法实现，因此需要对理想滤波函数进行窗口处理。滤波器的设计非常灵活，既可以改变窗口形状，也可以改变截止频率，这些都会直接影响图像重建效果。从数学上讲，所有滤波器都是对理想的直接截断 V 型滤波器的数学处理。比如，Ram-Lak 滤波器是直接截断 V 型滤波器高频部分的结果，该滤波器的特点是形式简单，重建的图像轮廓清楚，缺点是由于在频率域中用矩形窗截断了滤波函数，在实域中会造成振荡响应（Gibbs 现象）。比如，把 Ram-Lak 滤波器与 $\sin(x)/x$ 进行卷积，就得到 Shepp-Logan 滤波器，Shepp-Logan 滤波器重建的图像中振荡效应小，抗噪性也好，但由于该滤波函数在高频段偏离了理想的滤波函数，重建图像在高频段的响应不够好。再如，将 Ram-Lak 滤波器与 Hamming 窗进行卷积便可得到 Hamming 滤波器。实际使用中还有很多不同的滤波器，比如 Raised Cosine 滤波器、Blackman 滤波器等。

总之，不同的 CT 公司为了不同的图像处理效果开发了很多不同的滤波器。在 CT 重建软件中，一般都有不同的滤波器供使用者选择。当然这些滤波器通常不用数学上的名字，而是根据应用场合或图像处理效果命名，比如软滤波器、硬滤波器、标准滤波器、细节滤波器、骨头滤波器、肺滤波器等等，毕竟对大多数使用者来说，不需要知道这些滤波器的数学原理，只要知道其图像重建效果就够了。

2.7.4 CT 设备

CT 从原理上来说只是一套从投影数据得到 CT 数据的算法流程。用不同的源、不同的信号会有不同的 CT，比如 X 射线 CT、伽马射线 CT、正电子发射 CT（PET）、核磁共振 CT 等等。另外，根据不同的用途和指标可以分为医用 CT、工业 CT、显微 CT 等。本部分先介绍

CT 设备总体构成，然后分别介绍常用的医用 X 射线 CT、工业 X 射线 CT、显微 X 射线 CT。

2.7.4.1 设备构成

理解了 CT 原理后，搭建 CT 系统也就不困难了。要搭建一套 CT 系统，我们需要获得不同方向的投影，因此需要射线源、探测器，还需要旋转平台。另外还需要计算机算法进行数据重建和软硬件操控，需要防护系统来减少射线对人体的伤害。因此，一台典型的 CT 设备通常由 X 射线源、机械扫描系统、探测器、数据采集与重建系统、安全防护系统等部分组成。当然不同的射线源对应不同的探测器和不同的防护系统。本部分以最常用的 X 射线 CT 为例介绍 CT 设备的构成。

（1） X 射线源

X 射线源是目前 CT 系统中最常用的射线源，其核心部件为 X 射线管，由真空腔体、阴极灯丝、阳极靶、高压装置等主要部件组成。常见的 X 射线管按密封与否分为封闭式 X 射线管和开放式 X 射线管，详见 2.1 节 X 射线物理基础。

X 射线源的射线能量（取决于射线管加速电压和采用的滤波片）、射线强度（取决于射线管加速电流、电压）、焦斑尺寸和稳定性在很大程度上决定了 CT 系统的成像质量。射线能量决定了 CT 设备的穿透能力，即决定了被测物体的材料类型与样品大小；射线强度直接影响 CT 系统的密度分辨力和扫描速率，强度增加，密度分辨力和扫描速率随之提高；X 射线的焦点尺寸（通常几百纳米到几个毫米）影响 CT 系统的空间分辨率，焦点尺寸越小，空间分辨率越好；X 射线源的稳定性影响 CT 图像质量，由于 CT 扫描是一个典型的非同时测量过程，如果获取不同投影过程中 X 射线源的功率输出不稳定，不同角度的投影没有可比性，不再符合 CT 原理，重建图像必然产生伪影。

（2）机械扫描系统

机械扫描系统为 X 射线 CT 系统提供了包括平移、旋转在内的多个高精度的运动自由度，通常由步进电机、机械手、供电元件、驱动软件等构成。机械扫描系统的尺寸和精度，包括扫描运动精度与装配几何精度，决定了 X 射线 CT 系统的极限空间分辨率以及图像伪影程度等。机械扫描系统的可重复性和稳定性对得到清晰的 CT 图像至关重要。为了保持整个机械扫描系统的稳定性，除了用高精度的发动机之外，整个系统通常放在稳定的基座上，基座材料通常为金属或天然石材。

（3）探测器

探测器用于测量穿透被测样品后到达探测器的 X 射线强度，并将 X 射线强度转换为电信号。X 射线探测器按照物理结构形态可分为点探测器、线阵探测器和面阵探测器。现在常用的面阵探测器包括高分辨率半导体芯片、图像增强器、平板探测器以及 CCD（charge coupled device，电荷耦合器件）探测器等。平板探测器主要有非晶硅平板探测器和非晶硒平板探测器以及 CMOS（complementary metal oxide semiconductor，互补金属氧化物半导体）平板探测器等。目前最常用的非晶硅平板探测器将 X 射线先经闪烁体涂层转化为可见光，可见光再经非晶硅光电二极管阵列转为电信号，最后经模拟数字信号转换形成 X 射线数字图像。

为了缩短CT扫描时间，需要高效的探测器。而为了得到清晰的CT图像，需要探测器稳定可靠。如前所述，由于CT扫描是典型的非同时测量过程，如果探测器不稳定，则等同于射线源不稳定，将会从源头上违背CT原理，最终带来伪影。CT所需要的高效、稳定的X射线探测器具有很高的技术壁垒，还需要进一步发展。

（4）数据采集、重建、显示系统

数据采集系统将探测器获得的信号转换、收集、处理和存储，为图像重建提供数据。数据采集系统主要包括信号转换单元、数据采集控制单元和数据传输控制单元，其主要性能指标有：信噪比、动态范围、采集速度及一致性等。

数据重建系统负责将X射线穿透被测样品获得的投影数据转换成被测物体截面衰减系数分布的CT重建图像的计算过程。CT重建图像可以获取被测样品内部结构的二维切片和三维图像，而不对被测物体造成任何物理上的损伤。如上文所述，图像重建方法包括代数迭代法、傅里叶变换法、卷积滤波-反投影法（FBP），现在的商业CT重建算法以FBP为主。重建过程的计算量非常大，通常需要专门的计算机工作站负责图像重建。

重建后的CT图像通常是1024×1024×1024甚至更大的三维数组，其中每个数据通常都是16位的，要显示如此庞大的数据，通常需要专门的计算机工作站并配置专门的三维图像显示和处理软件，常用的三维图像显示和处理软件有VG Studio Max、Amira、Mimics、Dragonfly等。

数据采集控制、图像重建和图像显示都需要功能强大的计算机，有些CT设备会配有三台计算机工作站分别负责这三块工作，有些CT设备将三者融为一体，放到一个功能强大的计算机工作站上。

（5）安全防护系统

各种高能辐射都能够直接攻击细胞核内的染色体，因此需要辐射防护。为了缩短CT扫描时间，CT配备的射线源大都具有较大的功率，需要做好辐射防护。常用的X射线安全防护系统包括辐射防护系统、报警系统、现场监视系统、语音通信系统及远程网络监控系统等。铅皮箱子或带有铅内衬的钢铁箱子是最常用的辐射防护装置。报警系统是指门联锁装置、急停按钮、专用钥匙及声光报警等。一般来说，CT设备出厂前已经做好了联锁装置和急停按钮。联锁装置可以避免一些失误操作导致的射线伤害，比如测试过程中一旦打开CT设备门，X射线会自动断掉。现场监视系统包括摄像机、监视器等，应尽量保证检测室内无监控盲区。语音通信装置是指对讲通信设备，实现检测室测试人员与控制室操作人员的双向语音通信。远程网络监控系统是指通过互联网远程实现对设备安全监控与紧急问题的处理等，包括视频系统、网络系统、远程网络监控等。

2.7.4.2 医用和工业X射线CT

为了加快CT扫描速度，降低人体移动对图像的影响，医用X射线CT的发展经历了很多技术变革。先是从第一代CT到第五代CT（图2.7.7），后来螺旋CT出现后又出现了多排螺旋CT。

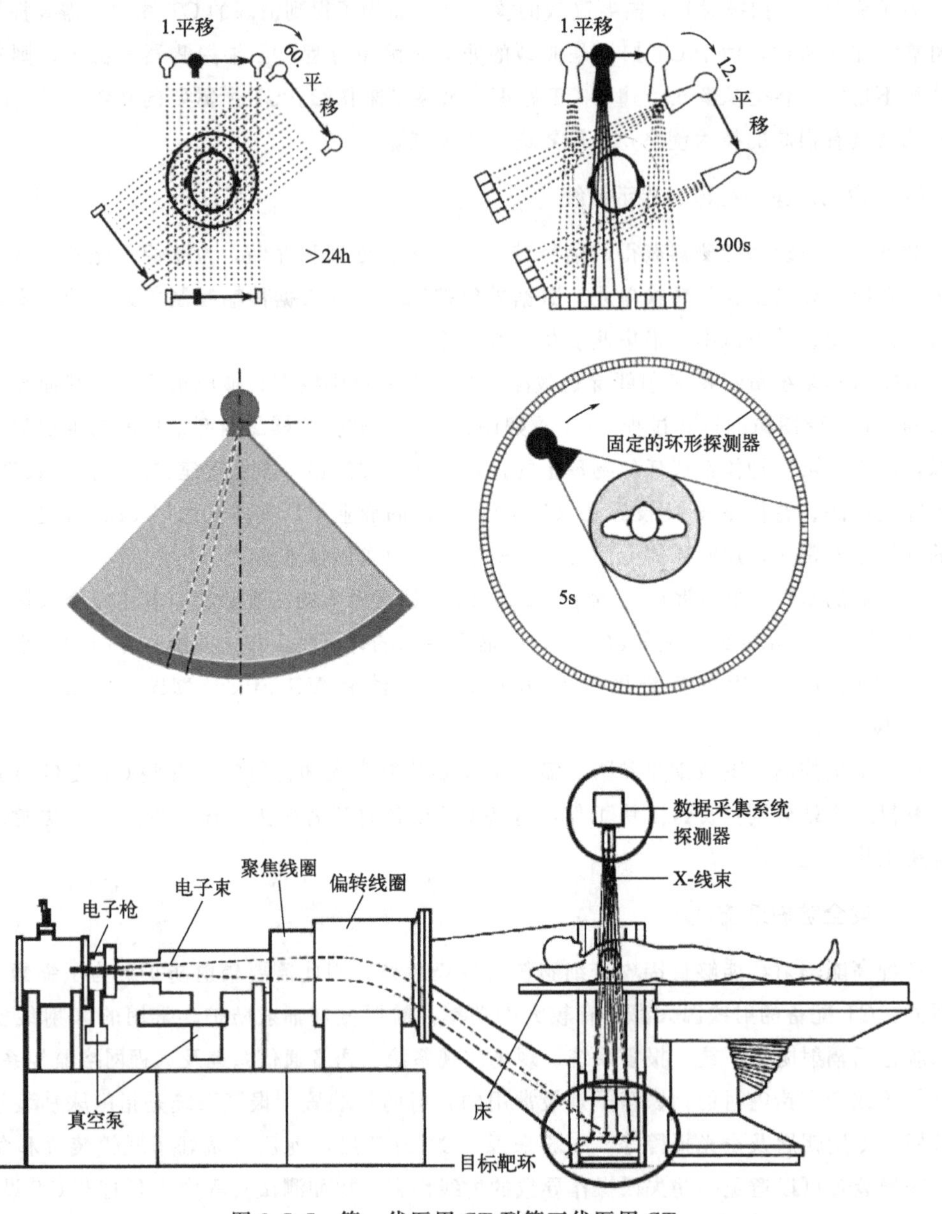

图 2.7.7 第一代医用 CT 到第五代医用 CT

拓展阅读

螺旋 CT

第五代 CT 使用了一个特制的 X 射线源，其中包括固定的电子发射器和环绕一周的金属靶，电子发射器不需要围绕患者旋转，仅仅是聚焦电子束围绕病人做圆周打靶扫描。由于不需要像常规CT那样做机械扫描，第五代CT将扫描时间压缩至0.03秒，从而消除了与心脏收缩相关的运动伪影，主要应用于心脏的扫描。第五代CT使用了电子束扫描，因此被称为电子束CT（electron beam CT，EBCT或ECT），由于具有超快的扫描速度，也被称为超高速CT（ultra fact CT，UFCT）。第五代CT主要提升了时间分辨能力，密度分辨率和空间分辨率都不够好，而且由于成本过于昂贵，第五代CT也没有得到大规模应用。现在医院里广泛应用的是多层螺旋CT，上述五代CT都逐渐被淘汰了。我们从CT发展中可以看出为了追求高速扫描，CT设计的巧思。总之，只要有需求，就会有对应的技术发展。

和应用于人体检查的医用X射线CT不同，工业X射线CT主要用于不会动的工业器件或材料样品，这就决定了工业CT可以采取更为灵活的配置。工业CT普遍采用X射线源/探测器固定而样品旋转的方式，而不是医用CT那种射线源/探测器旋转的扫描方式。当然一些特殊的工业CT装备在生产线上，样品无法自由旋转，此时就需要射线源和探测器同步旋转。另外，和医用CT追求快速扫描不同，工业X射线CT对扫描时间的要求不高，但通常需要三维体数据，因此，一般采用X射线发散锥束结合平板探测器来直接获取三维CT数据。

图2.7.8是东南大学江苏省土木工程材料重点实验室的一台微焦点工业CT。这台设备主体由一个最大功率320W的微焦点X射线源、一个可以承重60kg的旋转台和一个1024×1024的X射线平板探测器构成，可对旋转直径为10cm左右的大样品进行CT成像，成像分辨率从亚毫米到10微米。从CT设备分类的角度来说，这既是一台工业CT，也是一台显微CT。

图2.7.8　江苏省土木工程材料重点实验室的微焦点工业CT

2.7.4.3　显微X射线CT

医用X射线CT主要针对人体进行无损检测，工业X射线CT主要针对工业产品器件进行无损检测，而显微X射线CT主要针对一些尺寸较小的样品（比如牙齿、小器件、小材料样品）进行高分辨率检测。由于样品大都是不会动的物体，因此也采用了工业CT那种X射线源固定而样品旋转的扫描方式。不同于工业CT，显微CT对空间分辨率有着更高的要求。

由于X射线很难用光学元件进行聚焦，所以想得到高分辨率的X射线图像非常困难。一般来说，X射线CT普遍采用了点光源放射状的几何放大方式来提高成像分辨率。为了提高分辨率，样品尽量靠近射线源，探测器尽量远离射线源和样品。样品尽量靠近X射线源而且

X 射线锥束要包含整个样品，这样才能获得投影数据，所以显微 X 射线 CT 主要限于尺寸在毫米量级的小样品。样品大了，成像分辨率就要降低，另外，射线源焦点大小也会明显影响 CT 空间分辨率，为了保证尽量减轻半影效应的影响，光源尺寸要足够小，即 X 射线源的焦点尺寸要足够小。可射线源小了，X 射线强度必然有限，这也决定了显微 X 射线 CT 的样品不能太大。为了保证设备应用灵活性，一般商用显微 X 射线 CT 大都是焦点大小可变的 X 射线源，小样品可以采用小功率、小焦点的高分辨模式，大样品则采用大功率、大焦点的低分辨模式。

图 2.7.9 是东南大学江苏省土木工程材料重点实验室的一台显微 X 射线 CT 设备及其原理示意。这台设备主体由一个最大功率 10W 的微焦点 X 射线源、一个四自由度旋转台、一套特殊的 X 射线镜头和一个 2048×2048 的 CCD 光学探测器构成。该设备的检测对象为毫米量级的小样品，最高成像分辨率可达 0.7μm。从 CT 设备分类的角度来说，这是一台典型的显微 CT。

值得一提的是该设备配有特殊的 X 射线镜头。厂家为了提高设备的空间分辨率，在普通的 X 射线光路中增加了特殊的 X 射线镜头。该镜头在光学物镜的前方加了一层很薄的闪烁体镀层，将光学物镜与闪烁体耦合，X 射线先经物镜表面的闪烁体涂层转化成可见光，可见光再经光学物镜进行二次放大后照射到后边的 CCD 相机上，最终输出 X 射线数字影像。这种组合探测器适用于采用几何投影与光学物镜两级放大的 CT 成像架构，可以在较大工作距离下实现高分辨率成像。

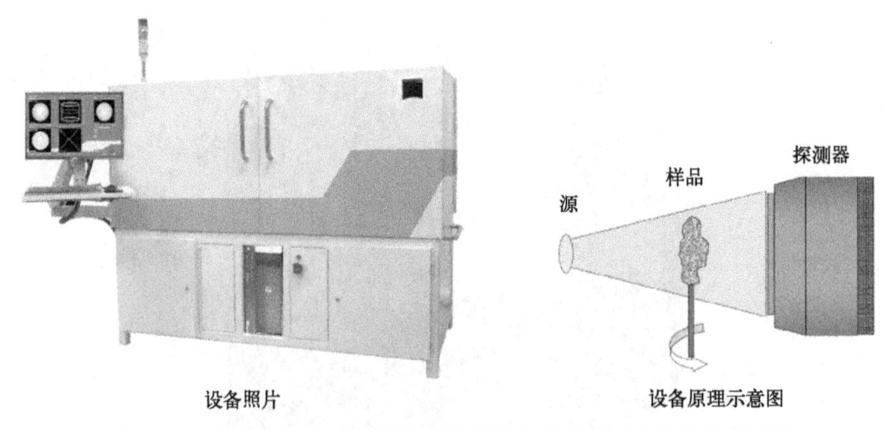

图 2.7.9　江苏省土木工程材料重点实验室的显微 CT 设备及其原理

2.7.4.4　其他 CT

CT 从原理上讲主要是一种利用投影数据重建得到断层数据的算法，因此并不局限于用 X 射线源的 X 射线 CT。只不过 X 射线穿透力强，应用最广。除了 X 射线 CT 之外，日常还可能接触到的 CT 有正电子发射断层成像（positron emission tomography，PET）、中子 CT、伽马射线 CT、电流 CT 等。

PET 利用正电子成像，主要用于人体肿瘤检测。值得一提的是 PET 得到投影的过程不同于传统的 CT：传统 CT 的射线源在样品一侧，穿过样品后得到投影；而 PET 的射线源在样品内部，穿出样品被探测得到投影。PET 工作原理为：先将发射正电子的放射性核素标记到能够参与人体组织代谢过程的化合物上，将标有放射性核素的带正电子化合物注射到受检者体内；放射性核素发射出的正电子在体内移动大约1mm后与组织中的负电子结合发生湮没辐射，产生两个能量相等、方向相反的伽马射线光子；外围探测器通过接收相关信号获得投影数据；利用重建算法，最终得到患者组织断面的三维影像。PET得到的图像不够好，分辨率一般为几毫米到十毫米，单独的PET应用受限。现在医院里广泛应用的是PET/CT，即用PET和X射线CT同机采集数据，采集后两种图像不必进行对位、转换及配准，计算机图像融合软件便可将两套影像数据合成一个单一的融合影像。融合后的图像既有来自X射线CT的精细解剖结构，又有来自PET的丰富生化功能信息，对肿瘤检测、手术和放疗定位具有较高的临床价值。

相对X射线，伽马射线具有更高的能量和更强的穿透能力，伽马射线成像及CT被用于工业探伤。由于伽马射线一般来自放射性核素，比如钴-60，对人体辐射损伤大，受管制，使用不便，所以伽马射线成像应用场合远远少于X射线成像。值得一提的是科马克在他最早的CT原型机里就采用了钴-60作为射线源，所以说CT不局限于常用的X射线CT。

中子也具有强大的穿透能力，可以用于透射成像和CT。相对X射线成像来说，中子成像有一个巨大的优势是不但穿透能力强，而且对一些低原子序数样品具有非常好的衬度。比如，中子对样品中的水就非常敏感，甚至可以检测多孔介质中的水分传输，而X射线要检测多孔介质中的水就非常困难。不过由于中子主要来源于核反应堆或散裂中子源，限制了其使用。广东东莞的大科学装置中国散裂中子源（CSNS）给我们进行中子成像提供了便利。借助CSNS的中子成像，科学家能够对核燃料元件、新型锂电池材料、大飞机核心构件、高铁核心组件的内部缺陷进行无损检测，从而有助于保障核电站、新能源汽车、国产大飞机、高铁的运行安全。

2.7.5 CT指标

作为一种成像技术，CT系统的评价指标主要是CT重建图像的空间分辨率和密度分辨率，下面将展开介绍。当然，除了图像的空间分辨率和密度分辨率之外，射线源的能量、功率，样品的重量、大小、材质，扫描及重建时间也是CT系统的一些常规指标，不再展开介绍。

2.7.5.1 空间分辨率

空间分辨率（spatial resolution），也叫空间分辨力、高对比度分辨率，指的是CT系统在检测目标和背景的线吸收系数差别足够大的前提下，系统能分辨的两个相邻特征的最小间距。换句话说，空间分辨率是CT系统在信噪比足够高的条件下辨别物体空间几何细节特征的能力，是CT系统的主要技术指标之一。简便起见，空间分辨率通常以单位长度上的线对数表示，比如3 lp/mm代表每毫米可分辨3个线对，8 lp/cm代表每厘米可分辨8个线对；当然也可以直接用长度来表示，比如10μm。

对一个成像系统来说，更为科学的空间分辨率表示方法是调制传输函数（modulation transfer function，MTF）。MTF曲线给出了成像系统对不同频率细节成分的成像能力，是表征相机镜头等成像系统的常用指标。如图2.7.10所示，MTF曲线的横坐标是空间频率，通常用单位长度内的线对数来表示，也就是我们通俗说的空间分辨率；纵坐标为MTF数值，数值越大，代表成像系统的传递恢复信息的能力越强，MTF数值为1代表成像能100%恢复原来的信息，MTF 为 0 则表示图像没有任何对比度，无法区分任何信息。显然，MTF 曲线完整表达了成像系统的成像能力，不同的应用场景对 MTF 数值的要求不一样，可以取 MTF 值 0.1 或 0.03 对应的空间频率为系统的空间分辨率。

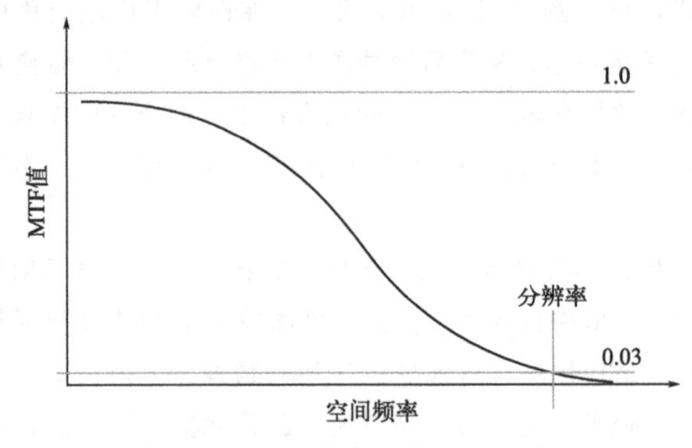

图 2.7.10　一条典型的 MTF 曲线

影响 CT 系统空间分辨率的主要因素有探测器有效像素大小，射线源、样品、探测器之间的距离，射线源有效焦点尺寸的大小，CT 系统的机械精度，扫描过程的稳定性，CT 重建算法，等等。探测器像素大小影响 CT 图像分辨率大小很容易理解，下面我们看看距离和样品尺寸大小对空间分辨率的影响。通常来说，CT 的成像光路是简单的几何放大，射线从一个点光源放射状发出，穿过样品，到达探测器，因此射线源、样品、探测器之间的距离大小决定了成像的放大倍数。为了提高空间分辨率，最简单的方式就是样品尽量靠近射线源，探测器尽量远离射线源和样品。当然这种方法受到各种条件的制约，比如设备长度有限、射线能量有限，探测器不可能无限远离样品和射线源；再比如样品有一定大小，不可能无限接近射线源。CT 原理决定了我们要得到完整的投影信息和完整的线积分，在所有的投影中 X 射线都必须穿过整个样品，换句话说 X 射线的视野（field of view）要包含整个样品。这就决定了 CT 成像要对整个样品同时成像，做不到像光学显微镜、电子显微镜那样的局部成像。因此样品大了，成像分辨率就要降低。另外，射线源焦点大小也会明显影响 CT 空间分辨率。由于光源不是无限小的点光源，那么从光源不同空间位置发出的光会从不同的光路到达探测器，从而会在探测器上呈现本影、半影现象，使得图像边缘变得模糊，降低了图像的空间分辨率。综上，空间分辨率是 CT 设备的一个综合指标，当然也是最重要的指标之一。

需要注意的是，空间分辨率和体素大小有关联但是完全不同的概念。根据探测器像素大小和放大倍数很容易换算得到体素大小。显然一个体素无法分辨细节，理想情况下三个体素可以分辨。虽然提高放大倍数可以缩小体素大小，从而在一定程度上提高空间分辨率，但达到一定极限后，再提高放大倍数，降低体素尺寸对提高分辨率就没有意义了。

2.7.5.2　密度分辨率

密度分辨率（density resolution），也叫密度分辨力，指的是 CT 系统能分辨的细节与背景材料之间的最小对比度，反映了 CT 装置对样品线吸收系数差别的分辨能力，也是 CT 系统的主要技术指标之一。通俗地说，空间分辨率说的是样品中的特征细节小到什么时候就看不到了，密度分辨率说的则是样品中的吸收系数差别小到多少的时候就无法区分了。显然密度分辨率取决于重建 CT 图像的信噪比。

影响 CT 系统密度分辨率的主要因素有到达探测器的光子数量、射线源强度、探测器效率、CT 系统的机械精度、扫描过程的稳定性、CT 重建算法等。显然，射线源的强度越大，样品衰减越小，探测器的效率越高，CT 成像时间越长，系统越稳定，重建算法越可靠，则系统的密度分辨率越高。因此，密度分辨率也是一个综合指标，是评价 CT 水平最重要的指标之一。

评价密度分辨率通常用 CT 厂商提供的标准样品，标准样品中有一系列线吸收系数梯度分布的特征单元。在一定成像条件下，看最终成像能否区分这些特征单元。当然能否区分是一个主观用语，不同的人观点可能不一。更客观的做法是针对完全均一没有吸收系数差别的均匀样品成像，获得的 CT 像不该有对比度差别，可事实上 CT 图像总会有一定的灰度差别，只要对其灰度进行统计分析即可以评价系统的密度分辨率，一般取三倍的标准差为系统在该成像条件下的密度分辨率。这里有个小问题，如何选择完全均一，最好还能调整线吸收系数的材料呢？实际操作中，通常取不同的盐溶液，通过不同的盐及其浓度来调整线吸收系数的大小。

2.7.6 CT 应用

作为一种图像获取技术，CT 可以提供所见即所得的效果。重建后的 CT 数据是一系列的 CT 切片，这些 CT 切片摞起来就构成了三维体数据，体数据可以切割获得任意方向的二维截面。从二维和三维渲染数据中可以看到样品内部组成结构信息，而且三维数据还可以做成更为直观的视频。除了上述基础应用，CT 还可以结合数字图像处理开展一些高阶应用 。

2.7.6.1 深入应用图像处理

CT 获得的三维数据除了直接的所见即所得的应用之外，还可以结合后续的数字图像处理进行深入应用，包括图像增强、图像分割、图像配准、图像相关、测量与统计在内的各种数字图像处理技术都在 CT 图像中获得了深入的应用。

利用图像增强和图像分割可以更好地识别样品中的特征组成或微结构。比如要测量一根根植物纤维的粗细，或测量一个个水泥颗粒的大小，就需要用图像分割算法提取所要测量的纤维或颗粒，而为了有效地进行图像分割，在图像分割之前需要图像增强处理。

除了从一组 CT 图像获得信息之外，将样品前后两种不同状态下的 CT 数据进行对比能告诉我们更多的信息。比如饱水样品和干燥样品的两组 CT 数据可以反映样品内部的连通孔隙信息；损伤前后的两组 CT 数据对比可以反映样品的损伤信息；碳化前后的两组 CT 数据可以反映样品的碳化程度；溶蚀前后的两组 CT 可以反映样品的溶蚀程度。当然，要想通过前后两次 CT 数据获得进一步的定量信息，通常需要对两组 CT 数据进行图像配准处理。比如，为了获取部分溶蚀的硬化水泥浆体的孔隙率分布，可以先获得饱和与干燥条件下的两组样品 CT 数据（如图 2.7.11)，然后对这两组 CT 数据进行图像配准，最后进行图像的代数运算可获得样品内部局部孔隙率的空间分布（图 2.7.12)。

当考虑两组 CT 数据时，除了图像配准，还有图像相关。图像相关是研究材料变形的有效实验力学手段。为了获取重物锤击后的泡沫金属内部的变形场分布，可以在锤击前后扫描获取两组样品 CT 数据（图 2.7.13)，然后对这两组 CT 数据进行数字体积相关（DVC）计算，进而获得样品内部位移场和应变场的三维空间分布（图 2.7.14)。

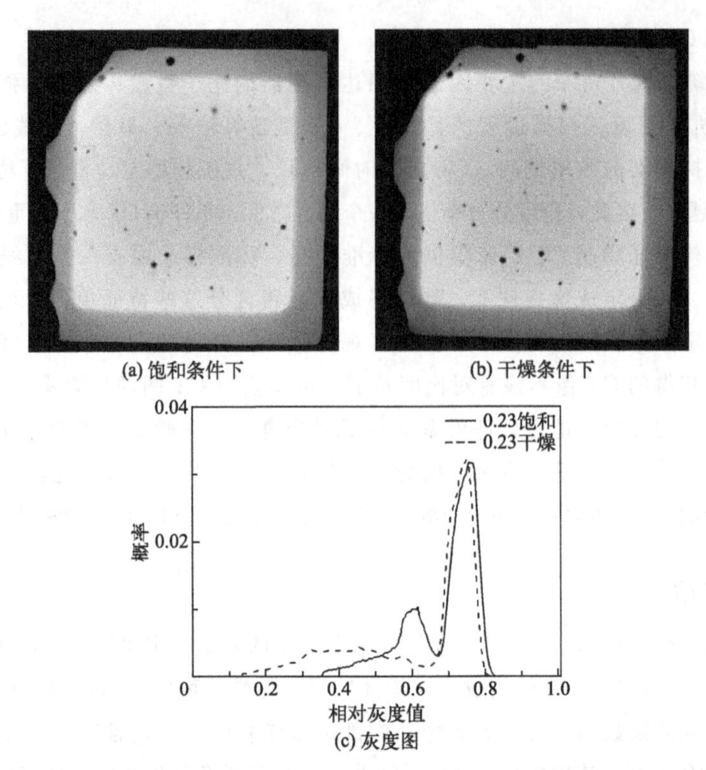

图 2.7.11　部分溶蚀的硬化水泥浆体的CT切片及CT数据对应的灰度图

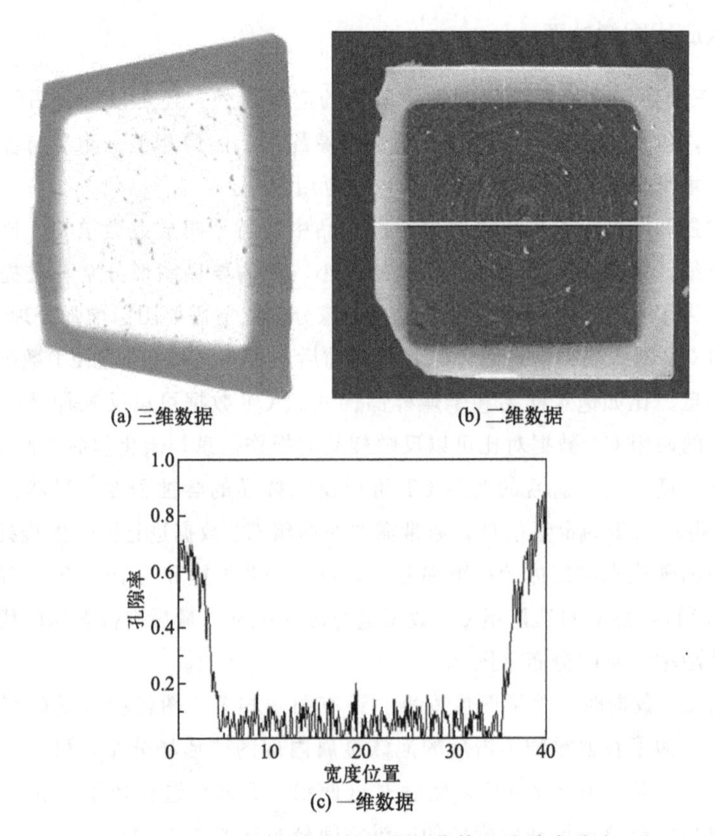

图 2.7.12　部分溶蚀的硬化水泥浆体的孔隙率分布

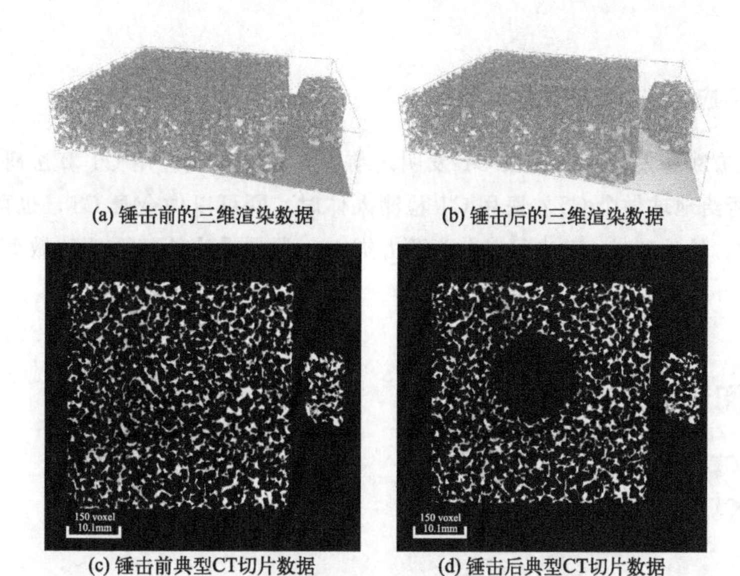

(a) 锤击前的三维渲染数据　(b) 锤击后的三维渲染数据

(c) 锤击前典型CT切片数据　(d) 锤击后典型CT切片数据

图 2.7.13　重物锤击前后泡沫铝样品的 CT 数据

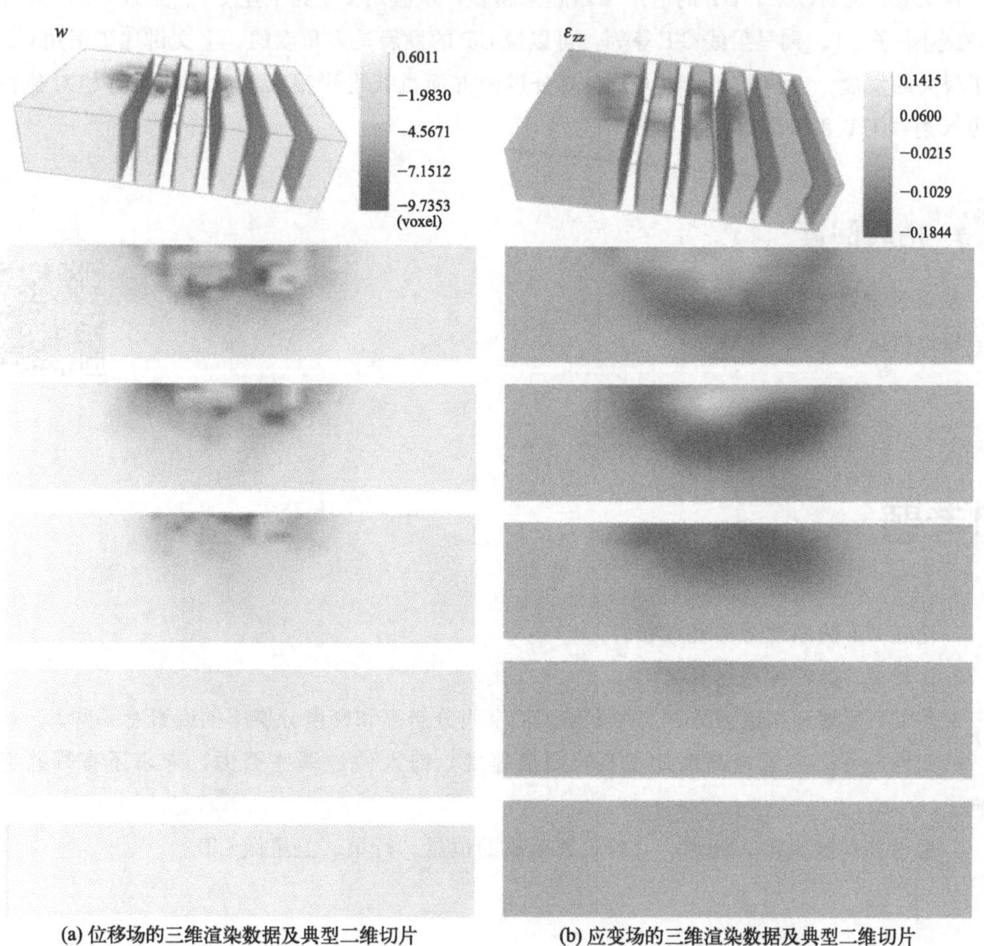

(a) 位移场的三维渲染数据及典型二维切片　(b) 应变场的三维渲染数据及典型二维切片

图 2.7.14　重物锤击前后泡沫铝样品的变形数据

2.7.6.2 综合应用——给地球做 CT

CT 成像还有哪些发展应用？在 CT 发明之前，天文学家已经用 CT 算法研究太阳辐射。今天，我们能否给地球做个 CT？医用 CT 检测人体时，既可以做全身 CT，也可以做局部组织 CT。类似地，给地球做 CT 也可以分为两大类：一类是设法给整个地球做个全身 CT，一类是局部 CT。

拓展阅读

地球全身 CT

地球局部 CT

自从 CT 发明以来，CT 的应用领域越来越多，从医用 CT 到工业 CT、显微 CT，从 X 射线 CT 到中子 CT、伽马射线 CT 等等，可以说 CT 的发展是多角度的。上文讲述了医用 CT 获得了很大的发展；事实上，显微 CT 在高分辨的方面也获得了很大的发展；还有相对独特的多源 X 射线 CT 和相位衬度 X 射线 CT。

拓展阅读

多源 X 射线 CT

相位衬度 X 射线 CT

思考题

1. 论述 CT 的原理与实现过程。
2. 比较 CT 的四种重建算法。
3. 从 CT 原理和构造两方面思考影响 CT 空间分辨率和密度分辨率的因素有哪些。
4. 归纳一下，为了提高医用 CT 的扫描速度，前人做过哪些努力，未来还有哪些努力方向。
5. 思考如何给太阳、地球、月球，甚至别的恒星、行星、卫星做 CT。

2.8 同步辐射光

2.8.1 引言

材料分析需要能量来激发样品，发出信号，通过探测器对信号进行分析获得样品内部组成结构信息。声、光、热、电、磁、粒子动能都可以用于激发样品信号，携带这些能量的源通常称为激发源或光源。可见光、激光、X射线和电子束是材料分析中常用的激发源，其中可见光、激光和X射线都是不同能量的电磁波。事实上，从无线电波到伽马射线，几乎所有的无线电波都被用于材料分析：核磁共振谱利用无线电波分析原子所处的化学环境，红外吸收光谱利用红外光分析分子结构，可见紫外光谱利用紫外和可见光分析电子能级结构进一步分析材料组成结构，X射线更是横跨了晶体结构分析、元素分析、成像分析等多个领域。

发明于二十世纪五六十年代的激光，具有优异的亮度、单色性、方向性、可控性，是一种非常好用的材料分析光源。不过激光也有一个明显的缺陷，那就是波长能量受限，比如我们常用的红宝石激光就只能释放694nm的红光。激光源于原子内部的电子能级跃迁，这就从原理上决定了激光的能量是特征化的。虽然后续控制可以改变激光光子能量，但改变有限。特征化的有限能量种类限制了激光的进一步应用。有没有能量连续可调的宽波段、高亮度的人造光，特别是在能量更高的X射线波段？那就是这里要谈的同步辐射光。

拓展阅读

激光

1947年，美国通用电气（GE）的科学家在70MeV的同步加速器（synchrotron，一种在一定的环形轨道上用高频电场加速电子或离子的环形加速器装置，同步加速器中磁场强度随被加速粒子能量的增加而增加，从而让粒子回旋频率与高频加速电场保持同步）上，通过一面小镜子意外发现了一种预想之外的可见光，光的颜色还随着电子能量变化而变化（如图2.8.1）。由于这种特殊的光最早是在同步加速器上看到的，因此命名为同步辐射（synchrotron radiation)，也叫同步辐射光，其实辐射本身就有光的意思，辐射光的说法有些重复，只不过大家习惯了这种称呼。

根据经典电磁理论，任何在曲线路径上运动或直线路径加速的高速带电粒子都会发射电磁辐射，换句话说，只要是高速运动的带电离子运动速度发生变化，不管速率变化，还是方向变化，都会释放电磁辐射。比如我们熟知的X射线光管，其产生的连续X射线就是高速运动的电子撞击到金属靶上速度降低的过程中放出的，被称为韧致辐射，也叫刹车辐射。电磁理论早在同步辐射发现之前就已经预言了，在真空中以接近光速运动的具有相对论效应的带电粒子在磁场作用下偏转时，会沿着偏转轨道切线方向发射连续谱的电磁波，只不过没有取名而已。因此，同步辐射只是一种特殊的辐射，本质上与同步（加速器）没有什么关系，只有具备带电粒子以接近光速运动和转弯两个条件，才会释放同步辐射（图 2.8.2）。

图 2.8.1　在同步加速器上发现了同步辐射光（黑色箭头处为发光位置）

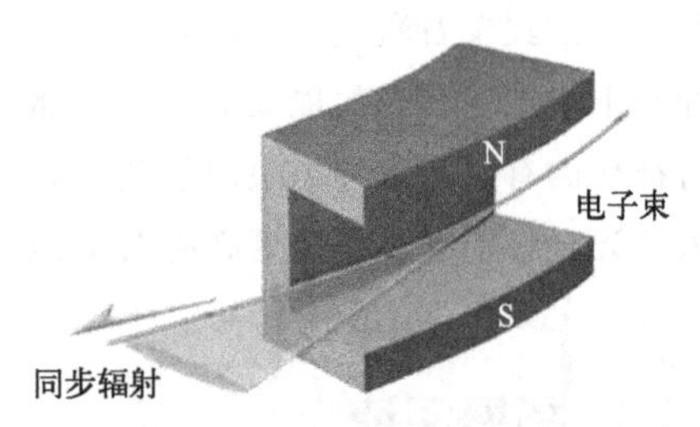

图 2.8.2　同步辐射的本质

同步辐射光被发现之后，一直被当成一个不利的存在。由于同步辐射造成的能量损失极大地阻碍了高能加速器能量的进一步提高，因此同步辐射在早期被作为高能物理研究中极力排除的不利因素。后来，经过近 20 年的探索，人们逐渐发现同步辐射具有常规光源不可比拟的一系列优良性能，才开始对其刮目相看。接下来我们就来看看同步辐射光的一些突出优势。

2.8.2　同步辐射光的突出优势

高亮度：同步辐射光有很高的辐射功率和功率密度，今天第三代同步辐射光源发出的 X 射线，其亮度比实验室最强的 X 光管亮度还要强亿倍以上；最新的第四代自由电子激光亮度更是比 X 光管亮度高出了 20 个量级。用实验室 X 光拍摄一幅大分子晶体结构数据，通常需要几天的时间，而利用高亮度的同步辐射光只需要一秒就可完成。

宽波谱：虽然激光也有很高的亮度，但却只有有限的几个固定波长可用。而同步辐射光覆盖了红外、可见、紫外和 X 光波段，是人类目前能得到的唯一能覆盖这样宽的频谱范围的高亮度光源。根据同步辐射光能量不同，可以用光栅或 X 光单色器（平行分布的两块单晶硅，利用布拉格定律分光）随意选择所需要的光子能量，进行不同波段的单色光实验。

高准直：同步辐射光的发射集中在以电子运动方向为中心的一个很窄的圆锥内，张角非常小，几乎接近平行光束，准直性堪与激光媲美。

高相干：前两代同步辐射光的相干性较差，第三代同步辐射光源具有非常好的相干性，第四代自由电子激光具有完全的相干性，相干光可用于相位衬度成像等科学实验。

脉冲性：电子在环形轨道中的分布不是连续的，是一团一团的电子束以接近光速的速度做回旋运动，因此发出的同步辐射光是脉冲性的，单个脉冲的宽度和脉冲之间的间隔都可控可调，这种脉冲特性用于时间分辨光谱及衍射实验，对研究快速化学反应过程、生命过程、材料结构变化过程等非常有用。

高纯净：同步辐射光在超高真空（UHV）中产生，不存在阳极、阴极及窗口材料所带来的污染，是非常纯净的光。

偏振性：从偏转磁铁引出的同步辐射光在电子轨道平面上是完全的线偏振光，此外，可以从特殊设计的插入件得到任意偏振状态的光，同步辐射具有线偏振和圆偏振性，可用来研究样品中特定参数的取向问题。

可计算性：同步辐射光的光子通量、角分布和能量分布等均可精确计算，可以说是一种完全可调可控的光，可以作为各种辐射计量的标准光源。

此外，同步辐射光还具有高度稳定性、高通量、微束径、准相干等独特而优异的性能，此处不再详细介绍。

2.8.3 同步辐射光源的发展历史

从 20 世纪 60 年代开始，利用高能加速器所释放出的同步辐射光，科学家逐步开展了同步辐射的研究，其卓越的性能为人们开展科学研究和应用研究提供了有力的帮助，很快人们几乎在所有的高能电子加速器上都建造了同步辐射线站，以及各种应用同步辐射光的实验装置，这就是历史上的第一代同步辐射光源。比如，国内北京正负电子对撞机就配有产生和利用同步辐射光的装置。

在意识到同步辐射光的巨大优势之后，仅高能加速器的副产品已经不够用了，人们迫切需要更多的同步辐射光用于科学研究，于是，专门用于生产同步辐射光的第二代光源应运而生。1968 年，美国威斯康星大学建立了一台能量为 240MeV 的专用电子加速器，专门用来产生同步辐射光，这是第一台二代同步辐射光源。国内，中国科技大学的 800MeV 的合肥光源就是一台典型的二代同步辐射光源。其实除了兼职和专职的应用之外，第一代和第二代没有什么本质的差别，两者都是利用偏转磁铁引出同步辐射光。

20 世纪 80 年代后期兴起的第三代同步辐射光源，相比前两代有了质的改变。第三代同步辐射光源不但具有更低的电子发射度，而且大量使用插入件。电子束发射度和光亮度成正比，第三代光源的发射度比第二代小得多，从而使得同步辐射光的亮度得以大大提高，特别是从扭摆器、波荡器这些插入件引出的高亮度、部分相干的准单色光，亮度惊人。第三代同步辐射光源根据其光子能量覆盖区和电子储存环中电子束能量的不同，又可进一步细分为高能光源、中能光源和低能光源。凭借优良的光品质和独特的优势，第三代同步辐射光源已成为当今众多学科基础研究和高科学技术开发应用研究的最佳光源。国内的上海光源是典型的第三代光源。

21 世纪以来，自由电子激光（free electron laser，FEL），特别是 X 射线波段的自由电子激光，作为新一代同步辐射光，成为业界的焦点。自由电子激光不仅能产生无与伦比的高亮度辐射，而且具有完全相干性。发达国家已经先行一步，比如美国的 LCLS 光源、德国的 European XFEL 光源。我们国家也不甘落后，先后在北京、合肥、上海分别建设不同的自由电子激光装置。

拓展阅读

自由电子激光

上海硬 X 射线自由电子激光装置

接下来，我们以亮度指标了解这四代同步辐射光的差别。如图 2.8.3 所示，借助于偏转磁铁 (bending magnet)，第一代和第二代同步辐射光亮度比实验室 X 光管的特征 X 射线亮度提高了 4 个量级，比连续 X 射线亮度提高了 8 个量级；借助于特殊的插入件扭摆器（wiggler）和波荡器 (undulator)，第三代同步辐射光亮度比第二代亮度再次提高了 4～6 个量级；而最新的自由电子激光，亮度比第三代同步辐射光再次提高了十来个量级。

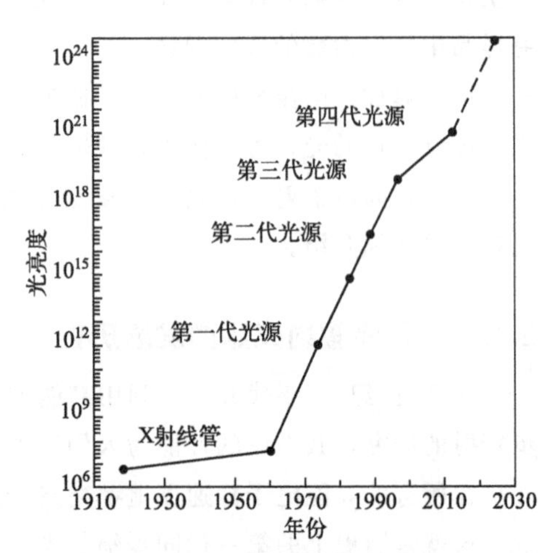

图 2.8.3 四代同步辐射光和实验室 X 射线光管的光亮度（正在发展中的第四代自由电子激光图中用虚线表示）

2.8.4 同步辐射光源的基本构造

从原理上讲，同步辐射需要接近光速运行的带电粒子和让这些粒子转弯的插入件；从插入件中引出的同步辐射光会进入不同的线站。不同的同步辐射源大同小异，都是由加速器、插入件、线站三部分构成。下面以日本大型同步辐射光源 SPring-8 为例解释这三部分结构。

2.8.4.1 加速器

加速器的目的是将带电粒子加速到接近光速的速度。由于电子不但容易得到，而且质量轻，易于加速，是同步辐射光源普遍采用的带电粒子。

如图 2.8.4 所示，SPring-8 的加速器主要由直线加速器（linac)、增强器（booster)、储存环（storage ring）三部分组成，另外还有一个低能的小环（NewSUBARU)，是后来建设的一个独立的低能同步辐射源，类似于国内的合肥光源，可以产生软 X 射线波段的同步辐射光。接下来主要介绍直线加速器、增强器、储存环的结构和功能。

直线加速器，也叫注入器，负责将电子枪发出的电子能量增大到 1GeV。SPring-8 的直线加速器总长 180m，从电子枪里发出的脉冲电子顺次通过 26 个加速单元，当然加速过程中还需要利用磁场聚焦电子束，利用能量压缩系统控制电子束的能量发散度，达到预定 1GeV 的电子束被注入增强器中。

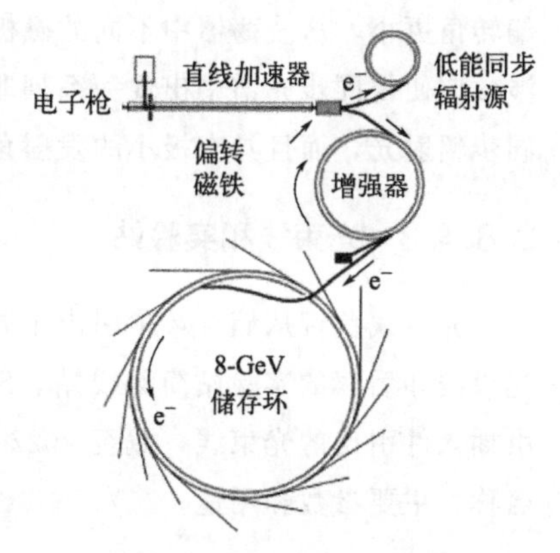

图 2.8.4 SPring-8 的加速器构造

SPring-8 的增强器是一个周长 396m 的圆环，负责将电子能量增大到 8GeV。从直线加速器输出的 1GeV 电子束在增强器中加速至 8GeV。增强器的圆周结构中交替排列着偏转磁铁加速腔，偏转磁铁让电子束转弯，加速腔负责再次加速和稳定电子束能量。达到预定 8GeV 的稳定电子束被注入储存环中。

储存环是一个高真空的圆环装置，负责储存高能的环形运动电子。储存环里的电子能量和引出同步辐射光的磁场强度共同决定了同步辐射光的能量。SPring-8 中 8 代表储存环里的电子动能为 8GeV，这是目前世界上电子动能最高的同步辐射光，其产生的 X 光最高能量为 100keV，大约相当于波长为 0.01nm 的硬 X 射线。为了容纳如此高能的电子，SPring-8 的储存环周长 1436m。增强环由直线单元和转弯单元交替构成：转弯单元负责电子转弯和能量稳定；直线单元用于安装引出同步辐射光的插入件。随着同步辐射的消耗，储存环中的电子能量不可避免地降低，电子能量可通过安装在储存环周围的无线加速设备来补给，从而保障储存环中束流强度的恒定。

2.8.4.2 偏转磁铁及插入件

最早的同步辐射光是从让电子转弯的偏转磁铁上意外发现的，后来第一代和第二代同步辐射均用偏转磁铁来取光，到了第三代同步辐射，引入了不同的插入件，包括扭摆器和波荡器。偏转磁铁和插入件直接决定了所获得的同步辐射光的强度等特性。

偏转磁铁是第一代和第二代同步辐射光源上使用的唯一产生同步辐射光的部件，在第三代同步辐射光源上虽然有了更有效的插入件，但依然使用偏转磁铁。因为储存环需要借助磁铁转弯单元让电子转弯，只要高速电子转弯就会释放同步辐射光。

扭摆器是在储存环的直线单元上安装的磁铁单元，由一组磁极周期相间的磁铁构成，可以让电子不停地转弯，并且不停地释放同步辐射光［图 2.8.5（a）］。

波荡器与扭摆器结构类似，区别在于电子在波荡器中运动轨道的曲率半径更大，电子的

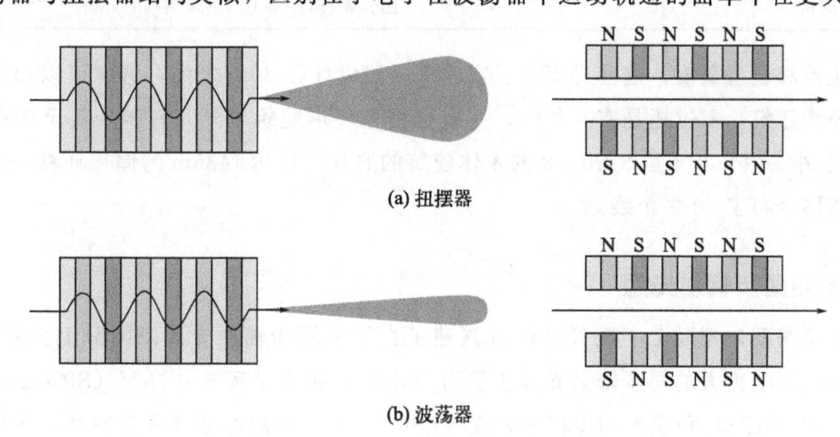

图 2.8.5 SPring-8 产生同步辐射光

偏转角更小，从波荡器中不同的磁极上发射出来的光子在很大的程度上会发生相干叠加，干涉效应使得同步光谱中出现一系列非常强的尖峰。也就是说，波荡器给出一系列近乎单色的同步辐射光，而且具有极小的发射角和极高的亮度［图 2.8.5（b）］。

2.8.4.3 光束线和实验站

光束线负责从储存环中引出不同能量的同步辐射光，后续的实验站配有专用的实验装备，光束线和后续的实验站简称线站。SPring-8 拥有 20 多条由偏转磁铁引出的光束线和 30 多条由插入件引出的光束线，截至 2022 年年中，共有 62 条光束线。表 2.8.1 列出了部分线站的名称、主要参数和用途。

表 2.8.1 SPring-8 的部分公共线名称、类型、能量及用途

编号	名称	光源类型	光子能量	研究方法和内容
BL01B1	XAFS（X 射线吸收精细结构谱）	偏转磁铁	3.8～113keV	宽能区的 XAFS，稀释系统和薄膜的 XAFS，用快速扫描法分辨时间的 XAFS
BL02B1	单晶结构解析	偏转磁铁	5～115keV	微单晶结构解析，用高分辨率数据进行精确的结构解析
BL02B2	粉末衍射	偏转磁铁	12～35keV	相变结构的研究，功能性材料的电荷密度研究，利用粉末衍射数据进行结构确定
BL04B1	高温高压研究	偏转磁铁	20～150keV	相位关系的确定，地幔状态方程，熔体黏度，地幔矿物流变，矿物转化动力学研究
BL04B2	高能 X 射线衍射	偏转磁铁	37.8keV，61.7keV	玻璃体、液体和无定形材料的结构分析，超高压条件下的 X 射线衍射，超临界流体的小角散射研究
BL08W	高能非弹性散射	扭摆器	100～300keV	磁和高分辨率康普顿散射、布拉格散射的研究，高能 X 射线荧光分析
BL09XU	核共振散射	波荡器	6.2～100keV	核共振非弹性散射的磁聚焦结构动力学分析，时域穆斯堡尔光谱研究
BL10XU	高压研究	波荡器	18～ 35keV	超高压条件下的结构解析和相变分析，地球和行星科学研究
BL13XU	表面与界面结构	波荡器	7～32keV	晶体表面原子尺度的结构和生长在真空/固、液/固、固/固界面中的纳米结构的分析

为了建筑和设备紧凑，这些光束线及实验室一般设计在 80m 之内，这样可以和大储存环共用一个环形建筑。不过还是有 9 条线，一直延伸至环形建筑之外几百米，甚至还有 3 条延伸至 1km 之外。图 2.8.6 是 SPring-8 的主体建筑的照片，长达 1436m 的储存环将一座小山包括其中，周围分布了 60 多个线站。

2.8.5 主要同步辐射光源

为了科研需要，国际上主要经济体都兴建了自己的同步辐射光源。国际上拥有线站多、服务用户多、影响力大的同步辐射光源主要有日本的超级光子环 8.0 GeV（SPring-8）、美国的先进光子源（APS）和欧洲同步辐射装置（ESRF）等，详情可见其官方网站，此处不再展开介绍。

图 2.8.6　SPring-8 的主体建筑

除去正在建设中的第四代自由电子激光，我们国家现在共有四个同步辐射光源，分别是位于北京的北京同步辐射装置（附属于北京正负电子对撞机，归属于中国科学院高能物理研究所），位于合肥中国科学技术大学西校区内的合肥光源（归属于国家同步辐射实验室），位于上海张江的上海光源（归属于中国科学院上海应用物理研究所）和位于我国台湾新竹的台湾光源。北京、合肥、上海的这三个光源除了代际差别之外，还有电子能量差别，电子能量直接决定了所发出的同步辐射光的光谱范围。合肥的光源优势范围在紫外波段，北京的光源优势在软 X 射线波段，而上海光源的优势在硬 X 射线波段。

 **拓展阅读**

北京同步辐射装置

合肥光源

上海光源

2.8.6　同步辐射光源的使用案例

同步辐射光的建设和运营耗资巨大，这么大的投入产出如何？接下来，我们看看科研人员用同步辐射光做的一些代表性工作。

2019 年底爆发的新型冠状病毒，感染了全球数亿人，影响了我们的日常生活。这次病毒大流行的罪魁祸首就是严重急性呼吸系统综合征冠状病毒 2（SARS-CoV-2）。SARS-CoV-2 感染人体的关键一步就是病毒表面的刺突蛋白（S 蛋白）与人体细胞表面受体蛋白的特异性结合。人体血管紧张素转化酶 2（ACE2）已被确定为 SARS-CoV-2 的功能宿主受体。我国科学家在新冠疫情刚刚发生之际，就利用昆虫细胞体系表达并纯化了新冠病毒 S 蛋白受体结合结构域（receptor-binding domain，RBD）和人体细胞 ACE2 受体，成功生长出复合物的晶体，在上海光源 BL17U1 线站上收集了分辨率为 2.45Å 的 XRD 数据，并快速解析了其三维空间结构（图 2.8.7）。该研究解析了新冠病毒 S 蛋白与人体细胞受体蛋白 ACE2 复合物的高分辨率晶体结构，准确定位了新冠病毒 RBD 和受体 ACE2 的相互作用位点，让我们在原子水平上观察与理解新冠病毒与人体细胞受体ACE2的特异性相互作用，为治疗性抗体药物开发以及预防性疫苗的设计奠定了坚实的科学基础。

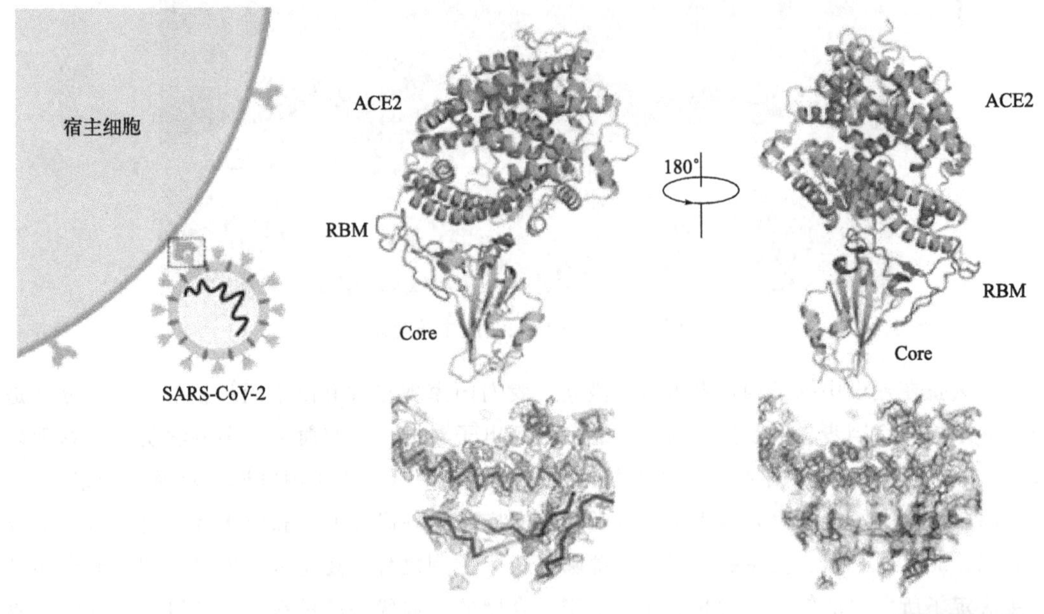

图 2.8.7　SARS-CoV-2 刺突蛋白受体结合区 RBD（core＋RBM）与 ACE2 复合物晶体结构及作用界面的电子密度图

很多离子参与了我们生物体内的活动，比如钙离子促使肌肉运动。钙离子被释放到肌肉细胞中时肌肉即收缩，钙离子回到内质网中使肌肉舒张。一种称为钙泵的膜蛋白负责钙离子的这个活动。科研人员用同步辐射XRD，解析了钙离子获取和释放过程中这种膜蛋白的动态结构变化，解析了不同状态下的钙泵结构，竟然发现了9种不同的分子结构，图2.8.8展示了其中一种结构。

图 2.8.8　研究人员用同步辐射 XRD 研究钙泵的结构变化

借助同步辐射光的高亮度特性，科学家可以在很短的时间内获得生物大分子的 XRD 图谱，解析包括蛋白质在内的各种生物大分子结构，这是同步辐射光的主要用途之一。除了破解大分子，同步辐射光也可以研究小分子。比如，水和冰是我们熟悉的物质，可为何冰的密度比水小？为什么水在 4℃时密度最大？利用同步辐射的软 X 射线康普顿散射，科学家直接观测到了冰在高分辨率下的分子结构，核实了分子动力学模拟的准确性。这一发现解决了业界长期以来争论不休的关于水的性质问题。

同步辐射光还可以用于一些特殊的领域，比如文物鉴定。借助同步辐射光，今天的科研人员有了一双更为敏锐的眼睛，可以看到一些意想不到的东西。借助同步辐射光，研究人员用 X 射线荧光（XRF）成像技术研究了阿基米德（Archimedes，公元前 287 年—公元前 212 年）的重写本，根据不同年代所用染料中特殊元素的分布，竟然发现在一页纸上同时既有阿基米德文字，又有经文，还有伪造的画。类似地，有科学家发现梵高的画作中也存在画中画。

拓展阅读

梵高的画中画

2.9 X 射线的其他分析技术及使用安全

2.9.1 X 射线吸收精细结构谱学

2.9.2 小角 X 射线散射技术

2.9.3 X 射线的危害与防护

思考题

1. 与 X 射线光管产生的 X 光相比，同步辐射光有什么优点？
2. 梳理同步辐射光的四代发展历程。
3. 查阅文献或网络资料，罗列同步辐射光的用途。
4. 作为材料领域的一名学生，你能否想象几个自己未来应用同步辐射光的情景？

第3章

电子束分析

3.1 电子分析基础

从十九世纪中期起，人们逐渐掌握了控制电子束辐射的方法，并试图将电子束作为分析物质形貌结构的工具。德国物理学家普吕克尔（Plücker）在1858年利用低压气体放电管发现了气体放电现象。德国物理学家戈德斯坦（Kurt Goldstein）在研究气体放电现象时认为这是从阴极发出的某种射线引起的，所以他把这种未知射线称为阴极射线。1897年，汤姆逊（Joseph John Thomson）使用真空度更高的真空管和更强的电场，观察到了负极射线的偏转现象。1899年汤姆逊从电（磁）场的强度、颗粒运动的速度和偏转的角度出发，测出电子的质量以及它所带的电荷。1924年，德布罗意（Louis Victor Duc de Broglie）提出电子与光一样，都具有波动性的假说。1927年，戴维森（Davisson）与革末（Germer）做了电子衍射实验，验证了电子具有波动性。同年，汤姆逊也通过电子衍射实验验证了电子具有波动性。1926年，布什（Busch）提出"具有轴对称的磁场电子束起着透镜的作用，有可能使电子束聚焦成像"的学说，为电子显微镜的问世奠定了理论基础，从此打开了电子光学的大门。1931年，德国学者科诺尔（Knoll）和鲁斯卡（Ruska）获得了放大12～17倍的电子光学系统中光阑的像，证明了可以用电子束和磁透镜得到电子像，但是这一装置并不是真正的电子显微镜，因为它没有样品台。1933年，鲁斯卡和科诺尔对以上装置进行了改进，研制出了世界上第一台透射电子显微镜，西门子公司1939年以这台电镜为样机，量产了第一批商品透射电镜。

光学成像系统的分辨能力或分辨率，定义为两点间可以区分的最小距离。在一定程度上，可以通过透镜和光学设计提高分辨率，目前定义分辨率的理论主要有阿贝定律、瑞利判据、半高宽三种理论。其中我们重点讨论瑞利判据。

1896年，英国物理学家瑞利（Rayleigh）指出一个无穷小的物点经过一个衍射受限系统后在像面上会出现一个艾里斑（Airy disc），艾里斑的强度可以表示为

$$I = I_{\circ}\left[\frac{J_1(k\mathrm{NA}\gamma)}{k\mathrm{NA}\gamma}\right]^2 \tag{3.1.1}$$

式中，I 为艾里斑的强度；$I_{\circ}$为像面上中心位置处的强度；J_1是一阶贝塞尔函数；k 为波矢（$k=\frac{2\pi}{\lambda}$，λ 为波长）；γ 为像面上圆斑的极半径；NA 是物镜的数值孔径（$n\sin\alpha$）。

式（3.1.1）所示横向像面内的艾里斑的强度分布情况如图3.1.1所示，图中画出了两种艾里斑的强度分布情况。瑞利指出，当一个物点在像面形成的艾里斑的中央极大位置，与另一个物点在像面形成的艾里斑的第一个极小值位置重叠时，两点将无法被分辨开，两物点的

距离为该成像光学系统的极限分辨率。

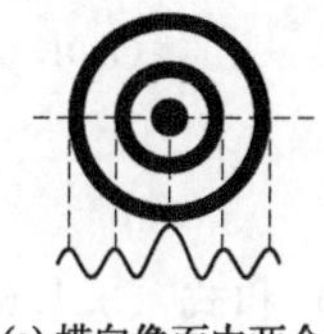

(a) 横向像面内两个艾里斑的衍射图样

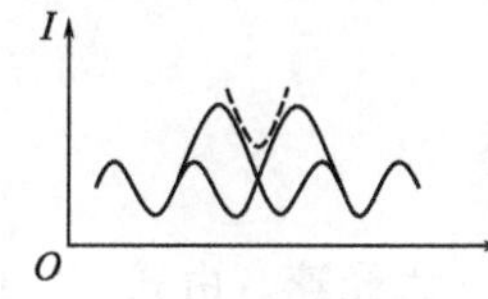

(b) 两个艾里斑明显可分辨出的强度分布

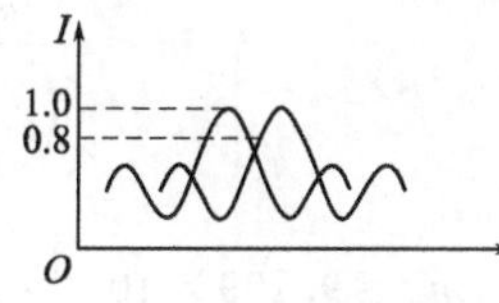

(c) 两个艾里斑刚好被分辨出的强度分布

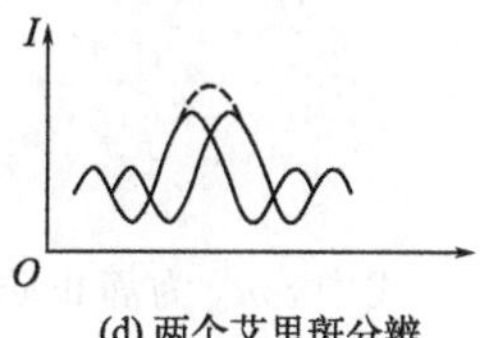

(d) 两个艾里斑分辨不出的强度分布

图 3.1.1　光的衍射图样和强度分布

根据瑞利判据，艾里斑的光强为 0 时像面上极坐标所对应的物面上的两点之间的距离即为光学系统的极限分辨率。通过推导可以得到横向（垂直光轴方向）和纵向（平行光轴方向）上极限分辨率。分辨率计算公式为

$$\Delta r_0=\frac{0.61\lambda}{n\sin\alpha} \tag{3.1.2}$$

式中，λ 为波长；n 为透镜与被检物体间之间介质的折射率；α 为孔径半角。

由于光学显微镜的放大倍数极限是 2000 倍，超过一定放大率后就失去作用了。电子显微镜的分辨率一般可以达到 0.3nm，一般原子、离子的半径在 0.1nm 左右，所以电子显微镜下可以直接观察到分子，甚至是原子的世界。这样的分辨能力比人眼提高了近一百万倍，比最好的光学显微镜也高了 1000 倍。

3.1.1　电子分析物理基础

运动的电子具有波粒二象性，它的波长比 X 射线更短，电子的波长 λ 与质量 m 、运动速度 v 、动量 P 之间的关系由德布罗意波动方程给出：

$$\lambda=\frac{h}{P}=\frac{h}{mv} \tag{3.1.3}$$

式中，$h=6.626\times1^{-34}\text{J}\cdot\text{s}$，是普朗克常量。电子的速度 v 和电子所受到的加速电压有关。设电子的初速度为 0，加速电压为 V，那么加速每个电子所消耗的功（W）就是电子获得的全部动能，即

$$W=\frac{1}{2}mv^2=eV \tag{3.1.4}$$

式中，e 为电子电荷量。

由式（3.1.3）和式（3.1.4）可求得电子波长

$$\lambda=\frac{h}{mv}=\frac{h}{\sqrt{2Wm}} \tag{3.1.5}$$

一般透射显微镜电压 V 为 100～200kV，这时电子的运动速度可与光速相比，因此，计算电子的波长时必须考虑相对论修正，此时电子的动能 eV 和质量 m 分别为

$$\begin{cases} W = mc^2 - m_0 c^2 \\ m = \dfrac{m_0}{\sqrt{1 - \dfrac{v^2}{c^2}}} \end{cases} \tag{3.1.6}$$

式中，m_0 为静止质量（$m_0 = 9.109 \times 10^{-31}$kg）；$c$ 为光速。由式（3.1.3）和式（3.1.6）可以得到考虑了相对论修正后的电子波长：

$$\lambda = \frac{h}{\sqrt{2m_0 W\left(1 + \dfrac{W}{2m_0 c^2}\right)}} \tag{3.1.7}$$

将有关数据代入式（3.1.5），可以得到考虑了相对论修正后的电子波长的简化公式为

$$\lambda = \frac{1.24}{\sqrt{V(1 + 10^{-6} V)}} \tag{3.1.8}$$

3.1.2 电子与物质的相互作用

当一束聚焦电子束沿一定方向射入试样时，在原子库仑电场作用下，入射电子方向改变，称为电子散射。假设入射电子波是相干的，则电子散射可以分为弹性散射和非弹性散射。散射电子的运动方向与原入射电子方向之间的夹角称为散射角。当散射角小于 90°时称为前散射，包括弹性散射、布拉格散射（即衍射）、非弹性散射；前弹性散射角通常较小（1°～10°），前弹性散射角越大，非相干的程度就越大。非弹性散射总是相干的。当散射角大于 90°时，称为背散射。

弹性散射只改变电子的运动方向，而不引起能量损失，而非弹性散射会引起能量损失，从而形成电子的能量分布。入射电子和样品中原子之间的弹性散射是由原子核和核外电子云的库仑势引起的，这是入射电子和样品中单个原子之间的碰撞。由于原子的质量比电子大三个数量级以上，原子的动能变化可以忽略不计，入射电子弹性散射后能量不变，只有运动方向发生了变化。电子非弹性散射后既有能量的变化（减小），又有运动方向的变化，其产生的主要机制有单电子激发（入射电子和样品中电子碰撞，使后者电离或激发到空能级）、等离子体激元激发（入射电子使样品中价电子云相对正离子发生集体振荡，产生等离子体激元）和声子激发（晶格热振动），声子激发造成的能量损失很小，可以忽略。

原子核对电子的非弹性散射会使能量损失转变为 X 射线，无特征波长，形成连续辐射，影响分析的灵敏度和准确度；而核外电子对电子的非弹性散射会造成单电子、等离子、声子的激发和跃迁等，这是扫描电镜成像、能谱分析、电子能量损失谱的基础（如图 3.1.2 所示）。

高速运动的电子束轰击样品表面，电子与元素的原子核及外层电子发生单次或多次弹性与非弹性碰撞，有一些电子被反射出样品的表面，其余的深入样品中，逐渐失去动能，最后被阻止，并被样品吸收。在此过程中有 99%以上的入射电子能量转变成热能，只有约 1%的入射电子能量从样品中激发出各种信号，如图 3.1.3 中所示，产生的信号主要有二次电子、背散射电子、俄歇电子、吸收电子、透射电子、特征 X 射线、阴极荧光等。

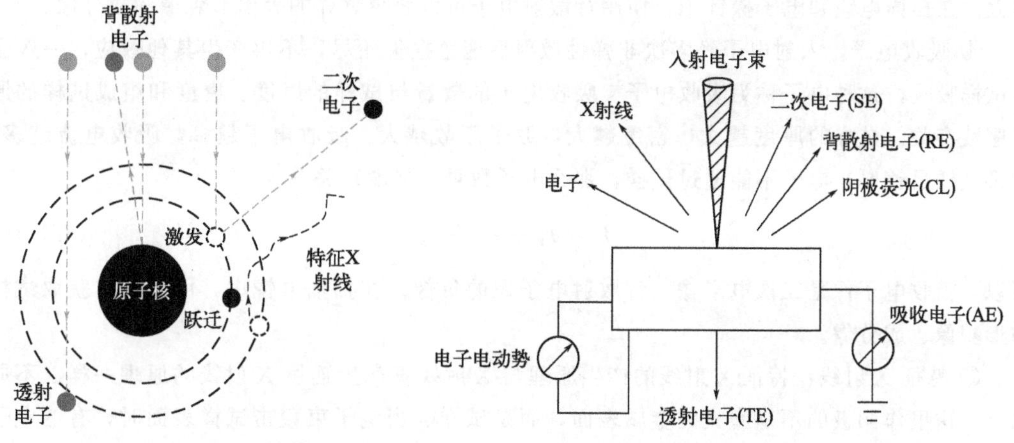

图 3.1.2　原子对电子的散射　　　　图 3.1.3　入射电子束轰击样品产生的信号

① 透射电子：当试样厚度小于入射电子的穿透深度时，入射电子将穿透试样，从另一表面射出，称为透射电子。透过试样的电子束携带试样的成分信息，通过对这些透射电子损失的能量进行分析，可以得出试样中相应区域的元素组成，得到作为化学环境函数的核心电子能量位移信息。透射电子主要是弹性散射电子，除了这种电子外，其余的电子与试样相互作用而发生散射，试样越厚，被散射的可能性越大。

透射电子的数量与试样的厚度和加速电压有关。试样厚度越小，加速电压越高，透过试样的电子数量就越多。试样比较薄的时候，由于有透射电子存在，那么入射电子强度 I_o 与背散射电子强度 I_B、二次电子强度 I_S、吸收电子强度 I_A 和透射电子强度 I_T 之间有以下关系：

$$I_o = I_S + I_A + I_T + I_B \tag{3.1.9}$$

透射电子是透射显微镜要检测的主要信息，主要用于高倍形貌像观察，高分辨原子、分子、晶格像观察和电子衍射晶体结构分析。此外，在透射电子中，除了有能量与入射电子相当的弹性散射电子外，还有各种不同能量损失的非弹性散射电子。其中有些特征能量损失 ΔE 的非弹性散射电子和分析区域的成分有关，可以用特征能量损失电子配合电子能量分析器进行微区成分分析。

② 二次电子：在入射电子的撞击下，核外电子脱离原子核的束缚，逸出试样表面的自由电子称为二次电子，其产生范围小（仅在试样表面10nm层内产生），能量较低（小于50eV）。二次电子的产率与试样表面形状密切相关，对试样的表面状态非常敏感，能够很好地反映试样的表面形貌。在扫描电镜中，使用二次电子来获取试样的表面形貌像。

③ 背散射电子：电子射入试样后，受到原子的弹性和非弹性散射，有部分电子的总散射角大于90°，重新从试样表面逸出，称为背散射电子，这个过程称为背散射。其中被原子核反弹回来的，其能量基本没有损失，称为弹性背散射电子；而当入射电子和样品核外电子撞击后产生非弹性散射时，不仅方向改变，能量也有不同程度的损失。如果有些电子经多次散射后仍能反弹出样品表面，这就是非弹性背散射电子。因为能量探测器只能区分不同能量的电子，所以习惯上把能量低于50eV的电子称为二次电子，能量高于50eV的电子归为背散射电子。背散射电子的能量较高，等于或接近入射电子的能量，其产率随试样原子序数的增大而

增大。在扫描电镜和电子探针中，使用背散射电子可以获得试样的表面形貌像和成分像。

④ 吸收电子：入射电子经多次非弹性散射后能量损失殆尽，不再产生其他效应，一般会被试样吸收，这种电子称为吸收电子。吸收电子的数量与试样的厚度、密度和组成试样的原子序数有关。试样的厚度越大，密度越大，原子序数越大，吸收电子越多，吸收电流越多。如果试样足够厚，电子不能透过试样，那么电子数量（强度）关系为

$$I_o = I_S + I_A + I_B \tag{3.1.10}$$

所以，吸收电子像是二次电子像、背散射电子像的负像。在扫描电镜中，可以用其获取试样的形貌像、成分像。

⑤ 特征X射线：特征X射线的产生原理与X射线管产生连续X射线的原理一样。不同的是，这里作阳极的不是磨光的金属表面，而是试样。当电子束轰击试样表面时，有的电子可能与试样中的原子碰撞一次而停止，而有的电子可能与原子碰撞多次，直到能量消耗殆尽为止。每次碰撞都可能产生一定波长的X射线，由于各次碰撞的时间和能量损失不同，产生的X射线的波长也不相同，加上碰撞的电子极多，因此将产生各种不同波长的X射线。即当样品原子的内层电子被入射电子激发或电离时，原子就会处于能量较高的激发状态，此时外层电子将向内层跃迁以填补内层电子的空缺，从而使具有特征能量的X射线释放出来。特征X射线的波长决定于原子的核外电子能级结构，每种元素都有自己特定的特征X射线谱。特征X射线是电子探针微区成分分析所检测的主要信号。

⑥ 俄歇电子：内层电子激发的结果是内电子壳层出现电子空位，使得原子处于能量较高的激发状态。这时除了可能产生特征X射线辐射外，还可能以俄歇效应的方式释放能量。所谓俄歇效应，就是有一个电子充填内壳层的空位，在此过程中放出能量再次使原子电离，使另一个电子脱离原子成为二次电子。由俄歇作用产生的自由电子称为俄歇电子。

俄歇电子与特征X射线一样，具有特定的能量与波长，其能量和波长取决于原子的核外电子能级结构。因此每种元素都有自己的特征俄歇谱。俄歇电子的能量较低，一般是50～1500eV，逸出深度4～20Å，相当于2～3个原子层，这种电子能反映试样的表面特征。因此，通过检测俄歇电子可以对试样表面成分和表面形貌进行分析。

⑦ 荧光X射线：由X射线激发产生的次级X射线称为荧光X射线。其产生机理与X射线管产生X射线的机理是一样的，不同的是荧光X射线以X射线作激发源。

⑧ 阴极荧光：阴极荧光实际上是由阴极射线（电子束）激发出来的一种波长较长的电磁波，一般是指可见光，也包括红外光和紫外光。产生阴极荧光的物质主要是那些含有杂质元素或晶格缺陷（如间隙原子、晶格空位等）的绝缘体或半导体。如图3.1.4所示，入射电子束作用在试样上，使得价带（满带）上的电子激发，从价带越过禁带进入导带。导带上的电

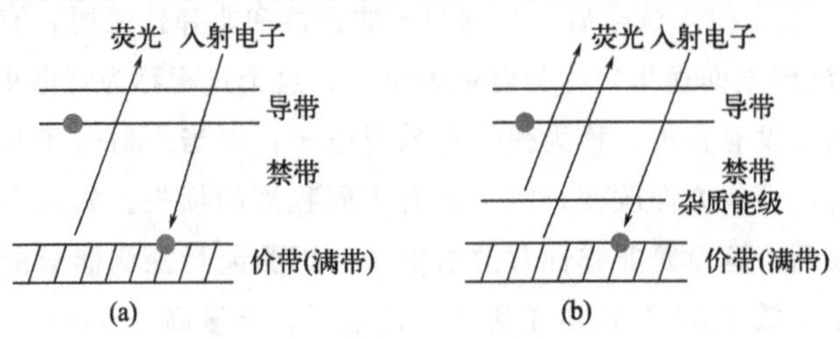

图3.1.4 阴极荧光电子激发过程

子跃回价带时，可以是直接跃回价带，多余的能量以电磁辐射的形式一次释放出来，其波长由导带与价带的能级差（$\Delta E = E_C - E_V$）决定。

在非弹性散射中，存在各种激发过程，主要有以下三种。

① 等离子激发：晶体是处于点阵固定位置的正离子和弥散在整个空间的价电子云组成的电中性体，因此，可以把晶体看作是等离子体。入射电子会引起价电子的集体振荡。等离子振荡的波长较长，一般超过100nm，价电子集体振荡的能量是量子化的，约十几个电子伏大小。入射电子激发等离子体后损失能量 ΔE，ΔE 随着元素及成分不同而异，为特征能量损失，损失能量后的电子称为特征能量损失电子。

② 声子激发：电子入射晶体时，引起一个或多个被碰撞的原子或离子反冲，导致晶格的局部振动。入射电子会损失部分能量（很小，约零点几个电子伏）。当晶格恢复到原来状态时，它将以声子发射的形式把这部分能量释放出来，这种现象称为声子激发。入射电子与晶格的作用可以看作是电子激发声子或吸收声子的碰撞过程，碰撞后入射电子的能量变化甚微，但动量改变可以相当大，可以发生大角度的散射。

③ 跃迁：内层电子被运动的电子轰击脱离了原子后，原子处于高度激发态，它将跃迁到能量较低的状态。当发生辐射跃迁时，即为特征X射线发射、阴极射线荧光发射；当发生非辐射跃迁时，即为俄歇电子发射。

3.1.3 电子与物质的相互作用体积

当一束细聚焦的电子束到达样品上时，入射电子和样品物质将发生强烈的相互作用，产生弹性散射和非弹性散射。入射电子非弹性散射所损失的能量大部分转变为热，小部分使物质中原子发生电离或形成自由载流子，并伴随着产生各种有用信息。电子束打到样品上发生散射，其扩散范围如同梨状或半球状。入射束能量越大，样品原子序数越小，则电子束作用体积越大。由图3.1.5可以看出，只有在离样品表面距离近的区域产生的背散射电子有可能逸出样品表面，二次电子信号在5～10nm深处逸出，吸收电子信号、一次X射线来自整个作用体积。这就是说，不同的物理信号来自不同的深度和广度。电子在样品中的扩散区，就是在散射的过程中，入射电子在样品中穿透的深度和侧向扩散的范围即电子与物质的相互作用区。横向扩散即弹性散射使入射电子运动方向发生偏离，引起电子在样品中的横向扩散；深度扩散即非弹性散射不仅使入射电子改变运动方向，同时也使其能量不断衰减，直至被样品吸收，从而限制了电子在样品中的扩散范围。相互作用区的形状、大小主要取决于作用区内样品物质元素的原子序数、入射电子的能量（加速电压）和样品的倾斜角效应。

对于高原子序数样品，其电子在单位距离内经历的弹性散射比低原子序数样品更多，其平均散射角也较大。电子运动的轨迹更容易偏离起始方向，在固体中的穿透深度也随之减少；而低原子序数样品的电子偏离原方向的程度较小，穿透得较深。相互作用区的形状明显地随原子序数而改变，从低原子序数的梨状（滴状）变为高原子序数的近似半球状。此外，对于同一物质的样品，相互作用区的尺寸正比于入射电子的能量，入射电子能量增大，相互作用区的横向和纵向尺寸比例随之增大，其形状无明显的变化（如图3.1.6所示）。

我们将各种物理信号的产生深度、广度、用途、分辨率深度和对应仪器汇总在表3.1.1中，以便于比较。

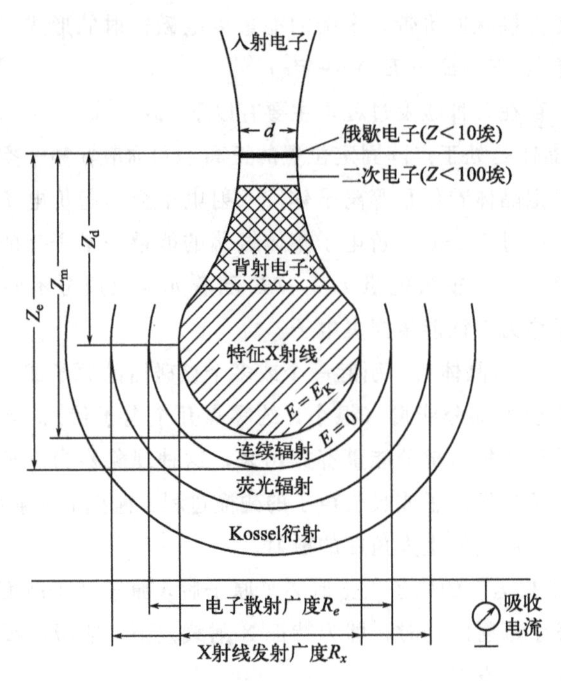

图 3.1.5　入射束在样品中的扩散

Z_d 为电子漫散射深度；Z_m 为电子有效作用深度；Z_e 为电子作用深度

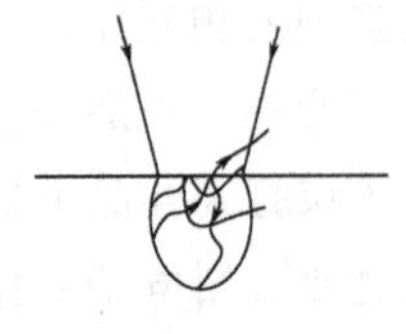

(a) 低原子序数样品，加速电压低

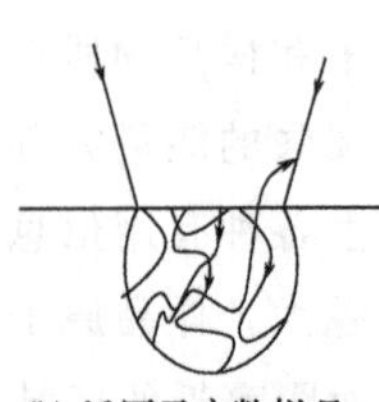

(b) 低原子序数样品，加速电压高

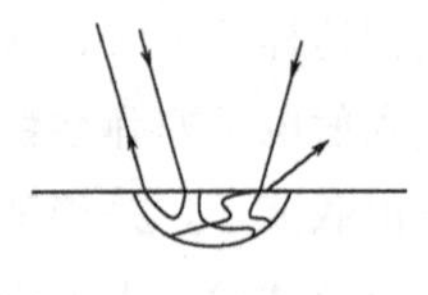

(c) 高原子序数样品，加速电压低

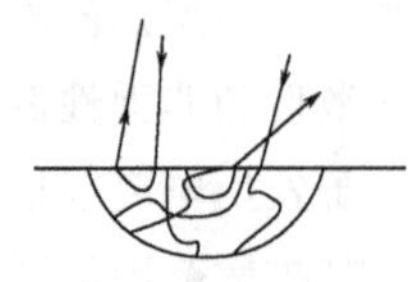

(d) 高原子序数样品，加速电压高

图 3.1.6　入射电子在样品中的扩散区域

表 3.1.1　各种信号的产生深度、广度、用途、分辨率深度和对应仪器汇总

物理信号	产生深度	产生广度	用途	分辨率	仪器
透射电子	＜100Å	约等于电子束	形貌像、结构像	1.4～100Å	透射电镜
二次电子	＜100Å	约等于电子束	形貌像、结构像	30～100Å	扫描电镜
背散射电子	较大	大于电子束	形貌像、成分像	50～2000Å	扫描电镜、电子探针
吸收电子	电子穿透深度	大于电子束	形貌像、成分像	1000～10000Å	扫描电镜、电子探针
特征 X 射线	略小于电子穿透深度	大于电子束	元素定量、定性分析，元素面分布像	＞1000Å	电子探针
俄歇电子	＜10Å	等于电子束作用面积	表面形貌和成分像	10～100Å	俄歇电子谱仪
阴极荧光	大于电子穿透深度	远大于电子束	晶体缺陷、杂质元素分布像、晶体发光	3000～10000Å	扫描电镜、电子探针

3.1.4 电子产生及电子枪

电子枪是加速器的电子源，位于加速管高压端。电子枪能发射足够的电子，被引出电源引出，与加速管匹配，从而获得一定能量、足够强度、聚焦性能良好的电子束。用来为电子加速器提供电子束的电子枪一般分为热发射、场发射和肖特基发射三种。无论哪种类型的电子枪，它们均由电子的发射极（阴极）、电子柱形状的限制极（聚焦极）、电子的加速引出极（阳极）三部分组成。

不同环境下使用的电子枪结构多样，但是基本组成部分是不变的。在工作中聚焦极的电位通常等于或接近于阴极电位，用以限制电子柱的形状，而在阴极和阳极之间加上加速电压（阳极电压）。当电子从阴极发射出来，将与静电场发生作用，形成具有一定形状的电子柱，并从阳极孔射出以供使用。这种电子枪的工作原理与一般极管相似，所以人们也称其为二极枪。

（1）热发射电子枪

电子枪由阴极（灯丝）、栅极、阳极组成，这三极构成了一个静电透镜。图 3.1.7 是热电子发射型电子枪构造图。三极电位关系为阴极上加负高压（高达几百千伏），栅极电压为−100～−500V，阳极是零电位。当加热电源加热阴极，阴极尖端的温度高达 2200℃以上时，电子从阴极表面逸出即发射热电子，由于电子阴极与电子阳极之间有很高的电位差，电子在高压作用下以极大的速度从阴极奔向阳极。在高压作用下电子有很大的动能，从阴极射出的电子具有一定的发散性。由于栅极具有比阴极更负的电压，栅极排斥电子，使得电子通过栅极孔时有向轴心会聚的趋势，从而在栅极与阳极之间形成了一个最小电子束截面以后又发射电子。这个最小电子束截面叫“电子枪交叉点”。通常把它叫作“有效光源”，直径约为 50μm。

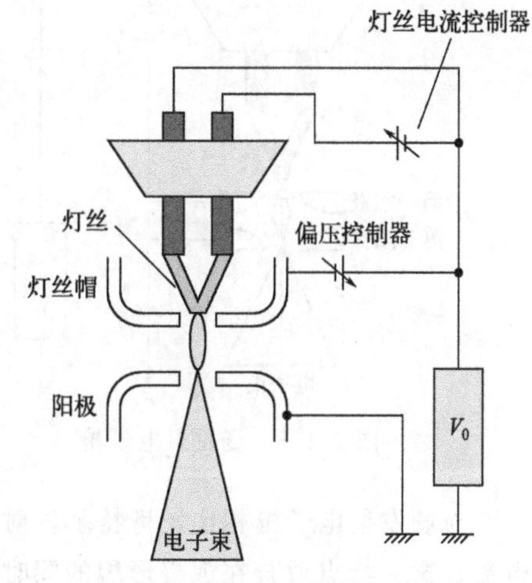

图 3.1.7 热电子发射型电子枪

（2）场发射型电子枪

如果在金属表面加一个强电场，金属表面的势垒就变浅，由于隧道效应，金属内部的电子穿过势垒从金属表面发射出来，这种现象叫场发射。为了使阴极的电场集中，场发射阴极尖端的曲率半径小于 0.1μm。与 LaB_6 热阴极电子枪相比，场发射电子枪的亮度要高出 100 倍，且光源尺寸小，电子束的相干性好。图 3.1.8 是场发射电子枪的构造图。

将钨的（310）面作为发射极，不加热，在室温下使用，因为没有热能给发射出的电子，故能量分辨率高（能量发散仅为 0.3～0.5eV）。但是由于在室温下发射电子，发射板上易产生残留气体分子的离子吸附，这是发射噪声产生的重要原因。同时，伴随着吸附分子层的形成，发射电流会逐渐降低，因此必须定期进行闪光处理（即在尖端上瞬时通过大电流），以除去尖端表面的吸附分子层。

（3）肖特基发射型电子枪

在施加强电场的状态下，将发射极加热到1600～1800K，电子越过势垒发射出来（这称为肖特基效应）。由于加热，电子能量的发散为0.6～0.8eV，比冷阴极方式稍有增大。但是其发射极不产生离子吸附，大大降低了发射噪声，也不需要闪光处理，可以得到稳定的发射电流。

利用在加热的金属表面外加高电场产生的肖特基效应的电子枪，结构如图3.1.9所示，为了屏蔽从发射体中发射出热电子，在抑制电极上加负电压。由于肖特基发射电子枪部分设置在10^{-7} Pa左右的超高真空中，发射体能保持高温，不吸附气体，因此具有电子束流稳定度高的特点。

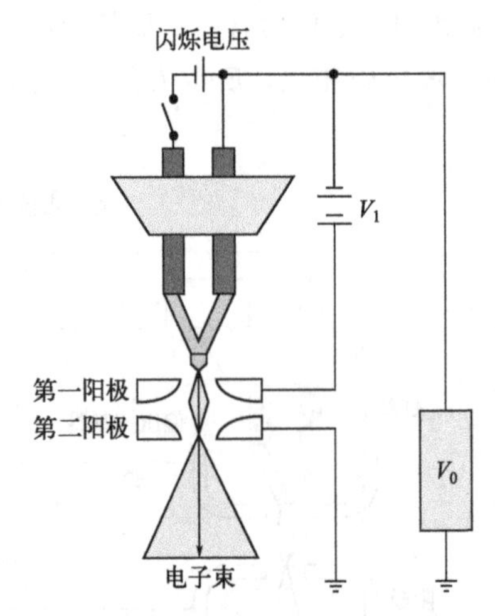

图3.1.8　场发射电子枪

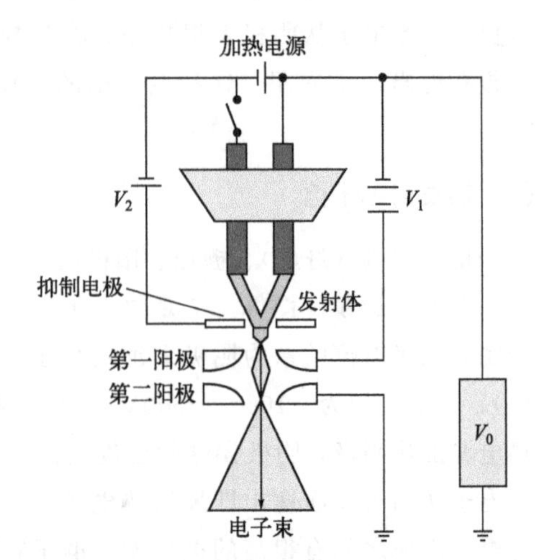

图3.1.9　肖特基发射电子枪

与场发射电子枪相比，肖特基发射电子枪的电子束能量发散度稍大，但能获得大的探针电流，这一特点适合在观察形貌的同时进行各种分析，这种电子枪有时也被称为热阴极场发射电子枪或热场发射电子枪。

表3.1.2总结了三种电子枪的性能特征。

表3.1.2　各种电子枪的特征

特征	热发射电子枪		场发射电子枪	肖特基发射电子枪
	钨丝	LaB_6		
电子源尺寸	15～20 μm	10 μm	5～10nm	15～20nm
亮度/[A/(cm²·rad²)]	10^5	10^6	10^8	10^8
能量发散度/eV	3～4	2～3	0.3	0.7～1
寿命	50h	500h	数年	1～2a
阴极温度/K	2800	1900	300	1800

3.1.5　电子控制

电子波和光波不同，不能通过玻璃透镜会聚成像。运动的电子束流在受到电场或磁场作用时会改变前进的轨迹和运动的方向，并且不同的磁场对电子运动轨迹的影响也不相同。轴对称的非均匀电场和磁场可以让电子束发生折射，从而产生电子束的会聚与发射，达到成像的目的。通常把静电场构成的透镜称为“静电透镜”，把电磁线圈产生的磁场所构成的透镜称为“磁透镜”。有时候，我们把静电透镜和磁透镜合称为电磁透镜。

(1) 静电透镜

当电子在电场中运动，由于电场力的作用，电子会发生折射。使两个同轴圆筒带上不同电荷（处于不同电位），两个圆筒之间形成一系列弧形等电位面族，散射的电子在圆筒内运动时受电场力作用在等电位面处发生折射并会聚于一点。这样就构成了一个简单的静电透镜，如图3.1.10。透射电子显微镜中的电子枪就是一个静电透镜。

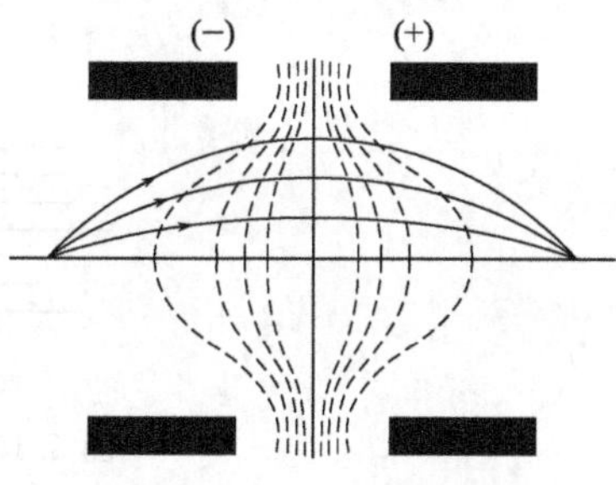

图 3.1.10 静电透镜结构

(2) 磁透镜

电子在磁场中运动，会受到磁场的作用力即洛伦磁力的作用。电子在磁场中的受力和运动有以下三种情况：

① 电子沿磁场方向入射，则电子沿这个方向匀速直线运动；

② 电子垂直于磁场方向入射，则电子在一个平面内做圆周运动；

③ 电子相对于磁场方向以任意角入射，则电子做螺旋线运动。

在电子光学系统中使用的是一种旋转对称非均匀的磁场，这种磁极装置叫磁透镜。其原理是：当电子沿线圈轴线运动时，电子运动方向与磁感应强度方向一致，电子不受力，以直线运动通过线圈；当电子运动偏离轴线时，电子受磁场力的作用，运动方向发生偏转，最后会聚在轴线上的一点，即焦点。电子的运动轨迹是一个圆锥螺旋曲线，如图3.1.11所示。

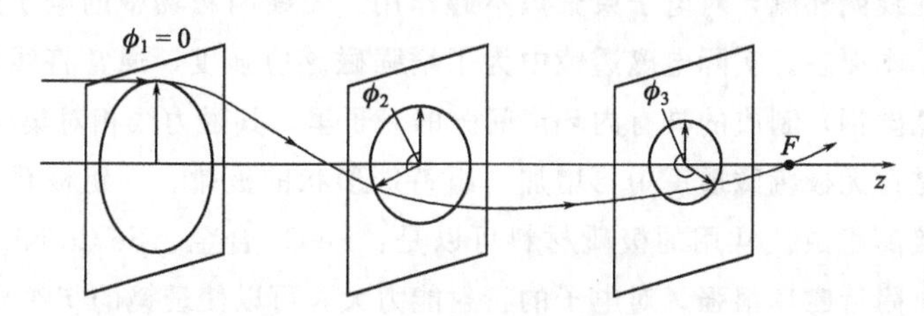

图 3.1.11 电磁透镜的聚焦原理

这与光学凸透镜对平行轴线入射光光线的聚焦作用十分相似。这表明，磁透镜与光学透镜有着相似的光学特性，如图3.1.12所示。

磁透镜的物距 L_1、像距 L_2 和焦距 f 之间的关系也可以由薄透镜成像原理公式表达：

$$\frac{1}{L_1}+\frac{1}{L_2}=\frac{1}{f} \tag{3.1.11}$$

其像放大倍数公式为

$$M=\frac{L_2}{L_1} \tag{3.1.12}$$

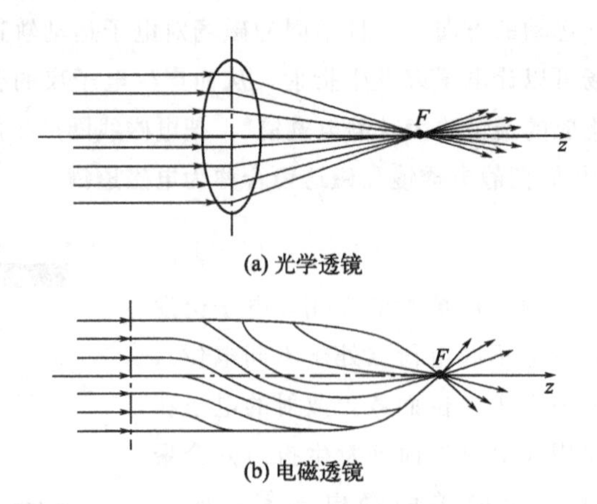

(a) 光学透镜

(b) 电磁透镜

图 3.1.12　光学透镜电磁透镜工作原理对比

所不同的是，光学透镜的焦距是固定不变的，而磁透镜的焦距是可变的。磁透镜的焦距 f 常用的近似公式为

$$f \approx K \frac{U_r}{(IN)^2} \tag{3.1.13}$$

式中，K 是常数；U_r 是经相对论矫正的电子加速电压；IN 是磁透镜的激磁安匝数。

由式（3.1.13）可以发现，改变激磁电流可以方便地改变磁透镜的焦距。而且磁透镜的焦距总是正值，说明磁透镜不存在凹透镜，只是凸透镜。

其中，磁透镜还可以分为短线圈磁透镜、无极靴磁透镜和极靴磁透镜，见图 3.1.13。磁场沿轴延伸的范围远小于焦距的透镜，称为短线圈磁透镜。通电流的短线圈及带铁壳的线圈都可形成短线圈磁透镜。对于短线圈磁透镜来说，其磁场强度小，焦距长，物与像都在场外，然而部分磁力线在线圈外侧，对电子束聚焦不起作用。短线圈磁场中的电子运动显示了电磁透镜聚焦成像的基本原理。实际电磁透镜中为了增强磁感应强度，通常将线圈置于一个由软磁材料（纯铁或低碳钢）制成的具有内环形间隙的壳子里，其磁力线相对集中，磁场较强。

极靴磁透镜是在无极靴磁透镜中再增加一组特殊形状的极靴。一组极靴由具有同轴圆孔的上下极靴和连接筒组成。常用的极靴材料可以是：Fe-Co 合金、Fe-Co-Ni 合金。对于极靴磁透镜来说，极靴附近磁场很强，对电子的折射能力大，可以使透镜的 f 变得更短。

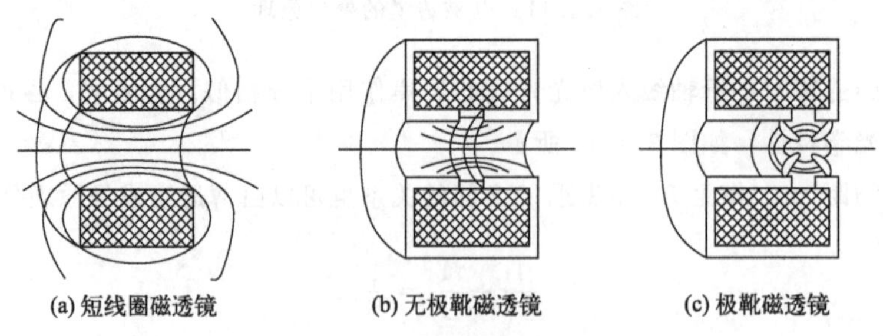

(a) 短线圈磁透镜　(b) 无极靴磁透镜　(c) 极靴磁透镜

图 3.1.13　磁场型电子透镜

图 3.1.14 是短线圈，有极靴和无极靴三种情况下轴向磁场感应强度分布曲线对比。从图中可以看到，有极靴的磁透镜的磁场强度比短线圈或无极靴磁透镜更为集中且更强。由于透

镜焦距与所采用的磁场相关，磁场越强，焦距越短，放大倍数也就越大，所以电子显微镜的成像物镜大多采用短焦距的强磁透镜。

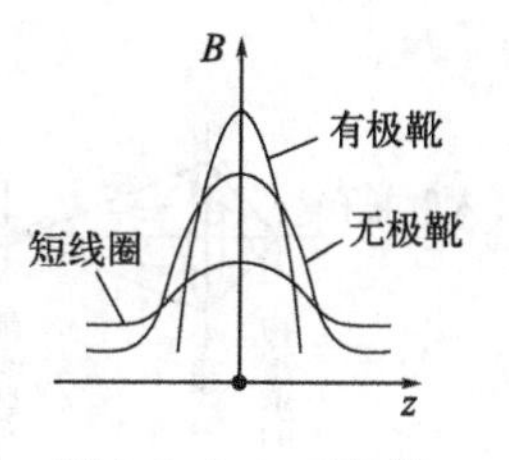

图 3.1.14 三种情况下磁透镜轴向磁感应强度分布

对于静电透镜来说，由于会聚作用大于发散作用，所以静电透镜总是会聚透镜。由于静电透镜需要强电场，在镜筒内容易导致击穿和弧光放电，因此电场强度不能太高，静电透镜焦距较长，不能很好地矫正球差，所以通常使用在电子枪中，使电子束会聚成形。而磁透镜的像差小，并且易于操作，所以电子显微镜常选用磁透镜。表 3.1.3 列举了磁透镜与静电透镜的对比。

表 3.1.3 磁透镜与静电透镜的对比

磁透镜	静电透镜
改变线圈中的电流强度可以很方便地控制焦距和放大率	需要改变很高的加速电压才可以改变焦距和放大率
无击穿，供给电磁透镜线圈的电压为 60～100V	需要数万伏，常会引起击穿
像差小	像差较大

3.1.6 磁透镜的像差

根据 $\Delta r_0 \approx \frac{\lambda}{2}$ 可知，光学透镜最佳分辨率为波长的一半，根据式（3.1.2）$\Delta r_0 = \frac{0.61\lambda}{n\sin\alpha} \approx \frac{\lambda}{2}$，电子束的波长比可见光小 5 个数量级，透射电子显微镜的分辨率理论上为 0.002nm，但是实际电镜的分辨率却远远达不到上述指标，是因为磁透镜的分辨率除了受衍射效应影响外，还受到像差的影响，降低了透镜的实际分辨率，使其远低于半波长。如图 3.1.15，磁透镜中存在着多种像差：

① 透镜磁场几何上的缺陷产生的几何像差——球面像差（球差）；

② 电子波长或能量的非单一性引起的色差；

③ 衍射效应引起的衍射像差。

球差 Δr_A 是指在磁透镜的磁场中，近轴区域磁场对电子束的折射能力与远轴区域磁场对电子束的折射能力不同而产生的。一个理想的物点所散射的电子经过具有球差的磁透镜后，不能会聚于同一个像点上，而分别会聚在一定的轴向距离上。如图 3.1.15（a）所示，在轴向距离范围内，存在一个最小的散焦斑（半径为 R_s），透镜的放大倍数为 M，将最小散焦斑还原到物平面上，得到半径为 $\Delta r_s = \frac{R_s}{M}$ 的圆斑。显然物平面上两点的距离小于 $2\Delta r_s$ 时，则该透镜不能分辨，即在像平面上得到一个点，因此，Δr_s 表示球差的大小。

$$\Delta r_s = \frac{1}{4} C_s \alpha^3 \tag{3.1.14}$$

式中，C_s 表示球差系数，通常相当于焦距，1～3mm；α 表示磁透镜的孔径半角。

通过式（3.1.14）可以看出，减小球差，提高透镜的分辨率可以通过减小 C_s 和 α 来实现，尤其是减小 α 可以显著降低 Δr_s，但无法像光学显微镜那样通过凹、凸透镜的组合设计

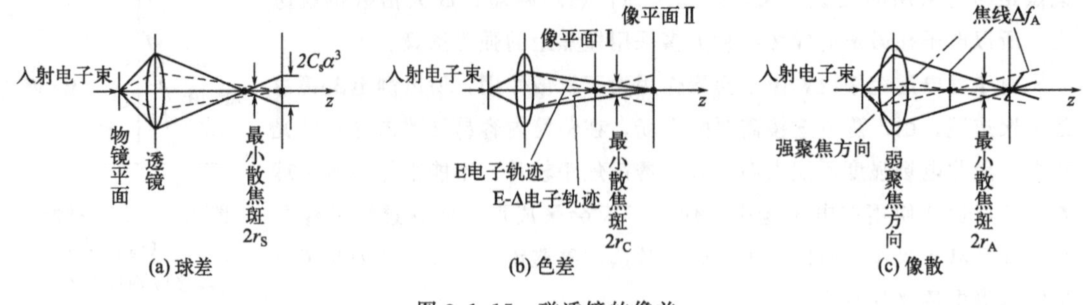

图 3.1.15　磁透镜的像差

来补偿或矫正。可以在电子束的路径上放置一个适当大小的光阑，来减小电子束发射角，从而减小球面像差。如果光阑孔太小，就会使衍射像差变得明显，故需要选择合适的光阑尺寸。

球差除了影响透镜的分辨率外，还会引起图像的畸变，包括正球差、负球差和旋转畸变等，如图 3.1.16 所示。

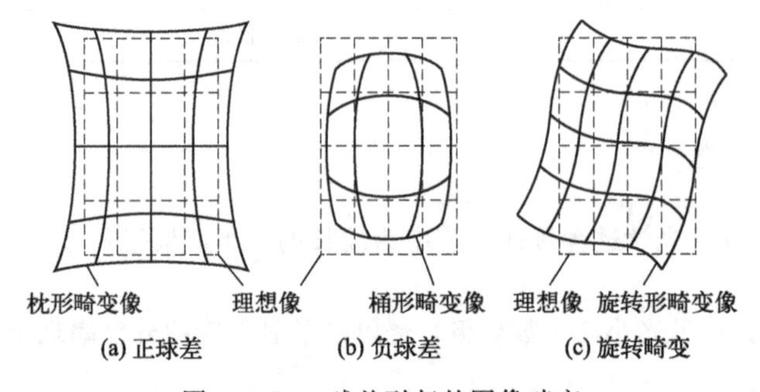

图 3.1.16　球差引起的图像畸变

像散 Δr_A 是磁透镜非旋转对称（轴向不对称）引起的像差，极靴内孔不圆、上下极靴轴线错位、极靴材质不均匀以及周围的局部污染都会导致透镜的磁场产生椭圆度，使电子在不同方向上的聚焦能力出现差异。透镜磁场的这种非旋转性对称使它在不同方向上的聚焦能力出现差别，结果使成像物点通过透镜后不能在平面上聚焦成一点，如图 3.1.15（c）所示。同时，轴向距离范围内，存在一个最小的像散散焦斑（半径为 r_A），与球差的处理情况相似，透镜的放大倍数为 M，其还原到物平面上，得到半径为 $\Delta r_A=\dfrac{R_A}{M}$ 的圆斑。显然物平面上两点的距离小于 $2\Delta r_A$ 时，则该透镜不能分辨，即在像平面上得到一个点，因此，Δr_A 表示像散。

$$\Delta r_A=\frac{(\Delta f_A\alpha)}{2} \tag{3.1.15}$$

式中，Δf_A 表示磁透镜非旋转对称性产生的最大焦差，称像散系数；α 为透镜的孔径半角。

像散是可以消除的像差，一般可以通过引入一个强度和方位可调的矫正磁场来进行补偿，产生矫正磁场的装置叫消像散器。像散严重时则需要清洗电镜，甚至更换极靴。

色差 Δr_C 是由于成像电子波长或能量变化引起的磁透镜焦距变化而产生的像差。一个物点散射的具有不同波长（或能量）的电子进入透镜磁场后将沿各自的轨道运动，结果不能聚焦在一个像点上，而分别交在一定的轴向距离范围内。在轴向距离范围内存在着一个最小焦斑，即色差散焦斑（半径为 R_C），如图 3.1.15（b）所示。

由于色散引起的散焦斑半径还原到物平面后，表达式为

$$\Delta r_C = \frac{R_C}{M} = C_c \alpha \left| \frac{\Delta E}{E} \right| \tag{3.1.16}$$

式中，C_c 为电子透镜的色散系数，它随激磁电流增大而减小；α 为磁透镜的孔径半角；$\frac{\Delta E}{E}$ 为电子束能量变化率。

当 C_c、α 一定时，电子的能量波动是影响 Δr_C 的主要原因。引起电子能量波动的原因有两个：一是电子加速电压不稳，致使电子能量不同；二是电子束照射样品时与样品相互作用，部分电子产生非弹性散射，能量发生变化。

因此，改善加速电压和透镜电流的稳定性可以降低 $\frac{\Delta E}{E}$，减少色差；增加极靴中的磁场强度，可以降低色差系数 C_c，减少色差；此外，使用薄试样和小孔径光阑将散射角大的非弹性散射电子挡掉，也有助于减小色散。

衍射像差是一种波动光学像差，增大磁透镜的孔径半角就可以减小这种像差，但会引起球差的增大，因此要选择最佳的孔径角。

在像差中，散射是可以消除的。而色差对分辨率的影响相对于球差来说，可以采取适当的措施消除，所以球差对分辨率影响最大且最难消除。对磁透镜分辨率影响最大的只有球差和衍射效应。显微镜的分辨率公式（3.1.2）同样适用于磁透镜，由球差造成的散焦斑半径的表达式为

$$\Delta r_0 = \frac{0.61\lambda}{n\sin\alpha} \tag{3.1.17}$$

由式（3.1.2）、式（3.1.17）可以看出，为了提高电镜的分辨率，从衍射的角度来看，应该尽量增大孔径半角 α，而从球差对散焦斑的影响来看，应该尽量减小孔径半角 α，因此必须两者兼顾。为了使电镜具有最佳分辨率，最好使衍射斑半径和球差造成的散焦斑半径相等。

令 $\Delta r_s = \Delta r_0$ 进行处理求得最佳孔径半角，在透射电子显微镜中，α 的值一般很小，所以 $\sin\alpha \approx \alpha$；电子波在真空中传播，所以 $n=1$，式（3.1.17）可写成如下形式：

$$\Delta r_0 = \frac{0.61\lambda}{n\sin\alpha} \approx 0.61\frac{\lambda}{\alpha} \tag{3.1.18}$$

最佳孔径半角 α_0 可以由式（3.1.14）和式（3.1.18）算出，C_s 表示球差系数：

$$0.61\frac{\lambda}{\alpha_0} = \frac{1}{4}C_s {\alpha_0}^3 \tag{3.1.19}$$

$$\alpha_0 = 1.25\left(\frac{\lambda}{C_s}\right)^{\frac{1}{4}} \tag{3.1.20}$$

将最佳孔径半角的值代入式（3.1.14）中即可得到电镜的理论分辨率的表达式：

$$\Delta r_0 = 0.49 C_s^{\frac{1}{4}} \lambda^{\frac{3}{4}} \tag{3.1.21}$$

3.1.7 磁透镜的景深和焦深

由于电子显微镜利用小孔径角成像，所以磁透镜具有一些重要的特点，即景深很大，焦深很长。

（1）景深

样品都具有一定的厚度，当磁透镜的焦距、像距一定时，只有样品表面与透镜的理想物平面吻合时，透镜像平面上才获得理想清晰图像。任何偏离理想平面的物点都在一定程度上失焦，它们会在像平面上产生一个具有一定尺寸的失焦圆斑。若失焦圆斑的尺寸不超过衍射效用和像差引起的散焦斑尺寸，那么对透镜像的分辨率不会产生影响，反之失焦起主要作用。

如图 3.1.17（a）所示，当物点位于 O 点时，电子在 O' 点聚焦，若像平面位于 O' 处，得到一个像点；当物点沿轴线移到 A 点时，聚焦点相应移到 A' 处，此时位于 O' 处的像平面上由一个像点逐渐变成一个散焦斑。如果衍射效应是决定透镜分辨率的控制因素，则散焦斑尺寸折算到物平面上只要不超过 $2\Delta r_0$，像平面上就能呈现一幅清晰的像。同理，当物点由 O 移动到 B 时，像平面上一个像点对应一个散焦斑。只要斑点尺寸不超过 $2\Delta r_0$，像平面上得到的也是一幅清晰的像。

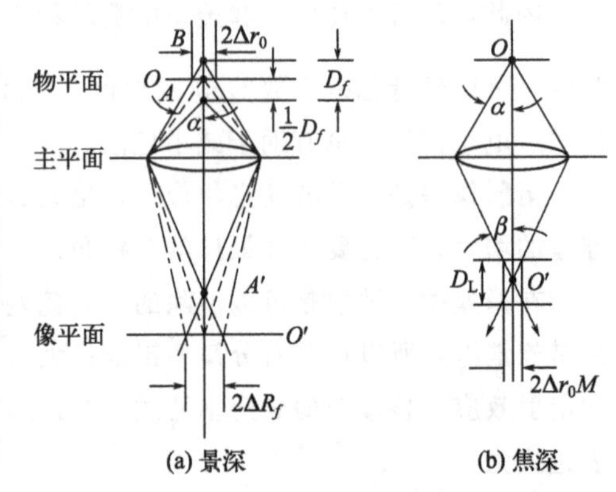

图 3.1.17　磁透镜景深和磁透镜焦深

当像平面上的散焦斑不超过 Δr_0，物点由 A 到 B 都能成清晰的像。轴线上 AB 间的距离就是景深 D_f 。因此，透镜的景深 D_f 可以定义为透镜的物平面允许的轴向偏差值。D_f 与分辨本领 Δr_0 及孔径半角 α 之间的关系为

$$D_f = \frac{2\Delta r_0}{\tan\alpha} \approx \frac{2\Delta r_0}{\alpha} \tag{3.1.22}$$

从式（3.1.22）可以看出，磁透镜孔径半角 α 越小，景深越大。

（2）焦深

原理上，当磁透镜的焦距、物距一定时，像平面的一定轴向运动也会引起失焦，得到一个具有一定尺寸的失焦圆斑。若失焦圆斑尺寸不超过衍射效应和像差引起的散焦斑尺寸，不会对分辨率产生影响，即不影响成像的清晰度。这种像平面允许的轴向差定义为透镜的焦深，如图 3.1.17（b）所示。

当物点位于 O 点时，电子在 O' 点聚焦，若像平面位于 O' 处，得到一个像点；当像平面沿轴线前后移动时，像平面上由一个像点逐渐变成一个散焦斑，只要散焦斑尺寸不超过 R_0（还原到物平面上只要不超过 Δr_0），像平面上始终能呈现一幅清晰的像。像平面前后可移动

的距离即为焦深 D_L。

D_L 与分辨本领 Δr_0 及像点所呈现的焦平面侧孔径半角 β 之间的关系为

$$D_L=\frac{2R_0}{\tan\beta}=\frac{2\Delta r_0 M}{\tan\beta}\approx\frac{2\Delta r_0 M}{\beta} \tag{3.1.23}$$

将 $\beta=\frac{\alpha}{M}$ 代入式（3.1.23），得

$$D_L=\frac{2\Delta r_0}{\alpha}M^2 \tag{3.1.24}$$

当磁透镜放大倍数和分辨本领一定时，即 Δr_0 与 M 一定时，焦深 D_L 随物平面侧孔径半角 α 减小而增长。

思考题

1. 电子与物质之间存在什么样的相互作用？
2. 结合电子的磁聚焦原理，说明磁透镜的结构对聚焦能力的影响。
3. 影响光学显微镜和磁透镜分辨率的关键因素是什么？如何提高磁透镜的分辨率？
4. 透射电镜的性能指标包括哪些方面？
5. 电子波有何特征？与可见光有何异同？
6. 磁透镜的像差如何产生？如何消除？
7. 磁透镜景深和焦深主要受哪些因素影响？磁透镜的景深大、焦深长是什么因素影响的结果？

3.2 透射电子显微镜原理

电子显微镜能观察到材料微观结构，其放大倍率远远高于光学显微镜。电子显微镜的高分辨由用于显微镜照明的电子的短波长产生。电子显微镜中的电子波长约为可见光的1/10000，所以电子显微镜具有极高的分辨率。电子显微镜主要有两种类型：透射电子显微镜（TEM）和扫描电子显微镜（SEM）。TEM的光学器件类似于传统的光显微镜，而SEM的光学器件更偏向于激光扫描共聚焦显微镜。本章主要介绍透射电子显微镜。

3.2.1 透射电子显微镜构造

透射电子显微镜与光学显微镜的成像原理基本一样，所不同的是前者用电子束作光源，用电磁场作透镜。另外，由于电子束的穿透力很弱，因此样品须制成厚度约50nm的超薄切片。透射电子显微镜由电子照明系统、磁透镜成像系统、真空系统、记录系统、电源系统等5部分组成。如果细分的话，主体部分是电子透镜和显像记录系统，由置于真空中的电子枪、

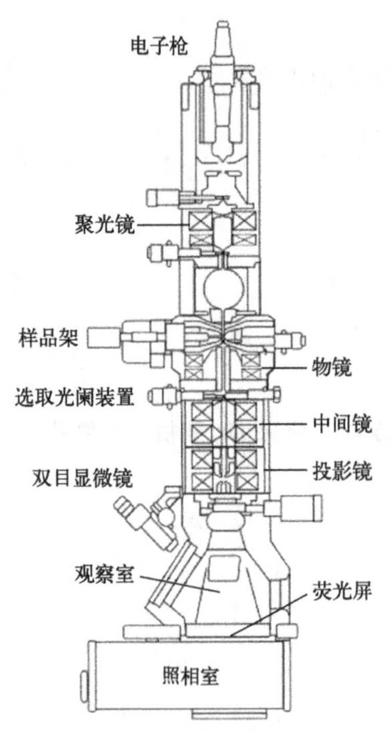

图 3.2.1　透射电子显微镜镜筒剖面

聚光镜、样品室、物镜、衍射镜、中间镜、投影镜、荧光屏和照相机等组成，如图 3.2.1 所示。

电镜内部结构很复杂，聚光镜、物镜和投影镜等部件在制作中往往各为一组，在设计时为达到所需的放大率、减少畸变和降低像差，又常在投影镜之上增加一至两级中间镜。

透射电子显微镜的总体结构包括镜体和辅助系统两大部分，镜体部分包含：

① 照明系统（电子枪，聚光镜）；

② 成像系统（样品室，物镜、中间镜，投影镜）；

③ 观察记录系统（观察室、照相室）；

④ 调校系统（消像散器、束取向调整器、光阑）。

辅助系统包含：

① 真空系统（机械泵、扩散泵、真空阀、真空规）；

② 电路系统（电源变化、调整控制）；

③ 水冷系统。

透射电镜的总体工作原理是：由电子枪发射出来的电子束，在真空通道中沿着镜体光轴穿越聚光镜，通过聚光镜将其会聚成一束尖细、明亮而又均匀的光斑，照射在样品室的样品上；透过样品后的电子束携带样品内部的结构信息，样品内致密处透过的电子量少，稀疏处透过的电子量多；经过物镜的会聚调焦和初级放大后，电子束进入下级的中间透镜和第一、第二投影镜进行综合放大成像，最终被放大了的电子影像投射在观察室内的荧光屏板上；荧光屏将电子影像转化为可见光影像以供使用者观察。

3.2.1.1　照明系统

照明系统包括电子枪和聚光镜两个主要部件，它的功用主要在于向样品及成像系统提供亮度足够的光源——电子束流。对它的要求是输出的电子束波长单一稳定，亮度均匀一致，调整方便，像散小。

（1）电子枪

电子枪由阴极、阳极和栅极组成，如图 3.2.2。

① 阴极是产生自由电子的源头，一般有直热式和旁热式两种，旁热式阴极是将加热体和阴极分离，各自保持独立。在电镜中通常由加热灯丝兼作阴极的称为直热式阴极，材料多用金属钨丝制成，其特点是成本低，但亮度低，寿命也较短。阴极灯丝被安装在高绝缘的陶瓷灯座上，既能绝缘、耐受几千度的高温，还可以方便更换。灯丝的加热电流值是连续可调的。在一定的界限内，灯丝发射出来的自由电子量与加热电流强度成正比。但在超越这个界限后，电流继续加大，只能降低灯丝的使用寿命，不能增大自由电子的发射量，我们把这个临界点称为灯丝饱和点，即自由电子的发射量已达“满额”。一般常把灯丝的加热电流设定在接近饱和而不到的位置上，称为“欠饱和点”。这样在确保获得较大的自由电子发射量的情况下，可

以最大限度地延长灯丝的使用寿命。

② 阳极为中心有孔的金属圆筒，处在阴极下方。当阳极上加有数十或上百千伏的正高压加速电压时，将对阴极受热发射出来的自由电子产生强烈的引力作用，并使之从杂乱无章的状态变为有序的定向运动，同时把自由电子加速到一定的运动速度，形成一股束流射向阳极靶面。凡在轴心运动的电子束流，将穿过阳极中心的圆孔射出电子枪外，成为照射样品的光源。

③ 栅极位于阴、阳极之间，靠近灯丝顶端，为形似帽状的金属物，中心亦有一小孔供电子束通过。栅极上加有 0～1000V 的负电压（对阴极而言），这个负电压称为栅极偏压，它的高低不同，可由使用者根据需要调整，栅极偏压具有使电子束向中心轴会聚的作用，同时对灯丝上自由电子的发射量也有一定的调控抑制作用。

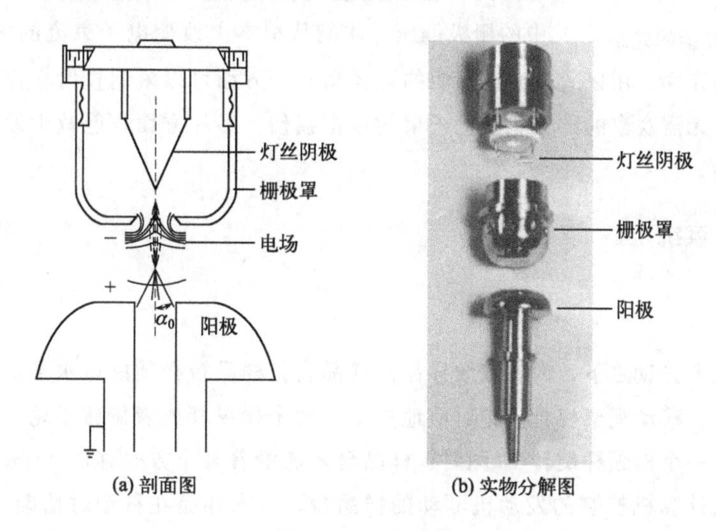

图 3.2.2 电子枪

在灯丝电源作用下，电流流过灯丝阴极，使之发热达 2500℃以上时，便可产生自由电子并逸出灯丝表面。加速电压使阳极表面聚集了密集的正电荷，形成了一个强大的正电场，在这个正电场的作用下自由电子便飞出了电子枪。调整灯丝电源可使灯丝工作在欠饱和点，电镜使用过程中可根据对亮度的需要调节栅极偏压的大小来控制电子束流量的大小。

电镜中加速电压也是可调的，加速电压增大时，电子束的波长 λ 缩短，有利于电镜分辨力的提高，同时穿透能力增强，对样品的热损伤小，但此时会由于电子束与样品碰撞，导致弹性散射电子的散射角随之增大，成像反差会因此而有所下降。所以，在不追求高分辨率观察应用时，选择较低的加速电压反而可以获得较大的成像反差，尤其是自身反差对比较小的生物样品，选用较低的加速电压有时是有利的。

(2) 聚光镜

聚光镜处在电子枪的下方，一般由 2～3 级组成，从上至下依次称为第 1、第 2 聚光镜（以 C_1 和 C_2 表示），如图 3.2.3 所示。电镜中设置聚光镜的目的是将电子枪发射出来的电子束流会聚成亮度均匀且照射范围可调的光斑，投射在下面的样品上。C_1 和 C_2 的结构相似，但极靴形状和工作电流不同，所以形成的磁场强度也不相同。C_1 为强磁场透镜，C_2 为弱磁场透镜，各级聚光镜组合在一起使用，可以调节照明束斑的直径大小，从而改变了照明亮度的

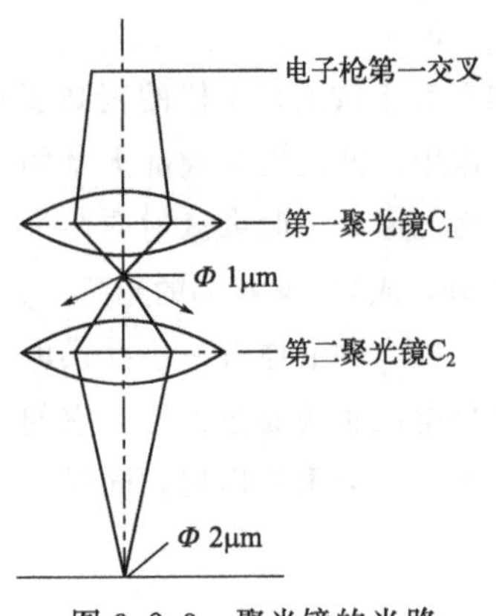

图 3.2.3　聚光镜的光路

强弱，在电镜操纵面板上一般都设有对应的调节旋钮。C_1、C_2的工作原理是通过改变聚光透镜线圈中的电流，来改变透镜所形成的磁场强度，磁场强度的变化（即折射率发生变化）能使电子束的会聚点上下移动，在样品表面上电子束斑会聚得越小，能量越集中，亮度也越大；反之束斑发散，照射区域变大则亮度就减小。

通过调整聚光镜电流来改变照明亮度的方法，实际上是一个间接的调整方法，亮度的最大值受到电子束流量的限制。如想更大程度上改变照明亮度，只有通过调整前面提到的电子枪中的栅极偏压，才能从根本上改变电子束流的大小。在C_2上通常装配有活动光阑，用以改变光束照明的孔径角，一方面可以限制投射在样品表面的照明区域，使样品上无需观察的部分免受电子束的轰击损伤，另一方面也能减少散射电子等不利信号带来的影响。

3.2.1.2　成像系统

（1）样品室

样品室处在聚光镜之下，内有载放样品的样品台。样品台必须能做水平面上X、Y方向的移动，以选择、移动观察视野。相对应地配备了两个操纵杆或者旋转手轮，这是一个精密的调节机构，每一个操纵杆旋转10圈时，样品台才能沿着某个方向移动3mm左右。现代高端电镜可配有由计算机控制的发动机驱动的样品台，力求样品在移动时精确、固定时稳定。还能由计算机对样品做出标签式定位标记，以便使用者在需要做回顾性对照时，可依靠计算机定位查找，这是在手动选区操作中很难实现的。

盛放样品的铜网根据需要可以是多种多样的，直径一般均为3mm，通常铜网上有多个栅格，格子疏密程度通常用目数表示。之所以选择铜制作样品网，是因为它不会与电子束及电磁场发生作用。同理还可以选择其他磁导率低的金属材料（如镍）制作样品网，样品网属于易耗品，铜网加工容易、成本低，故使用十分广泛。

透射电镜常见的样品台有以下两种。

① 顶入式样品台：要求样品室空间大，一次可放入多个（常见为6个）样品网，样品网盛载杯呈环状排列，使用时可以依靠机械手装置进行依次交换。优点是在观察完多个样品后，更换样品时只破坏一次样品室的真空，比较方便、省时间。但所需空间太大，致使样品距下面物镜的距离较远，不适于缩短物镜焦距，会影响电镜分辨力的提高。

② 侧插式样品台：如图3.2.4所示，侧插式样品台制成杆状，样品网载放在前端，只能盛放1～2个铜网。样品台的体积小，所占空间也小，可以设置在物镜内部的上半端，有利于电镜分辨率的提高。缺点是一次不能同时放入多个样品网，每次更换样品必须破坏一次样品室的真空，稍有不便。

在性能较高的透射式电镜中，大多采用上述侧插式样品台，为的是最大限度地提高电镜的分辨能力。高端的电镜可以配备多种式样的侧插式样品台，某些样品台通过金属连接能对样品网加热或者致冷，以适应不同的用途。样品先盛载在铜网上，然后固定在样品台上，样品台与样品握持杆合为一体，是一个非常精巧的部件。样品杆的中部有一个“O”形橡胶密封圈，胶圈表面涂有真空脂，以隔离样品室与镜体外部的真空（两端的气压差极大）。

样品室的上下电子束通道各设了一个真空阀，用以在更换样品时切断电子束通道。它只影响样品室内的真空度，而不影响整个镜筒内的真空，这样在更换样品后将样品室重抽回真空，可节省许多时间。当样品室的真空度与镜筒内达到平衡时，再重新开启与镜筒相通的真空阀。

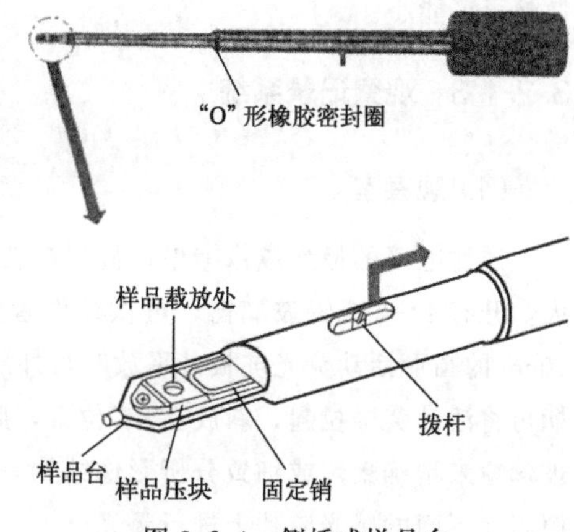

图 3.2.4　侧插式样品台

（2）物镜

处于样品室下面，紧贴样品台，是电镜中的第一个成像元件。在物镜上产生哪怕是极微小的误差，都会经过多级高倍率放大而明显地暴露出来，所以这是电镜的一个最重要部件，决定了一台电镜的分辨本领，可看作是电镜的心脏。

物镜是一块强磁透镜，焦距很短，对材料的质地纯度、加工精度、使用中污染的状况等工作条件都要求极高。提高一台电镜分辨率的核心问题，是如何对物镜的性能设计和工艺制作进行优化。尽可能地使焦距短、像差小，又希望其空间大，便于样品操作，但这中间存在着不少相互矛盾的环节。

物镜主要起初步成像放大、改变物镜的工作电流、调节焦距的作用。电镜操作面板上粗、细调焦旋钮，为改变物镜工作电流之用。

为满足物镜的前述要求，不仅要将样品台设计在物镜内部，以缩短物镜焦距，还要配置良好的冷却水管，以降低物镜电流的热漂移。此外，还装有提高成像反差的可调活动光阑，以及其要达到高分辨率的消像散器。对于高性能的电子显微镜，都通过物镜装有以液氮为媒质的防污染冷阱，给样品降温。

（3）中间镜和投影镜

在物镜下方，依次设有中间镜和第一投影镜、第二投影镜，以共同完成对物镜成像的进一步放大任务。从结构上看，它们都是相类似的磁透镜，但由于各自的位置和作用不尽相同，故其工作参数、励磁电流和焦距的长短也不相同。电镜的总放大率是物镜、中间镜和投影镜的各自放大率之积。

当电镜放大率在使用中需要变换时，就必须使它们的焦距长短相应做出变化，通常是改变中间镜和第一投影镜线圈的激磁工作电流来达到的。电镜操纵面板上放大率变换钮为控制中间镜和投影镜的电流之用。

对中间镜和投影镜这类放大成像透镜的主要要求是：在尽可能缩短镜筒高度的条件下，得到满足高分辨率所需的最高放大率，以及寻找合适视野所需的最低放大率；可以进行电子衍射像分析，做选区衍射和小角度衍射等特殊观察；同样也希望它们的像差、畸变和轴上像散都尽可能小。

3.2.1.3 观察记录系统

（1）观察室

透射电镜的最终成像结果，显现在观察室内的荧光屏上。观察室处于投影镜下，空间较大，开有1～3个铅玻璃窗，可供操作者从外部观察分析用。荧光屏的中心部分为一直径约10cm的圆形活动荧光屏板，平放时与外周荧屏吻合，可以进行大面积观察。使用外部操纵手柄可将活动荧屏拉起，斜放在45°位置，此时可用电镜配置的双目放大镜，在观察室外部通过玻璃窗来精确聚焦或细致分析影像结构。而活动荧光屏完全直立竖起时能让电子影像通过，照射在下面的感光胶片上进行曝光。

（2）照相室

照相室处在镜筒的最下部，内有送片盒（用于储存未曝光底片）和接收盒（用于收存已曝光底片）及一套胶片传输机构。每张底片都由特制的一个不锈钢底片夹夹持，叠放在片盒内。工作时由输片机构相继有序地堆放底片夹到荧光屏下方电子束成像的位置上。曝光控制有手控和自控两种方法，快门启动装置通常并联在活动荧光屏板的扳手柄上。电子束流的大小可由探测器检测，给操作者以曝光指示；或者应用全自动曝光模式由计算机控制，按程序选择曝光亮度和最佳曝光时间完成影像的拍摄记录。

现代电镜装有电子数码照相装置，即CCD相机，可以在底片上打印出每张照片拍摄时的工作参数，如加速电压值、放大率、微米/纳米标尺、简要文字说明、成像日期、底片序列号及操作者注解等备查的记录参数。观察室与照相室之间有真空隔离阀，以便在更换底片时，只打开照相室而不影响整个镜筒的真空。

3.2.1.4 调校系统

（1）消像散器

一般电镜在第二聚光镜中和物镜中各装有两组消像器，称为聚光镜消像散器和物镜消像散器。聚光镜产生的像散可从电子束斑的椭圆度上看出，它会造成成像面上亮度不均匀和限制分辨率。调整聚光镜消像散器（镜体操作面板上装有对应可调旋钮），使椭圆形光斑恢复到最接近圆状，即可基本上消除聚光镜中存在的像散。

（2）电子束取向调整器及合轴

最理想的电镜工作状态，应该是使电子枪、各级透镜与荧光屏中心的轴线绝对重合。但这是很难达到的，它们的空间几何位置多少会存在着一些偏差。轻者使电子束的运行发生偏离和倾斜，影响分辨力。稍微严重时会使电镜无法成像甚至不能出光（电子束严重偏离中轴，不能达到荧光屏面）。为此电镜采取的对应弥补调整方法为机械合轴加电气合轴的操作。

（3）光阑

为限制电子束的散射，更有效地利用近轴光线，消除球差，提高成像质量和反差，电镜光学通道上多处加有光阑（图 3.2.5），以遮挡旁轴光线及散射光，光阑有固定光阑和活动光阑两种。固定光阑为管状无磁金属物，嵌入透镜中心，操作者无法调整（如聚光镜固定光阑）。活动光阑是用长条状无磁性金属钼薄片制成，上面纵向等距离排列有几个大小不同的光阑孔，直径从数十到数百个微米不等，以供选择使用。活动光阑钼片被安装在调节手柄的前端，处于光路的中心，手柄端在镜体的外部。活动光阑手柄整体的中部，嵌有“O”形橡胶圈来隔离镜体内外部的真空。可供调节用的手柄上标有 1、2、3、4 号定位标记，号数越大，所选的孔径越小。光阑孔要求很圆而且光滑，并能在 X、Y 方向上的平面里做几何位置移动，使光阑孔精确地处于光路轴心。

电镜上常设 3 个活动光阑供操作者变换选用。

① 聚光镜 C_2 光阑，孔径 20～200μm，用于改变照射孔径角，避免大面积照射对样品产生不必要的热损伤。光阑孔的变换会影响光束斑点的大小和照明亮度。

② 物镜光阑，能显著改变成像反差。孔径 10～100μm，光阑孔越小，反差就越大，亮度和视场也越小（低倍观察时才能看到视场的变化）。若选择的物镜光阑孔径太小时，虽能提高影像反差，但会因电子衍射增大而影响分辨能力，且易受到照射污染。如果真空油脂等非导电杂质沉积在上面，就可能在电子束的轰击下充放电，形成的小电场会干扰电子束成像，引起像散，所以物镜光阑孔径的选择也应适当。

③ 中间镜光阑，也称选区衍射光阑，孔径 50～400μm，应用于衍射成像等特殊的观察之中。

3.2.1.5 真空系统

电镜镜筒内的电子束通道对真空度要求很高，电镜工作必须保持在 10^{-3}～10^{-10}Pa 的真空度（高性能的电镜对真空度的要求可达 10^{-10}Pa 以上），因为镜筒中的残留气体分子如果与高速电子碰撞，就会产生电离放电和散射电子，从而引起电子束不稳定，增加像差，污染样品，并且残留气体将加速高热灯丝的氧化，缩短灯丝寿命。如图 3.2.6，电镜中的高真空是由各种真空泵来共同配合实现的。

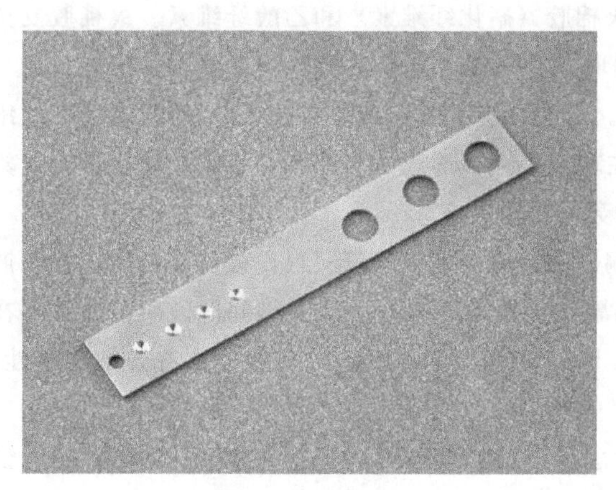

图 3.2.5 光阑

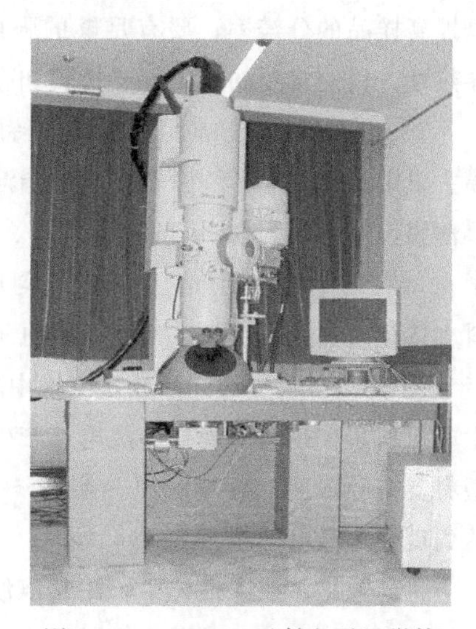

图 3.2.6 Philips 透射电子显微镜
（点分辨率 0.24nm，放大倍数 100 万倍）

3.2.2 样品制备

TEM样品制备在电子显微学研究中起着非常重要的作用。目前新材料的发展对样品制备技术提出了更高的要求，制备时间短，可观察的薄区面积更大，薄区的厚度更薄，并能高度局域减薄。常用的样品大致可以分为三类：一是粉末试样，二是复型试样，三是薄膜试样。

3.2.2.1 粉末试样

样品试样主要用于原始状态呈粉末状的样品，如炭黑、黏土、溶液中沉淀的微细颗粒，其粒径一般在1μm以下。制样过程中基本不破坏样品，除对样品的结构进行观察外，还可对其形貌、聚集状态及粒度分布进行研究。该试样多采用支持膜法，将试样载在支持膜上，再用载网承载。载网若是铜材料，就称为铜网，如果是镍、钼、金、尼龙就相应地称镍网、钼网、金网、尼龙网。电镜中常用的载网为铜网（图 3.2.7），直径为 3mm，孔径尺寸约有数十微米。支持膜的作用是支撑粉末试样；载网的作用则是加强支持膜，能使样品很牢固地吸附在支持膜上，不至于从铜网的孔洞处滑落，便于观察。

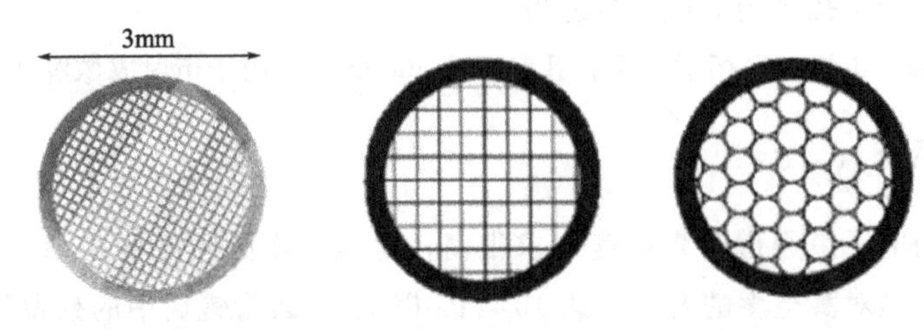

图 3.2.7 不同类型的铜网

支持膜材料应该具有这样的性能：在高放大倍数下不显示自身组织，本身颗粒度要小，以提高样品的分辨率；要有足够的强度、刚度，耐高能电子轰击的能力以及良好的导电性、导热性。目前常用的有塑料支持膜和碳支持膜。

① 塑料支持膜 常用的塑料支持膜有火棉胶（硝化纤维素）和乙酸纤维素。火棉胶支持膜主要由1%火棉胶和99%乙酸戊酯溶液制取，取一滴火胶棉溶液在蒸馏水上，扩展开成一层薄膜，用直径为3mm的铜网捞起、晾干。乙酸纤维素支持膜主要由12%颗粒状乙酸纤维素和88%丙酮溶液制取，将溶液均匀地倒在玻璃板上，形成一层薄膜，晾干后取下即可。塑料支持膜缺点是强度差，经受不住电子束的轰击，易破裂。

② 碳支持膜 当样品放在电镜中时，铜网支持膜会被电子束照射，有机支持膜上就会产生电荷积累，也会引起样品放电，产生样品飘逸、跳动和支持膜破裂等问题。所以通常要在塑料支持膜表面上蒸发沉积一层20～30nm厚的碳膜，简称喷碳，来提高支持膜的导电性，达到良好的导电效果。

将粉末样品投入液体中，用超声波振动成悬浮液。液体可以是水、甘油、酒精，根据试样粉末性质而定。此外还需注意，溶液浓度不要太大，一般溶液颜色略透明即可（部分黑色物质，如石墨，颜色可稍深）。之后，将悬浮液滴于附有支持膜的铜网上，等待溶剂液体挥发后即可观察。必要时可在真空镀膜机中镀膜（喷碳、金、镉等）。

3.2.2.2 复型试样

通常在电镜中易起变化的样品和难以制成薄膜的试样采用复型法制备样品，是用对电子束透明的薄膜（碳、塑料、氧化物薄膜）把材料表面或断口的形貌复制下来的一种间接样品制备方法，复型材料和支持膜材料相同。对于表面显微组织浮雕的复型膜，只能进行形貌观察和研究，不能研究试样的成分和内部结构。在材料研究中，复型法分为三类：一级复型、二级复型、萃取复型。如图 3.2.8，一级复型就是从样品表面上直接制的，二级复型则是经中间复型制的。

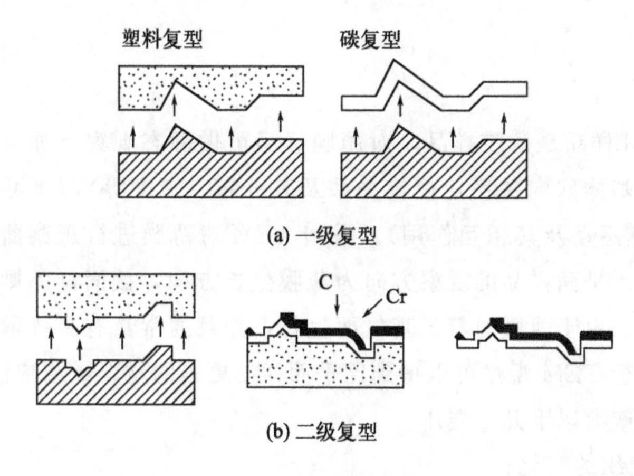

图 3.2.8 复型方法

(1) 一级复型

塑料一级复型是在样品上滴浓度为 1% 的火棉胶乙酸戊酯溶液或乙酸纤维素丙酮溶液，溶液在样品表面展平，多余的用滤纸吸掉，溶剂蒸发后样品表面留下一层 100nm 左右的塑料薄膜。其分辨率（10～20nm）及像的反差较低，在电子束轰击下易分解和烧蚀。

碳一级复型是样品放入真空镀膜装置中，在垂直方向上向样品表面蒸镀一层厚度为数十纳米的碳膜。之后把样品放入配好的分离液中进行电解或化学分离。其分辨率高（2～5nm），但剥离较难，在电子束照射下不易分解和破裂，但样品易遭到破坏。

(2) 二级复型

塑料-碳二级复型是先进行一次复型，再对中间复型产物进行碳复型，最后溶掉中间复型产物，实现二次复型。想要增加衬度还可以在倾斜 15°～45°的方向上喷镀一层重金属，如 Cr、Au 等。

对于二次复型来说，制样简便，试样表面不易被破坏，且中间复型产物为塑料（较厚），较易剥离，其观察膜为碳膜，导电性好。但只能间接反映样品表面形貌，也易引入气泡、皱折等，同时还不能提供材料的内部信息。分辨率与塑料一级复型基本相同，尤其适用于断口类试样。

（3）萃取复型

萃取复型是用碳膜把经过深度浸蚀（溶去部分基体）试样表面的第二相粒子（如杂质）黏附下来，如图 3.2.9 所示。萃取复型既能复制表面形貌，还能保持第二相分布状态，并可通过电子衍射确定物相，兼顾了复型膜和薄膜的优点。

图 3.2.9 萃取复型示例

3.2.2.3 薄膜试样

绝大多数的 TEM 样品是薄膜样品，对薄膜样品可做静态观察（如金相组织，析出相形态，分布、结构及与基体取向关系，位错关系及其分布，密度等），也可以做动态原位观察（如相变、形变、位错运动及其相互作用）。采用 TEM 对薄膜进行观察研究时，薄膜可制成平面样品和截面样品。平面样品的观察方向为薄膜生长方向，截面样品则是从薄膜生长的横断面进行观察和研究。由于薄膜附着于基材面生长，并且通常具有择优取向柱状晶的生长特征，采用截面样品进行 TEM 观察可以得到比平面样品更多的材料微结构信息。

薄膜样品制备一般有以下几点要求：

① 不引起材料组织的变化；

② 足够薄，否则将引起薄膜内不同层次图像的重叠，干扰分析；

③ 薄膜应具有一定的强度，具有较大面积的透明区域；

④ 制备过程易于控制，有一定的重复性和可靠性。

这里主要介绍平面样品的制备方法。

（1）切割

可以用超声切割仪（图 3.2.10）、冲压机获得直径 3mm 圆片，圆片切割机以一定的频率，在样品上震动管状切割工具。这种高频的震动，能够使泥浆中的研磨颗粒作用于样品。这种动作可以切割下一个圆形压痕，直到从样品切割下圆片。

（2）减薄

预先减薄是采用机械研磨、化学抛光、电解抛光将样品减薄成 0.1mm 的薄片。

采用手工平磨时，应针对具体材料选用材料去除率高、残余损伤小的磨料，还需要注意样品与磨料的相对速度，应采用不断变化样品角度或者沿“8”字轨迹的手法，避免过早出现样品边缘倾角。依次用粒度为 p1000、p1500、p2000 的砂纸研磨，之后用 1μm 金刚石抛光膏抛光。一般金属试样以 50μm 为好，陶瓷样品选择 80μm。当磨下去的厚度是原始厚度的一半时，进行抛光。抛光是样品制备的最后阶段，它的目的仅限于将磨痕去除，抛光垫上的磨料颗粒在抛光过程中能够上下起落（图 3.2.11），使其作用在试样表面的应力不足以产生磨痕，并提高了样品表面的光反射。

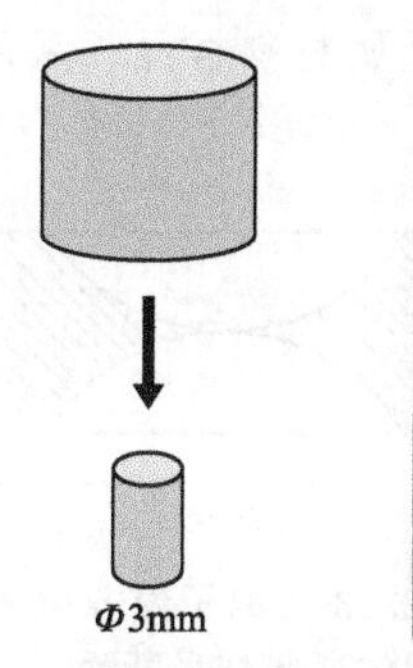

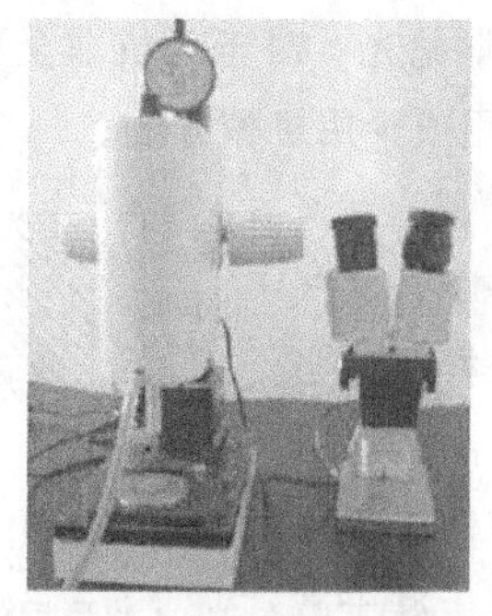

图 3.2.10　Gatan 601 超声波圆片切割机

磨料上下起伏

图 3.2.11　抛光垫

(3) 钉薄

在制备高质量的电镜样品时，需要样品有大面积薄区，还要有厚度的变化支持，为了达到这样的效果需要对样品进行钉薄（得到凹坑），凹坑仪可以将样品的中心部位减薄至几个微米的厚度，缩短了离子减薄的时间，它的适用范围非常广泛，如金属材料、陶瓷、半导体、复合材料、超导材料等（见图 3.2.12）。

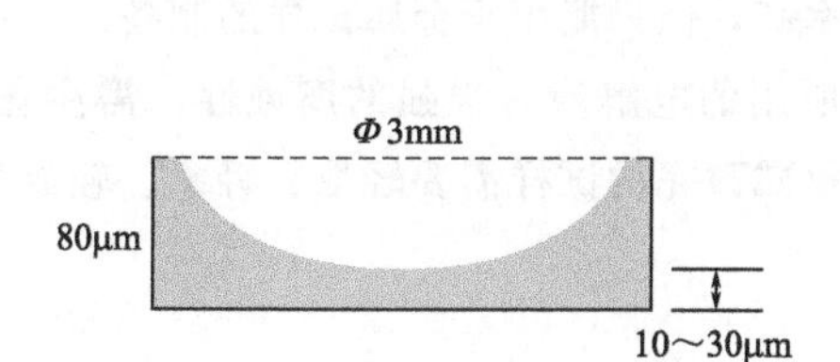

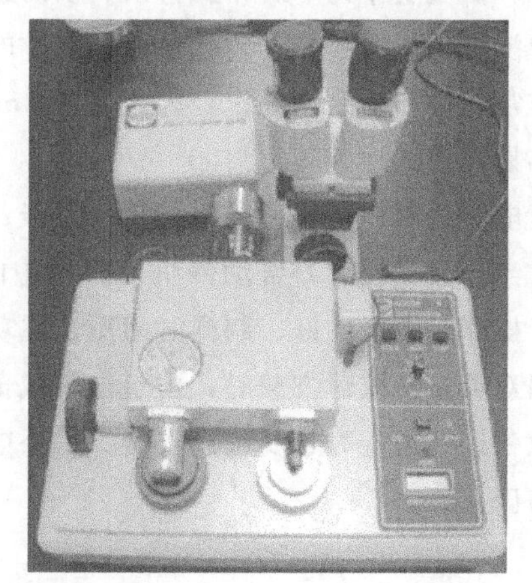

图 3.2.12　Gatan656 凹坑仪

进行钉薄时，要求对抛光后的样品的另一面进行机械预减薄至 80μm。在圆片中间形成凹坑，使样品中间厚度减至 10～30μm。制备凹坑时可用研磨轮和抛光轮两种类型的轮子。在离子减薄过程中，因为离子束的入射角很小，所以要注意钉薄后样品的边缘可能会挡住样品的中心部分。钉轮直径（D）、钉薄区域（$2r$）和钉薄深度（d）之间存在着以下关系：

$$d=\frac{r^2}{D} \tag{3.2.1}$$

很明显随着钉轮直径的增加，起始样品的厚度应逐渐减小，大的钉轮直径可以获得大面积的薄区，但得到的样品比较脆弱，容易破坏，15mm 直径的轮子最大的钉薄深度不能大于 77μm，否则会在以后的离子减薄中发生阻挡效应。

(4) 最终减薄

TEM 样品的最终减薄可以获得电子束透明的观察区域。对于金属材料样品，采用电解抛光；对于半导体、单晶体、氧化物等样品，采取化学抛光；对于无机非金属材料样品，采用离子轰击减薄。为避免引起组织结构变化，尽量不用或少用机械方法。

如图 3.2.13，采用离子轰击减薄可以得到“薄膜”（<500nm）。氩离子减薄法的原理是在一定的真空条件下，氩气在高压下发生电离，氩离子流以一定的入射角轰击样品，当离子的能量高于样品材料表面原子的结合能时，样品表层原子发生溅射，穿孔后供电镜观察。其特点是成功率高、可用于非金属材料或非均匀金属样品制备，但耗时较长。离子减薄不受材料电性能的影响，即不管材料是否导电，不管材料结构多复杂，金属、非金属或者二者混合物均可用此方法制备薄膜。制样时惰性气体介质对样品组织结构无影响。

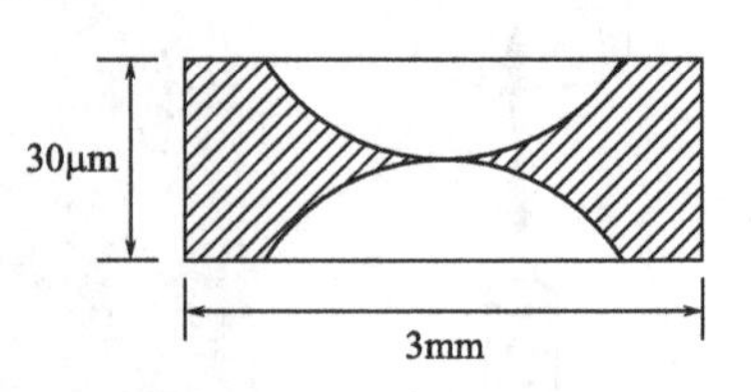

图 3.2.13　离子轰击减薄后的薄膜样品断面

离子轰击减薄开始阶段，一般采用较高电压、较大束流、较大角度，这个阶段约占整个减薄过程的一半时间。随后，电压、束流、角度可相应减小，直到样品出孔。样品出孔后，即可转入样品抛光阶段，这阶段主要是改善样品质量，使薄膜获得平坦而宽大的薄区。另外，还须注意凹坑制作过程试样需要精确地对中，先粗磨后细磨抛光，磨轮负载要适中，否则试样易破碎。凹坑制作完毕后，要将凹坑仪的磨轮和转轴清洗干净。凹坑制作完毕的试样需放在丙酮中浸泡、清洗和晾干。进行离子减薄的试样在装上样品台和从样品台取下这两个过程中，要非常小心和细致地操作，因为直径 3mm 薄片试样的中心已经非常薄，用力不均或过大，很容易导致试样破碎。

双喷电解法制样的原理是将样品接正极、电解液接负极。如图 3.2.14，电解液从两侧喷向样品，当样品穿孔后，自动停机，获得中间薄、边缘厚的 TEM 薄膜样品。其特点是减薄条件易于操作、重复性好、制样时间短、成功率高，但只能用于金属试样的制备。

采用双喷电解减薄方法时，由于电解减薄所用的电解液有很强的腐蚀性，需注意人员安全，对设备进行清洗时也要注意安全。另外电解减薄完的试样需要轻取、轻拿、轻放和轻装，否则容易破碎。

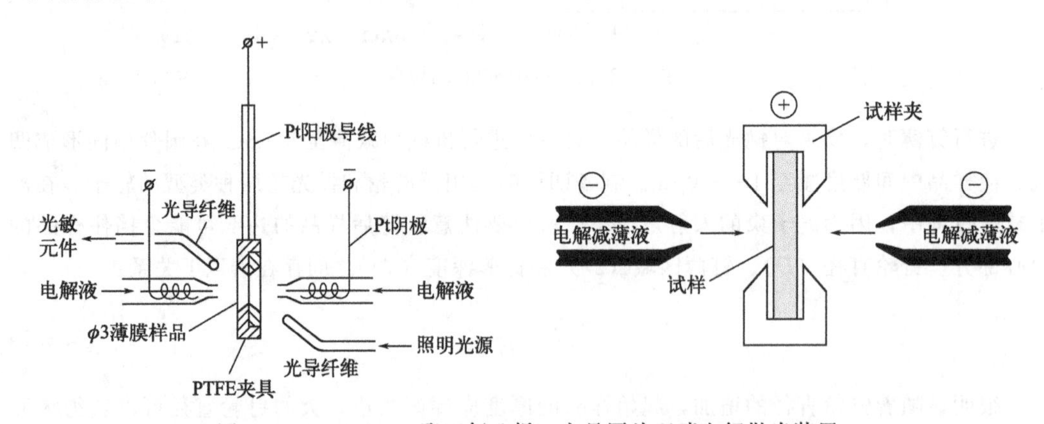

图 3.2.14　PTFE（聚四氟乙烯）夹具圆片双喷电解抛光装置

离子轰击减薄适合复合材料 TEM 样品的制备，但大部分金属材料，双喷电解减薄效果会更好。

此外，透射电子显微镜在生物学上应用也较多。由于电子易散射或被物体吸收，故穿透力低，样品的密度、厚度等都会影响到最后的成像质量，必须制备更薄的超薄切片（通常为50～100nm）。常用的方法还有超薄切片法、冷冻超薄切片法、冷冻蚀刻法、冷冻断裂法等。

3.2.3 衍射花样分析

在透射电镜的衍射花样中，对于不同的试样，采用不同的衍射方式时，可以观察到多种形式的衍射结果，如单晶电子衍射花样、多晶电子衍射花样、非晶电子衍射花样、会聚束电子衍射花样、菊池花样等（如图 3.2.15）。晶体明星的结构特点也会在电子衍射花样中体现出来，如有序相的电子衍射花样会具有其明显的特点。另外，二次衍射的存在，使得每个斑点周围都出现了大量的卫星斑，导致电子衍射花样变得更加复杂。

电子衍射花样的优点：

① 电子衍射能在同一试样上将形貌观察和结构分析结合起来；

② 电子波长短，单晶的电子衍射花样就像晶体倒易点阵的一个二维截面在底片上放大投影，从底片上的电子衍射花样可以直观地辨认出一些晶体的结构和对称性特点，使得晶体结构的研究比 X 射线简单；

③ 物质对电子的散射能力强，约为 X 射线的一万倍，曝光时间短。

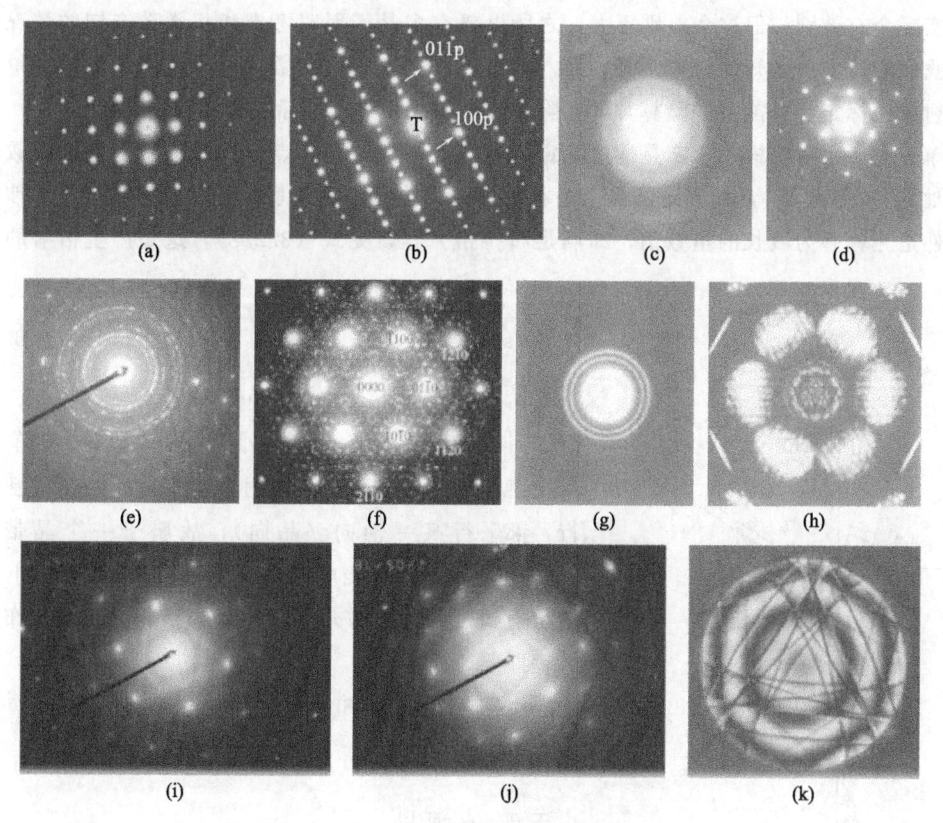

图 3.2.15　电子衍射花样

(a)、(b)、(d) 单晶电子衍射花样［(b) 是有序相的电子衍射花样］；(c) 非晶的电子衍射花样；(e)、(f)、(g) 多晶电子的衍射花样；(f) 二次衍射花样；(i)、(j) 菊池花样；(h)、(k) 会聚束电子衍射花样

电子衍射花样的缺点有如下几点：

① 电子衍射强度有时几乎与透射束相当，以致两者产生相互作用，使电子衍射花样，特别是强度分析变得复杂，不能像X射线那样从测量衍射强度来广泛测定结构；

② 散射强度导致电子透射能力有限，要求试样薄，这就使试样制备工作比X射线复杂；

③ 在精度方面也远比X射线低。

电子衍射谱的标定就是确定电子衍射图谱中的衍射斑点（或者衍射环）所对应的晶面指数和对应的晶带轴（多晶不需要）。电子衍射谱主要有多晶电子衍射谱和单晶电子衍射谱。电子衍射谱的标定主要有以下两种情况：

一是结构已知，确定晶体缺陷及有关数据或相关过程中的取向关系；

二是结构未知，利用它鉴定物相，指数标定是基础。

3.2.3.1 单晶电子衍射花样标定

单晶电子衍射图就是垂直于入射电子束方向的某一零层倒易截面的放大像。衍射斑点就是衍射晶面的倒易阵点，斑点的坐标矢量 $\boldsymbol{R}$ 就是相应的倒易矢量 $\boldsymbol{g}$，$\boldsymbol{R}$ 和 $\boldsymbol{g}$ 两者仅差放大倍数，即相机常数 K。对于现在的电镜，相机常数可以直接从电镜和底片上读出来，虽然这个值与实际会有差别，但这个差别不大。之所以要在多晶衍射时考虑相机常数未知的情况，是因为我们经常要用已知的粉末多晶样品（如金）去校正相机常数。相机常数未知时，单晶电子衍射花样标定后可能不好验算，因此除非是已知的相，否则标定非常容易出错。

单晶电子衍射花样的标定是通过确定各个斑点指数（即斑点所代表的衍射晶面指数）和晶带轴方向［uvw］，从而确定样品中各相的晶体结构和相位关系。各晶面的散射线干涉加强的条件是光程差为波长的整数倍，即满足布拉格方程，见式（3.2.2），这是产生衍射的必要条件。

$$2d\sin\theta = n\lambda \tag{3.2.2}$$

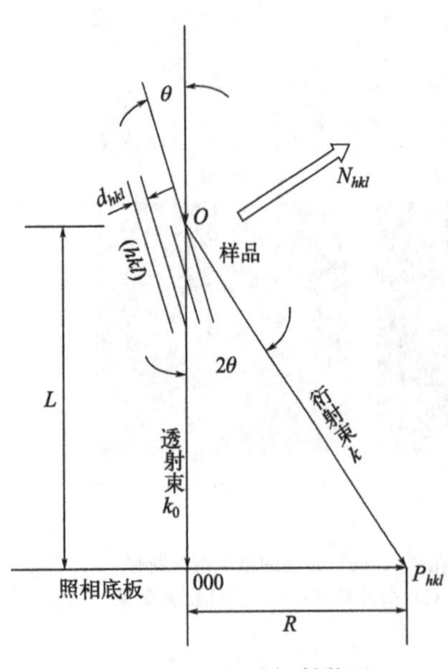

图 3.2.16 电子衍射装置

由于晶面间距 $d \approx 10^{-1}$nm，电子波长 $\lambda \approx 10^{-3}$nm，所以 $\sin\theta \approx 10^{-2}$ 弧度，θ 相当小。我们可以认为所有和入射光束相平行的晶面产生衍射，这些晶面的交线互相平行，都平行某一轴向（晶向），故属于一个晶带，用［uvw］表示。因此当电子束以平行某一轴［uvw］的方向照射到样品时，［uvw］晶带中包括的晶面满足布拉格方程即要产生衍射。

由图 3.2.16 可知：

$$R/L = \tan 2\theta \tag{3.2.3}$$

由于 $\theta \to 0$，所以

$$\begin{aligned} \tan 2\theta &= \sin 2\theta / \cos 2\theta \approx \sin 2\theta \\ \sin 2\theta &= 2\sin\theta\cos\theta \approx 2\sin\theta \end{aligned} \tag{3.2.4}$$

因此，式（3.2.4）可以写成

$$\tan 2\theta = 2\sin\theta \mid_{\theta \to 0} \tag{3.2.5}$$

将式（3.2.5）代入式（3.2.3），可以得到

$$R = 2L\sin\theta \tag{3.2.6}$$

将式（3.2.6）代入式（3.2.2），可以得到电子衍射基本公式：

$$Rd = L\lambda = K \tag{3.2.7}$$

式中，R 是透射斑点到衍射斑点的距离；$L\lambda$ 和 K 为出厂设置的相机常数。$L\lambda$ 为定值 K 时，可以求出 R 所代表的衍射晶面的面间距 $d=\frac{K}{R}$。单晶电子衍射花样的标定方法有两种：一是标准花样对照法；二是尝试校核法。

（1）标准花样对照法

在不同晶带轴的零层倒易截面中，去除结构消光的阵点，即为标准电子衍射图谱。把要分析的衍射图与标准图作比较，依照各斑点的相对几何位置判断是否一致。若一致，按标准图指数标定。要注意的是，该方法只适用于简单立方、面心立方、体心立方和密排六方的低指数晶带轴。因为这些晶系的低指数晶带的标准花样可以在书中查到，如果得到的衍射花样跟标准花样完全一致，则基本可以确定该花样。另外，通过标准花样对照标定的花样，标定结束后，一定要验算它的相机常数，因为标准花样给出的只是花样的比例关系，而对于有的物相，某些较高指数花样在形状上与某些低指数花样十分相似，但是由两者算出来的相机常数会相差很远。

（2）尝试校核法

尝试校核法过程如下：

① 量出透射斑到衍射斑的矢径的长度，利用相机常数算出与各衍射斑对应的晶面间距，确定其可能的晶面指数；

② 确定矢径最小的衍射斑（即基本特征平行四边形）的晶面指数，用尝试的办法选择矢径次小的衍射斑的晶面指数，两个晶面之间夹角应该自洽；

③ 用两个矢径相加减，得到其他衍射斑的晶面指数，看它们的晶面间距和彼此之间的夹角是否自洽，如果不能自洽，则改变第二个矢径的晶面指数，直到它们全部自洽为止；

④ 由衍射花样中任意两个不共线的晶面叉乘，即可得出衍射花样的晶带轴指数。

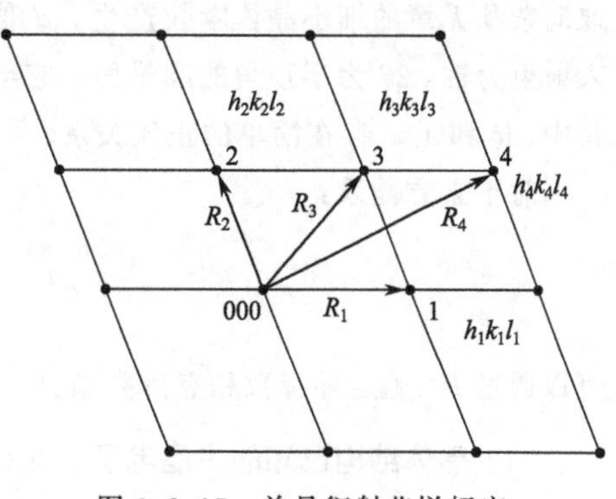

图 3.2.17　单晶衍射花样标定

单晶电子衍射谱，可以视为由某特征平行四边形（斑点为平行四边形的四个顶点），按一定周期扩展而成。如图 3.2.17 所示，可以找出许多平行四边形，作为一个衍射谱的基本单元，我们选择与中心斑点最邻近的几个斑点为顶点构成的四边形为基础，并作为基本特征平行四边形。平行四边形最短的两个邻边为 R_1、R_2，且 $R_1 \leqslant R_2$，平行四边形

短对角线为 R_3，它的长对角线为 R_4，且规定 $R_1 \leqslant R_2 \leqslant R_3 \leqslant R_4$。实际工作中 R_1 与 R_2 间夹角 $\varphi \leqslant 90°$。

四个斑点的对应晶面指数为 $h_1k_1l_1$、$h_2k_2l_2$、$h_3k_3l_3$、$h_4k_4l_4$。

四组指数间关系为

$$\begin{aligned} h_4 &= h_1 + h_2 \quad k_4 = k_1 + k_2 \quad l_4 = l_1 + l_2 \\ h_3 &= h_2 - h_1 \quad k_3 = k_2 - k_1 \quad l_3 = l_2 - l_1 \end{aligned} \tag{3.2.8}$$

根据以上数据可以按行列式确定晶带轴的参数 u、v、w：

$$\begin{bmatrix} u & v & w \\ h_1 & k_1 & l_1 \\ h_2 & k_2 & l_2 \end{bmatrix} \tag{3.2.9}$$

即 $[uvw]$ 为晶带轴方向，电子束的入射方向与晶体的 $[uvw]$ 方向平行，但方向相反。

对于立方晶系、四方晶系和正交晶系来说，它们的晶面间距可以用其指数的平方来表示。因此对于间距一定的晶面来说，其指数的正负号可以随意。但是在标定时，只有第一个矢径是可以随意取值的。从第二个开始，就要考虑它们之间角度的自洽，还要考虑它们的矢量相加减以后，得到的晶面指数也要与其晶面间距自洽，同时角度也要保持自洽。另外，晶系的对称性高，h、k、l 之间互换而不会改变晶面间距的机会越大，选择的范围就会越大，标定时应该更加注意。

当标定时涉及与其他晶体的取向关系时，应该注意 180°不唯一性问题。电子衍射图中附加的两次旋转对称操作给单个的电子衍射谱带来了 180°不唯一性的问题。所谓 180°不唯一性问题，是指我们在标定单晶花样时，一个斑点的指数可以标定为（hkl），也可以标定为（$\overline{h}\overline{k}\overline{l}$），它们有旋转 180°的对称关系。若所标花样的晶带轴是二次对称轴，这样标定是没有问题的。但是当所标的晶带轴不是二次对称轴，严格地讲这样随意标可能与晶体的取向不相符。

3.2.3.2 多晶体电子衍射花样

多晶体由随机任意排列的微晶或纳米晶组成。如图 3.2.18，多晶体电子衍射花样与多晶 X 射线衍射所得花样几何特征相似，由一系列不同半径的同心圆环组成，是由辐照区内大量取向杂乱无章的细小晶体颗粒产生。d 值相同的同一（hkl）晶面簇所产生的衍射束，构成以入射束为轴，2θ 为半顶角的圆锥面，它与照相底板的交线是半径为 $R = L\lambda/d = K/d$ 的圆环。其中，R 和 $1/d$ 存在简单的正比关系。

对于立方晶系：

$$1/d^2 = \frac{(h^2 + k^2 + l^2)}{a^2} = \frac{N}{a^2} \tag{3.2.10}$$

可以通过 R^2 确定环指数和点阵类型。

（1）晶体结构已知的多晶电子衍射花样的标定

① 测出各衍射环的直径，算出它们的半径；

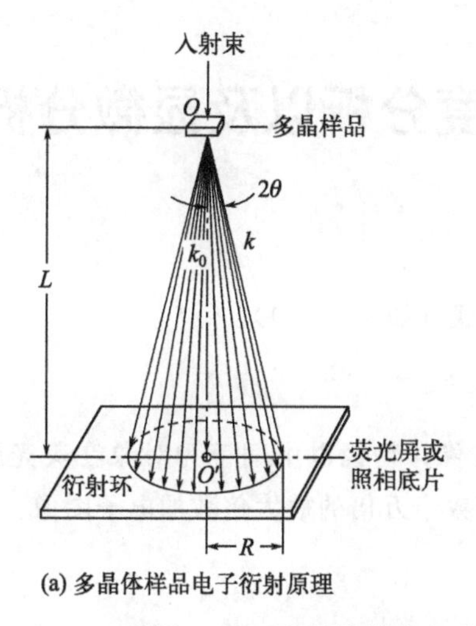

(a) 多晶体样品电子衍射原理

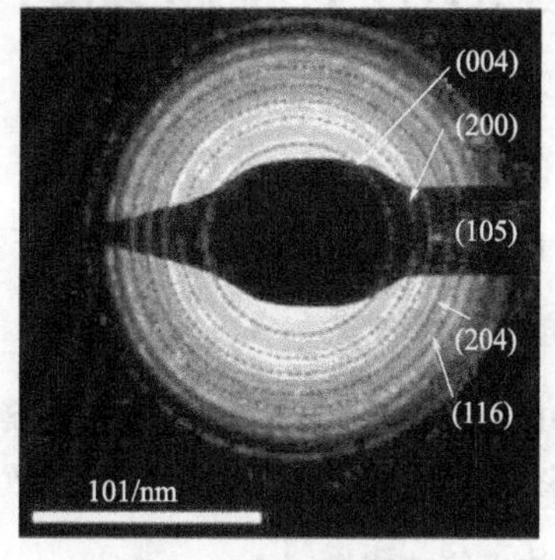

(b) TiO_2电子衍射花样

图 3.2.18 多晶体样品电子衍射原理及 TiO_2 电子衍射花样

② 考虑晶体的消光规律，算出能够参与衍射的最大晶面间距，将其与最小的衍射环半径相乘即可得出相机常数和相机长度（如果相机常数已知，则直接到第三步）；

③ 由衍射环半径和相机常数，可以算出各衍射环对应的晶面间距，将其标定。

如果已知晶体的结构是面心、体心或者简单立方，则可以根据衍射环的分布规律直接写出各衍射环的指数。

（2）晶体结构未知的多晶电子衍射花样的标定

① 首先确定相机常数；

② 测出各衍射环的直径，算出它们的半径；

③ 算出各衍射环对应晶面的面间距；

④ 根据衍射环的强度，确定三强线，查 PDF 卡片，最终标定物相。

由于电子衍射的精度有限，而且电子衍射的强度并不能与 X 射线一样可信，因此这种方法可能找不到正确的结构。

复杂电子衍射花样标定相关知识请移步拓展阅读材料之 3.2 透射电子显微镜原理部分。

3.2.3.3 复杂电子衍射花样标定

思考题

1. 透射电镜的工作原理与特点是什么？
2. 透射电镜光学成像系统的结构分为哪几部分？
3. 简述粉末样品和薄膜样品的制备过程。
4. 试比较单晶电子衍射和多晶电子衍射，并说明多晶电子衍射谱中环形花样的形成原因。

3.3 透射电子显微镜的衬度分析以及显微分析

3.3.1 显微成像

透射电子显微镜放大成像主要有以下三种方式（如图 3.3.1）。

（1）高放大倍数成像

物镜在中间镜之上成像，中间镜在物镜上成像，物镜以中间镜为对象在荧光屏上成像。它的光路如图 3.3.1（a）所示，可以获得数万到数十万倍的放大倍数的电子图像。

（2）中放大倍数成像

适当改变物镜的激磁强度，使物镜在中间镜之下成像，中间镜以物体的镜像为“虚拟物体”，在投影镜的平面上形成缩小的实像。投影镜以中间镜面的影像为对象，在荧光屏上成像，可放大近万倍。

（3）低放大倍数成像

低倍成像最简便的方法是减少透镜的数量或者放大倍数。例如，物镜关闭，中间镜的激磁强度减弱，使中间镜起到长焦距物镜的作用，使第一级实像在投影镜上成像。投影镜以中间镜像为对象，印在荧光屏上，得到放大数百倍的图像。一般来说，低放大倍数和大图像视图可以为选择和确定高功率观测区域提供方便。

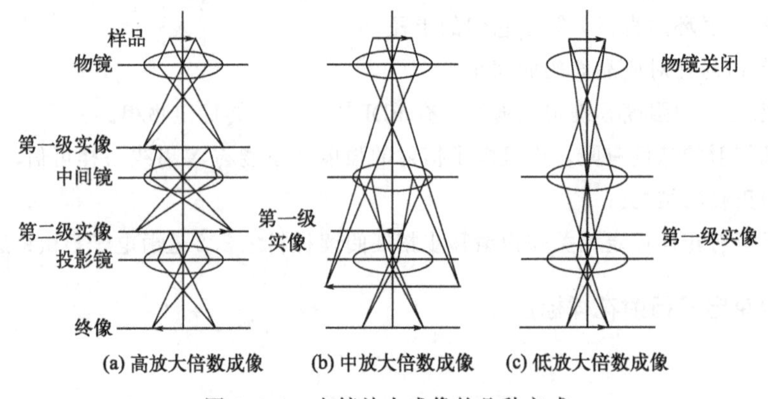

图 3.3.1 电镜放大成像的几种方式

3.3.2 显微图像分析

金相显微镜和扫描电子显微镜只能观察材料表面的微观形貌，而不能获得材料内部的信息。在透射电子显微镜下，透射后的入射电子会与样品内部的原子发生相互作用，从而改变其能量和运动方向。显然，不同的结构有不同的相互作用。这样，从透射电子图像中获得的信息就可以用来了解样品的内部结构。由于样品结构和相互作用的复杂性，得到的图像也非常复杂，它不像表面形貌那样直观和容易理解。因此，如何对电子图像所获得的信息做出正确的解释和判断，不仅是非常重要的，也是非常困难的。

要正确地解释透射电子像，必须建立一套相应的理论。如上所述，通过样品透射电子束的强度和方向已经改变，因为样本的每个部分组织结构是不同的，因此传输到屏幕上每个点的强度不均匀。强度不均匀分布的现象称为衬度，所获得的电子像称为透射电子衬度像。

衬度指的是图像上不同区域间存在的明暗程度的差异，也正是因为衬度，我们才能看到各种具体的图像。衬度反映了形貌或构造，取决于不同区域的电子强度，而显微图像分析具体地说就是分析像的衬度。其形成机制主要分为相位衬度和振幅衬度来考虑。

相位衬度是指如果除透射束外还同时让一束或多束衍射束参加成像，就会由于各束的相位相干作用而得到晶格（条纹）像和晶体结构（原子）像，前者是晶体中原子面的投影，而后者是晶体中原子或原子基团电势场的二维投影。用来成像的衍射束越多，得到的晶体结构细节越丰富。衍射衬度像的分辨率不低于 1.5nm（弱束暗场像的极限分辨率），而相位衬度像能提供小于 1.5nm 的细节。因此，这种图像称为高分辨像。用相位衬度方法成像，不仅能提供样品研究对象的形态，更重要的是提供了晶体结构信息。

振幅衬度是由于入射电子通过试样时，与试样内原子发生相互作用而发生振幅的变化，引起反差。

振幅衬度主要有质厚衬度和衍射衬度两种，下面详细介绍。

3.3.2.1　质厚衬度

质厚衬度是由于样品中不同区域的质量或厚度存在差异而引起的。各部分与入射电子发生相互作用，产生的吸收与散射程度不同，而使得透射电子束的强度分布不同，形成反差，主要反映了样品的形貌特征。参考图 3.3.2，其中 a，b 为入射光束，a′、b′分别为 a、b 对应的透射光束。

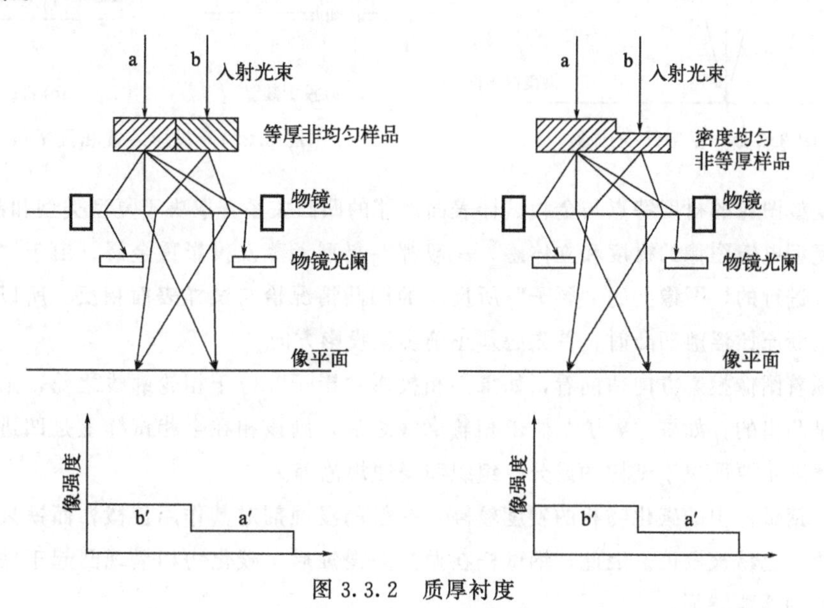

图 3.3.2　质厚衬度

质厚衬度来源于入射电子与试样物质发生相互作用而引起的吸收与散射。由于试样很薄，吸收很少。衬度主要取决于散射电子，当散射角大于物镜的孔径角 α 时，它不能参与成像而相应地变暗。这种电子越多，其像越暗。散射本领大、透射电子少的部分所形成的像要暗些，反之则亮些。

显微镜成像操作时，入射电子束穿过试样的时候可能被散射。当电子的散射角大于某个临界角 2θ 时，该电子便不能通过物镜光阑，只有散射角小于 2θ 的电子透过物镜光阑参与成像。由于透过试样不同区域的电子束强度不同，在荧光屏或照相底版上就呈现图像衬度。电子束强度差别越大，图像衬度就越好。

复型试样成像原理如图 3.3.3 所示。这种像称为明场像，只有透射波（以及小角度散射波）参与成像。如果用一个小圆片挡掉透射束，只让散射波通过参与成像，就是暗场像。在透射电镜复型成像中一般不选用暗场成像，因为它无法满足小孔径成像的条件。

复型各部位的质量厚度不同，会形成图像衬度。对于复型像来说质量厚度越大，像的强度越低，复型相邻区域质厚差别越大，图像衬度越好。制作复型时采用重金属投影，相邻区域质量厚度的差别增大，可增加图像衬度。透射显微镜成像，是两次衍射成像。因此，弹性散射是透射电子显微镜成像的基础，而非弹性散射引起的色差将使背景强度增高，图像衬度降低。图 3.3.4 为投影装置示意图。

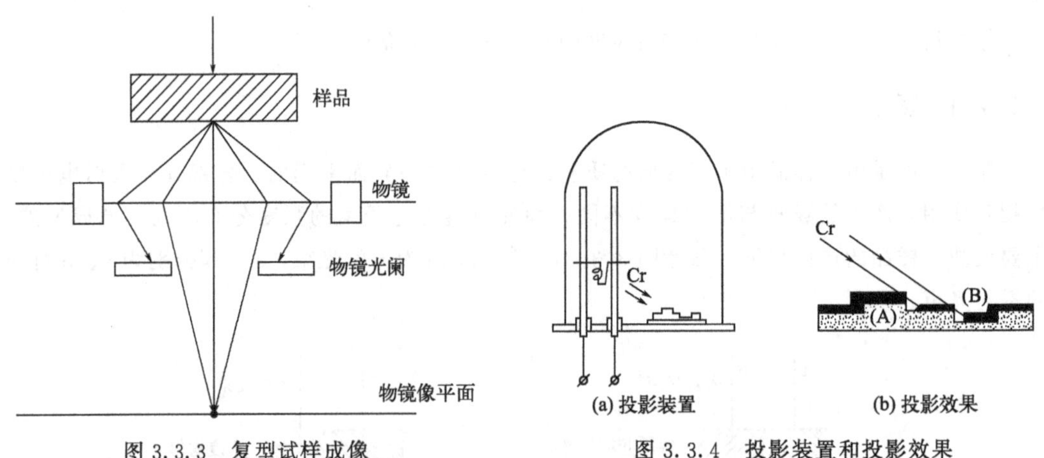

图 3.3.3　复型试样成像

图 3.3.4　投影装置和投影效果

至于复型图像的衬度特点与金相试样表面浮雕的凹凸关系，取决于复型类型和制备方法。为了改善复型电镜图像的衬度和立体感，一般都在复型上蒸发投影重金属。由于“投影”是在负复型上进行的，图像上的“影子”所反映的凹凸情况恰与试样表面相反。所以，在利用复型图像判断原始浮雕凹凸时，首先必须正确辨认投影方向。

一般顺着图像投影方向往前看，如果某相投影“影子”位于相轮廓线之前，则该相在金相试样上是凸出的；如果“影子”位于相轮廓线之后，则该相在金相试样上是凹进的。金相试样表面浮雕主要取决于试样的成分、组织和浸蚀规范等。

例如，钢试样中的碳化物相的硬度较高，一般的浸蚀剂对其作用甚微，而铁素体或奥氏体相则较软，也易被浸蚀。因此，钢试样在抛光并浸蚀后，碳化物相呈现凸起于铁素体或奥氏体相之上的浮雕特征。

马氏体相由于高的过饱和度，对浸蚀剂的反应比较激烈，故其表面往往呈现许多细小的麻点。相界面自由能较高，更容易被浸蚀，常出现过浸蚀凹槽或沟。总之，不同的相组成具有不同的浮雕特征，故可由复型图像来分析相的形貌。如图 3.3.5 所示为马氏体浸蚀过后的图像，表面呈现浮雕状。

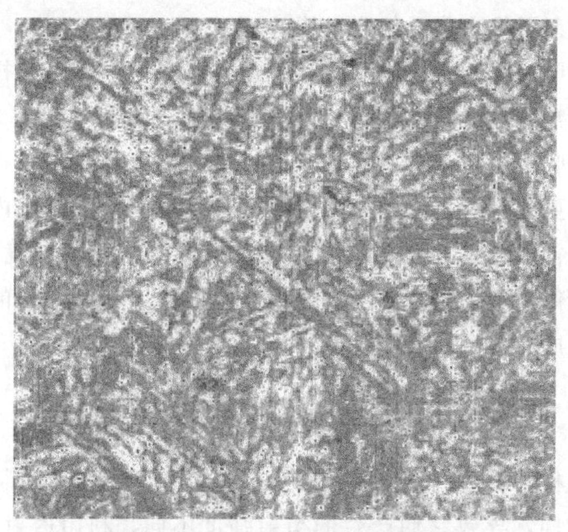

图 3.3.5　马氏体浸蚀后的图像

由以上所述，质厚衬度理论是建立在试样中原子对入射电子的散射和透射电镜小孔径角成像基础上的。

也就是说，可以利用复型膜上的不同区域质量厚度的差别，使得进入物镜光阑、聚焦于像平面的散射电子强度不同，产生图像的反差。由此可解释复型电子显微镜图像的衬度。

为正确识别和分析复型图像，有必要了解金相试样、复型和图像三者之间的对应关系。至于复型图像的衬度特性以及金相样品表面浮雕之间的凹凸关系，则取决于复型类型和制备方法。为了改善复型电子显微镜图像的衬度和立体感，通常将重金属蒸发到复型上。

由于“投影”是在复型上进行的，图像上的“影子”所反映的凹凸情况恰与试样表面相反。所以，在利用复型图像判断原始浮雕凹凸时，首先必须正确辨认投影方向。

如图 3.3.6 所示，一般顺图像投影方向往前看，如果某相投影“影子”位于相轮廓线之前，则该相在金相试样上是凸出的。如果“影子”位于相轮廓线之后，则在金相试样上是凹陷的相。金相试样表面的浮雕主要取决于试样的成分、显微组织和腐蚀规格。

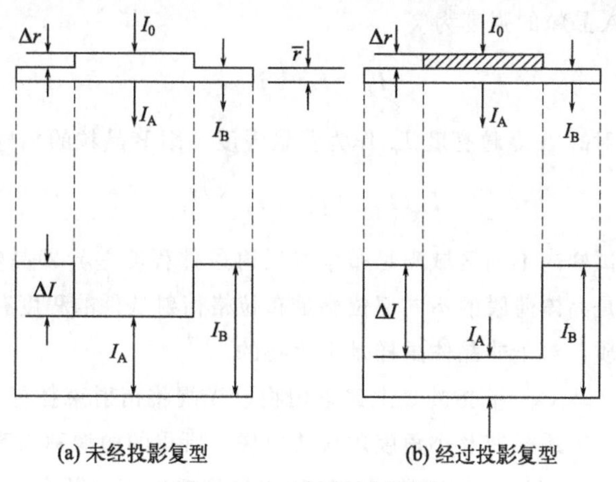

图 3.3.6　质厚衬度原理

如钢样中碳化物相硬度较高，一般刻蚀剂对其影响不大。因此，钢试样在抛光并浸蚀后，碳化物相呈现凸起于铁素体或奥氏体相之上的浮雕特征。总之，由于不同的相组成具有不同的浮雕特征，故可由复型图像来分析相的形貌。

复型试样是依据质厚衬度的原理成像的。可是，由于晶体薄膜试样的厚度在有限的视域范围内大致均匀（除了穿孔边缘等极少情况外），平均原子序数也没有太大差别，薄膜上不同部位对电子的散射或吸收作用将大致相同。所以，这种试样不可能获得满意的质厚衬度。更重要的是，质厚衬度主要反映的是试样的形貌特征，而不能显示试样内与晶体学特性有关的信息。通常这种情况下需要引入衍射衬度成像。晶体薄膜的衍射衬度成像（简称衍衬成像）是透射电镜的另一种图像显示方式。衍衬成像是由于试样上不同部位的结构或位向不同引起的衍射强度的差异而形成的图像。

3.3.2.2 衍射衬度

晶体样品中各部分相对于入射电子的方位不同或它们彼此属于不同结构的晶体，因而满足布拉格条件的程度不同，导致它们产生的衍射强度不同，利用透射束或某一衍射束成像，由此产生的衬度称为衍射衬度。

现以厚度均匀的单相多晶金属薄膜样品为例来具体说明衍射衬度的来源。如图 3.3.7，设想薄膜内有两颗晶粒 A 和 B，它们没有厚度差，同时又足够薄以致可不考虑吸收效应，两者的平均原子序数相同，唯一差别在于它们的晶体位向不同。在强度为 I 的入射电子束照射下，假设 B 晶粒中仅有一个（hkl）晶面组精确满足衍射条件，即 B 晶粒处于“双光束条件”，故得到一个强度为 I_{hkl} 的衍射斑点和一个强度为 I_0-I_{hkl} 的透射斑点。同时，假设在晶粒中任何晶面均不满足衍射条件，因此 A 晶粒只有一束透射束，其强度等于入射束强度 I_0。

如图 3.3.7 所示，由于在透射电子显微镜中，第一幅电子衍射花样出现在物镜的背焦面处，若在这个平面上插入一个尺寸足够小的物镜光阑，把 B 晶粒的 hkl 衍射束挡掉，只让透射束通过光阑孔成像，在物镜的像平面上获得样品形貌的第一幅放大像。此时，两颗晶粒的像亮度不同，因为 $I_A \approx I_0$，$I_B \approx I_0 - I_{hkl}$，这就产生衬度。通过中间镜、投影镜进一步放大的最终像，其相对强度分布依然不变。因此，我们在荧光屏上将会看到，B 晶粒较暗而 A 晶粒较亮，这种只让透射束通过物镜光阑成像的方式称为明场像。设入射电子强度为 I_0，（hkl）衍射强度为 I_{hkl}，则 A 晶粒的强度为

$$I_A = I_0 - I_{hkl} \tag{3.3.1}$$

如果以未发生衍射的 A 晶粒亮度 I_A 作为背景强度，则 B 晶粒的相衬度为

$$I_A / I_B = (I_0 - I_{hkl}) / I_0 \tag{3.3.2}$$

衍射衬度是晶体试样内不同区域满足布拉格反射条件程度差异即晶体学特征存在差异而引起的。也可以认为是晶体薄膜的不同部位满足布拉格衍射条件的程度有差异而引起的衬度。它仅属于晶体结构物质，对于非晶体试样是不存在的。

明场成像［图 3.3.7（a）］指的是上述采用物镜光阑将衍射束挡掉，只让透射束通过而得到图像衬度的方法，以透射波及小角度散射波成像，所得的图像称为明场像。

暗场成像［图 3.3.7（b）］指的是用物镜光阑挡住透射束及其余衍射束，而只让一束强

衍射束通过光阑参与成像的方法，所得图像为暗场像。暗场像有两种：偏心暗场像与中心暗场像。

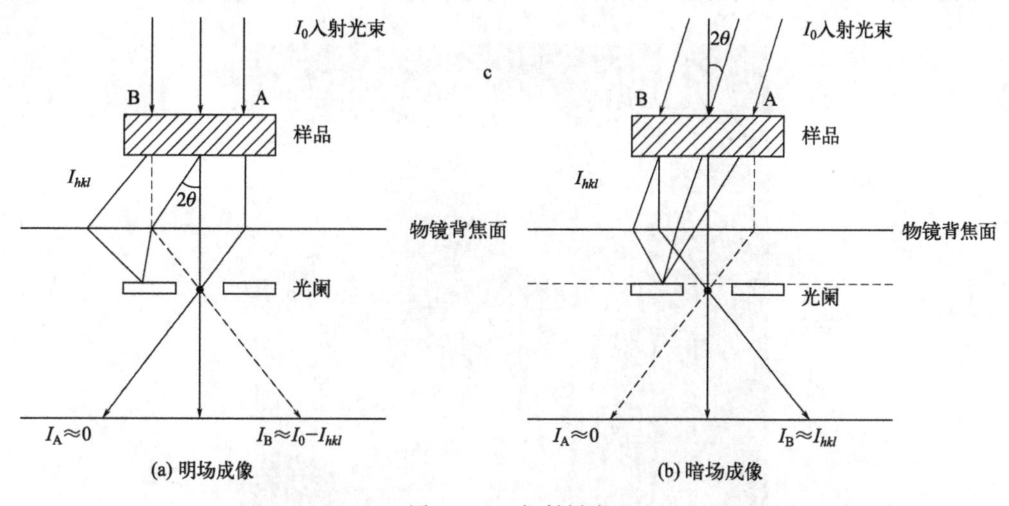

图 3.3.7　衍射衬度

必须指出的是，只有晶体样品形成的衍衬像才存在明场像与暗场像之分。如图 3.3.8 为奥氏体明场像和暗场像，其亮度是明暗反转的，即在明场下是亮线，在暗场下则为暗线。此暗线不是表面形貌的直观反映，而是入射电子束与晶体试样之间相互作用后的反映。为了使衍衬像与晶体内部结构关系有机地联系起来，从而能够根据衍衬像来分析晶体内部的结构，探测晶体内部的缺陷，必须建立一套理论，这就是衍衬运动学理论和动力学理论。

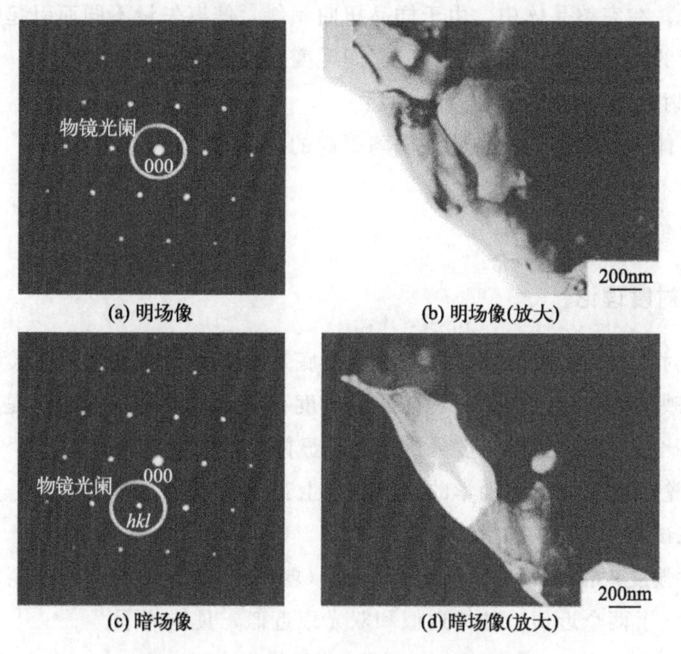

图 3.3.8　奥氏体明场像与奥氏体暗场像

如图 3.3.9 所示是金属薄膜试样的显微图像。试样中晶粒之间的唯一差别在于它们的晶体学位向不同。在入射电子束照射下，某些晶粒中有一个或若干个晶面可以产生衍射波，而另一些晶粒中没有晶面能够产生衍射波。如果使用物镜光阑把所有的衍射束都挡住，只让透射束通过成像，那么，有衍射和无衍射晶粒的像亮度将有所不同，形成衍射衬度。

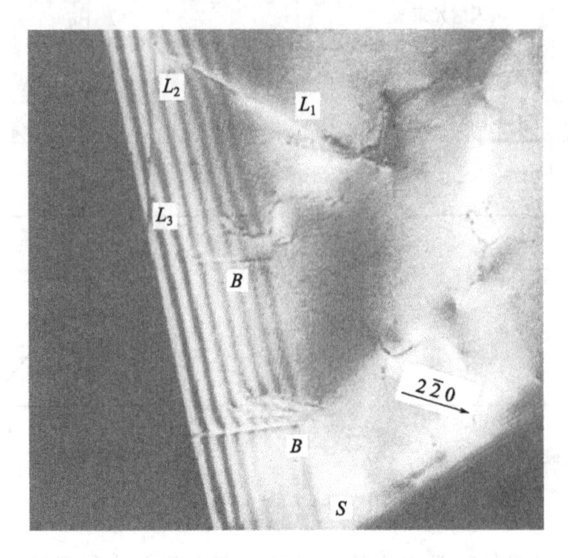

图 3.3.9　不同位向晶粒引起的衍衬效应

衍射图像衬度来源可以是位向、厚度、缺陷、结构或晶体成分。例如：

① 晶粒的取向差异导致的位向不同引起衍射衬度效应；

② 等厚条纹，完整晶体中随厚度的变化而显示出来的衬度；

③ 等倾条纹，在完整晶体中，由于样品扭曲倾斜，偏离矢量不同而引起的衬度；

④ 微区元素的富集或第二相粒子，晶面间距变化形成的衬度。

晶体样品衍射衬度成像特点有以下几点：

① 反映了晶体内部的结构，特别是缺陷引起的衬度；

② 对晶体的不完整性敏感；

③ 对取向敏感。

3.3.2.3　衍射衬度理论

电镜图像的衬度取决于投射到荧光屏或照相底片上不同区域的电子强度差别。显微图像是依靠衬度来反映物的形貌或构造的。有像的衬度存在，说明物在微观上是不均匀的。造成像的衬度的原因比较复杂，像的衬度分析是电子显微分析的主要内容。

衍射衬度理论建立在两个运动学的基本假设上：

① 入射波在试样中只受一次散射；

② I_g（衍射强度）相对于入射强度 I_0 很小（弱束衍射）。

该理论还建立了两个近似：柱体近似和双光束近似，具体如下。

(1) 柱体近似

用网格划分薄膜试样，则像平面上出现对应的放大的网格像。于是，试样看成是由许多柱体排列形成的，如图 3.3.10 所示。一个柱体为一个物点，每个物点在像平面上产生对应的像点（严格地说是像斑）。来自一个柱体的透射波或散射波，在像平面上复合而构成像点的亮度。柱体近似是一种很实用的计算有关像点强度的方法。

应该想到入射束和试样平面不一定垂直，故近似认为柱体的长轴平行于入射方向。此外，网格的划分应与显微镜的分辨率相当，网格的划分太粗，像点强度计算的分辨率会太差；划分太细，像点不可能有足够的分辨率。典型的正方网格边长 δ 为几个纳米。

使用柱体近似的前提是各个柱体的弹性散射波最终会聚到各自相应的像点，互相不会干扰。电子显微镜只允许小孔径成像，并且要求薄试样，所以提供了实现柱体近似的可能。对位于试样前方的观察者而言，来自一个柱体的散射波等于该柱体所有散射单元的散射波（强度或振幅）之和，并不受其他柱体的散射波的影响。例如，对厚度 $t=100$nm 的薄膜，入射电子在试样的上表面产生 $2\theta=10^{-2}$ rad（弧度）的散射电子，到达底表面时只与透射束相距 1nm 左右，说明大部分散射电子始终在柱体中传播，没有离开柱体。

由于原子是不规则排列的，而晶体试样中原子是规则排列的，所以在非晶体试样中，在两种试样情形之下，每个柱体激发的散射波的电子强度是不一样的。一般来说，电子波透过晶体试样后是透射束以及一些分立的衍射束，透过非晶体试样后出来的则是透射束以及在空间方向上连续分布的散射波。

(2) 双光束近似

透射电镜显微成像除了透射束外，还有若干衍射束。如图 3.3.11 所示，使用小孔径的物镜光阑，可以允许透射束通过得到明场像，也可以允许某条衍射束通过而得到暗场像。对一个柱体而言，在双光束条件下，可以近似地认为，电子束入射一个柱体的顶部，该柱体底部射出的是一条透射束和一条衍射束。因为只有双光束，而又不考虑其他强度衰减，故衍射束强度和透射束强度是互补的，就是说，设入射电子波强度为 I_0，衍射束的强度 I_d，则透射束强度为 $I_T=I_0-I_d$。

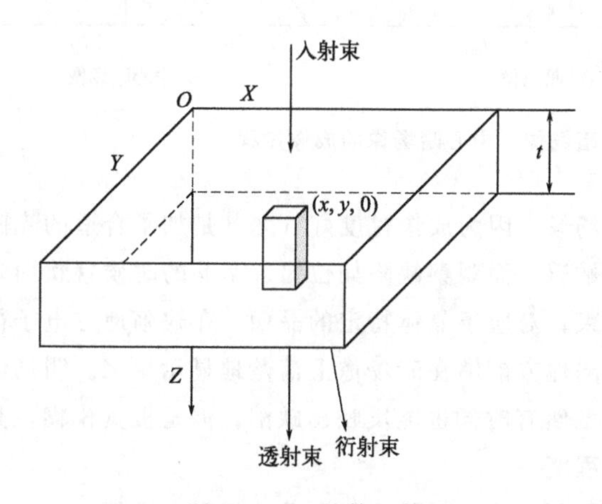

图 3.3.10 柱体近似

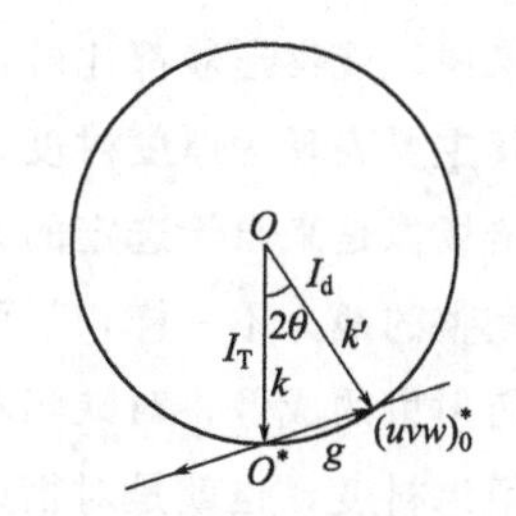

图 3.3.11 双光束近似

设想薄膜试样内有两个晶粒 A 和 B，使电子波沿试样中 B 晶粒的［uvw］入射，衍射图像将是［uvw］所属晶面反射形成的一些对称的衍射斑点。若稍稍转动试样，可以使其中某一个衍射斑点的强度增大，而其他的衍射斑点都消失。这时可以认为实现了“双光束条件”，因为此时只有一条衍射束和一条透射束。

如果这两条光束都通过透镜参与成像，成像几乎无衬度。如果把衍射束挡住，只让透射束通过，可得到试样的明场像。反之，如果把透射束挡住，只让衍射束通过，即可得到试样的暗场像。

双光束条件下的明场像的衬度、透射束的强度和衍射束的强度的关系为

$$I_d + I_T = I_0 \tag{3.3.3}$$

式中，I_T 和 I_d 分别为透射束的强度和衍射束的强度。在理想的双光束条件下，明暗场强度是互补的。

如图 3.3.12，暗场成像利用的是离轴光线，所得图像质量不高，有较严重的像差。将入射电子束倾斜 $2\theta_B$，B 晶粒的衍射束正好通过光阑孔，而透射束被挡掉，所成的像为中心暗场像。

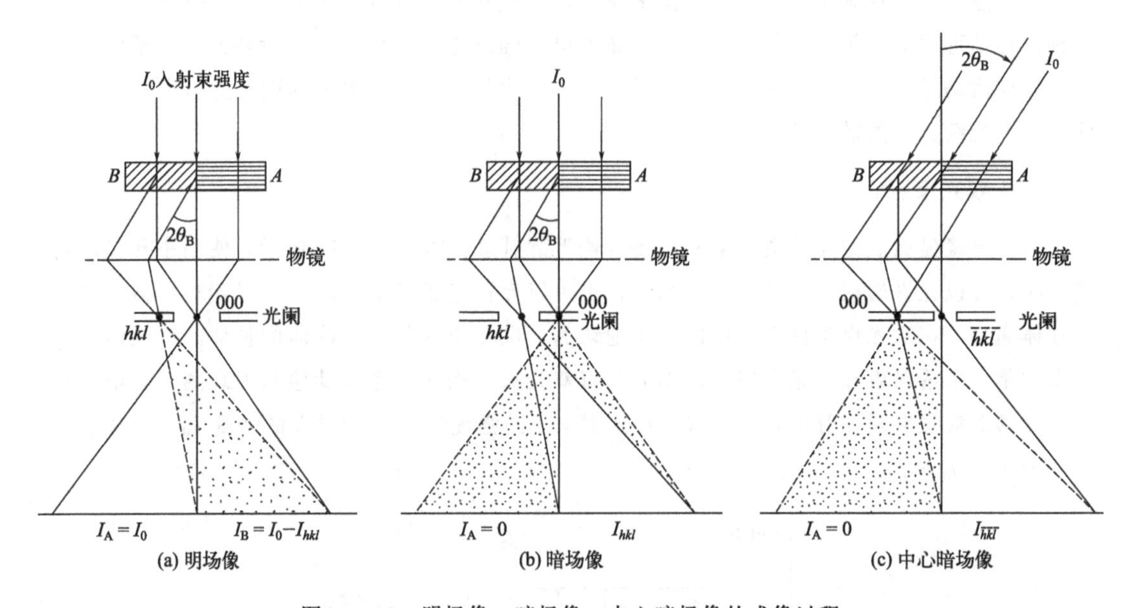

图 3.3.12　明场像、暗场像、中心暗场像的成像过程

一般来说，观察形貌都比较喜欢用明场像，因为成像衬度好（尤其是加了合适的光阑），形变小。其主要表现为厚度衬度，对厚度敏感。而观察缺陷如位错、孪晶的时候喜欢用暗场像，因为暗场像是来自于选定的某个衍射束，对应于晶体特定的晶面。在缺陷地方电子衍射的方向和完整的地方不一样，从而使得缺陷地方能够在暗场像上清楚地显示出来。明场像因为是多个衍射束的成像，对缺陷不敏感，虽然有时候也能反映出缺陷，但是极其模糊，其主要表现为衍射衬度，也就是对衍射面敏感程度。

比如说一个孪晶材料的明场像，孪晶界面很淡，但是选择合适的衍射点进行暗场成像可以很清楚地看见孪晶界面。而且选择其中一个晶体特有的衍射点，做暗场成像可以发现只有这一个晶体出现在图像上，而另外一个晶体看不见。暗场一个重要的用途是观察层错，比如说立方晶系里面的 111 方向的层错用明场像无法看出来，因为有缺陷和无缺陷的地方厚度一样。但是暗场像在特定的方向观察时，可以观察到三角形或者蝴蝶状甚至金字塔状的衬度明

暗条纹。

若希望晶体依据衍射衬度原理成像，电子显微镜必须具备以下条件：

① 孔径足够小的物镜光阑（如直径为 20～30μm）是必须的；

② 为方便利用晶体位向的变化选择适于成像的入射条件，试样台必须在适当的角度范围以内可以任意地倾斜；

③ 电子显微镜应有方便的选区衍射装置，以便随时观察、记录衍射花样和选择用以成像的衍射束。

衍衬理论是电子衍射强度理论在晶体试样电子显微分析中的直接应用。因为衍衬图像（不管是明场还是暗场）的衬度是由试样不同部位衍射束强度的差别所产生的，为了解释图像的衬度特征，需要考虑晶体的成分、厚度、位向、相组成以及缺陷等对衍射强度的影响，这就是衍衬理论的任务。

3.3.2.4 理想晶体的衍射强度

现有厚度为 t 的理想晶体。根据柱体近似，可以分别计算各柱体在衍射方向 s 上的衍射束强度 $I_d(x,y,t)$，从而可得该柱体所产生像点的强度。

柱体为平行六面体，其底面与试样表面平行。入射电子通过该柱体时，其中（hkl）晶面产生反射束。假如（hkl）面处在满足布拉格方程的理想位置，那么所有晶胞在（hkl）反射方向上的衍射波都是同相位的，故衍射斑有最大的强度。假如（hkl）面偏离理想位置 $\delta\varphi$，那么柱体中的所有晶胞产生的散射波到达衍射斑点时的合成振幅将会下降。

如图 3.3.13 所示，设柱体顶部为原点 O，若晶胞层之间的平移矢量用 a'表示，则第 n 层晶胞的位置表示为 na'。设单位长度的柱体有 m 个晶胞，则柱体中每层的晶胞数为 ma'。电子波沿柱体入射，方向用 s_0 表示，则整个柱体 N 层晶胞在衍射方向 s 上的散射波振幅表示为

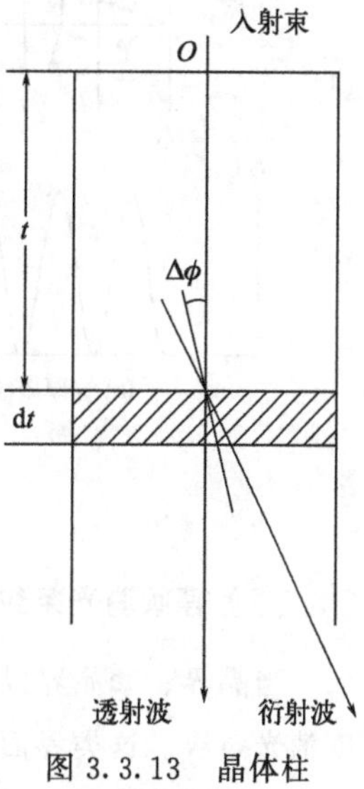

$$\psi_d = \psi_0 ma' \sum_{n=0}^{N-1} e^{\frac{-2\pi i r_n (s-s_0)}{\lambda}} = \psi_0 ma' \sum_{n=0}^{N-1} e^{-2\pi i n\xi} \qquad (3.3.4)$$

式中，ψ_0 为入射波振幅；λ 为波长；r_n 为晶体任意一处晶胞位置参量；s_0、s 分别是电子束的入射方向和散射方向单位矢量，$s-s_0$ 代表散射矢量差，其决定了相位差 $n\xi$；ξ 表示纵向上散射波相位差参数，$n\xi = r_n(s-s_0)/\lambda$ 。

入射束

O

t

Δφ

dt

透射波　衍射波

图 3.3.13　晶体柱的衍射强度

又由第 2 章的布拉格方程在理想衍射方向附近的公式：

$$\xi = \frac{2a'\sin\theta_B}{\lambda}\Delta\phi \approx \frac{a'}{d}\Delta\phi \qquad (3.3.5)$$

因为 $t=Na'$，并考虑到 $\Delta\phi$ 很小，于是

$$|\psi_d| = \left|\psi_0 ma' \frac{\sin\pi N\xi}{\sin\pi\xi}\right| = \left|\psi_0 \frac{m_d}{\pi\Delta\phi}\sin\left(\frac{\pi t\Delta\phi}{d}\right)\right| \qquad (3.3.6)$$

又由于衍射强度和衍射振幅的关系：

$$I=\psi^2（电子束的强度等于其矢量振幅的平方）$$

$$I=\psi\psi^*=I_0\left(\frac{\sin\pi N\xi}{\sin\pi\xi}\right)^2 \tag{3.3.7}$$

一个柱体在衍射方向上的强度为

$$I_d=I_0(md/\pi\,\Delta\phi)^2\sin^2(\pi t\,\Delta\phi/d) \tag{3.3.8}$$

式中，$\Delta\phi$ 为（hkl）晶面相对于理想位置的偏离；t 为理想晶体的厚度。

这个结果表明，理想晶体的衍射强度 I_d 随试样的厚度 t 变化，并与反射面偏离理想位置的程度 $\Delta\phi$ 有关。

现在，列举出几个理想晶体的例子来具体分析衍射强度。

（1）楔形边缘的等厚消光条纹

在 t 等于 $d/\delta\varphi$ 整数倍的情况下，强度 I 等于零，即出现消光现象。楔形边缘（如薄膜穿孔处附近）厚度是连续变化的，因而其图像中出现大体上平行于薄膜边缘的亮暗条纹。同一亮线或暗线所对应的试样位置具有相同的厚度，所以这种衬度特征也称为等厚条纹，如图 3.3.14 所示是铝薄膜的楔形边缘所产生的厚度消光条纹，根据穿孔部分为亮区这一特点不难推断，这是一幅明场像。

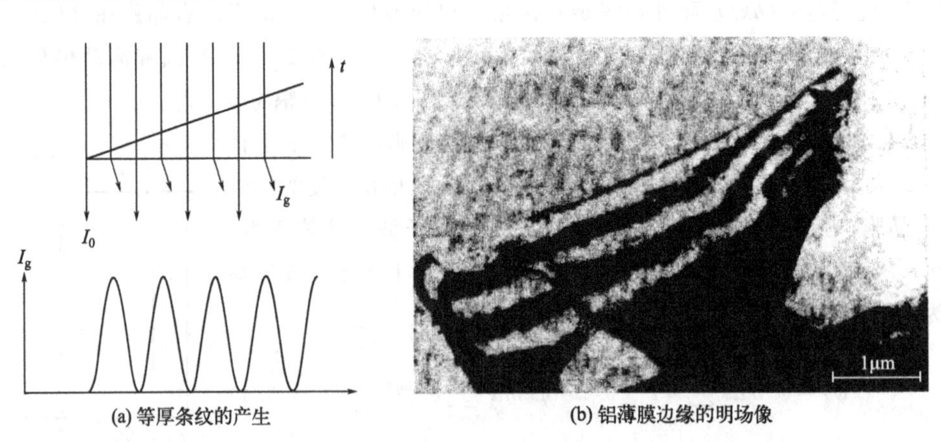

(a) 等厚条纹的产生　　(b) 铝薄膜边缘的明场像

图 3.3.14　弯曲消光条纹的运动学解释和实例

（2）等倾消光条纹

当晶界、孪晶界以及相界面倾斜于薄膜表面时，衍衬像中常出现类似楔形晶体边缘的厚度消光条纹。这类界面两边的晶体位向不同，当一边的晶体发生强烈衍射时，另一边的晶体不大可能同样满足衍射条件，它们衍射强度可视为零。这样，如果不考虑吸收衰减，不发生强烈衍射的那一部分晶体就好比是一个空洞，而发生衍射的晶体在界面处似乎成了一个楔形的边缘。

如图 3.3.15 为等倾条纹形成原理示意图，当试样厚度保持恒定，如果把没有缺陷的薄晶体稍加弯曲，则在衍衬图像上可出现等倾条纹，发生衍射条件的变化。对于等倾条纹，满足 Bragg 角的柱体产生较强的衍射线，通过这些柱体透射束的强度将明显减弱。消光条纹呈明显的对称分布，这是因为，同一晶带中有许多晶面发生较强的衍射。如图 3.3.16 所示的衍射衬度图像中，铝薄膜晶体呈蝶形弹性形变。

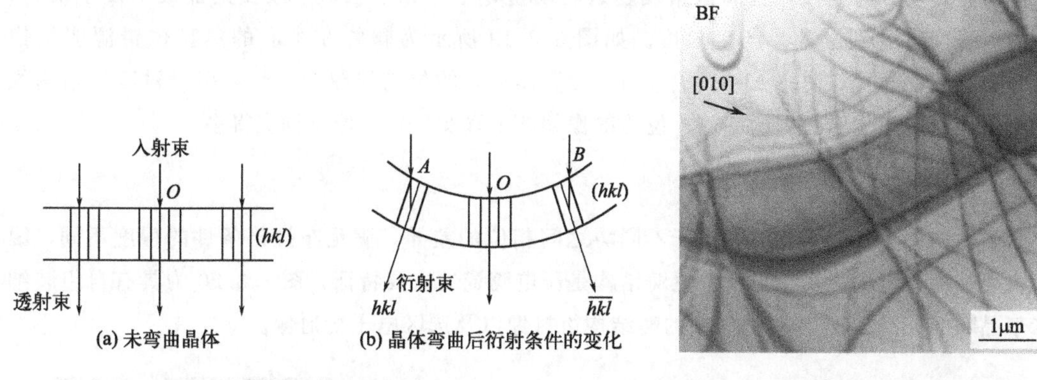

图 3.3.15　等倾条纹形成原理

图 3.3.16　倾斜晶界的厚度消光条纹

3.3.2.5　缺陷晶体的衍射强度

对于缺陷晶体，缺陷附近区域内，点阵发生畸变。畸变区域内的衍射强度有别于无缺陷的区域，从而在衍射图像上获得相应的衬度。

（1）层错

如图 3.3.17 所示，晶体中原子面的正常堆垛次序被破坏，层错发生在确定的晶面上，层错面下方晶体相对于上方晶体存在一个恒定的位移。层错分为平行于薄膜表面的层错和倾斜于薄膜表面的层错。如图 3.3.18 所示不锈钢中堆积层错的衍衬图像。由于层错面是严格的晶面，所以条纹十分规则、平行。如果有系统的倾斜试样台，选用特定的衍射晶面成像，可以测定层错面的晶面指数及其位移矢量 $\boldsymbol{g}$，从而确定层错缺陷的晶体学特性。

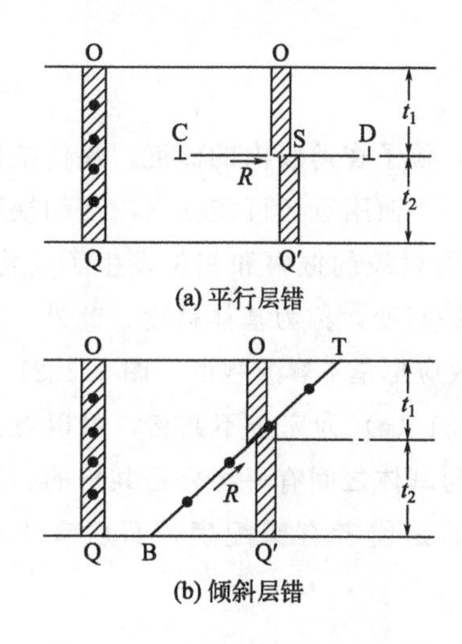

图 3.3.17　堆垛层错衬度来源

图 3.3.18　堆垛层错和亚台阶

(2) 位错

位错线附近的点阵发生畸变，引起附近的某些晶面发生一定程度的局部转动，位错线两边晶面的转动方向相反，且离位错线越远转动量越小。如果在这些畸变的晶面上发生反射，则衍射强度将受到影响，产生衬度。如图 3.3.19 所示为颗粒在中心的典型位错源明场像（Mg 的质量分数为 7%的 Al-Mg 合金在 500℃淬火）的位错线图像。产生衍射衬度位错图像总是出现在真正位错位置的一侧。位错的像偏离了真实位置，像比物宽得多。

(3) 畴结构

当材料中存在畴结构时，由于不同畴之间相位的差异，满足布拉格条件的程度不同，因而衍射强度也不同，产生衬度。电畴结构是压电陶瓷的重要特征，图 3.3.20 为具有自组装纳米孪晶畴的 $GdMnO_3$ 薄膜材料中的畴结构衍衬像以及选区电子衍射像。

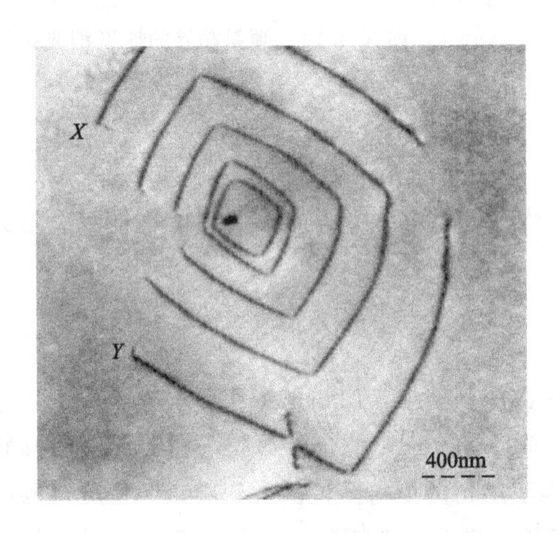

图 3.3.19 位错

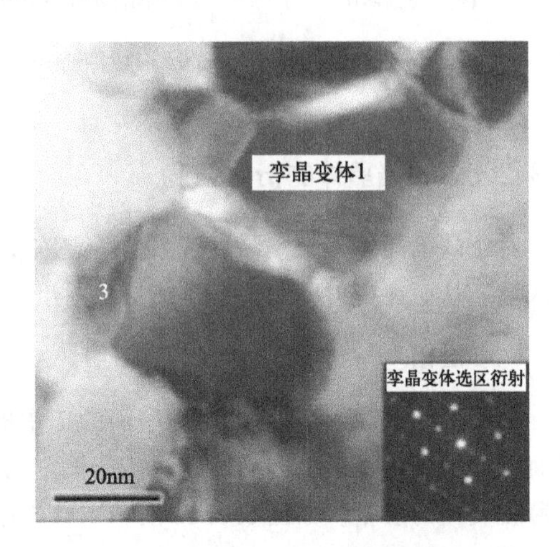

图 3.3.20 $GdMnO_3$ 薄膜材料中畴结构衍射像和选区电子衍射像

(4) 第二相粒子

第二相粒子图像衬度的影响因素很多，有粒子的形状，粒子在薄膜内的深度，晶体结构位向、化学成分以及粒子与基体点阵之间的关系等。此外，界面附近还可能存在浓度和缺陷的梯度。第二相粒子造成衬度的方式为穿过粒子的柱体内衍射波的振幅和相位发生了变化，称为沉淀物衬度。粒子的存在引起周围基本点阵发生局部的畸变，称为基体衬度。此外，如果粒子的化学成分有较大变化，由此产生的质量厚度衬度效应也是不容忽视的。图 3.3.21 为有错配度的共格粒子引起的基体点阵畸变示意图。图 3.3.21 (a) 为完全不共格，可以看出晶体之间完全错配。图 3.3.21 (b) 为部分共格，第二相与基体之间有一部分是共格的。图 3.3.21 (c)、图 3.3.21 (d) 均为完全共格，但是不同的是前者有错配度，而后者无错配度。

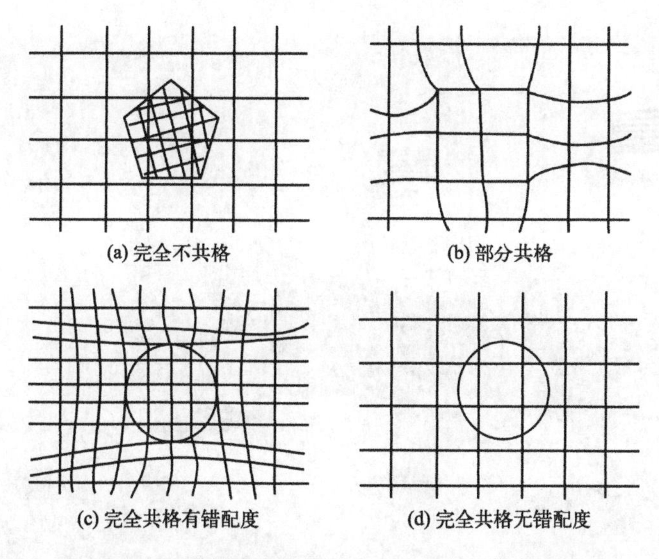

图 3.3.21　有错配度的共格粒子引起的基体点阵畸变

思考题

1. 说明电子显微镜的成像理论有哪几种，各适用于什么材料。
2. 简述电子衍射的特点。
3. 透射电镜分析有哪些应用？
4. 说明透射电子显微镜由哪几大系统构成，并指出物镜光阑的位置。

3.4　扫描电子显微分析

扫描电子显微镜简称为 SEM，是近几十年发展起来的一种电子光学仪器。由于电子束与样品的相互作用产生某种信息（背散射电子、二次电子等），这些信息经过处理后显示出样品的各种特征。通过表面逐点逐行扫描，顺序激发，产生各种物理信号。检测其中特定物理信号，逐点逐行地转化、放大和处理，得到相应的图像。近年来，扫描电镜又综合了光学显微镜、X 射线分光光谱仪、电子探针以及其他许多技术而发展成为分析型的扫描电镜。

扫描电镜作为精密研究测试手段，较一般的分析仪器测试更为复杂，所涉及的范围极为广泛、研究材料种类繁多、测试方法差异较大。要获得满意的观察结果，拍出一张优质的扫描电子像，除了仪器要有高的分辨率以及良好的性能、使用者要熟练掌握仪器操作技术外，更重要的是必须根据样品的性质和特点，科学地选择样品的制备技术。如图 3.4.1 中的场发射扫描电镜，为目前主要使用的扫描电镜。

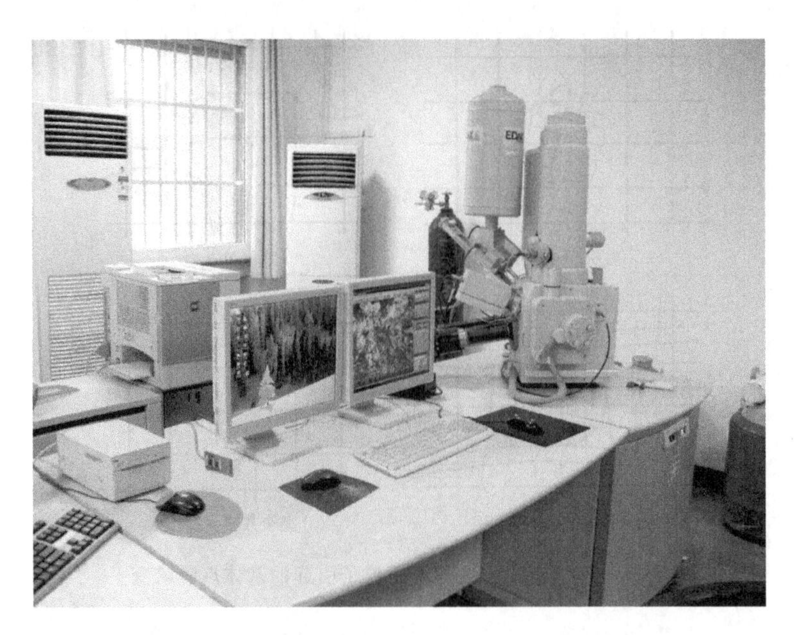

图 3.4.1　场发射扫描电镜（配能谱及电子背散射衍射系统）

3.4.1　扫描电镜的基本结构

如图 3.4.2 所示，扫描电镜主要是由三大系统组成：电子光学系统、信息接收显示系统和真空系统。下面就一些主要部件做简单介绍。

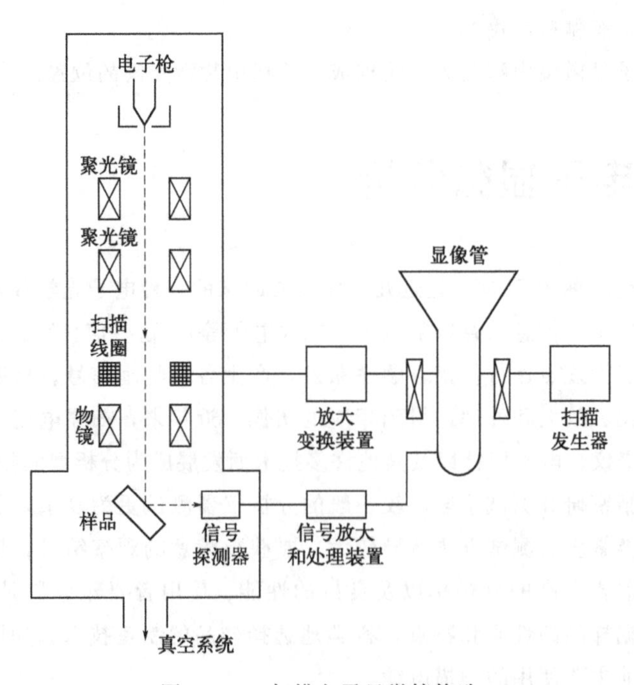

图 3.4.2　扫描电子显微镜构造

3.4.1.1 电子光学系统

电子光学系统包括电子枪、电磁聚光镜、试样室以及扫描系统等部件。从原理上讲，扫描电子显微与闭环电视系统有着异曲同工之妙。由电子枪发射并经过聚焦的电子束在试样表面上逐点逐行扫描，使试样表面各点顺序激发，产生各种物理信号。如表面形貌、成分和晶体取向特征强度等，会随试样表面特征而变。通过检测其中一种物理信号，然后将它转换为电信号。于是，试样表面不同的特征就逐点逐行地转换为电信号（视频信号），经过视频放大和信号处理同步调节显示屏上相应位置的光点亮度，最终得到像。

（1）电子枪

电子枪的作用就是产生连续不断的稳定电子流。电子枪由阴极（灯丝）、栅极和阳极组成。阴极是用直径为0.12mm的钨丝制成的，大多数做成V形。栅极在阴极周围，钨丝加热释放出电子，在阳极和阴极之间施加高电压，产生加速电场，使电子得到能量。

由灯丝发射出的电子束，经栅极的负电位调整，控制其发散，形成稳定的束流，然后再向阳极发散开去。为提高灯丝的寿命和发射的稳定度，要求真空度比较高且稳定，灯丝电源也应很稳定。

为了进一步提高电子枪的亮度，需要对电子枪进行改进，六硼化镧灯丝（如图3.4.3）的出现，使电子束密度提高，直径更细，分辨率提高。入射电子束斑大小决定了分辨率，入射电子束的亮度决定了信噪比，入射电子束的能量、加速电压决定了电子束的影响区域。表3.4.1列出了各种电子枪灯丝材料及基本特性，不同的材料应用场景不同，应当选择合适的材料作为电子枪的灯丝。

图3.4.3　LaB_6 灯丝

表3.4.1　电子枪特性比较

项目	钨丝	LaB_6 晶体	钨（111）或（310）	钨丝表面镀 ZrO_2（111）
工作温度	2700K	2000K	300K	1800K
尖端半径	约100μm	约10μm	<0.1μm	约0.5μm
（虚拟）发射源直径	约10^4nm	约10^4nm	约3nm	约20nm
阳极电场	很小	<10^4V/cm	10^7～10^8V/cm	10^6～10^7V/cm
亮度	<10^5	<10^6	10^7～10^9	5×10^8
1nm束斑电流	0.1pA	1pA	100～1000pA	500pA
最大束流	1000nA	1000nA	3nA	300nA
能量分辨率（最小）	1.5eV	0.8eV	0.26eV	0.30eV
能量分辨率（3nA束流）	2.0eV	1.0eV	0.7eV	0.5eV
灯丝温度	2700K	2000K	300K	1800K

（2）电磁聚光镜

当由一点发散的带电粒子通过轴对称的电场或磁场时，它们又可以会聚到一点，这表明轴对称的电场或磁场对带电粒子具有透镜作用。对于电子来说，特定形状的电场或磁场具有玻璃透镜对光一样的作用。

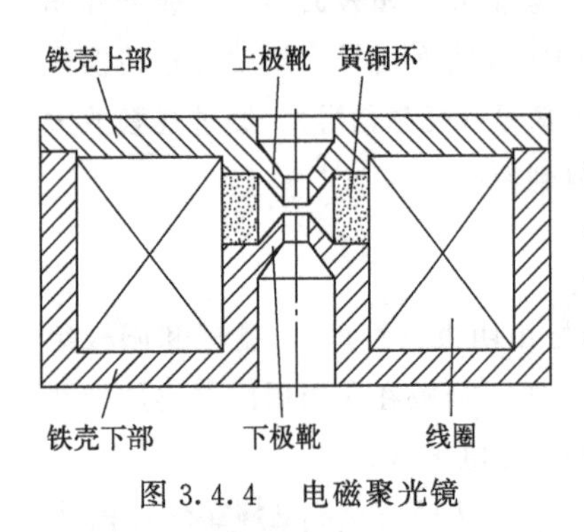

图 3.4.4　电磁聚光镜

磁透镜由励磁线圈和包着它的框架以及极靴所构成（如图 3.4.4）。当线圈上有电流通过时，在其周围便会产生磁力线，采用框架和极靴是为了使磁力线不致在线圈面上四处扩散而集中到一个狭小区域内，然后在该处形成透镜作用。框架和极靴都是由磁性材料制成的，能够很好地传导磁力线。

极靴和框架都做成轴对称，而且在轴向有间隙，磁力线就通过这一间隙向中心部分漏去。这种磁力线所形成的磁场对于沿中心轴入射的电子具有透镜的作用。这种透镜性质是由极靴孔径的大小、轴向间隙的大小以及励磁强度来决定的。

（3）试样室

试样室（图 3.4.5）主要用于放置样品和安置信号探测器。样品可在三维空间移动、倾斜和转动，在特定位置分析。其配有附件，可使样品加热、冷却并进行机械性能试验（拉伸、疲劳）。

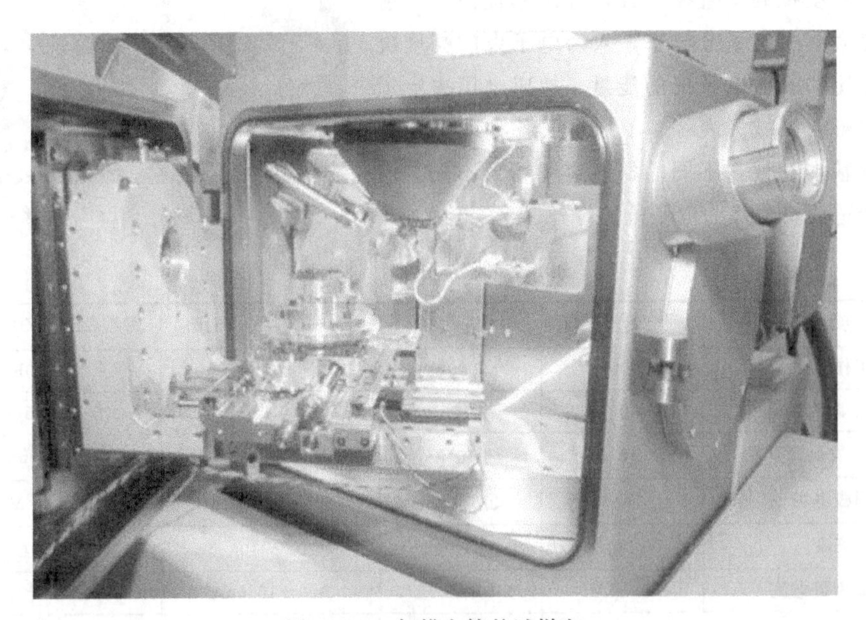
图 3.4.5　扫描电镜的试样室

（4）扫描系统

扫描电镜的扫描系统可以使电子束做光栅扫描运动。扫描系统由扫描发生器和扫描线圈组成。入射电子束表面扫描，显像管电子束同步扫描，其结构是两组小的电磁线圈。但这两组线圈不像一般透镜那样通以稳定的电流，而是通以随时间而线性地改变强度的锯齿波电流，使得电子束由点到线、由线到面地逐次扫射样品。通常把这两组线圈都装在物镜的间隙内，以让电子束在进入物镜的强场区以前就发生偏转。改变入射束扫描幅度，从而改变放大倍数。荧光屏的尺寸是固定的，因此加到显像管上的偏转信号强度不变。而加到扫描线圈上的信号强度通过一个衰减网络而改变，使其对电子束的偏转幅度产生变化，因而也就使总的放大倍率发生改变，这样可以很方便地连续放大或缩小。

3.4.1.2 信号收集显示系统

信号检测系统的作用是把来自试样的各种物理信号有选择地收集、处理、分析并显示出来，集成在该部分内部的为信号收集显示系统。电子与固体试样相互作用产生的各种物理信号，经检测放大后可作为调制信号，在显示屏上获得相应的反映试样表面某种特征的扫描图像。扫描电镜常用的检测系统主要是电子检测器和X射线检测器。扫描电镜通常采用电子闪烁计数器作为电子检测器，装在试样上侧。电子检测器由闪烁体、光导管和光电倍增器组成。早期的扫描电镜二次电子检测器用的是光电池等元件，灵敏度低。波拉特（Polat）在1945年采用电子倍增管作为低噪声的检测器，并于1952年发展成闪烁体-光导管-光电倍增管系统。这种检测器灵敏度高，信噪比大，信号转换效率高。

位于检测器前端的是加有正电压的金属网收集极，栅网电压可在50～250V调节，以此来控制被收集电子的能量。当栅网加正压时，对低能二次电子起加速作用，使样品上发射的低能二次电子加速沿着弯曲的轨道飞向探头。故可以认为这时所收集的信号是从试样发射出来的二次电子。

探头为添加有荧光粉的塑料，在探头上面蒸镀一层铝膜（0.07μm)，使二次电子加速轰击荧光粉而发光。至此，二次电子信号就转换成了光信号。

之后由光导管传送到位于样品室外的一个光电倍增管，加以放大并再转换成电信号输出，经视频放大器放大后，在荧光屏上显示出亮度的变化，从而形成图像的衬度。当栅网加负压时，低能电子被抑制而很少能进入检测器，只有能量较高的背散射电子（＞50eV)，基本不受所加栅极电压的影响，大都能进入平板电子检测器。

扫描电镜二次电子图像质量，主要决定于检测器质量。使用久了，铝层表面会有部分脱落，再加上铝层表面施加正高压，对油蒸气分子及非导电污染物有吸收作用，所以铝层表面易被浸蚀和污染。此时，灵敏度下降，噪声增加，荧光屏幕上闪现雪花状的干扰信号，这种情况下的检测器必须予以更换。

3.4.1.3 真空系统和电源系统

在任何电镜中，都必须尽量避免电子与气体分子的碰撞。电子光学系统在一般情况下要求保持优于10^{-2}Pa的真空度。真空系统的作用是提供高的真空度，一般情况下要求保持10^{-4}～10^{-5}Torr[1]的真空度。在场发射扫描电子显微镜中，电子枪需要优于10^{-6}Pa的真空

[1] $1\text{Torr}=\frac{1}{760}\text{atm}$（准确值）$=133.3224\text{Pa}$。

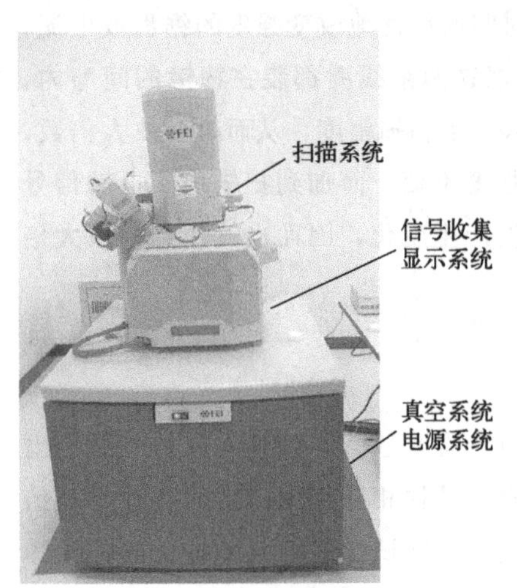

图 3.4.6 扫描电子显微镜

度，因此要加上离子泵。通常在这些限制之间取一个折中方案，使得其既满足真空度的基本要求，又不致使真空系统过于复杂。于是人们通常采用二级串联式真空系统：第一步旋转机械泵预抽压力，第二步借助油扩散泵，将真空进一步提高。但是机械泵或扩散泵的油蒸气到达样品室后易被电子束分解，进而污染镜体。防止油蒸气返至样品室，最好的办法是在机械泵和扩散泵之间加一个吸收阱。

电源系统由稳压、稳流及安全保护电路所组成，提供扫描电镜各部分所需的电源，包括启动的各种电源、检测-放大系统电源、光电倍增管电源、真空系统和成像系统电源等。

扫描电子显微镜实物见图 3.4.6。

3.4.2 扫描电镜的性能指标

（1）放大倍数

在扫描电子显微镜中，电子束在试样表面上扫描与光点在显示屏上扫描保持精确的同步。扫描区域一般都是矩形，由大约 1000 条扫描线组成。放大倍数 M 为

$$M=L/l \tag{3.4.1}$$

式中，l 为入射电子束即试样上的扫描幅度；L 为显像管电子束即荧光屏上的扫描幅度。

屏尺寸是固定的，改变 l 即可改变 M。

如果入射电子束在试样表面上扫描振幅为 A_S，光点在显示屏上扫描振幅为 A_C，那么放大倍数等于 A_C/A_S。电子束在试样表面上的扫描振幅 A_S 可根据需要通过扫描放大控制器来调节，可见改变扫描电子显微镜放大倍数是十分方便的。目前大多数扫描电镜的放大倍数可从 6 倍连续调节到 30 万倍。

（2）分辨率

分辨率是扫描电子显微镜主要性能指标之一，一般认为扫描电镜能分辨试样上两个特征点的最小间距即为分辨率。图像分辨本领表示方法有两种：

① 两相邻亮区中心距离的最小值；

② 暗区宽度的最小值。

通常是在特定的情况下拍摄的图像上测量两亮区之间的暗区间隙宽度，取最小值除以放大倍数，来代表分辨率。分辨率与试样、仪器参数以及使用的物理信号有关。一般认为分辨率不可能小于扫描电子束斑直径。电子束斑直径主要取决于电子光学系统的构造，以及电镜工作参数（电子源的尺寸、加速电压、聚光镜电流、光阑尺寸等）的选择。分辨率与入射电子的束流有关，是由于电子流密集时的空间电荷效应，束流增大势必造成最终束斑尺寸增大。

扫描电镜为提高分辨率要求电子束有尽可能小的束斑，所以不得不选用低的束流。

入射电子束在试样中的扩展范围会影响扫描电镜的分辨率。

对轻元素来说，电子经过多次散射在尚未达到较大散射角之前，即已深入到试样内部一定的深度，然后随着散射次数增多，才达到漫散射的地步，故其散射区域形状如同梨形，如图 3.4.7 所示。

对重元素来说，入射电子在试样表面不远的地方就达到漫散射的程度，故其散射区域形状呈现半球形。所以，试样中所含元素的原子序数越大，分辨率越高。

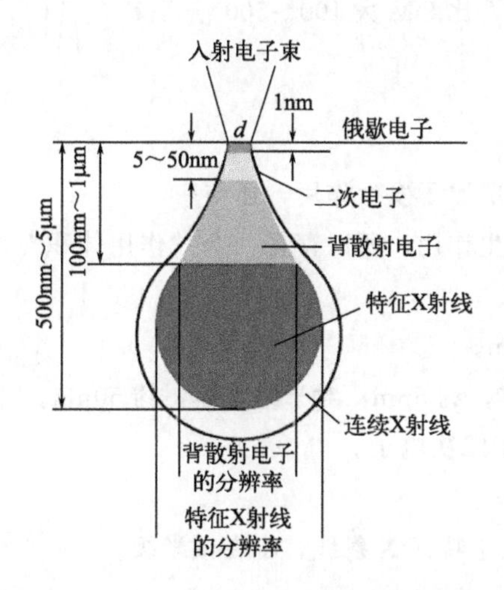

图 3.4.7　电子进入样品作用区域为梨形

二次电子发射出样品表面的概率，随着与表面距离的增加而大幅度减小。作为成像信号峰值的二次电子主要来源于入射电子束和样品表面接触很浅的区域。背散射电子能量高，穿透能力强。背散射电子性质可以反映原子序数，而二次电子像适用于样品粗糙表面的形貌观察。二次电子像的分辨率比背散射电子像的分辨率高。图 3.4.8 为二次电子像（SEI）和背散射电子像（BEI）。

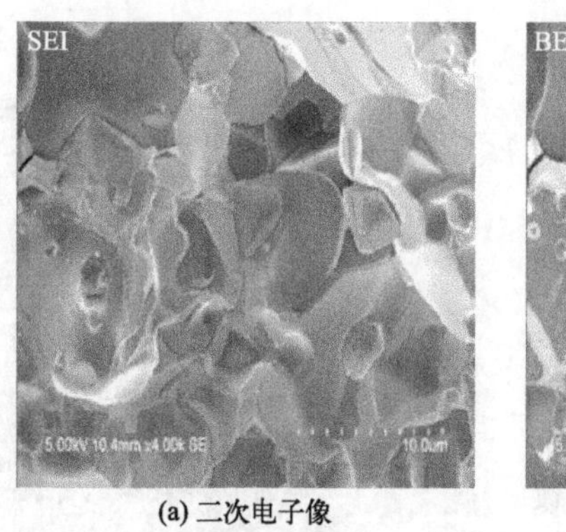

(a) 二次电子像

BEI

(b) 背散射电子像

图 3.4.8　二次电子像和背散射电子像

（3）景深

在 SEM 中，位于焦平面上下的一小层区域可以很好地成像，其通常为几纳米厚，因此 SEM 可以用于纳米级样品的三维成像。扫描电子显微镜的景深（或焦深）比较大，成像富有立体感，如图 3.4.9 所示。这是由于扫描电子束发散度很小，对高低不平的试样各部位能同时聚焦成像，比 OM 大 100～500 倍，比 TEM 大 10 倍。

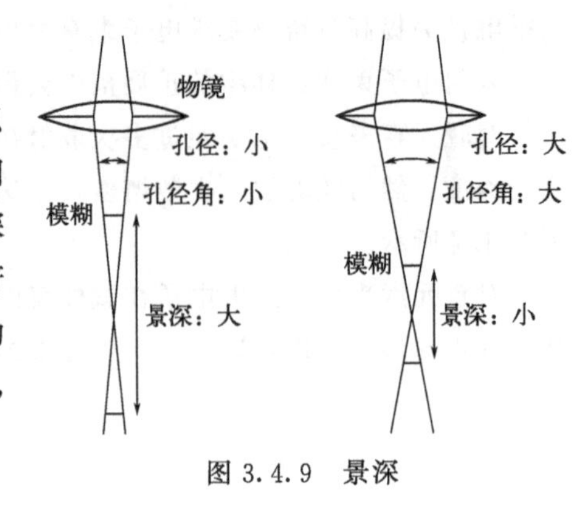

图 3.4.9　景深

（4）作用体积

电子束不仅仅与样品表层原子发生作用，还与一定厚度范围内的样品原子发生作用，所以存在一个“作用体积”的概念，作用体积的厚度因信号的不同而不同。

① 俄歇电子：0.5～2nm。

② 二次电子：对于导体，约 5nm；对于绝缘体，约 50nm。

③ 背散射电子：10 倍于二次电子。

④ 特征 X 射线：微米级。

⑤ X 射线连续谱：略大于特征 X 射线，也在微米级。

3.4.3　扫描电镜样品的要求与制备

3.4.3.1　样品要求

扫描电镜样品试样可以是粉末颗粒或块状，块状样品尺寸根据样品性质和样品室的空间而定。对样品的有以下要求：

① 不会被电子束分解；

② 避免磁性样品；

③ 不含挥发性有机溶剂；

④ 在电子束扫描下热稳定性要好；

⑤ 大小与厚度要适于样品台的安装；

⑥ 观察面应该清洁，无污染物；

⑦ 进行微区成分分析的表面应平整；

⑧ 要求样品具有良好的导电性，绝缘体或导电差的材料，易形成电子堆积，严重影响图像质量，对这类材料应在分析表面上镀导电层（如二次电子发射系数较高的金、银、碳等真空蒸镀层），常用的磁控溅射仪见图 3.4.10。

图 3.4.10　磁控溅射仪

3.4.3.2 样品制备

（1）块样

对于金属、岩矿或无机物，切割成要求的尺寸，粘在样品台上，如图 3.4.11。如果样品数量多，各样品尺寸最好保持一致。微区成分分析样品表面应该平坦或经研磨抛光，可以保证检测时几何条件不变。对于样品的断口面，要选择起伏不大的部位，最好是分析点附近有小的平坦区。样品表面和底面应该平行。

（2）粉样

对于微米级粉料将其均匀散布在样品台的双面胶上，铺平一层，侧置样品台，把多余粉料清除掉。

用纸边轻刮，轻压粉料面，使粉料与胶面贴实。用吸耳球从不同方向吹拂粉料。经此过程，粉料已牢固、均匀地粘在双面胶上。

对于亚微米或纳米粉料进行成分分析时，利用压片机（红外和荧光均使用该设备）压成结实的薄片，把薄片用双面胶粘在样品台上。

（3）清洁

样品表面要清洁、无粉尘。样品表面附着灰尘、硅酸盐和油污，经过线切割的样品，粘有大量污染物，不易直接分析。为防止假象存在，将样品放入酒精或丙酮的容器，超声清洁至少 15min，若溶液仍污浊，还要重复超声。若要分析 C 或 O 等超轻元素，清洁步骤更重要，在上述清洁基础上，再用蒸馏水超声一次。若是铁基材料，应尽快吹干，防止锈蚀。含水或易挥发物的应进行预处理，磁性材料预先去磁。需浸蚀的样品，浸蚀后要清洗、烘干。某些情况可采用复型样品。

图 3.4.11 样品台（黑色为导电碳胶）

（4）安装

导电样品通常使用碳或铜双面胶粘到样品台上，粘接时要确保底面与胶面贴实。安装不导电样品可用普通双面胶，并在表面粘一条胶带与金属样品台连通，以备镀膜时形成导电通路。样品即使导电，也必须与样品台粘牢，若没接触好，会产生样品充电现象，图像不稳定，而且收集能谱也受影响。

样品不导电，在电子束连续扫描下，表面会积累负电荷，使样品表面形成一个较强的负电位，这是充电现象。样品的负电位抵消入射电子部分能量，负电位使二次电子发射和运动不稳定，图像畸变，亮度变化无常。导电样品与样品台粘接不好同样也会发生充电现象。

3.4.4 扫描电镜的操作

（1）电镜启动

首先要接通电源，然后合上循环冷却水机开关和自动调压电源开关。打开显示器开关（接通机械泵、扩散泵电源），开始抽真空。

（2）样品的安装

打开放气阀，把固定在样品台上的样品移到样品座上。即刻关闭样品室，同时按下抽真空阀，待样品室门被吸住再松手。重新抽真空，待显示“READY”，即可加高压和灯丝电流。

（3）观察条件的选择

观察条件包括加速电压、聚光镜电流、工作距离、物镜光阑以及倾斜角度等。

① 加速电压选择　普通扫描电镜加速电压一般为0.5～30kV（通常用10～20kV左右）。应根据样品的性质、图像要求和观察倍率等来选择加速电压。加速电压愈大，电子探针愈容易聚焦得很细，入射电子探针的束流也愈大。二次电子波长短的调整对提高图像的分辨率、信噪比和反差是有利的。在高倍观察时，因扫描区域小，二次电子的总发射量降低，因此采用较高的加速电压可提高二次电子发射率。

但过高的加速电压使电子束对样品的穿透厚度增加，电子散射也相应增强，导致图像模糊、降低分辨率，同时电子损伤相应增加、灯丝寿命缩短。一般来说，金相试样、断口试样、电子通道试样等尽可能用高的加速电压。如果观察的样品是凹凸的表面或深孔，为了减小入射电子探针的贯穿和散射体积，采用较低的加速电压可改善图像的清晰度。对于容易发生充电的非导体试样，也应该采用低的加速电压。

② 聚光镜电流的选择　聚光镜电流大小与电子束的束斑直径、图像亮度、分辨率紧密相关。聚光镜电流大则束斑缩小、分辨率提高、焦深增大，但亮度不足。亮度不足时激发的信号弱，信噪比降低，图像清晰度下降，分辨率也受到影响。因此，选择聚光镜电流时应兼顾亮度、反差，考虑综合效果。一般来说，观察的放大倍数增加，相应图像清晰度所要求的分辨率也要增加。故观察倍数越高，聚光镜电流越大。

③ 工作距离的选择　工作距离是指样品与物镜下端的距离。如果观察的试样是凹凸不平的表面，要获得较大的焦深，必须采用大的工作距离，扫描电镜物镜光阑对样品的张角变小，使图像的分辨率降低。要获得高的图像分辨率，必须选择小的工作距离，通常选择5～10mm，以期获得小的束斑直径和减小球差。如果观察铁磁性试样，选择小的工作距离可以防止试样磁场和聚光镜磁场的相互干扰。

④ 物镜光阑的选择　扫描电镜最末级的聚光镜靠近样品，称为物镜。多数扫描电镜在末

级聚光镜上设有可动光阑，也称为物镜可动光阑。通过选用不同孔径的光阑可调整孔径角、吸收杂散电子、减少球差等，从而达到调整焦深、分辨率和图像亮度的目的。但是物镜光阑孔径缩小使信号减弱、信噪比下降、噪音增大，而且孔径容易被污染。由此会产生像散，造成扫描电镜性能下降。因此，必须根据需要选择最佳的物镜光阑孔径。

⑤ 扫描速度的选择　为了提高图像质量，通常用慢的扫描速度。但在实际应用中，扫描速度却受试样可能发生表面污染这个问题的限制。因试样表面的污染（扫描电子束和扩散泵油蒸气的相互作用），造成油污沉积在试样表面上，扫描时间越长则在试样表面的油污沉积越严重，会降低图像的清晰度。对于未经前处理的非导体试样，扫描速度宜快，以防试样表面充电，影响观察。对于金属试样，扫描速度宜慢，可改善信噪比。

有关扫描电镜图像解释的内容请移步拓展阅读之相关部分。

3.4.5　扫描电镜的图像解释

3.4.6　二次电子成像与背散射成像对比

思考题

1. 简述二次电子和背散射电子的成像原理和各自特点。
2. 扫描电镜的样品制备过程和透射电镜有何不同？
3. 扫描电镜的系统构成与透射电镜有何异同？
4. 当电子束到达重元素和轻元素时，其作用体积有何不同，各自信号的分辨率有何特点？
5. 二次电子的成像原理和透射电子的成像原理有何不同？
6. 二次电子成像景深大，立体感强，试述原因。

第4章

表面分析

4.1 表面分析概论

材料表面性能的应用在我们的生活中起着十分重要的作用。比如，铝表面有一层 Al_2O_3 氧化层，可以使其抗腐蚀性大幅提升；在材料上涂上一层聚四氟乙烯，其黏结能力大幅下降，表面的污染可以被轻松清洗。大多数的固体和液体表面，都有一层与内部不同的表层。表层的结构和化学组成与内部存在差异。表层一方面与相接触的环境相互作用，另一方面受到表面自由能等的影响，使得整个材料在宏观上表现出许多相应的性质，如抗腐蚀性、吸附性、黏附性、生物相容性等。因此，探索材料的表面特性对我们了解其性能至关重要。

国际纯粹与应用化学联合会（IUPAC）推荐将表面分为三类，如图 4.1.1，分别为：一般表面、物理表面和实验表面。固体表面最上层的原子或分子层，其直接与环境接触，将其定义为物理表面。最上层原子的结构和性质，往往是与和它紧密相接的次外层原子或分子决定的。通常将样品中能够与用于激发的粒子或辐射有显著相互作用的部分定义为实验表面，其厚度通常为 2～10 个原子或分子层（0.5～3nm）。此外，还有一些技术将薄膜附着在器件如镜头上，这些薄膜厚度在 10～100nm，类似于这种薄膜的被定义为一般表面，通常为未定义深度的样品的“外部部分”。我们通常分析的表面指的是固体或液体的表面，由于气体分子的分散性较高，分子间作用力较弱且分子在不停地高速运动，我们在表面分析中并不考虑它。

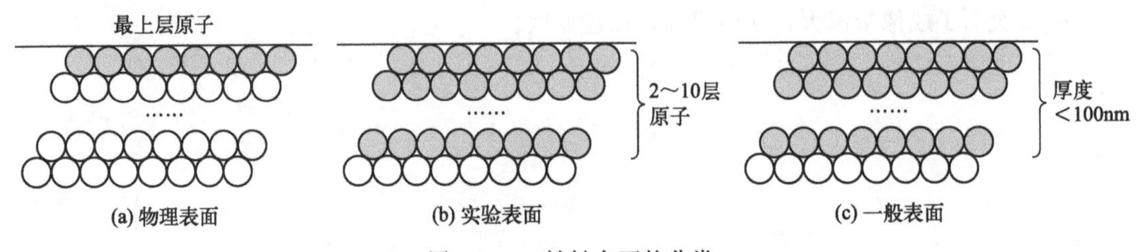

图 4.1.1　材料表面的分类

所有的表面探测技术都存在一个问题——灵敏度低。在表面技术中，仅有有限的原子可以被探测到。典型的 $1cm^3$ 体积的过渡金属（如镍）中约含有 10^{23} 个原子，可以得到 $1cm^2$ 表面约有 10^{15} 个原子，最外层原子与整体原子数的比例为 $10^{-6}\%$。通常，表面分析技术仅能探测样品 $1mm^2$ 的表面，这个面积的表面仅存在 10^{13} 个原子。假设我们可以探测 10 层原子，这样最后需要探测的原子总数为 10^{14} 个或 $10^{-10}mol$，这个浓度要远远低于我们传统化学分析所探测的浓度。通常情况下，起重要作用的化学物质往往在表面的浓度非常低。这要求我们在含量 10^{-3} 甚至 10^{-6} 的原子水平下对添加剂或杂质进行分析，这仅含有 10^{10} 到 10^{7} 个原子。因此，相较于传统分析，表面分析技术对于灵敏度的要求格外高。

除了灵敏度之外，高分辨率也在化学表面变化的分析中至关重要。比如催化剂在载体上的负载、光学涂层的均匀性、细胞中的药物分布等。这些情况下，分辨率可能会达到1μm，这时我们能探测到的原子仅有约10^7个。杂质浓度0.1%的情况下，会面临仅有10^4个原子可以被探测的局面，这是一个很大的挑战。

尽管表面分析对灵敏度和分辨率的要求都十分高，但人们已经开发出了许多可用的探测技术，包括X射线光电子能谱（XPS）、俄歇电子能谱（AES）、扫描隧道显微镜（STM）、二次离子质谱（SIMS）、红外光谱（IR）等。它们可分析在表面原子或分子层面发生的反应，包括分析原子结构、组成、电子状态和催化剂之间的相互作用。这些分析技术的工作原理相似，都是基于光子、电子和离子等轰击待测物体表面，并检测发出的光子、电子和离子等信号的变化或反馈。

为了了解表面的一些性质和反应，通常需要许多信息，包括物理形貌、化学组成、化学结构、原子结构、电子状态和分子成键情况。目前用于表面分析的技术已经超过了50种，表4.1.1列出了较为常见的一些分析技术和其所能得到的表面信息。其中EXAFS为扩展X射线吸收精细结构谱；SFC为超临界流体色谱法；ISS为离子散射谱；EELS为电子能量损失谱；INS为非弹性中子散射谱；LEED为低能电子衍射谱；RHEED为反射式高能电子衍射谱。由于单个的技术无法提供所有种类的信息，通常，我们使用多种技术来获取信息并相互验证。

表4.1.1　表面分析技术及其提供的信息

入射辐射	光子	光子	电子	离子	中子
探测辐射	电子	光子	电子	离子	中子
物理形貌			SEM，STM		
化学组成	XPS		AES	SIMS，ISS	
化学结构	XPS	EXAFS，IR&SFC	EELS	SIMS	INS
原子结构			LEED，RHEED	ISS	
吸附结合		EXAFS，IR	EELS	SIMS	INS

绝大多数的表面分析技术都需要在真空中进行。这主要是因为电子和离子会被气体分子散射，在一定情况下，气相也会吸收光子。因此测试需要在超高真空的环境中进行（$<10^{-9}$mmHg❶）。当真空度仅有10^{-6}mmHg时，如果此时的吸附系数为1，那么表面将在1s内吸附上一层物质，这对于表面的分析十分不利。此外，超高真空的环境还可以使探针和被探测离子具有足够的平均自由程，保持表面清洁。

我们定义信息深度为该范围内获取的信息比例达到一定百分比（90%、95%或99%）时所处的深度。对于一项技术来说，它的信息深度，可以通过表面灵敏度的测量来判断。比如，ISS对表面十分敏感，其获得的所有信息都来自最外层原子。XPS主要从十层以内的原子层取样。红外光谱则相对并不敏感，通常在固体深处取样。一般来说，分析方法的表面灵敏度通常取决于所探测到的辐射大小。对于XPS来说，其轰击表面的X射线光子可以深入到固体内部，但是在固体深处产生的电子逃逸过程中会与其他原子发生碰撞并失去能量，失去了研

❶ 1mmHg=133.3224Pa。

究价值，仅在表面1～4nm处的原子层发射的电子可以在不损失能量的情况下被探针探测到。因此XPS的表面灵敏度是电子在固体中短距离移动而不被散射的结果（称为非弹性平均自由路径）。类似地，SIMS超过95%的信息来自最上面两个原子层。而类似于IR等技术，虽然其对表面并不敏感，但可通过特殊的方式（如反射等）来获取表面信息。

此外，为了获取表面信息，可能需要以某种方式来“干扰”样品表面状态。当表面受到光子、电子或离子的轰击后，其表面可能发生变化。这时所得到的信息可能不是表面的原始信息，而是被辐射破坏的表面所反映的信息。表4.1.2显示的是1000eV粒子的穿透深度。可以看出，电子和离子的入射距离相对较短，大部分能量沉积在近表面。可以预测，对于样品的损伤：光子＜电子＜离子。可以认为XPS是一项低损检测技术。SIMS是基于损伤的一项技术，当没有损伤产生时，将无法获取信息。可以通过仪器的控制，来对样品进行低损检测。

表4.1.2　粒子穿透深度

粒子种类	能量/eV	深度/Å
光子	1000	10000
电子	1000	20
离子	1000	10

最后，随着时代的不断发展，表面分析技术也取得了巨大的进步。许多原来无法实现的测试手段已经被开发使用，也出现了对分析更复杂情况的期望。但是无论技术如何发展，我们都需要牢记，样品的表面分析不是一蹴而就的，只有了解各种技术的能力和局限性，通过多种测试的协同分析，最终才能得到一个满意的结果。

4.2 表面能谱分析

4.2.1 X射线光电子能谱

在所有现代表面表征方法中，XPS属于表面能谱分析，是应用最广泛的方法之一。它也被称为化学分析用光电子能谱（ESCA）。XPS被广泛使用，主要是因为以下几点：

① 可以确定和量化固体表面10nm内的所有元素（H、He除外，元素含量＞0.1%）；

② 揭示各元素所处的化学环境；

③ 获取信息方便且所需样品含量小。

本章将主要介绍XPS的原理、仪器和实际应用，帮助读者初步了解XPS技术，为阅读文献和科研使用提供方便。

4.2.1.1 历史发展

XPS的历史可追溯到19世纪80年代。1887年，赫兹在实验中偶然发现，在真空环境下电隔离的金属物体暴露在光线下时，会表现出更强的发光能力。1888年，他将锌板暴露在紫外线下，发现带负电荷的锌板在照射下失去电荷，而带正电荷的锌板没有受到影响。1889年，汤姆森发现亚原子粒子从暴露在光线下的锌板上发射出来。1905年，爱因斯坦基于普朗克的能量量子化概念，对这一现象做出了解释：光子直接将它们的能量传递给原子内的电子，导致电子发射而不损失能量。这也就是所谓的光电效应，爱因斯坦也因此获得了1921年的诺贝尔奖。1914年，罗宾森和罗林森利用X射线照射金，观察到可识别的金光电发射光谱。

尽管光电效应在很早便已经提出，但是直到1951年，施泰因哈德和塞尔菲斯才首次将光电效应作为一种分析工具使用。1958年，塞格巴恩观测到光电子峰现象并在随后和同事发明出了有足够高的能量分辨率以识别光电子的仪器，并将这种技术命名为化学分析用光电子能谱。之后，XPS进入了飞速的发展阶段。当然，限制其使用的最大因素是需要的超高真空度。不过随着科学技术的发展，这一问题已经基本得到解决，表面分析工具也在向着满足更复杂的需求和更高的要求发展。

4.2.1.2 基本原理

（1）实验原理

图4.2.1所示的是XPS基本原理。可以看出，当有足够能量的光射向样品时，样品的表面会发射出光子。开始发射电子所需的频率，也被称为阈值频率。当照射光频率超过阈值频率之后，所发射电子数量与光照强度成正比。图4.2.1（d）是一个光电子发射的示意图。入射的X射线光子有足够能量（$h\nu$）来撞飞氧原子的K壳层电子，这时，O1s电子会以动能E_k的光电子形式从表面逸出。

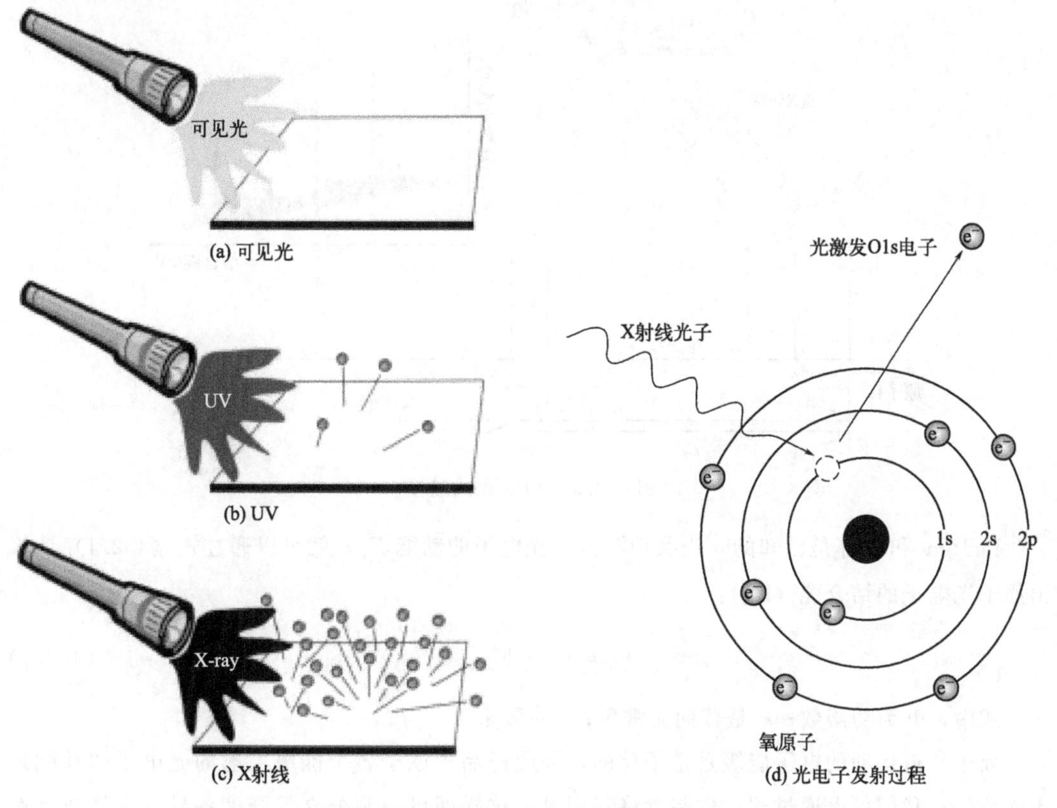

图4.2.1 不同能量的光照射样品表面发射电子及光电子发射过程

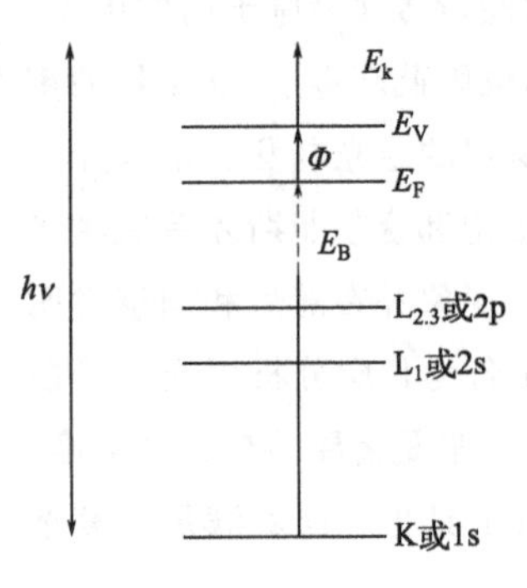

图 4.2.2　XPS 能级

图 4.2.2 从能带的角度进一步阐释了光电离的过程。当一束能量为 $h\nu$ 的光子辐照到样品表面时，光子可以被样品中某一元素的原子轨道上的电子所吸收。该电子将以一定的动能从原子内部发射出来，变成自由的光电子，同时原子本身则变成激发态的离子。

图中，E_F 为费米能级，其表示固体里把电子束缚得最松的能量的量度，是绝对零度时电子的最高能级。在费米能级上，被电子填充和不被电子填充的概率都是 1/2。

E_V 为真空能级，指电子处在离开表面足够远的某一点的能量，电子达到该能级时完全自由而不受核的作用，因此也被看作势能参考点。

Φ 为功函数，表示为真空能级 E_V 和费米能级 E_F 之间能量差，反映了一个电子逸出表面所需要的最小能量。其大小随试样而异，金属材料 Φ 一般为几个电子伏，氧化物的 Φ 值很小，而气体的 $\Phi=0$。

E_B 是某一轨道的电子和原子核结合的能量，与元素种类和电子所处的原子轨道有关，可以反映原子结构中轨道电子的信息。XPS 的具体测试过程如图 4.2.3 所示。

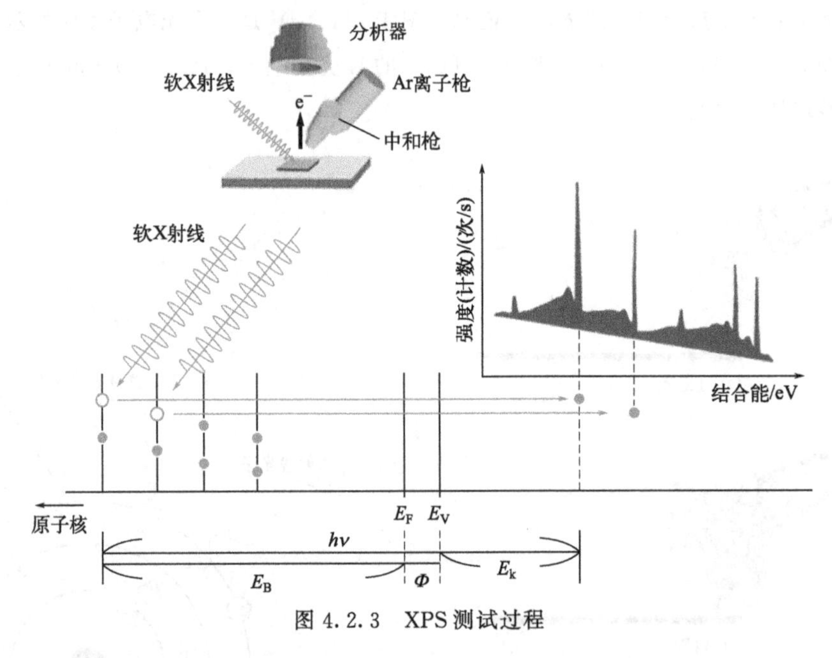

图 4.2.3　XPS 测试过程

由于 $h\nu$ 和 Φ 都是已知的，当我们测得了光电子的动能 E_k，就可以通过式（4.2.1）计算出原子光电子的结合能（E_B）：

$$E_B = h\nu - E_k - \Phi \tag{4.2.1}$$

式中，Φ 为功函数；h 是普朗克常数；ν 是频率。

处于轨道运动的电子能级是量子化的，因此样品中原子各个能级发射的光电子的动能是不连续的。我们可以通过相应的装置将其记录，这样即可得到分立且强度各异的谱峰或具有特征形状的谱带。这种将光电子的数量 $N(E_k)$ 按照能量分散 E_k 描述的图谱就是光电子图谱

(PES)，也就是 $N(E_k) \sim E_k$ 关系曲线。同时由于 E_B 和 E_k 存在式（4.2.1）的相互对应关系，因此研究人员通常用 E_B 来标度光电子能谱。图 4.2.4 为一个典型的氧化铝光电子能谱。

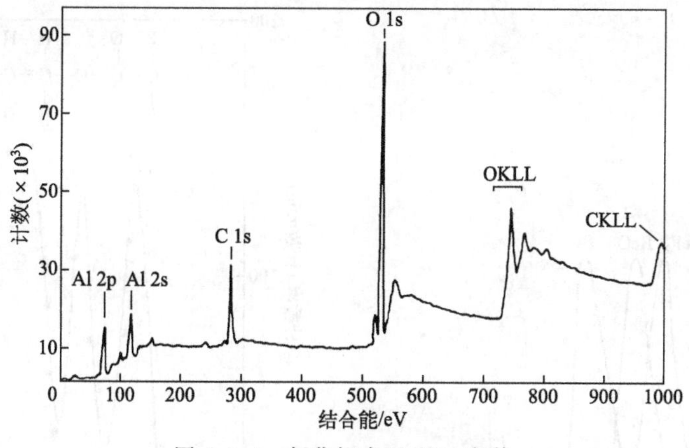

图 4.2.4　氧化铝表面 XPS 光谱

光电子从不同的电子层和亚电子层激发出来，每个结合能峰都标记为一个元素符号加上一个光电子发射出的壳符号，如 Al 2p、O 1s 等。对于 p、d、f 亚壳层来说，其所发射的光电子通常用一个额外的分数表示，如 Cu $2p^{1/2}$。这些分数代表单个电子层的电子总角动量。通过 XPS 谱线，我们可以得到许多信息，包括：

① 鉴定原子含量为＞0.1％的所有元素（除 H 和 He）；

② 近似元素表面组成的半定量测定（误差＜±10％）；

③ 分子环境信息（氧化态、共价键原子等）；

④ 用衍生化反应鉴定有机基团；

⑤ 来自重组（$\pi^* \rightarrow \pi$）过渡的芳香族或不饱和结构或顺磁性物质的信息；

⑥ 表面成分的横向变化。

（2）化学位移

结合能可以表示为 $n-1$ 电子的末态与 n 电子初态之间的能量差，如式（4.2.2）：

$$E_B = E_f(n-1) - E_i(n) \tag{4.2.2}$$

式中，$E_f(n-1)$ 为最终态能量；$E_i(n)$ 为初态能量。

从式（4.2.2）可以看出初态和终态都对观测到的 E_B 有影响。在光电效应发生之前，初始的状态就是原子的基态。如果原子初始状态的能量发生了变化，例如，与其他原子形成化学键，那么该原子中电子结合能就会发生相应的改变。这个改变 ΔE_B 被称为化学位移。化学位移与原子的价态、氧化态和所结合原子的电负性有关。

通常假定初始状态效应是观测到化学位移的原因。因此，随着元素氧化态的增加，从该元素发射出的电子结合能将增加。图 4.2.5 为铍 1s 电子的光电子谱线，可以看出氧化铍的 1s 电子结合能比金属铍中铍的 1s 电子结合能大了约 3eV，这表明氧化可以使铍的 1s 电子结合能向高能量方向移动。对于氟化铍来说，尽管与氧化铍中铍价态相同，但是 F 的电负性要高于氧，氟化铍中的铍氧化态更高，结合能的位移也相应更大。图 4.2.6 为三氟乙酸乙酯中 C 的

1s 电子光电子能谱图。从图中可以发现，由于元素电负性的不同（F>O>C>H），该分子的四种碳原子所处的化学环境也不同。从左往右四个不同的峰与四种碳原子相互对应。

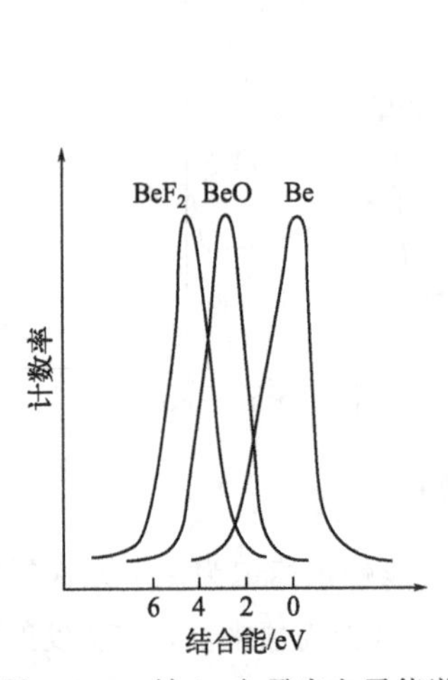

图 4.2.5 铍 1s 电子光电子能谱

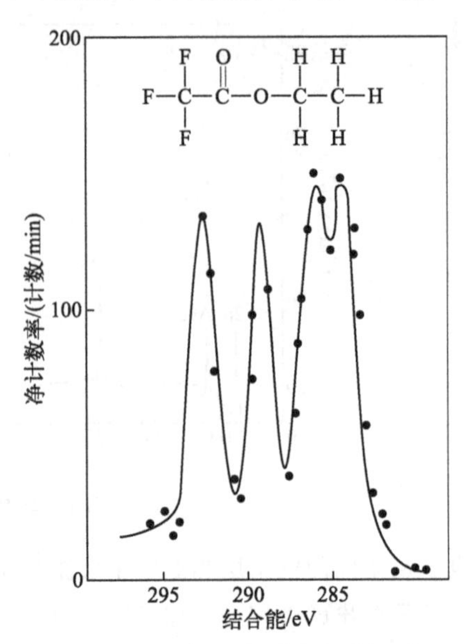

图 4.2.6 碳 1s 电子光电子能谱

可以假设，从原子中移走一个电子，这个过程所需要的能量随着原子正电荷的增加而增加，或随负电荷的减少而增加。因此，化学位移和原子氧化态之间有着密切的关系。对于碘和氯来说，氧化数每增加一个单位，结合能分别增大约 0.8eV 和 1.2eV。我们可以利用离子化合物中元素化学位移的大小和趋向，来推测该元素的氧化状态。

电荷势模型为化学位移提供物理基础，这种模型将观测到的结合能 E_B 与参考能量 E_B^*、i 原子上的电荷 q_i 和 j 原子周围距离 r_{ij} 的原子上的电荷 q_j 联系起来，如式（4.2.3）所示：

$$E_B = E_B^* + kq_i + \sum_{j \neq i}(q_j / r_{ij}) \tag{4.2.3}$$

式中，k 为常数。一般认为中性原子的参考态为 E_B。显然，原子上的正电荷随着化学键的形成而增加，E_B 相应增加。式（4.2.3）右边的最后一项常被称为马德隆能，因为它与晶体的晶格势相似（$V_i = q_j / r_{ij}$，式中，V_i 为周围原子的势能变化）。这一项代表了这样一个事实，即通过化学键的形成而除去或增加的电荷并没有被移到无穷远，而是移到了周围的原子上。因此，方程右边的第二项和第三项是相反的符号。利用式（4.2.3）可以将状态 1 和状态 2 之间的化学位移写成：

$$\Delta E_B = k[q_i(2) - q_i(1)] + V_i(2) - V_i(1)$$

$$\Delta E_B = k\Delta q_i + \Delta V_i \tag{4.2.4}$$

（3）XPS 的表面灵敏度

如图 4.2.7 所示，虽然 X 射线很容易穿过固体，但电子的这种能力明显较弱。事实上，对于 1keV 的 X 射线（XPS 激发源的一个典型数量级），X 射线将穿透 1000nm 或更大的深度，而电子能量仅能穿透大约 10nm。由于这种差异，XPS 是表面敏感的。由 X 射线激发而发出的电子在最上表面区域之下无法穿透足够远的距离而从样品中逃脱并到达探测器。在 XPS 测试中，我们只关心未损失任何能量的发射光电子的强度（即发射的总数量）。如果一个电子遭受了能量损失，但仍然有足够的能量从表面逃逸，它会对背景信号有贡献，而不是光电子峰。因此，XPS 采样深度是指电子在固体中不损失能量的平均长度。我们一般定义 X 射线光电子能谱的采样深度为光电子平均自由程的 3 倍。根据平均自由程的数据可以大致估计各种材料的采样深度。对于金属样品来说为 0.5～2nm，对于无机化合物来说为 1～3nm，而有机物则约为 3～10nm。

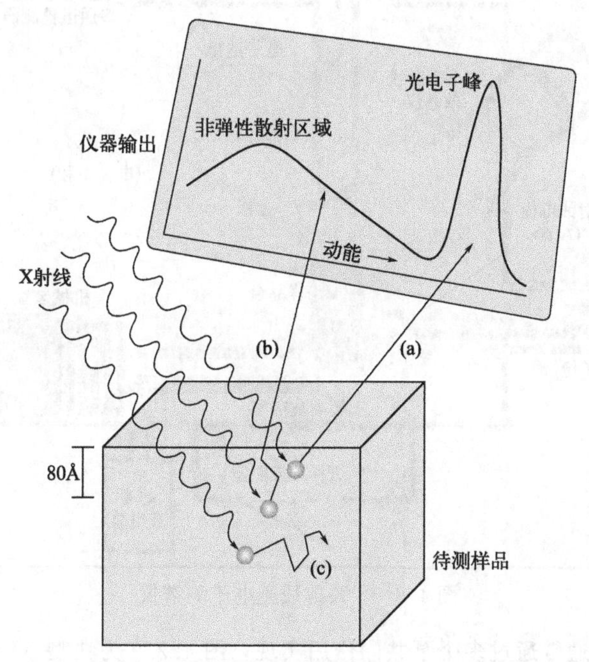

图 4.2.7　X 射线射入样品后激发电子的三种状态

(a) 无能量损失；(b) 发生部分能量损失；(c) 失去所有动能

4.2.1.3　仪器结构

如图 4.2.8 所示，X 射线光电子能谱仪主要由真空系统、X 射线源、电子能量分析仪和数据系统组成。

(1) 真空系统

XPS 仪器的核心是它的真空室。对于 XPS 测试来说，需要十分高的真空度（10^{-8}～10^{-10} Torr），这主要是因为在这个真空度下发射的光电子能够从样品通过分析仪到达检测器而不与气相分子发生碰撞，避免非弹性碰撞造成能量损失降低信号强度、增加背景噪音。此外一些部件，如 X 射线源，也需要真空条件才能保持工作状态。在整个实验过程中，高的真空度还可以保证被测样品的表面组成不发生改变，避免样品表面发生污染。在低真空度下，气体分子会很快地被吸附在样品表面造成测试结果的误差。对于大多数样品来说 10^{-10} Torr 的真空度就完全足够，聚合物通常在 10^{-9} Torr 即可获得良好的谱线。

超高真空腔室通常采用不锈钢和高导磁合金制造，腔室部件的接头采用铜垫片，这些材料具有出气率低、腐蚀速率低、蒸气压低、结构完整、成本效益高和相对容易制造等优点。

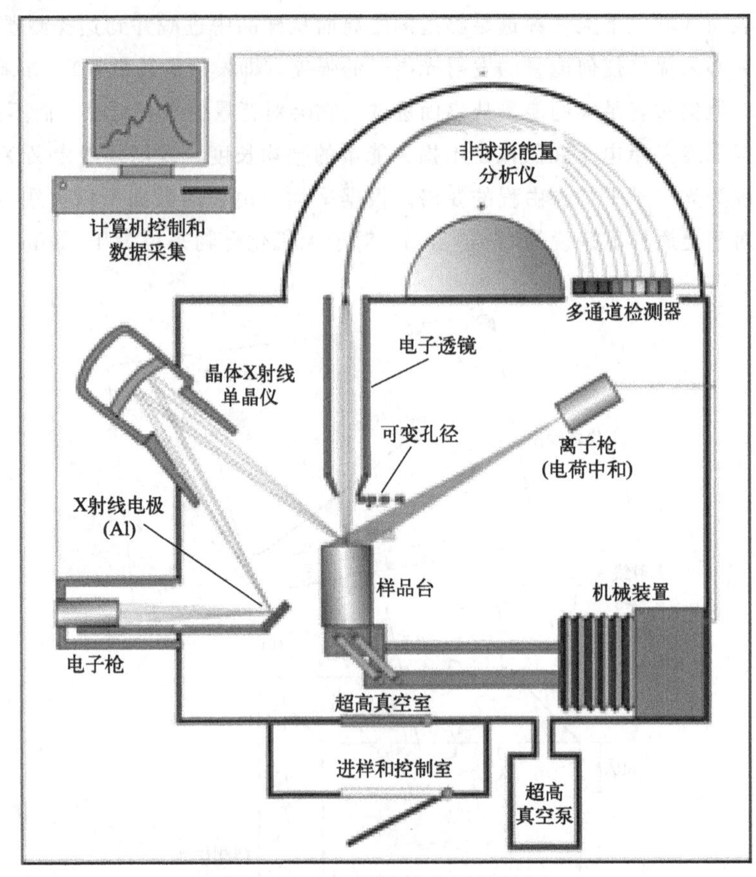

图 4.2.8　X 射线光电子能谱仪

仪器内部的高真空度通常通过多个泵共同作用实现，图 4.2.9 为典型 XPS 系统中使用的真空管道的示意图。

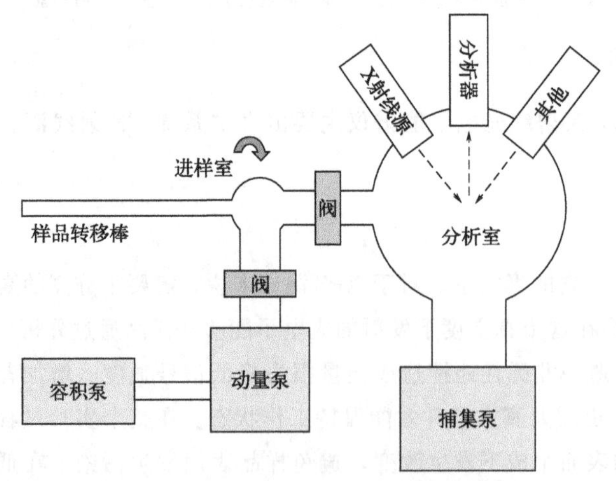

图 4.2.9　典型 XPS 系统真空管道

真空泵大致可分为三组：容积式泵、动量传输泵和捕集泵。容积泵通常可以将样品室从大气环境抽到 10^{-3} Torr，在 XPS 仪器中最常见到的是旋转叶片泵。动量转移泵可以继续抽真空至 10^{-10} Torr，最常见的是涡轮分子泵，它通常和容积泵配合使用。捕集泵是一个独立的单元，不需要和其他泵结合使用，可以将真空度抽至 10^{-10} Torr 以下。捕集泵的工作原理是将气相分子捕获或冷凝成固体，或电离并加速这些分子变成固体。在最先进的 XPS 仪器中最常见的是带有钛升华泵的离子泵。离子泵连续运行，以维持特高压条件。此外，单靠真空抽运无法达到必要的超高真空，因为气体分子会在低压环境中从内室壁出来。因此，真空室通常在较高的温度下烘烤（250～350℃）并抽取。这个烘烤过程使得吸附在室壁上的气体分子被泵出。另一个要求是磁屏蔽，因为信号电子的轨迹会受到任何磁场的强烈影响，甚至包括地球磁场。

（2）X射线源

由于 XPS 分析涉及来自固体表面的核心电子，XPS 的辐射源必须能够产生具有足够能量的光子，以接近适当数量的核心电子能级。这种能量的光子位于电磁学磁谱的 X 射线区。因此，这些射线也被称为 X 射线。X 射线管通过将足够高能的电子束对准某种金属固体而产生 X 射线。这种金属物体称为 X 射线阳极，电子源称为阴极。虽然任何固体原则上都可以用作 X 射线阳极，但铝已成为 XPS 中最常用的阳极。这主要是因为：

① Al K_α 辐射的 X 射线具有较高的能量和强度；

② Al K_α 辐射的 X 射线具有最小能量散失；

③ 铝导热性好；

④ 铝阳极制造和使用方便。

XPS 同时使用非单色和单色 X 射线源。除了 Al 外，Mg 也是常用的阳极金属之一。非单色 X 射线源的输出由具有高强度 K_α 特征线的连续能量分布组成。单色光源的输出是通过从辐射光谱中去除连续的 X 射线而产生的。单色源对于获得背景强度降低的 XPS 光谱是有用的。

XPS 中使用的特征 X 射线的能量要低于 X 射线衍射法。例如，Al K_α 和 Mg K_α 的能量分别为 1.4866keV 和 1.2536keV；X 射线衍射常用的 Cu K_α 和 Mo K_α 的能量则分别为 8.04keV 和 17.44keV。选择低能量 X 射线，主要是因为它们的线宽很窄。特征 X 射线的线宽指的是它们的能量范围。XPS 要求线宽小于 1.0eV，以确保良好的能量分辨率。Al K_α 和 Mg K_α 的线宽均小于 1.0eV，且具有足够的光电子激发能量（＞1000eV）。与 X 射线衍射仪中使用的 X 射线管不同，许多 XPS 仪器使用双阳极 X 射线管，即带有 Al 和 Mg 阳极的单一 X 射线管，如图 4.2.10 所示。

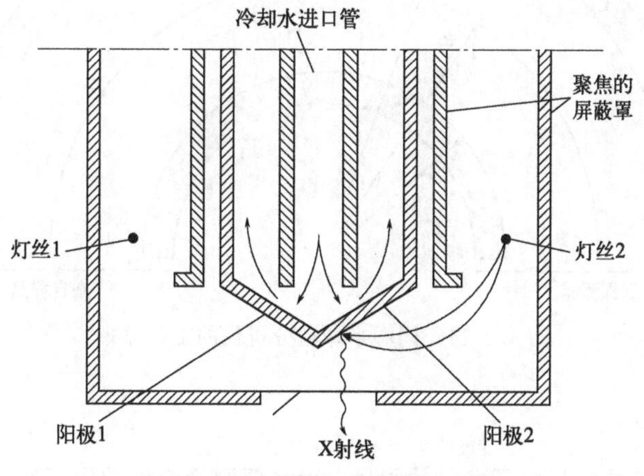

图 4.2.10　双阳极 X 射线源结构

此外，在整个实验过程中，高能电子、韧致辐射和热量会撞击样品，导致样品降解。因此，为了最小化电子通量和韧致辐射，可以在两者之间放置一层薄的、相对 X 射线透明的箔片。箔片的存在也可以减少 X 射线源对样品的污染，对于铝和镁阳极，通常使用约 2μm 厚的铝箔。

(3) 离子枪

电子能谱仪还配备了离子枪，离子枪的功能有两方面。首先，它提供了一个高能离子通量，可以在实验前清洁样品表面。信号电子来自样品的表面原子层，样品表面通常有被吸附的碳氢化合物、水蒸气和氧化物污染，在进行表面分析之前需要将这些物质去除。其次，它一层一层地溅射出样品原子，从而揭示元素深度剖面。离子枪通过电子撞击或气体放电产生氩离子束。这种光束的能量级别为 0.5～5.0 keV，可以聚焦到直径几十微米的地方。

(4) 能量分析器

电子能量分析器用来分析来自试样表面的光电子的能量组成。最常用的分析仪是同心半球型分析仪（CHA），又称半球扇形分析仪（HSA），如图 4.2.11 所示。分析仪由两个半径为 R_1 和 R_2 的同心圆组成。主要的工作原理为：负电位 V_1 和 V_2 分别作用于内部和外部半球，施加的电位产生一个中值等电位（V_0），对应曲面半径为 R_o。CHA 一端的狭缝允许电子进入，另一端有一个狭缝让电子通过电子探测器。CHA 只允许能量为 $E_0=eV_0$ 的电子通过(称为 CHA 的通过能量)，它们被切向注入到中间表面，穿过通道最终到达探测器。

在能量分析器的入口，通常存在一个电子透镜。它相当于一个低分辨率的能量过滤器，防止高能量的电子达到分析器的内壁产生二次电子从而造成背景噪声。此外，电子透镜还可以提供减速电子，电子入射后被静电转移透镜聚焦，能量被降低到一定的水平。通过静电作用降低电子能量称为电子阻滞。电子可以通过两种模式进行分析：固定分析能量（CAE）和固定减速比（CRR）模式。通常，光谱仪的 CAE 模式用于 XPS，而 CRR 模式则用于 AES。CAE 模式将 CHA 的通过能量保持为常数，通过记录电子的变化来分析电子能。

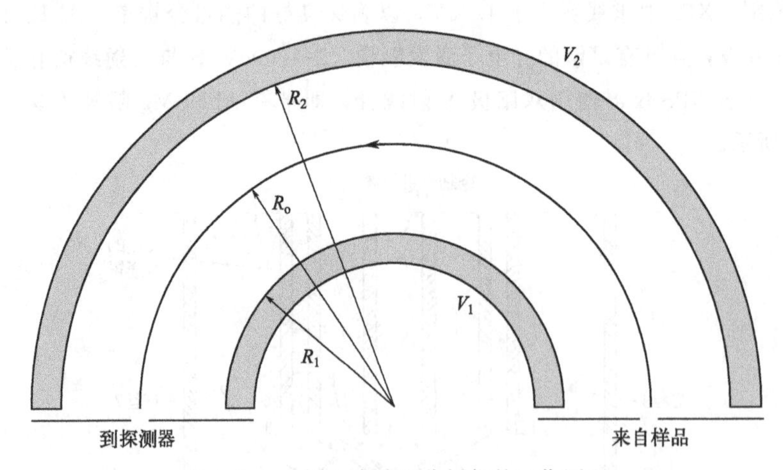

图 4.2.11　同心半球型分析仪的工作原理

(5) 探测器

在 XPS 中，不仅要测量电子发射的能量，而且要测量产生的电子数量。事实上，XPS 谱图是以能量与强度为变量绘制的，能量由使用的能量分析仪定义，而强度由探测器记录的电子数量定义。为了获得最好的灵敏度，探测器必须能够记录单个电子，即在脉冲计数模式下工作。这个信号以安培（A）为单位记录，以计数为单位表示。1个电子1s通过的电荷等于1.602×10^{-19}A。然而，传统脉冲计数电子学的灵敏度在10^{-15}A范围内（这代表1s通过6241个电子）。为了记录单个电子，所使用的探测器必须至少显示出10^4的增益（原始信号的倍增系数）。电子倍增器（EM）不仅满足这一标准，而且可以在XPS要求的超高真空环境下工作。增益装置包括光电倍增管、多通道板和位置灵敏检测器三种。其中光电倍增管原理主要是：当一个电子进入到倍增管内壁与表面材料发生碰撞会产生多个二次电子，多次碰撞就可以达到放大的目的。采用高阻抗高二次电子发射材料，可以使增益达到10^9。

（6）数据系统

现代计算机为控制仪器的运行和进行数据分析提供了强有力的手段，最先进的XPS仪器几乎所有操作都由计算机控制。真空系统的大部分配件、部件和状态参数（如离子枪、电子枪、阀门和压力等）均可由计算机控制和监控。控制分析仪功能（通过能量、扫描速率和E_B范围等）的参数也由计算机控制。此外，由于每个样品可能需要几种不同类型的扫描，可以预先选择并存储所需的扫描参数和样品位置。随后自动执行这些命令，实现无人值守运行多样品测试。

由于现代计算机具有多任务功能，数据采集和数据分析可以同时进行。目前的软件程序包含广泛的数据分析能力。复杂的峰型可以在几秒钟内完成。测量扫描的自动寻峰、识别和量化也可以在几秒钟内完成。许多数据缩放、平滑、绘图、传输和转换的选项都可以在程序中实现。还可以生成图像、*X-Y*图谱和深度剖面。一些软件程序甚至包括数学分析软件包(多元统计、模式识别等)。总的来说，随着计算机系统速度和能力的提高，XPS数据采集和分析的能力也在不断提高。

4.2.1.4 样品

（1）样品制备

与大多数分析技术不同，XPS在样品制备方面要求很少。对样品的要求主要有：

① 样本的大小须符合装置的大小；

② 在分析之前和分析期间，待测的样品表面保持干净；

③ 样品表面具有超高真空和X射线兼容。

我们通常情况下只对固体样品进行分析。对于粉末状样品来说，通常有两种制备方法：一种是用双面胶带直接把粉体固定在样品台上；另一种方法则是把粉体样品压成薄片，然后再固定在样品台上。第一种的好处是制样方便，样品用量少，预抽到高真空的时间较短，但可能会引进胶带的成分。在普通的实验过程中，通常采用胶带法制样。第二种方法可在真空中对样品进行处理，如原位和反应等，其信号强度也要比胶带法高得多，但缺点是样品用量太大，抽到超高真空的时间较长。块状试样则可直接固定在试样架上，金属试样可采用点焊的方式，而非金属的试样则一般用真空性能好的银胶黏结，制样时要使得表面尽可能光滑。

对于有挥发性物质的材料，在样品进入真空系统前必须清除掉挥发性物质，可通过加热或溶剂清洗的方法。此外在处理样品时，要保证样品中的成分不发生化学变化。对于表面有油等有机物污染的样品，在进入真空系统前必须用油溶性溶剂如环己烷、丙酮等清洗掉样品表面的油污，最后再用乙醇清洗掉有机溶剂。而对于无机污染物，可以采用表面打磨以及离子束溅射的方法来清洁样品。为了保证样品表面不被氧化，样品在通过溶剂处理之后一般采用自然干燥。

由于光电子带有负电荷，在微弱的磁场作用下，也可以发生偏转。当样品具有磁性时，由样品表面射出的光电子就会在磁场的作用下偏离接收角，最后不能到达分析器，因此无法得到正确的 XPS 谱图。此外，当样品的磁性很强时，还存在分析器头及样品架磁化的危险，因此绝对禁止带有磁性的样品进入分析室。而对于具有弱磁性的样品，可以通过退磁的方法去掉样品的微弱磁性，然后即可像正常样品一样分析。

（2）样品预处理

为了避免试样表面的污染影响 XPS 测试结果，通常需要对其进行表面预处理。当真空度下降至 10^{-5} Pa 时可去除试样中的气体，并对其表面进行清洁。清洁的方法常见的有加热法和离子溅射法。离子溅射法使用氩离子轰击试样表面，可以将表面的附着物除去。

（3）荷电效应

当 X 射线照射样品时，试样表面不断产生光电子，造成表面空穴，使表面带正电。对于导体试样，表面的电子空穴可以从金属试样架中得到补充。而对于绝缘体样品或导电性能不好的样品，在光电子出射后，样品表面积累的正电荷无法得到及时补充，其表面就会产生一定的电荷积累（带正电），这种现象称为荷电效应。样品表面荷电相当于给从表面射出的自由光电子增加了一定的额外电场。这会使得测得的结合能比正常的要高，引发谱线的表观位移，最终影响测量的精确度。因此，在实际测试中，我们需要消除这种现象。

荷电效应与多种因素有关，难以通过单一的方法完全消除，常用的方法包括：

① 用低能电子和离子共同辐照样品；

② 使用低通量密度的 X 射线源，例如标准 X 射线源或未聚焦的单色源；

③ 在被分析区域附近放置接地的导电栅格（常见的有钨栅格）或导电胶带（铝带或铜带）；

④ 在样品上涂一层导电层，例如，在分析前涂一层碳或金；

⑤ 将样品压入铟箔中；

⑥ 在分析过程中加热样品。

（4）小面积 XPS

如果我们希望可以分析样品表面的微小结构特征或缺陷，就需要尽可能地去除小面积周边的信号，主要有两种方法。

① 透镜限定小面积分析法。用 X 射线大范围照射分析面积，再用传输透镜限定收集光电子区域。

② 源限定小面积分析法。将单色化的 X 射线束在样品上聚焦成一个小束斑。

小面积 XPS 已经成为了目前发展的趋势。其可分析小范围内的样品，具有较高的空间分辨率（1毫米～数微米）。此外，它对样品损伤非常小，还因为荷电效应小的缘故，可以测定绝缘体材料。

4.2.1.5 XPS应用

（1）元素定性分析

XPS产生的光电子的结合能仅与元素种类以及所激发的原子轨道及其化学环境有关。特定元素的特定轨道产生的光电子能量是固定的，依据其结合能就可以标定元素。理论上，XPS可以对除了氢、氦以外的所有元素进行鉴定，并且为一次全分析，常通过采集全谱的方法对试样进行分析。通常情况下，激发源在0～1000eV的能量范围已经足够，可以检出全部或大部分元素。目前Mg K_α和Al K_α推荐使用的能量范围分别为0～1150eV和0～1350eV。在前面已经说过，不同元素都有自己独有的特征电子结合能，在谱图中表现为不同的特征谱线。通过对XPS谱图的特征谱线进行分析，即可得到样品中所含的元素种类。通常XPS谱图的横坐标为结合能，纵坐标为光电子的计数率。一般激发出来的光电子依据元素及其激发轨道的名称进行标记，如C 1s、Cu 2p等。

由于X射线激发源的光子能量较高，可以同时激发出多个原子轨道的光电子，因此在XPS谱图上会出现多组谱峰。图4.2.12为电镀法制备的镀镍碳纤维的XPS全谱，从图中可以看出，C、O、Ni、Co、Mn和Fe的谱线清晰可见且相互独立。这也说明即使元素的原子序数相近，其激发出的光电子的结合能也存在较大差异，相邻元素间的干扰作用小，谱线易于分辨。通过对样品中的元素进行定性分析，我们可以判断样品表面所含的元素，这可以帮助我们确定样品表面的组成和污染情况。此外，由于光电子激发过程的复杂性，在XPS谱图上不仅存在各原子轨道的光电子峰，同时还存在部分轨道的自旋分裂峰、$K_{\alpha_{1,2}}$产生的卫星峰以及X射线激发的俄歇峰等，在定性分析时需要注意区分。不导电样品由于具有荷电效应，其结合能会发生变化，也会使定性分析出现一定程度的误差。

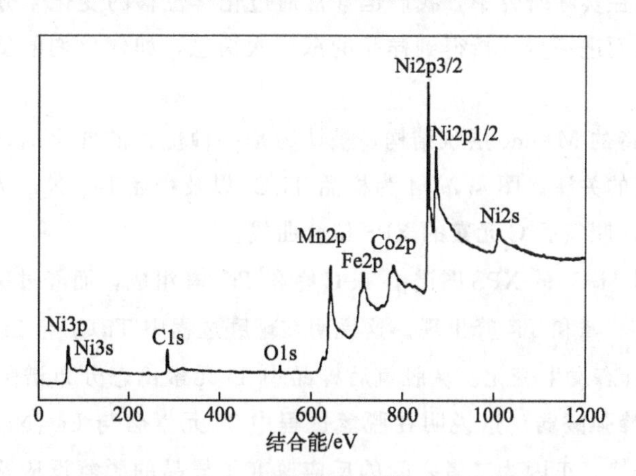

图4.2.12 镀镍碳纤维的XPS全谱

（2）固体表面研究

表面原子状态的改变会导致初态或终态发生改变，从而引起化学位移。图4.2.13为影响结合能的因素，可以看出，在不同的化学环境中得到的某一特定元素化学位移的大小，主要来自于以下两个方面。

① 初态效应。描述了发生在光电子发射过程之前存在的原子/离子的电子结构所产生的任何效应。尽管只有价电子参与成键，但所有电子（价电子和内部电子）都经历了诱导的电子密度变化。

② 终态效应。描述了由光电子发射引起的电子结构扰动所产生的效应。这种效应也依赖于初始电子结构，且它们也可以用于揭示光电子发射原子/离子的原始形态。

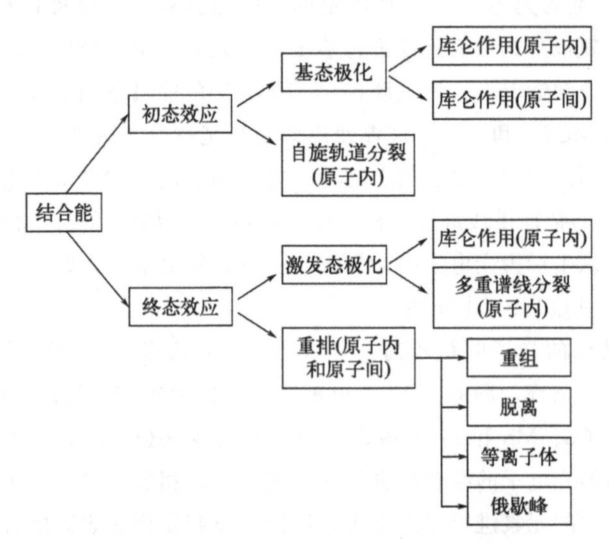

图 4.2.13 影响原子光电子发射结合能的效应

在实际的分析和应用中，我们需要对 XPS 谱图的各个峰进行分析。目前初始态电荷的变化是最常见的化学位移的产生因素，其主要通过氧化还原反应、改变配体、基团的取代等方式来改变电荷密度。在实际研究中，我们也常常通过化学位移的变化来分析样品表面的元素价态和成键情况，从而进一步分析得到样品的深层次信息，如催化剂的反应机理、表面的腐蚀情况等。

Ti_3C_2 由于其独特的 MXene 层状结构，被认为是一种优秀的催化剂，在催化金属氢化物脱氢方面受到了广泛的关注。图 4.2.14 为样品 Ti_3C_2 以及样品 $Li_{1.3}Na_{1.7}AlH_6$ +5%（质量分数）Ti_3C_2 经过球磨、脱氢后 C 元素的 XPS 拟合曲线。

由图中可以看到 Ti_3C_2 的 XPS 图谱由 Ti-C 峰和 Ti^{2+} 峰组成，而经过球磨掺杂过程后 Ti-C 峰和 Ti^{2+} 峰消失，Ti^{3+} 峰和 Ti^0 峰出现。这说明在球磨过程中 Ti_3C_2 与 $Li_{1.3}Na_{1.7}AlH_6$ 会发生反应，使得 Ti 元素价态发生变化。从脱氢后样品中 Ti 元素价态分布谱图可以发现 Ti^{3+} 相对峰强增强，Ti^0 相对峰强减弱。这说明在脱氢过程中 Ti 元素会与 $Li_{1.3}Na_{1.7}AlH_6$ 发生反应使得部分 Ti^0 转变为 Ti^{3+}。正因为二者之间的反应改变了样品的脱氢反应路径，从而使得样品的初始脱氢温度有效降低。通过 XPS 分析谱图，掌握了在整个实验过程中 Ti 的元素价态变化，并有效阐述了二维材料 Ti_3C_2 的催化机理。

除了探究催化机理之外，XPS 在聚合物领域中也具有十分重要的作用。改性对于提高聚合物的性能至关重要，聚合物的改性常常需要在碳链上添加一定的官能团或分子。通过分析

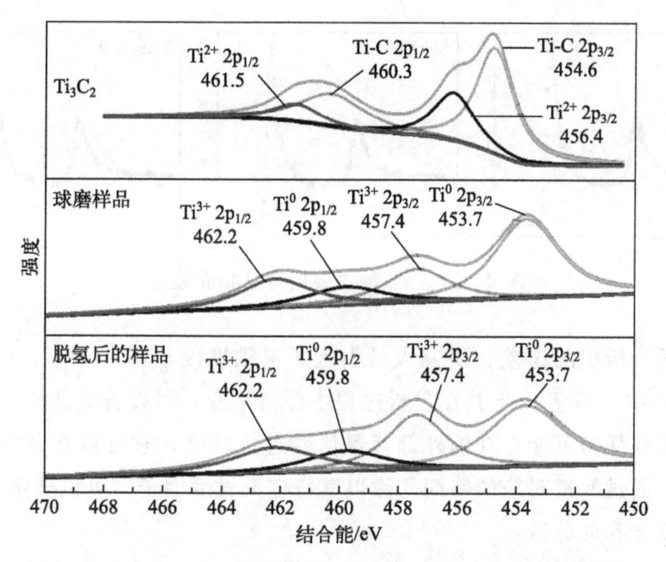

图 4.2.14 Ti_3C_2 以及 $Li_{1.3}Na_{1.7}AlH_6+5\%$ Ti_3C_2 经过球磨、脱氢后 Ti 元素的 XPS 谱图及其拟合曲线

XPS 谱图，可以判断碳键的强度和类型，进而得到碳链上所携带的官能团种类和位置分布。这可以定性地分析不同的官能团在聚合物改性中的作用，从而探究其微观机理及确定改性的方案。

（3）定量分析

样品的完整 XPS 谱图通常包含该材料表面 10nm 内各种元素（除了 H 和 He）对应的峰。这些峰的面积与每种元素的含量相互联系。因此，通过测量峰面积并根据适当的仪器因素对其进行校正，可以确定每种元素的含量。在样品为均匀的无定形物质的情况下，特定光电子峰的强度的计算公式可以简单表示为

$$I=Jc_a\sigma K_f\lambda_{IMFP} \tag{4.2.5}$$

式中，I 为光电子峰的强度；J 为光子通量，也就是进入分析区域的 X 射线通量；c_a 为样品内光电子发射原子或离子的浓度；σ 为光电子截面；K_f 是一个包含了所有的仪器因素的参数；λ_{IMFP} 为光电子的平均自由程，对于非均匀的固体表面，可通过电子的衰减长度替换以确保数据的准确性。

由于光电子信号的内部能量传播和仪器有限的分辨率，光电子峰强度应表示为扣除背景后峰包络的积分面积。背景信号的处理是 XPS 谱图量化的主要问题之一，这在从过渡金属收集的光谱中最为明显。背景信号有许多来源，其中最普遍的是电子的非弹性散射。由非弹性散射（仍在固体内部的电子对其周围环境的能量损失）引起的非离散能量损失会产生一个更加广泛的背景。目前常用的扣除背景的程序包括：线性（Linear）程序、Shirley 程序和 Tougaard 程序。如图 4.2.15 所示，前两种方法也被称为直线和 S 形法。除了背景扣除存在的误差外，使用不准确的电子束缚能耗散截面积（IMFP）值和在分析的区域内存在显著的浓度变化也会造成严重的误差。如对非均匀的样品分析时，λ_{IMFP} 便不能得到准确的描述。常通过衰减长度来替换 λ_{IMFP} 以确保公式的准确性。

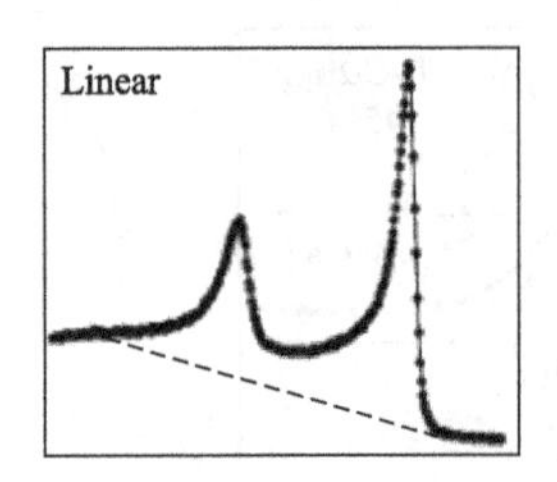

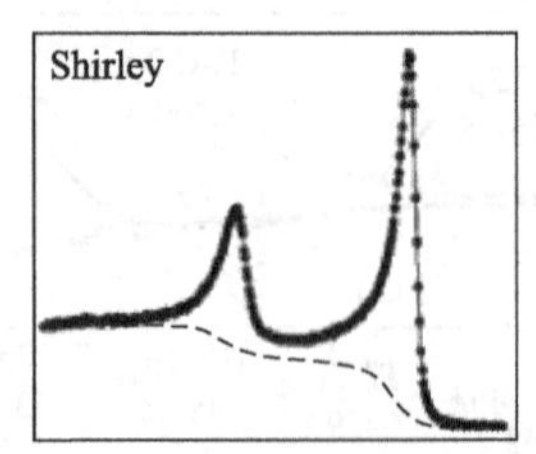

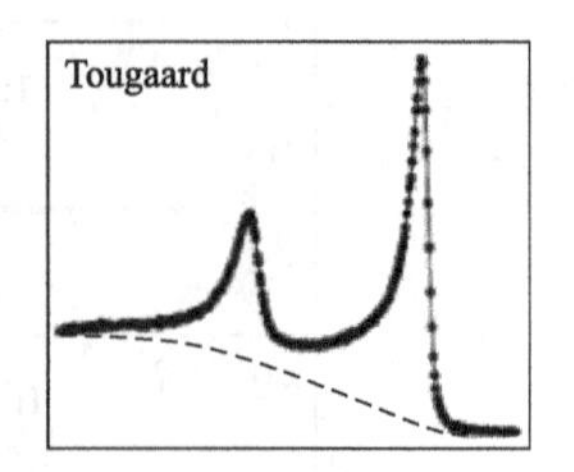

图 4.2.15　三种主要的背景扣除程序

为了减少定量分析中的误差，研究人员引入了灵敏度因子（F）。c_a、K_f 和 λ_{IMFP} 都被包含在灵敏度因子 F 中，而 J 由于其在分析过程中保持不变，可以将其忽略。灵敏度因子可以根据所使用的仪器或任何可能存在的外部背景信号进行修改，它可以在分析参考物质后提供一个已知的数值。通过元素对应的峰面积除以其特定灵敏度因子，可以确定某一元素的含量，表示为归一化强度之和的分数：

$$c_a=(I_a/F_a)/[(I_a/F_a)+(I_b/F_b)+\cdots]\times100\% \tag{4.2.6}$$

式中，下标 a、b 表示不同的元素。用该方法计算表面元素的相对含量，需要假设样品是均匀的。除了引入灵敏度因子外，也可以通过引入与待测样具有相似元素成分的标准试样对实验结果进行矫正，标准样品要求成分已知、深度均匀、相对稳定、不含污染物。其可以抵消大多数背景、IMFP 或浓度梯度引起的误差，从而提高结果的准确性。

通过对样品进行定量分析，我们可以确定不同元素在样品中的含量，还可以分析相同元素的不同价态在样品中的比例。这在科研实验中具有非常广泛的应用。以荧光粉为例，荧光粉中常常含有较多的元素，通过 XPS 分析，我们可以确定各个元素在样品中的相对含量。改变制备工艺，可以探究元素的相对含量在荧光粉发光中所起到的作用。我们还可以定量分析样品表面某一元素或某一官能团的负载情况，XPS 可以清晰地反映不同价态的元素在样品表面的含量，这很大程度解决了 EDS 仅能分析元素相对含量的局限性。通过分析不同价态的元素在样品表面的相对含量，可以判断元素或官能团是否负载成功及其负载量、元素与样品表面的作用方式等，在催化和薄膜表面改性等方面起到非常重要的作用。

(4) 深度剖析

前面已经提到，XPS 可以提供来自表面局部区域的信息，但事实上表面区域的厚度是有限的，而且往往存在垂直方向的成分梯度。如果我们估计 XPS 的采样深度为 10nm，原子直径为 3Å 时，表面区域可由约 30 个原子层组成。每一层可能有不同的组成，最后我们所得到的 XPS 光谱将是来自所有层的信息的卷积。通过对样品表面进行深度剖析，可以获得组分随深度变化的信息。

1) 角分辨光电子能谱（ARPES）

角分辨光电子能谱是一种非破坏性的深度剖析方法，其可分析 $(0\sim3)\lambda_{IMFP}$ 范围内的样品。XPS 的分析深度主要依赖于电子发射角度 θ。X 射线源和探测器固定不动，随着样品与探测器的夹角不断增大，其发射的光电子越来越多地来自样品的表面区域。通过改变夹角的大小，可以得到样品表面不同深度处的信息，如图 4.2.16 所示。

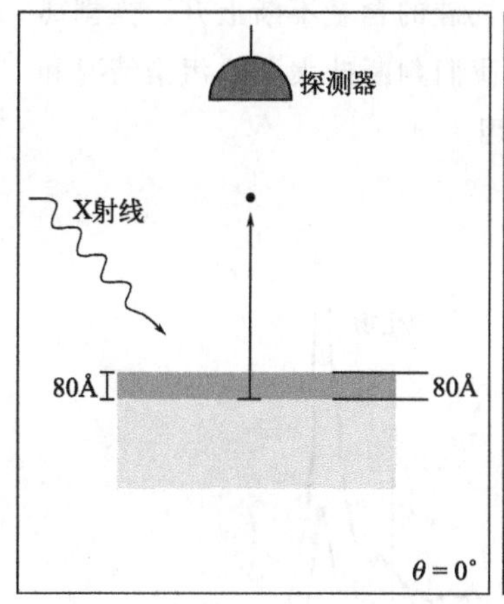

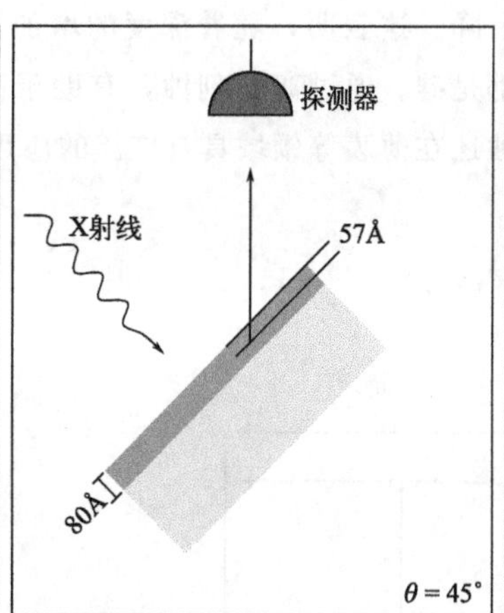

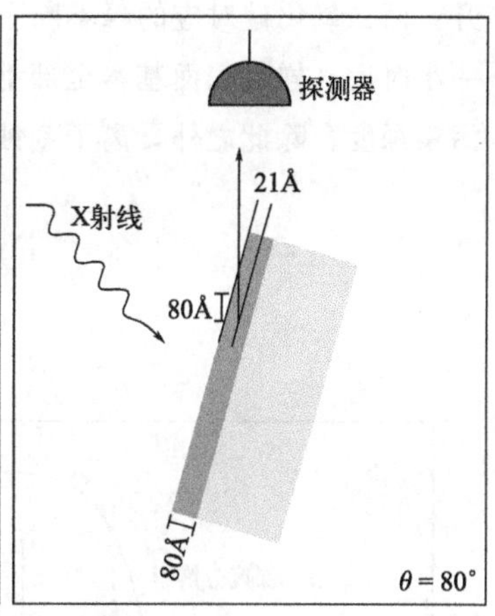

图 4.2.16 探测器与样品间不同 θ 对有效采样深度的影响

2）溅射深度剖析

对于非破坏性的深度剖析方法来说，其最多只能分析到表面 10nm 内的信息。而为了获得样品表面更深处的信息，我们常常需要采用一些破坏性的方法。通过控制速率均匀地将表面原子层剥离，结合 XPS 分析，可以得到表面更深处位置的信息。目前最常用的方法是离子束溅射，常使用 Ar^+ 进行溅射，它的能量在 0.5～5.0keV。通过离子与表面原子发生碰撞，可以有效去除表面的原子，实现剥离。但是对于一些有机或生物材料来说，离子束会破坏它们的结构信息，降低深度剖析的准确性。刻蚀的时间越长，信息的准确性就越差，可通过 C_{60} 簇离子束在一定程度上解决这一问题。离子束溅射另一个需要考虑的问题是不同元素的刻蚀速率存在差异，这会导致在包含多个元素的样品表面，由于发生优先刻蚀，部分区域的刻蚀速度要快于其他区域。随着刻蚀深度的增加，可能会在表面产生粗糙的凹坑。剖析的深度是基于平均刻蚀速率，也就会造成部分高刻蚀速率的元素测量浓度高于实际浓度。此外，还可能会出现离子诱导反应，例如，当二价铜受到低能低剂量离子照射后被还原成一价铜。通常，离子束溅射深度剖析通常只能分析表面 1μm 内的信息。当深度进一步增加时，刻蚀坑底的粗糙度会增加，其准确性将无法得到保证。

溅射控制的深度分辨率将与探测体积（取样深度）、样品质量和任何溅射引起的损伤有关（溅射诱导扩散、偏析等）。定义深度分辨率的常用方法是测量某个突然出现的层的信号强度从最大 16％上升到 84％的深度，或反之，如图 4.2.17 所示。在理想的溅射条件下，性能良好的固体的深度分辨率受入射离子能量、入射角和固体温度的影响。通常情况下认为碰撞级联的体积越小，距离表面越近，深度分辨率越高。下面是一些可以降低离子冲击造成深度分辨率损失的方法：

（a）改变所用离子的类型；

（b）使冲击能量最小化；

（c）减小入射角；

（d）采用样本旋转。

通过 XPS 与离子束溅射剥蚀相结合，可以研究样品不同深度的状态。如图 4.2.18 为硅表面在不同剥蚀时间下的 XPS 能谱图。可以看出，随着剥蚀时间的不断增加，Si 的峰逐渐上升，而二氧化硅对应的峰不断下降。这表明，随着深度的增加，硅的含量不断上升。当剥离一小时后，样品表面基本全部都是硅。通过离子刻蚀，有助于我们判断硅表面的污染情况和污染深度。除此之外，离子刻蚀还在薄膜等领域具有广泛的应用。

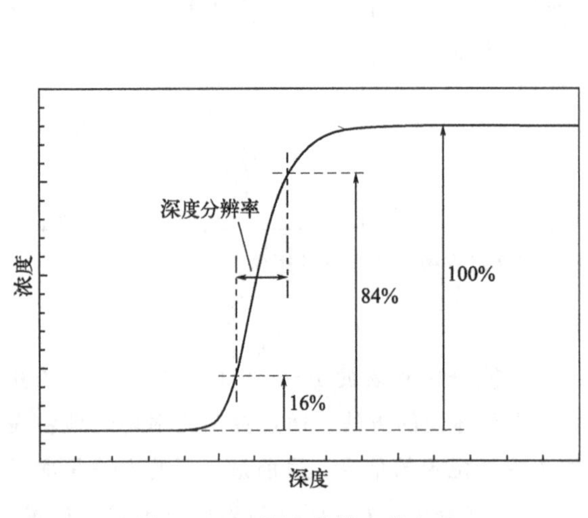

图 4.2.17　深度分辨率的定义

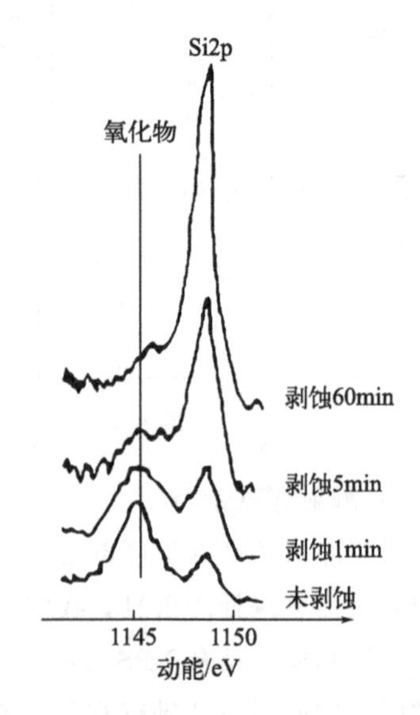

图 4.2.18　离子剥蚀硅试样的 XPS 谱图

4.2.2 俄歇电子能谱

俄歇电子能谱（Auger electron spectroscopy，AES），属于表面能谱分析，是一种常规的材料表面成分表征工具。20 世纪 20 年代法国科学家皮埃尔·俄歇（Pierre Auger）和瑞典科学家莉泽（Rizzer）所发现的俄歇电子效应拉开俄歇电子能谱应用的序幕。他们描述了一种通过 X 射线轰击气体电离产生的 β 电子发射。但由于当时形成俄歇电子的过程十分复杂且电子信号很弱，直到 20 世纪 50 年代朗德尔首次使用电子束激发获得俄歇电子能谱，俄歇电子能谱技术才真正开始应用。

俄歇电子是在初级电子（或其他高能粒子）轰击下获得的次级电子的一部分，其特征能量使人们能够识别发射元素。俄歇电子能谱的实验装置与扫描电子显微镜非常相似，不同之处是其电子不仅用于成像，还用于表面原子的化学鉴定。目前，在材料科学领域的许多研究课题中，如金属和合金力学性能研究、金属材料的失效研究和防护、金属和陶瓷材料的制备、复合材料的制备以及半导体薄膜器件的制造工艺等，俄歇电子能谱仪的应用都十分普遍。

4.2.2.1 俄歇电子能谱的基本原理

我们知道，当高能粒子如 X 射线、光子、电子或中子，撞击原子内壳的电子时，粒子的能量可以高到足以将原子中的电子撞出原来的位置。被撞出的电子以自由电子的形式离开原子，原子就被电离了。由于电离是一种激发态，原子在被外层电子填满内部电子空位后，会迅速恢复到正常状态。同时，一个壳层电子和一个内壳层电子之间的能量差将产生一个 X 射线光子（特征X射线）或另一个从原子发射出来的特征自由电子，这个特征自由电子就是俄歇电子。

图4.2.19为典型的俄歇电子效应原理示意图，其中外来的激发源与原子发生相互作用，把内层轨道（K轨道）上的一个电子激发出去，在K轨道上产生一个空穴，形成了激发态正离子。在激发态离子的退激发过程中，外层（L轨道）的一个电子填充到内层空穴，释放出的能量，促使次外层（L或L以上轨道）的电子激发发射出俄歇电子。具体来说，当原子发射出一个俄歇电子（KL_1L_2）时，其能量变化情况为

$$E_{KL_1L_2}=E_K-E_{L_1}-E_{L_2}-E_w \tag{4.2.7}$$

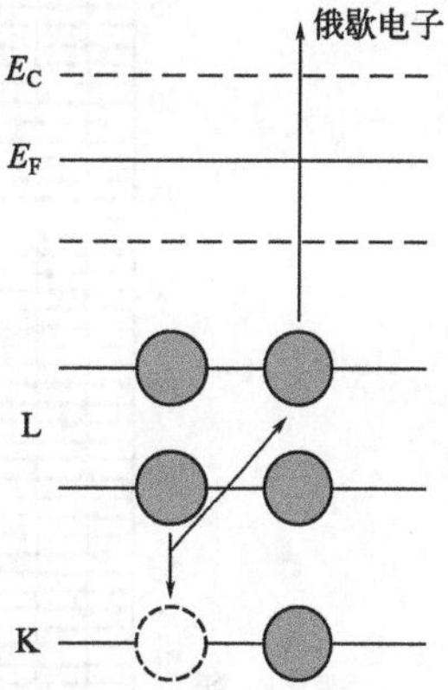

式中，$E_{KL_1L_2}$为俄歇电子能量；E_K为K轨道电子能量；E_{L_1}和E_{L_2}分别为L轨道的L_1和L_2能级电子能量；E_w为材料的逸出功。

图4.2.19 俄歇电子发射过程

俄歇电子的跃迁往往涉及三个核外电子，正如图4.2.19所示，某一层电子电离会导致第二层的空位跃迁和第三层电子的发射。由于电子的电离会影响原子库仑电场，造成壳层能级的改变，可以近似看成失去一个电子形成正离子状态。规定对于原子序数为Z的原子，电离层能量$E_3(Z)$变为$E_3(Z+\Delta)$，特征能量：

$$E_{123}(Z)=E_1(Z)-E_2(Z)-E_3(Z+\Delta)-E_w \tag{4.2.8}$$

式中，Δ为修正量，数值在0.5～0.75之间，近似取1，即E_3取比其对应原子序数高1的元素原子中相应壳层的结合能。相关俄歇电子的知识，主要围绕俄歇电子动能和俄歇电子强度展开。

(1) 俄歇电子动能

能够逃逸出原子的俄歇电子大多数来自距离样品表面非常近的范围，典型值为0.3～3nm，通过能量分析器可以收集并测定逃逸出的俄歇电子动能。俄歇电子能谱技术主要就是依靠俄歇电子的能量来识别元素的，俄歇电子动能也只与元素激发过程中涉及的原子轨道的能量有关，而与激发源的种类和能量无关。

俄歇电子的能量可以通过涉及的原子轨道能级结合能进行计算，各种元素在不同跃迁过程中发射的俄歇电子的能量如图4.2.20所示。每个元素均具有多条激发线，每个激发线的能量仅与元素及激发线有关。其中，原子序数3～10的原子产生KLL俄歇电子；原子序数大于14的原子还可以产生KLM、LMM、MNN俄歇电子。显然，选用强度更高的俄歇电子进行检测有助于提高能谱分析的灵敏度。由此看来，不同跃迁方式之间（尤其是X射线荧光和俄歇电子之间）必定存在着相互竞争，所以必须考虑俄歇电子产额。

(2) 俄歇电子强度

俄歇电子的产额、电子的逃逸深度、原子的电离截面是俄歇电子强度的三个主要影响因素。

1）俄歇电子产额

本书第2章已经介绍过，俄歇效应和荧光效应同属光电效应的次生效应，如图2.1.12所示。对于K层电离的初始激发状态，其对应的跃迁过程不仅可能激发不同能量的K系X射线

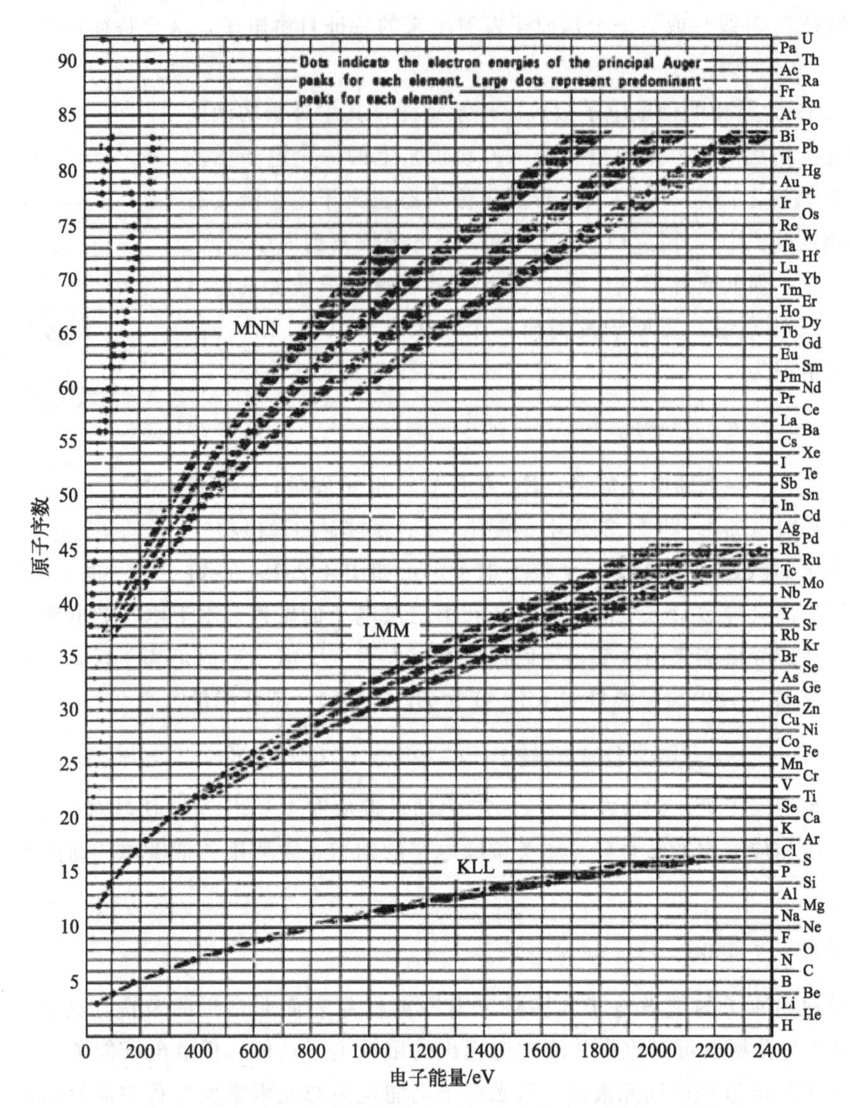

图 4.2.20　各种元素在不同跃迁过程中发射的俄歇电子的能量

光子，还会发射不同能量的 K 系俄歇电子。对于这两种跃迁方式，它们的相对发射概率，即荧光产额 ω_k 和俄歇电子产额 α_k 满足：

$$\omega_k + \alpha_k = 1 \tag{4.2.9}$$

对于俄歇电子，平均俄歇电子产额（俄歇产率）随原子序数的变化规律如图 4.2.21 所示。对于 $Z \leqslant 14$ 的轻元素的 K 系以及几乎所有元素的 L 和 M 系，俄歇电子的产额都是很高的，所以在分析轻元素时采用俄歇电子能谱特别有效；对于中、高原子序数的元素来说，采用 L 和 M 系俄歇电子也比采用荧光产额很低的长波长 L 或 M 系 X 射线进行分析灵敏得多。

总的来说，对于 $Z \leqslant 14$ 的元素，可以采用 KLL 电子来鉴定；对于 $Z > 14$ 的元素，LMM 电子比较合适；对于 $Z > 42$ 的元素，采用 MNN 和 MNO 电子最好。为了获得目标类型的俄歇电子跃迁，初始电离所需的入射电子能量都不需要太高，一般不会超过 2keV。

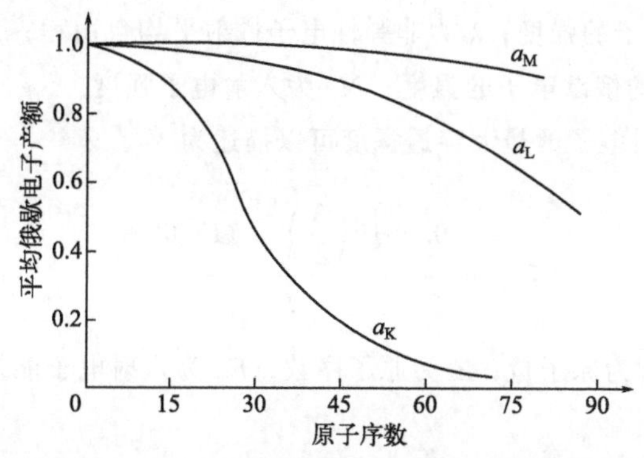

图 4.2.21　俄歇产率随原子序数的变化规律

将俄歇产额和荧光产额进行比较，也能较为清晰地判断选择对象。如图 4.2.22 所示，对于元素的 K 系，当原子序数小于 19 时，俄歇产额在 90%以上，故应采用 K 系列的俄歇峰；当原子序数高于 33 时，荧光产额高于俄歇产额，则 K 系不能再采用；而对于原子序数 16～41 间的元素，其 L 系的荧光产额为零，故应采用 L 系列的俄歇峰；当原子序数更高时，考虑到 M 系的荧光产额为零，应采用 M 系列的俄歇峰。

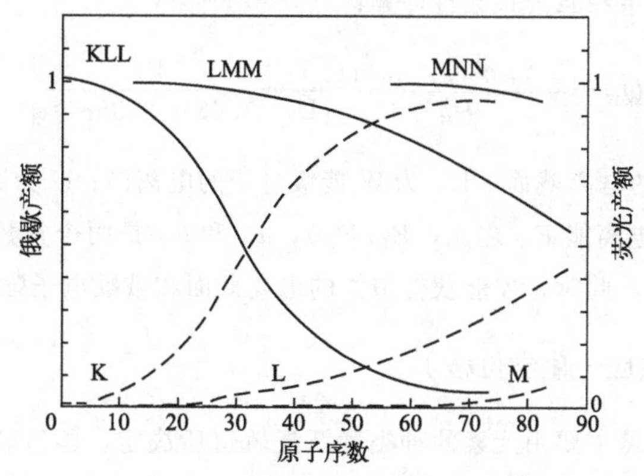

图 4.2.22　俄歇产额和荧光产额与原子序数的关系

2）逃逸深度

可以认为俄歇电子的实际发射深度取决于入射电子的穿透能力，但实际上真正能够保持其特征能量且逸出表面的俄歇电子仅限于表层，其范围为 0.1～1nm。超过这一深度发射的俄歇电子会在与样品原子的非弹性散射中被吸收，或者因为能量损失而和作为背景的二次电子混合。所以，需要选择能量较高的俄歇电子进行检测，有利于分析灵敏度的提高。同时，0.1～1nm 相当于几个原子层，在这样的浅表层内几乎没有入射电子束的侧向扩展，从而其空间分辨率和束斑尺寸相当。目前，利用细聚焦入射电子束的“俄歇探针仪”可以分析大约 50nm 的微区表面化学成分。

逃逸深度与俄歇电子的平均自由程相关。俄歇电子的能量由于弹性和非弹性散射而有所损失，而只有在浅表面产生的俄歇电子才能被检测到，这也是俄歇电子能谱应用于表面分析的基础。逃逸出的俄歇电子的强度 N 与样品的取样深度存在指数衰减的关系：

$$N = N_0 e^{-\frac{z_{max}}{\lambda}} \tag{4.2.10}$$

式中，N_0 为入射电子的强度；λ 为非弹性电子散射平均自由程；Z_{max} 为入射电子的最大穿透深度；N 为逃逸出的俄歇电子的强度；N_0 为入射电子强度。

根据相关推导，入射电子的最大穿透深度可以描述为

$$Z_{max}=\frac{0.0019\left(\frac{A}{Z}\right)^{1.63}(E_0)^{1.71}}{\rho} \tag{4.2.11}$$

式中，ρ 为密度；A 为原子量；Z 为原子序数；E_0 为入射电子能量。

3）原子的电离截面

对于一个入射电子而言，在单位长度的行程上同原子发生电离碰撞的次数与总碰撞次数之比称为电离概率，它由实验测得的电离截面来度量。由于激发过程的复杂性，到目前为止还难以用俄歇电子能谱来进行绝对的定量分析。

电离截面则可以定义为某一入射粒子穿越气体或固体时发生电离碰撞的概率，也可以理解成发生电子跃迁时产生孔穴的概率。如果从定量分析的角度出发，电离截面则可以理解为能量为 E_P 的一次电子在电离原子中 W 级上结合能为 E_W 的电子时，其难易程度的表征。电离截面可以按照下面的半经验公式进行计算：

$$Q_W=\frac{6.51\times10^{-14}a_Wb_W}{E_W^2}\left[\frac{1}{U}\ln\frac{4U}{1.65+2.35e^{1-U}}\right] \tag{4.2.12}$$

式中，Q_W 为原子的电离截面；E_W 为 W 能级电子的电离能；U 为激发能与能级电离能之比（激发能 E_P 与能级电离能 E_W 之比，E_P/E_W）；a_W 和 b_W 是两个常数。当 U 为 2.7 时，电离截面可以达到最大值，此时，才能获得最大的电离截面和俄歇电子强度。

4.2.2.2 俄歇化学效应（化学位移）

虽然俄歇电子的能量主要由元素的种类和跃迁轨道所决定，能级轨道和次外层轨道上电子的结合能在不同的化学环境中是不一样的，有一些微小的差异。这些微小差异会导致俄歇电子能量的变化，称作俄歇化学位移。

前文也介绍过，由于俄歇电子涉及三个原子轨道能级，其化学位移要比 XPS 的化学位移大得多。例如 Al KL_2L_3 的金属中 Al 峰与氧化物中 Al 峰之间的位移大于 5eV，而 Al 2p 结合能的相应位移仅为 1eV 左右。故而原子发生的电荷转移会引起内层能级移动，而化学环境变化引起价电子态密度变化，会引起价带谱的峰形变化。对于相同化学价态的原子，俄歇化学位移的差别主要和原子间的电负性差有关。对于电负性大的元素，可以获得部分电子带负电，因此俄歇化学位移为正。相反，对于电负性小的元素，可以失去部分电子带正电。电负性差越大，原子得失的电子也越多，因此俄歇化学位移也越大。

4.2.2.3 俄歇电子能谱仪的结构

俄歇电子能谱仪由真空系统、电子枪、能量分析器、离子枪、数据采集和处理系统等组成（如图 4.2.23 所示）。进行俄歇电子能谱测试时，需要超高真空，以保持样品表面的原始状态，并保证在分析过程中不变。俄歇谱仪用的典型真空系统主要有溅射离子泵、扩散泵、

涡轮分子泵，最常采用的是离子泵系统。

电子枪的核心部件是电子源，商品化的电子源有钨灯丝、六硼化镧发射体（LaB_6）和场发射体（FEG），前两种都属于热电子源。传统钨灯丝的最小光束直径为 3～5μm，而 LaB_6 和 FEG 源的束流直径可以达到 20nm 以下，但它们的一次电子束能量必须提高到 20～30kev。如图 4.2.24 所示，光束电流的最小光束直径是由场发射枪获得的，这使得场发射枪更加精细，同时需要更好地控制真空。

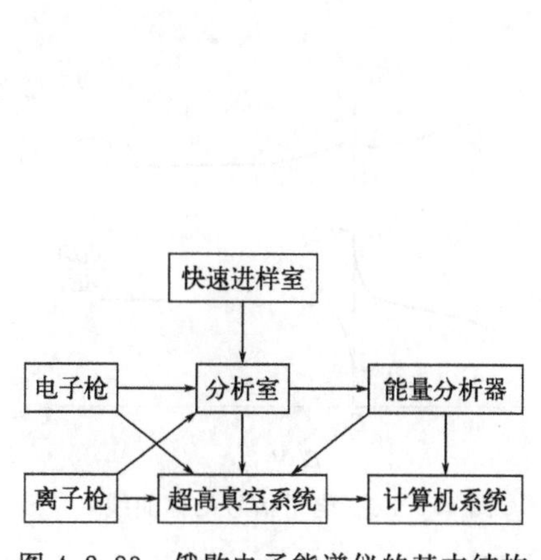

图 4.2.23　俄歇电子能谱仪的基本结构

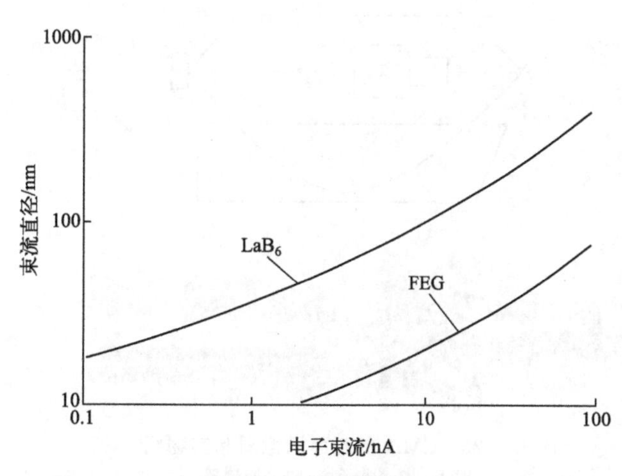

图 4.2.24　电子源 LaB_6 与场发射枪（FEG）的比较

热电子源和场发射源这两种类型的电子源基于不同的物理原理。前一种是利用一定的热能将电子从热源中移走。这种能量称为功函数，它表示物质表面释放电子所必需的势垒，典型的功函数能量为 4～5eV。对于热电子源，通过一定的电流来加热材料，从而获得足够高的温度，使电子到达真空。场发射则是基于电子的隧穿过程。如果想在发射器和引出电极之间施加足够高的电场，需要半径为 20～50nm 的尖锐针状点源，并且缩短发射极和引出电极之间的距离，横向分辨率的极限由聚焦透镜决定。纯静电电子枪可以聚焦到 0.2 μm，而电磁聚焦可以分别将 LaB_6 和场发射器的光斑尺寸减小到 0.02 μm，从而使得场发射体也可用于扫描电子显微镜。然而，电子束的聚焦可能会导致电子束损伤，特别容易发生在低电导率的样品区域。为避免光束损坏，电流密度大于 $1mA/cm^2$ 光束应至少施加到直径 10 μm 的光斑上。这种限制在高横向分辨率的测试工作中很难达到，在某些情况下还会导致局部样品分解。总的来说，不管是哪种发射体，基本要求是：稳定性高、电子流强度高、具有能量单色性以及使用寿命长。

电子能量分析器则是在电子枪的基础上测量俄歇电子动能的重要结构。目前有三种分析器：筒镜型分析器、半球型分析器和阻滞场型分析器。近代俄歇谱仪广泛采用的是 1969 年帕尔姆贝里等人引入的筒镜能量分析器 CMA，使得 AES 的信背比获得改善。如图 4.2.25 所示，CMA 由两个同心圆筒柱体组成，内柱体保持零电位，外柱体则施加负电位。电子枪则往往安装在分析器内，与分析器共轴。一定比例的俄歇电子将穿过内柱体上的固定光阑，依赖于外柱体的电势而使所需的电子通过检测器光阑，这些电子被再次聚焦到电子探测器上，因而获得电子能谱，即直接能谱。谱中不但包含有俄歇电子，而且也包含有其他发射电子，其中俄歇能谱信号弱，谱峰叠加在强背景上。强背景形成的主要原因是入射电子激发产生的二次电子和非弹性散射电子的叠加。

二次电子的电流高于俄歇电子电流两个数量级左右，这会导致俄歇电子的信噪比极低。最突出的问题是灵敏度很差，如图 4.2.26 所示，想要在曲线上获取俄歇电子峰十分困难。为此必须采用能量分析器和特殊的数据处理方法。

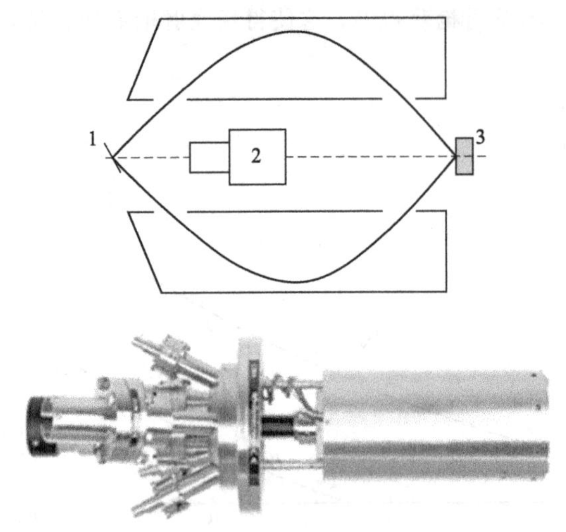

图 4.2.25　CMA 的剖面示意图和实物图

1—样品；2—电子枪；3—探测器

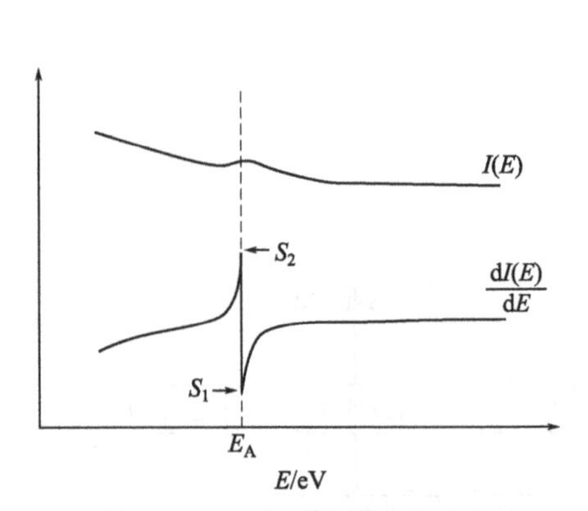

图 4.2.26　电子信号的谱曲线

由于俄歇信号是叠加在强背景之上的弱信号，因此分析时经常收录的是微分谱而不是直接谱。在外筒电压上叠加一个微小的交流调制信号ΔU来提高灵敏度。这使得电子检测器收集到的电流信号 $I(U+\Delta U)$ 发生微小的调幅变化。

$$\Delta U = A\sin\omega t \tag{4.2.13}$$

将其进行泰勒展开：

$$I(U+\Delta U)=I(U)+\frac{\mathrm{d}I}{\mathrm{d}U}\Delta U+\frac{1}{2}\frac{\mathrm{d}^2 I}{\mathrm{d}U^2}(\Delta U)^2+\frac{1}{3!}\frac{\mathrm{d}^3 I}{\mathrm{d}U^3}(\Delta U)^3+\cdots \tag{4.2.14}$$

当振幅 A 很小时，可以将公式改写为

$$I=I_0+\frac{\mathrm{d}I}{\mathrm{d}E}A\sin\omega t-\frac{\mathrm{d}^2 I}{\mathrm{d}U^2}A^2\cos 2\omega t+\cdots \tag{4.2.15}$$

频率为 ω 的信号可以通过相敏滤波器进行筛选，再通过选频放大器进行转接放大，最终得到的信号就可以没有其他的干扰。整个分析器装置得到的电信号 $I\propto(\mathrm{d}I/\mathrm{d}E)A\sin\omega t$。特征值分别为 $A=0.5\sim5\text{V}$，$\omega=1\sim10\text{kHz}$。

同时，借助于相敏探测器比较探测器的输出信号和标准交流信号，从而得到微分俄歇电子谱。现代俄歇电子能谱检测系统中，如果需要微分谱可以直接从计算机的数据系统中获得。

4.2.2.4　俄歇电子能谱的检测

(1) 样品制备

俄歇电子能谱通常只能分析固体导电样品，由于高束流密度，样品表面会发生负电荷积累。高能电子有一定的穿透性，所以对于100nm厚度以下的绝缘体薄膜，要求基体材料能导电，同时在分析点（面积越小越好，一般应小于1mm）周围要求进行镀金处理。在实验过程中，样品必须通过传递杆，穿过超高真空隔离阀，送到样品分析室，所以样品的尺寸必须符合一定规范，以利于真空系统的快速进样。

对于粉末样品，基体可以直接使用导电胶带。跟扫描电子显微镜制样类似，使用导电胶带作为基底时制样方便，而且样品用量较少使得抽真空到高真空的时间较短，其缺点在于胶带成分会产生干扰并存在荷电效应。对此也可以直接将样品压到金属铟或锡的基材表面。这样可以在真空中对样品进行处理，如加热、表面反应等，信号强度也比胶带法高得多。其缺点在于样品用量太大，抽到超高真空的时间太长，并且对于绝缘体样品，荷电效应会直接影响俄歇电子能谱的测试过程。

对于含有挥发性物质的样品，在样品进入真空系统前必须清除掉挥发性物质，方法是依次用正已烷、丙酮和乙醇超声清洗油性物质，然后红外烘干，才可以进行抽真空等相关操作。对于表面有油等有机物污染的样品，在进入真空系统前，必须用油溶性溶剂，如环已烷、丙酮等清洗样品表面的油污，最后再用乙醇洗去有机溶剂。同时为了保证样品表面不被氧化，一般采用自然干燥，部分样品也可以进行表面打磨等处理。

必须指出，绝对禁止带有强磁性的样品进入分析室。当样品具有磁性时，由样品表面射出的俄歇电子会偏离接收角，不能到达分析器，从而得不到正确的俄歇电子能谱。如果样品有微弱的磁性，一般可以通过退磁的方法去掉样品的微弱磁性，然后像正常样品进行测试分析。

（2）定性分析

如果只是需要识别元素，常用的方法是用标准图谱手册进行谱线的能量位置和形状的识别。目前为止，标准图谱手册可以提供各元素的主要俄歇电子能量图，并给出各元素的俄歇峰的位置、形状和相对强度。图4.2.27给出的是金刚石表面Ti薄膜的俄歇定性分析谱。

首先需要确定的是一个或数个最强峰。可以利用俄歇电子能量图找出可能的元素，然后使用标准俄歇谱图对元素进行筛选确认。在这里主要考虑的是峰位能量的绝对值，同时还需参考峰的相对位置、强度和形状。实际操作中，往往会发现存在与标准值相差几个电子伏的位移，这样的偏差是可以接受的。

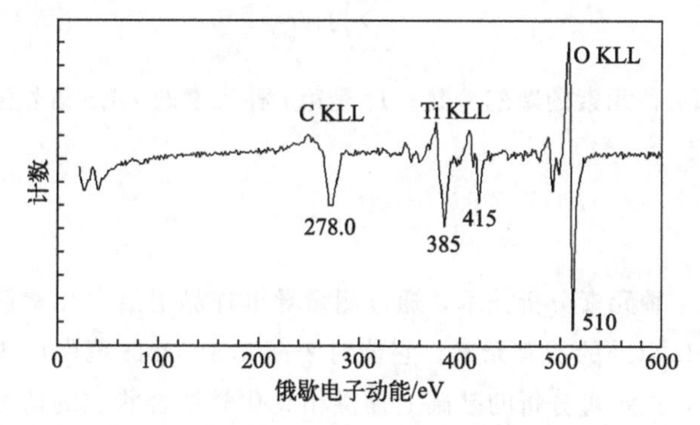

图4.2.27　金刚石表面的Ti薄膜的俄歇定性分析谱

按照上述方法继续确定其他较弱的峰。需要注意的是弱峰有可能被强峰淹没而导致元素漏检。此类情况并不多见，也可以通过峰形状是否异常来判断是否存在峰的重叠现象。如果发现存在没有归属的峰，就需要判断它们是不是俄歇峰。真正俄歇峰的位置是不会随入射电子能量的改变而变化的，所以可以适当调整入射电子能量进行重复性测试。如果峰位置发生改变，则可以确定这些峰属于能量损失峰。

（3）定量分析

就俄歇电子谱的定量分析而言，基本上还是处于半定量的水平，其测试精度相对较低。如果可以较为准确地估计俄歇电子的有效发射深度，同时考虑所用基底材料对电子产额的影响，相对误差可以从 30%减少到 5%，接近电子探针的精度。

为了对俄歇电子能谱进行定量分析，必须将峰强转化为原子浓度。与此同时，与样品和能谱仪相关的多种因素也影响着电子能谱的定量分析。发射截面是直接与样品相关的因素，它依赖于元素种类、发射电子的原子轨道和激发源的能量。影响能谱仪的因素则更多，能谱仪的传输函数、探测器的效率以及可能存在的杂散磁场或多或少会影响定量分析的结果。

同样，需要解决的是谱的形式。在微分模式下，强度的测量值是峰高。图 4.2.26 中的 $\mathrm{d}I/\mathrm{d}E$ 即为峰幅值，其大小 S_1 和 S_2 可以看成有效激发体积内元素浓度。对于较低分辨率的能谱仪，峰高强度大致上与峰的面积存在正比关系；当进行高分辨率分析时，能谱中会出现明显的精细结构，这会显著地降低峰高。所以，在定量分析中常常采用直接能量谱的积分面积。最常用和实用的方法是相对灵敏度因子法。为了把得到的幅值换算成摩尔分数，需要参考特定的纯元素标样银（Ag），并通过下面公式进行计算：

$$C_{\mathrm{A}}=\frac{I_{\mathrm{A}}}{I_{\mathrm{Ag}}^{0}S_{\mathrm{A}}D_{\mathrm{X}}} \tag{4.2.16}$$

式中，C_{A} 为摩尔体积分数；I_{A} 为 AES 信号强度（幅值）；I_{Ag}^{0} 为纯元素标样银的幅值；S_{A} 为该元素的相对俄歇灵敏度因数，由于需要考虑电离截面和跃迁概率的影响，需要查询手册；D_{X} 为一标度因数，当 I_{A} 和 I_{Ag}^{0} 的测量条件完全一致时，$D_{\mathrm{X}}=1$。

如果存在多种元素，则可用下式进行计算：

$$C_i=\frac{I_i/S_i}{\sum_{i=1}^{i=n}I_i/S_i} \tag{4.2.17}$$

式中，C_i 是指第 i 种元素的摩尔分数；I_i 是第 i 种元素的 AES 信号强度；S_i 是第 i 种元素的相对灵敏度因子。

4.2.2.5 小结

俄歇电子能谱是一种元素分析技术，通过测量导电样品上给定元素俄歇电子跃迁的特征动能，检测除 H 和 He 以外的所有元素。它能对表面 0.5～2nm 范围内的化学成分进行灵敏度分析，分析速度快，在定量分析的基础上提供相关化学结合状态的情况。同时还可以结合氩气或其他惰性气体离子对试样待分析部分进行溅射刻蚀，从而得到材料沿纵向的元素成分分析结果。

俄歇电子能谱的相关应用涵盖材料科学、物理和化学的几乎所有领域，包括纳米粒子的化学分析、表面薄膜制备、金属材料的腐蚀和电化学腐蚀防护等。尤其在材料表面、截面深度分析领域，俄歇电子能谱的测试效果最为优异。未来将朝着高空间分辨率、大束流密度的方向发展。俄歇电子能谱仪未来在新材料研制、材料表面性能测试与表征中都将发挥不可估量的作用。

思考题

1. 为什么 XPS 无法探测到 H 和 He 元素？

2. 为什么 XPS 测试需要超高真空环境？

3. 为什么用 Mg K_α 和 Al K_α 作为 XPS 的 X 射线源？它们能激发金属如 Ti 和 Fe 的 1s 光电子发射吗？如果不能，我们如何检测这些元素？

4. XPS 的样品如何制备？与其他分析方法的样品制备相比有什么异同？

5. 哪些元素可以被 AES 检测到？为什么检测不到氢元素（H）和氦元素（He）？

6. 从俄歇谱图中能够得到哪些化学信息？

7. 是否能将 AES 和电子显微镜进行联用？讨论其中的优缺点。

8. 为什么在 AES 分析中选择微分能谱？为什么直接能谱经常用于定量分析？

9. 试比较热电子源和场发射源的优缺点。

10. 从能量来源、样品信号、可检测元素、空间分辨率和对有机样品的适用性等方面比较 AES 和 XPS。

4.3 扫描探针显微镜

4.3.1 引言

自从 400 多年前光学显微镜被发明以来，人类对微观世界的探索脚步从未停止。光学显微镜将我们人眼的分辨能力从可视距离下的 0.2 毫米提高到了 0.2 微米，催生了细胞、微生物等生命科学的跨越式发展。可由于可见光衍射效应限制，普通的光学显微镜极限分辨率止步于此。20 世纪 30 年代发明的电子显微镜进一步将我们认识微观的能力提高到纳米/亚纳米尺度，促进了材料、物理、化学等很多学科的快速发展。可由于磁透镜像差的限制，普通的透射电子显微镜极限空间分辨率止步于 0.2 纳米（近年来发展的球差矫正技术已经突破了这个极限），想清晰地看到单个原子还有难度。虽然借助于 X 射线衍射和电子衍射，我们可以推算出原子的有序空间排布，比如我们日常看到的那些精美的有序晶体结构模型都是通过衍射得到的，但衍射技术只限于原子有序的晶体样品，而且是间接的反推结果。有什么技术能直接看到单个原子呢？

20 世纪 50 年代发明的场离子显微镜让人类首次模糊地看到了单个原子。然而场离子显微镜工作所需要的苛刻条件和特制样品使该技术很难成为一种通用的成像技术。直到 20 世纪 80 年代，以扫描隧道显微镜（scanning tunnel microscope，STM）和原子力显微镜（atomic

force microscope，AFM）为代表的扫描探针显微镜（scanning probe microscope，SPM）出现了，人类才可以直观地观测原子。SPM是人类通往纳米和原子世界的有力武器，甚至可以说是人类打开纳米技术大门的关键钥匙。

场离子显微镜

扫描探针显微镜是包含STM及在STM基础上发展起来的一类新型显微镜，这类显微镜借助于探针在样品表面扫描来获取样品表面的高分辨图像信息。除了最早被发明出来的STM之外，SPM家族的主要成员还有AFM、扫描近场光学显微镜、静电力显微镜、磁力显微镜、扫描热显微镜、弹道电子发射显微镜、扫描离子电导显微镜等等，在生命、物理、化学、材料、电子信息等领域获得了广泛的应用。

扫描探针显微镜如此成功，它到底是如何成像的呢？简单来说，SPM用一根纤细的探针在样品表面扫描，通过探针和样品之间的相互作用，最终获得样品高低轮廓。就像一个灵敏的手指摸过脸庞，摸出了脸的形状一样，SPM可以表现出样品表面的高低起伏，不过这可是原子尺度的高低起伏。特别是SPM家族中的“长子”STM，不但具有原子尺度的空间分辨率，能清晰地识别单个原子，而且可以通过推拉来直接操控单个原子或分子。

4.3.2 扫描隧道显微镜

4.3.2.1 STM的发明

1986年的诺贝尔物理学奖被授予透射电子显微镜与扫描隧道显微镜的发明者。此时，距离鲁斯卡（Ruska）1931年研发TEM已经过去了半个多世纪，TEM极大地推动了材料相关学科的发展；而距离宾尼格（Binnig）和罗雷尔（Rohrer）1981年发明STM刚刚过去了5年。为什么STM在这么短的时间后就可以获得诺贝尔奖？

作为SPM家族中“长子”，STM的发明不同凡响，特别是STM所获得的那些栩栩如生的原子图像具有十足的冲击性。宾尼格和罗雷尔的第一个STM科学实验就是研究金晶体的表面原子结构，宾尼格在他的诺贝尔奖演讲致辞中谈到那些最初的实验时说：“当屏幕上呈现出一排排精确间隔的原子和宽阔的台阶，由一个原子高度隔开，我被这些漂亮的图像迷住了，无法停止……我正在进入一个新世界。”的确，STM帮助我们进入了一个崭新的世界，接下来我们看看STM的发明过程。

20世纪70年代，与半导体电子技术、催化技术紧密相关的表面科学刚刚萌芽。当时，宾尼格和罗雷尔是在国际商用机器公司（IBM）苏黎世实验室工作的一对搭档，这对搭档都有着超导领域的研究背景，都热衷于表面原子及其电子结构的研究，他们想探索表面原子及缺陷的电子结构。和很多原创研究一样，宾尼格和罗雷尔的研究受到了当时已有技术工具的限制。当时没有任何一种技术可以直接看到表面原子，更不用说其电子结构了。于是，这对搭档决定设计自己需要的仪器——能在纳米尺度直接观察原子的技术。

可如何直接观测原子呢？当时没有任何现成的技术。宾尼格和罗雷尔创造性地想到了量子力学领域的隧道效应。隧道效应描述的是在微观世界里的粒子行为规律。简单类比，在宏观世界我们必须翻过山顶才能越过高山，而在微观世界根本不需要上上下下费力翻山，而是能够直接穿越。一个具体的例子是电子可以从一个导体直接穿越中间的绝缘体到达另外一个导体，从而产生隧道电流。宾尼格和罗雷尔设法让一个非常细的导电针尖尽量靠近但不接触一个导电样品，结果真的测到了期待中的隧道电流，图 4.3.1 为他们工作的照片。宾尼格和罗雷尔测得的这个隧道电流非常敏感，这反而成就了他们，让他们做出高分辨的成像技术。由于隧道电流对针尖和样品间的距离非常敏感，在特定条件下，当探针和样品之间的距离变化 0.1 个纳米，隧道电流大小差一个量级，因此隧道电流的变化可提供样品表面高低起伏的形貌，这些形貌信息是如此精细，甚至可以测出样品表面的原子高低起伏，从而建立样品表面的三维原子图像。

图 4.3.1　宾尼格和罗雷尔及他们发明的 STM 雏形

1979 年 1 月，宾尼格和罗雷尔提交了关于 STM 的第一个专利申请。很快，在同事格伯(Gerber) 的协助下，他们开始着手制造显微镜。经过对探针、防震措施进行无数次的调整，设备的机械精度大大提高，获得的图像也更加清晰，终于可以看到单个原子了。很快，全世界的科学大奖评委会都知道了宾尼格和罗雷尔，因为他们发明的 STM 让人类有史以来第一次能够清晰地看到甚至操控纳米世界的原子和分子。STM 的发明被学术界公认为 20 世纪 80 年代世界十大科技成就之一，甚至有部分学者将 STM 发明的 1981 年作为纳米科技元年。

事实上，在宾尼格和罗雷尔之前就曾有人做出了类似的发明，只不过未能解决具体技术问题，而得不到高分辨图像。

拓展阅读

与扫描隧道显微镜失之交臂的工作

4.3.2.2 STM的独特优势

相对于当时已有的成像技术，STM具有巨大的优势。即使到目前，能超越STM的成像技术也不多见。STM的优势简单罗列如下。

① 作为成像技术，STM最显著的优势就是其超高的空间分辨率。STM的纵向空间分辨率达到了惊人的0.01nm，横向空间分辨率逊色一些，也达到了0.1nm，如此高的分辨能力可以清晰看到样品表面的原子。相对于另外两种能看到原子的高分辨TEM和FIM（场发射粒子显微镜）成像技术，STM在空间分辨率方面是有优势的，而且要看到清晰的原子，TEM和FIM都需要复杂的设备和复杂的样品制备流程，而STM不需要。

② 相对于常规的光学显微镜、电子显微镜只能测量样品表面的横向尺寸，STM能测量样品在竖直方向上的尺寸大小。虽然扫描电子显微镜有很大的景深，看起来立体感很强，有栩栩如生的感觉，但我们也无法从一张电镜照片中去测量样品沿竖直方向的尺寸。而STM可以以非常高的精度定量显示样品沿垂直方向的高度信息，比如STM可以测量一个粒子的高度或一个孔的深度，这是STM的独特优势之一。

③ STM可实时得到样品空间表面的三维图像。不像X射线衍射和电子衍射，借助于衍射信号反推样品中的有序排布，STM对样品直接成像，对样品的原子周期性排布没有要求。STM既可以研究晶体，也可以观察无定形物质，还可用于表面扩散等动态过程的研究。

④ STM工作环境要求不高。SEM、TEM、FIM等显微镜都需要在真空；有时需要在低温条件下工作，而STM既可以在真空中工作，也可以在大气和液体环境下工作，既可以在低温工作，也可以在室温下工作，这种工作环境的友好性不但使用方便，而且不会对样品造成损伤，特别适合研究生物样品。

⑤ 价格便宜也是STM获得广泛应用的原因之一。虽然随着辅助功能的加入，今天的STM越来越复杂，越来越昂贵，可STM从原理上并不需要复杂的设备。由于STM构造简单，不需要高真空，STM不需要太高的成本就可以做到原子分辨的成像能力。而TEM要想具有原子分辨能力，需要非常高的设备成本和非常复杂的样品制备流程。

⑥ STM还有一个惊人的能力，就是原子操控。借助于STM的超高分辨能力和原子操控能力，1990年4月，IBM公司的科学家用35个氙原子，在金属镍上拼出了该公司的名称“IBM”（图4.3.2），这是当时世界上最小的广告，也是最有冲击力的广告。这3个字母的高度约是一般印刷用字母的1/2000000，原子间间距只有1.3nm左右，成为当时人类刻画出的最小字母。值得一提的是，关于最小字母的竞赛背后有着有趣的故事。

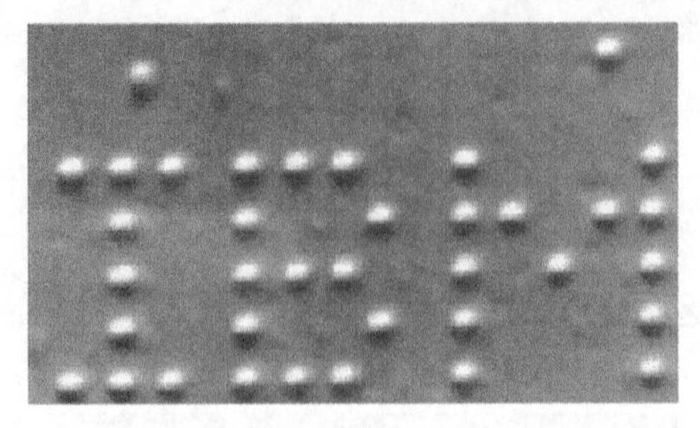

图4.3.2 IBM的研究人员用35个原子拼出的公司名称

最小字母的竞赛

当然，相对于光学显微镜、电子显微镜，STM也有两个明显缺陷，那就是成像视野有限且只能用于测试导电样品。由于压电发动机的移动范围非常有限，因此借助于压电发动机扫描获取的图像视野也非常有限，最大只有几十微米的大小，通常只扫描几微米的视野范围。另外，STM只能测试导电性样品，这个局限性直接催生了原子力显微镜，后边会进行介绍。

4.3.2.3 STM的原理与构造

STM的工作原理主要是基于量子隧道效应，通过探测导电探针和导电样品之间的隧道电流来成像，这就是STM中的T（tunnel）。由于隧道电流对探针和样品间的距离非常敏感，需要精度特别高的压电发动机来控制样品和探针之间的相对移动，这就是STM中的S（scanning）。作为SPM家族一员，STM也离不开探针（probe），即SPM中的P，而且隧道电流对距离的敏感程度与探针的针尖尖锐程度密切相关，决定着STM的成像水准。另外，由于隧道电流对样品和针尖之间的距离非常敏感，且这个距离非常小，因此设备对振动要求很高，需要专门的防震。图4.3.3为STM设备构成示意图，下面将从隧道效应、探针针尖、压电发动机、隔振系统及其他辅助系统几方面对STM的原理与构造予以阐述。

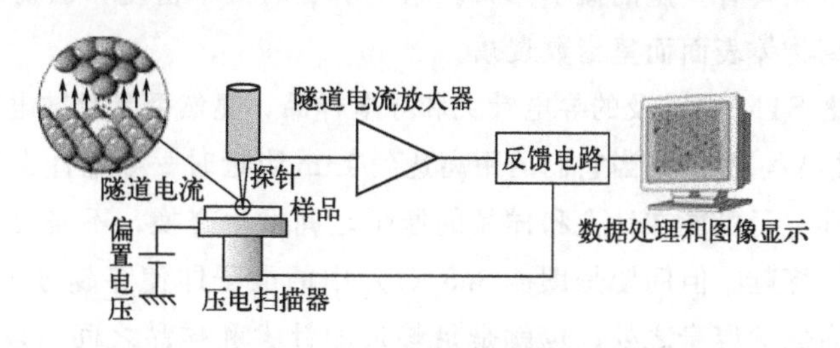

图4.3.3 STM设备构成

（1）隧道效应

电子所处的微观世界和我们日常的宏观世界不同，牛顿的经典力学主导我们的宏观世界，可在电子的微观世界是量子力学在主导。如图4.3.4所示，在宏观世界里，你根本不需要担心透明玻璃墙后的猛虎，但在电子所处的微观世界，情况就完全不同了，因为电子老虎完全有可能直接穿过玻璃攻击你；在量子理论中，电子可以越过宏观世界不可能逾越的能量势垒；犹如宏观世界中要到山对面去，你不需要翻山而是可以通过隧道直接穿山而过，为什么会这样呢？

隧道效应是由美籍俄裔物理学家伽莫夫（Gamow，1904—1968）最早发现，他用隧道效应成功地解释了α衰变问题。曾有一位物理学家在首次听了伽莫夫在关于隧道效应的报告之后，笑道：“（按照伽莫夫的隧道效应）这间房间的任何人都有一定的概率不用开门便直接离开啊！”直接穿墙而出这样的事情在我们生活的宏观世界显然不可能，可在微观世界为什么就可以呢？

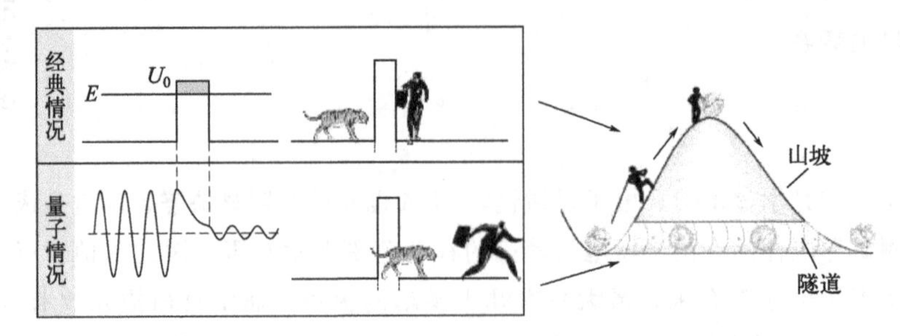

图 4.3.4 量子隧道效应

拓展阅读

全才伽莫夫

我们以电子为例进行说明，在量子力学的世界里，电子受薛定谔方程控制。通过对导电物体电子波函数分析可知，电子并没有完全被固定在导电物体中，而是在导电物体表面几个纳米这样的尺度范围内具有一定的概率分布。电子出现的概率密度，也就是我们通常所说的电子云，会随着远离物体表面而呈指数衰减。

接下来我们考虑STM中涉及的导电针尖和导电样品，显然两者都被电子云笼罩。当导电针尖逐渐靠近导电样品，特别是当它们的距离达到1nm附近时，导电针尖和导电样品的电子云将会发生重叠，即电子可能在针尖和样品的原子之间发生交换，不需要翻越图 4.3.5 中的真空势垒，而是直接穿越。但问题是图 4.3.5（a）中的电子即使穿越过去了，也还要回来，因为对面山谷中没有它的容身之处。也就是足够近的针尖和样品之间可以有电子云的交融，但还是无法形成隧道电流。如何才能形成隧道电流呢？

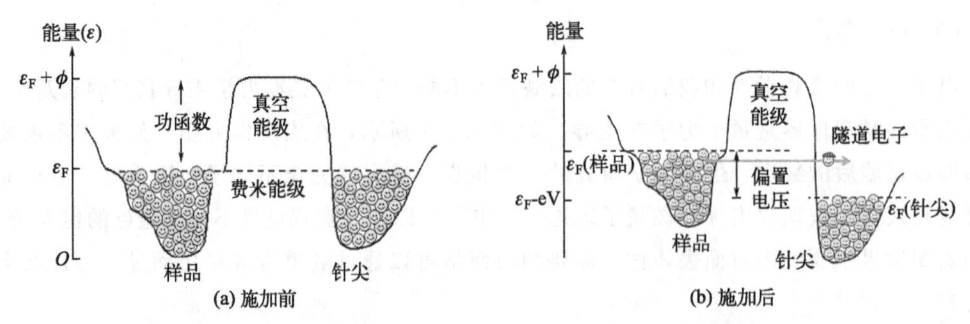

图 4.3.5 施加偏置电压前后样品和针尖中的电子能级分布
（样品和针尖中间隔着不导电的真空势垒）

要形成稳定的隧道电流，需要在针尖和样品之间施加一定的电势差，也就是STM的偏置电压（bias voltage）。如图4.3.5（b）所示，在针尖和样品间施加一定的正负偏置电压之后，针尖和样品间的电子有了能量差，将倾向于从能量高的填充状态中释放出来，进入能量低的空状态，从而形成了稳定的隧道电流。电子从一个导体跨真空或其他绝缘体直接进入另外一种导体的这种现象就是量子隧道效应，简称隧道效应。值得一提的是这种隧道效应和电击穿造成的导电完全不同，电击穿是让绝缘体变成了导体，而隧道效应是让电子穿越绝缘体，当然这种类似的事情绝不会在宏观世界发生。

隧道电流 I 的大小遵从如下的公式：

$$I \propto \int_0^{eV} \rho_s(E_F - eV + E)\rho_t(E_F + E)\mathrm{d}E \tag{4.3.1}$$

式中，ρ_s 和 ρ_t 分别是样品和针尖的局域电子态密度；E 是电子动能；E_F 是费米面。这个公式描述的是针尖与样品之间的隧道电流 I 正比于STM针尖的局域电子态密度与样品的局域电子态密度在偏压能量 eV 到费米面 E_F 之间的卷积。当样品和针尖都是均一的材料时，式（4.3.1）可进一步简化为

$$I \propto V_b \exp(-A\Phi^{\frac{1}{2}} S) \tag{4.3.2}$$

式中，V_b 是加在探针与样品间的偏置电压；A是常数，在真空条件下约等于1；$\Phi = [(\Phi_1 + \Phi_2)/2]$ 是平均功函数，Φ_1 和 Φ_2 分别为针尖和样品的功函数；S 是探针样品间距。功函数（work function）是指让电子从固体表面逸出所需提供的最小能量，通常以电子伏特为单位，常见金属的功函数为几个电子伏特。

由于隧道电流与探针和样品间的距离成指数关系，当探针和样品之间距离发生微小变化时，隧道电流发生显著变化。考虑大部分金属的功函数是几个电子伏特，取 Φ 为4，A 为1，经估算当探针和样品之间的距离 S 变化0.1nm，隧道电流 I 变化1个量级，如果距离变化0.3nm，也就是1个原子大小，隧道电流变化3个量级1000倍，因此STM具有极高的纵向分辨率，高达0.01nm，可以清晰地识别单个原子。

（2）探针针尖

隧道电流对探针针尖和样品间的距离非常敏感，敏感到哪怕差1个原子尺寸（0.3nm），隧道电流也会变化3个量级，这对针尖也提出了苛刻要求。最理想的探针针尖要尖锐到只有一个原子（图4.3.6），这样一来，探针到样品间的距离就从这一个原子开始算，隧道电流就

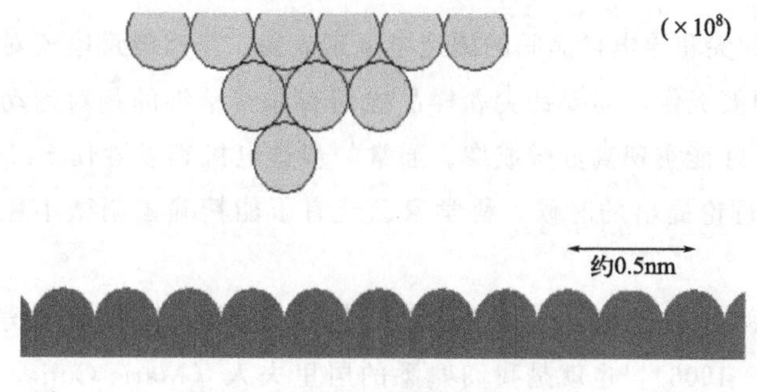

图4.3.6 理想的STM针尖需要尖端尖到只有一个原子

是从这个原子发出。在这样的理想条件下，只需要考虑针尖上的这一个原子，针尖上的第二层原子不管有多少都不需要考虑了，因为它们距离样品表面远了一个原子间距，贡献的隧道电流比第一个电子小了三个量级。随着样品表面原子高低起伏，探针和样品间的距离会发生变化，这个变化可以通过隧道电流精确呈现，因此这样的针尖成像非常锐利，可以呈现样品表面的原子高低起伏。下面考虑一种不是那么理想的情况，探针针尖上有多个原子，那么这些原子都会对隧道电流有贡献，最终得到的隧道电流数学上是一个卷积计算，从而降低了隧道电流的敏感度，STM 解像力明显下降，不再具有原子分辨能力。

可如何制备针尖上只有单个原子的探针呢？需要用什么样的材料呢？根据 STM 利用隧道电流的原理，要求探针和样品都具有导电性。除了导电性要求之外，STM 探针还需要一定的刚度，刚度是为了保证高速扫描时针尖不易发生晃动而导致成像质量下降。综合考虑，如今的商业 STM 通常使用金属钨和铂铱合金制作 STM 探针。根据材质不同，探针的制作方法主要有两类：电化学腐蚀法和机械剪切法。

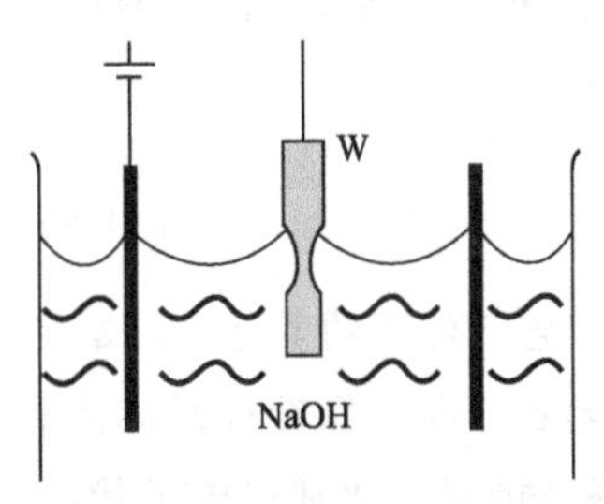

图 4.3.7　用浓氢氧化钠溶液对金属钨丝进行电化学腐蚀

常用的钨针尖可用电化学腐蚀法获取。为了得到锐利的钨针尖，通常用浓氢氧化钠溶液电化学腐蚀来处理金属钨丝，借助于液体的表面张力和钨丝的重力，在钨丝将断未断的合适时间切断电流，即可得到非常尖锐的钨针尖（图 4.3.7）。值得一提的是，由于钨针尖在溶液中或暴露在空气中时，容易形成不导电的表面氧化物，因此一般在真空 STM 中使用；而且在使用前，最好在超高真空系统中进行蒸发处理，去除表面吸附的氧原子。如果在大气环境中使用，使用前需要通过退火或使用离子轰击等工艺除去针尖表面的氧化层。

相对易氧化的钨，铂铱合金化学性质非常稳定。可问题是与钨相比，铂材料太软了，刚度达不到要求。研究发现只要在铂中加入少量铱（铂铱的比例通常为 4∶1）形成的铂铱合金，除保留了不易被氧化的特性外，其刚性也得到了增强，铂铱合金作为优秀的隧道针尖材料得到了广泛应用。为了得到锐利的铂铱合金针尖，可以直接对铂铱合金丝进行机械剪切获得隧道针尖。实际操作中，就是用一把特制的钳子沿着铂铱合金丝 45 度的方向将其剪断即可，当然，剪切的角度、力度、速度都需要一定的经验。由于这种机械剪切方法存在较大不确定性，需要把剪切获得的针尖上机测试筛选，才能找到解像力足够好的针尖。

（3）压电发动机

STM 通过导电针尖和导电样品间的隧道电流来成像。虽然隧道电流对样品表面的高低起伏形貌非常敏感，但要成像，需要针尖和样品之间有非常精细的相对运动，也就是扫描。唯有扫描精度足够高，才能实现高分辨成像。通常的步进电机难以胜任 STM 的扫描成像需求。幸运的是，在 STM 理论提出的时候，科学家已经有了能精确控制微小移动的材料——压电陶瓷。

压电陶瓷是一种具有压电效应的晶体材料。1880 年，法国物理学家皮埃尔·居里（Pierre Curie，1859—1906），也就是我们熟悉的居里夫人（Marie Curie，1867—1934）的丈夫，发现一些材料在受到外力发生形变时，内部会发生极化并在材料的两个相对外表面聚集正负电荷，当压力排除之后电荷也消失，这就是压电效应。1882 年，居里进一步发现了压电效应的逆效应，即在压电材料的两个相对的外表面施加电压，材料也将发生形变，当电压撤离时，形变复原。上述整个过程在一定电压范围内是可逆的，而且电压和形变之间符合简单的正比关系，因此我们可以用电压来控制形变，进一步实现微小尺度的精确定位和移动。

如今精确定位领域应用最广泛的压电材料是锆钛酸铅（PZT）陶瓷。基于 PZT 压电陶瓷制作的压电发动机可控位移精度一般在 0.1nm，可以满足 STM 原子精度成像的需求。值得一提的是 1965 年 Young 研发的 STM 雏形已经使用了压电陶瓷发动机，后来宾尼格和罗雷尔也使用了压电陶瓷发动机。

（4）隔振系统

早在 1965 年，美国的 Young 已经研发的 STM 的雏形，其中使用了隧道电流、压电发动机，可为什么最终与 STM 的诺贝尔奖失之交臂？虽然 Young 的工作具有原创性，但作为成像技术成像效果不佳。成像效果为什么不好呢？因为 Young 没有解决好振动问题。

我们知道隧道电流与探针和样品之间的距离非常敏感，探针和样品之间的距离变化 0.1nm，隧道电流差别 1 个量级。因此如何控制这个距离就显得至关重要。除了压电发动机之外，还需要非常强大的隔振系统。毫不夸张地说，如果没有良好的隔振系统，说话引起的空气振动都会改变样品和针尖之间的距离，从而显著改变检测到的隧道电流，影响最终的成像效果。既然 STM 对隔振的要求这么高，我们有必要认识一下常见的振动原因和隔振措施。

一个 STM 系统可以看作一个具有特征共振频率的振子，外界的机械振动频率与 STM 系统的共振频率一致时，会激发扫描探针显微镜自身的共振，导致探针与样品之间的相对振动，外界振动频率与系统本身的共振频率相差越大则系统受外界振动的影响越小。一般来说，建筑物一般在 10～100Hz 频率之间振动，当在实验室附近的机器工作时，可能激发这些振动；通风管道、变压器和发动机所引起的振动在 6～65Hz 之间；房屋骨架、墙壁和地板易产生与剪切和弯曲有关的振动，振动频率在 15～25Hz 范围；实验室工作人员在地板上的行走所产生的振动，其振动频率较低，一般在 1～3Hz 之间。

只要增加系统质量，让系统的共振频率尽可能低，就可以避开外界的高频振动干扰，当然增加质量也增加了设备的成本。一般来说，STM 隔振平台的共振频率在 5Hz 到 10Hz，只有与这个共振频率接近的外界振动才能传递到 STM 扫描探头上，这一部分的外界振动干扰的频率很低。我们也可以将 STM 的核心扫描部件放在一个隔振系统平台上，这样可以有效降低振动影响。隔振平台可以通过弹簧悬吊、合成橡胶缓冲垫等方式与外界尽量隔离。而扫描探头本身也可以视为一个特征共振频率的振子，由于质量很轻，其共振频率高达 1 万～10 万赫兹，因此低频的外界振动对扫描头的干扰就非常小。还有一种有效隔绝外界振动的方法是将整个系统用磁悬浮的方式悬在空中，当然这样做的成本很高。

除了来自固体建筑物的振动之外，我们还需要考虑来自空气的振动，主要来源是各种各样的声音，当然也包括我们耳朵听不到的高频和低频空气振动。这些空气振动会直接作用到 STM 扫描头，引起探针样品间的相对振动，改变隧道电流，影响成像质量。针对声音引起的空气振动，需要做隔音处理。可以对 STM 装置或扫描探头做隔音处理，也可以对放置 STM 设备的房间整体做隔音处理。最经济的隔音系统为内壁带有吸音海绵的密封箱。当然，考虑到声音需要空气作为传播媒介，最有效的隔绝声音的办法就是将STM放入一个真空腔，不过这也是成本最高的方法，但有些特殊的STM本身就在真空环境工作，自然就不存在隔音问题。

另外，温度导致的热漂移也会影响STM探针在样品上的定位精度，从而影响成像质量。环境温度的变化和STM仪器本身工作温度的上升都会引起探针相对样品位置的改变。针对热漂移，一般可以根据温度变化引起的规律性位移进行后期补偿处理。

(5) 其他辅助系统

STM是一个高精度的随动系统，因此，需要精确的电子学控制系统。STM的整个成像过程：计算机控制步进电机的驱动，使探针逼近样品，进入隧道效应范围，采集隧道电流，在常用的恒电流模式中还要将隧道电流与预先设定值相比较，再通过反馈系统控制探针的进退，从而保持隧道电流的稳定，这些都是通过电子学控制系统来实现的。

除了电子学控制系统之外，STM还需要把收集到的隧道电流转换为图像信号，并对图像进行处理，这些图像处理是获得隧道电流后的后续数据处理，是离线的。STM获得的图像是数字图像，可以用常规的数字图像处理技术进行处理，比如傅里叶变换、滤波、增强、平滑、反转、分割以及后续的统计等等。商业STM设备自带软件中就集成了这些图像处理功能，当然也可以将图像导出，用专门的图像处理软件进行处理。

4.3.2.4 STM的工作模式

如图4.3.8所示，STM主要有两种不同的工作模式：恒电流模式、恒高度模式。下面分别予以介绍。

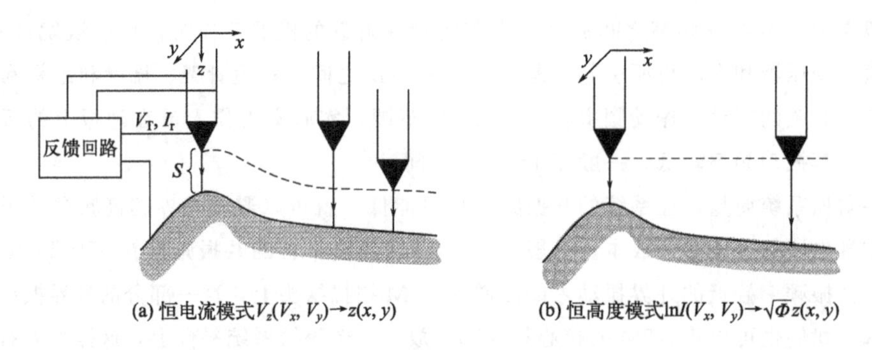

(a) 恒电流模式$V_z(V_x, V_y) \rightarrow z(x, y)$　　(b) 恒高度模式$\ln I(V_x, V_y) \rightarrow \sqrt{\Phi} z(x, y)$

图4.3.8　STM的两种工作模式

(1) 恒电流模式

恒电流模式也叫闭环模式，利用电子学反馈线路控制隧道电流时刻保持恒定，通过针尖在样品表面扫描来成像。要控制隧道电流恒定，则针尖与探测样品表面之间的距离也就保持不变，因而针尖就会随着样品表面的高低起伏而作相同的起伏运动，也就是针尖在xy方向扫描时，z会自动改变，针尖在空间xyz中的移动轨迹就反映出样品表面的高低起伏形貌。换句话说，在恒电流模式下，STM用非常灵敏的针尖直接测出了样品表面的三维高低起伏信息。需要注意的是虽然STM的针尖非常纤细，但并不是靠物理接触得出样品表面的高低起伏，而是靠更为灵敏的隧道电流。

恒电流模式获取图像质量很高，具有原子分辨能力，应用非常广泛。当然恒电流模式也有缺点，那就是反馈需要时间，成像速度太慢了。如果样品足够平整，而且对成像要求不高，可以采用扫描速度更快的恒高度模式。

（2）恒高度模式

顾名思义，恒高度模式在样品扫描过程中时刻保持针尖的绝对高度不变，通过隧道电流的变化来成像。由于针尖高度固定，那么样品表面高低会反映到针尖与样品表面的距离上，距离变化，隧道电流的大小也随着发生变化。根据隧道电流和距离间的函数对应关系，可以把隧道电流换算成距离。为了图像显示，距离可以显示为灰度或彩色；然后把这个灰度或彩色赋予探针所对应的 xy 位置，即得到了 STM 显微图像。

恒高模式又称开环模式，指的是没有反馈的工作模式。这样就对样品表面平整度要求非常高，因此仅适用于表面较平坦的样品，如果样品表面凹凸不平，极端情况下，探针可能会撞在样品上直接报废。

（3）扫描隧道谱

上述的恒电流和恒高度成像模式中都假设样品和探针的功函数恒定，可问题是如果样品的化学组成变了，功函数也就跟着变了。此时得到的图像既包含了样品表面的高低起伏形貌信息，又包含了样品的化学组成信息，能否对这两者进行区分呢？借助于扫描隧道谱，答案是肯定的。

根据式（4.3.1)，我们可以得到隧道电流、偏置电压和局域电子态密度之间的定量关系。具体操作中既可以固定探测点，改变偏压，探测局域电子态密度随偏压能量的变化；也可以固定偏压，改变探测点，获得局域电子态密度随空间的变化。这样获得的扫描隧道谱可以区分样品表面的高低形貌信息和功函数（化学组成）信息。

4.3.2.5 STM 的应用

在展开 STM 应用之前，我们先来思考一下 STM 看到的到底是什么？STM 看到的原子非常逼真，既有光滑的球形原子，也有很尖锐的原子。这些是原子的真实形状吗？我们在 STM 下看到的到底是什么？

STM 图像是为了我们肉眼看起来方便，用绘图软件绘制出来的，本质是隧道电流的大小，即 STM 看到的是隧道电流。隧道电流又由什么决定呢？根据式（4.3.1)，隧道电流取决于样品的局域电子态密度，就是我们通常说的电子云。以常用的恒电流模式为例，STM 图像是一个在三维空间中的等电流平面。在这个等电流平面上，具有相同的电子态密度。综上，STM 看到的原子实际上是原子外围的电子云，更准确的说法是具有相同电子态密度的一个空间曲面。而且这个曲面的具体位置受隧道电流的大小影响，如果把恒定电流设得小一点，STM 看到的原子就会粗大一些，原子可能会看着连在一起；如果把恒定电流设得高一点，STM 看到的原子就会相对瘦小一些。认识了 STM 看到的具体是什么之后，接下来我们从观察图像和操纵原子两个方面来介绍 STM 的应用。

（1）观察图像

自 STM 被发明以来，大量金属和半导体的高分辨图像被公开出来（图 4.3.9），这些图像展示了 STM 的高分辨能力。不过需要注意的是，要得到原子分辨的图像也需要相对苛刻的条件。虽然 STM 从原理上不需要真空条件，可要得到原子图像，需要样品表面足够清洁，因此高分辨 STM 图像通常是在真空环境中获得。另外，原子、分子非常好动，除非处于绝对零度，因此高质量的 STM 图像通常在低温下操作，当然之后的原子操纵工作也需要在低温下进行。

(a) 无定形的溅射金

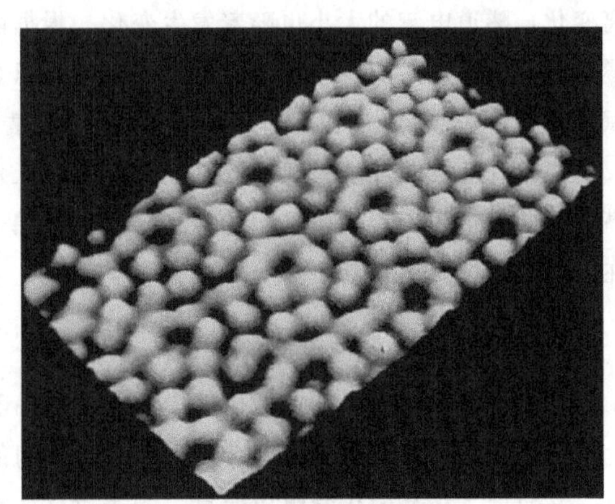

(b) 具有特殊重排结构的单晶硅

图 4.3.9　典型 STM 高分辨图像

（2）操纵原子分子

STM 最惊人的功能就是其原子操控能力。前文给出了 35 个原子构成的 IBM 图像，原创论文发表于 1990 年的 *Nature*，题目是“Positioning single atoms with a scanning tunnelling microscope”（用扫描隧道显微镜摆放单原子），非常直白，具体怎么摆的呢？扫描隧道显微镜对样品表面原子的操控主要是通过针尖对样品施加一个脉冲电压来实现。由于施加的电压时间很短，距离样品很近，就会在样品表面形成一个具有极高强度的局部电场，电场的巨大能量被样品表面原子吸收后，会使原子间的化学键发生断裂，因此通过控制这个脉冲电压就可以选择性地断裂化学键或诱导不同原子之间的化学关联。化学键断裂后的原子脱离样品表面，进而被针尖的电场吸引，从而实现对单原子的操纵。

STM 不但能操纵原子，也可以操纵分子。典型的原子操纵是通过断裂化学键或物理相互作用，使原子从样品表面脱离，将之吸附在针尖上，再横向移动后将原子放到样品表面其他位置。图 4.3.10 展示的是科学家用 STM 将一个一氧化碳分子移到了针尖上。原子、分子移动后，其外围的电子云会重组，导致电子态密度函数的变化，这些变化可以通过 STM 观测到。1993 年，IBM 工作人员用 STM 移动一氧化碳分子制作了世界上最小的微电影《一个男孩和他的原子》。

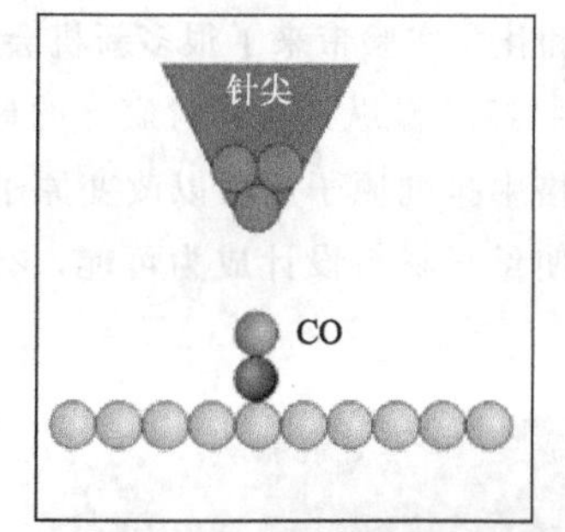

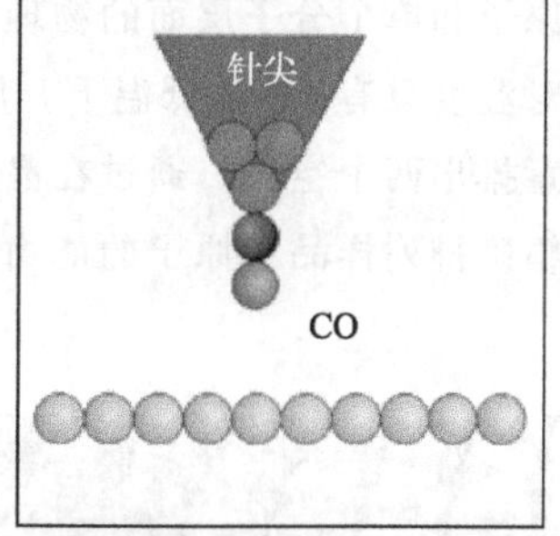

(a) 一氧化碳分子从表面垂直操作到尖端顶点时翻转

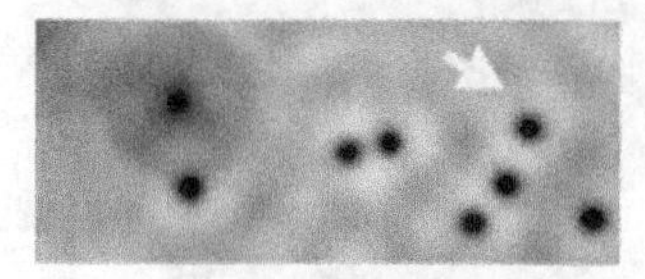
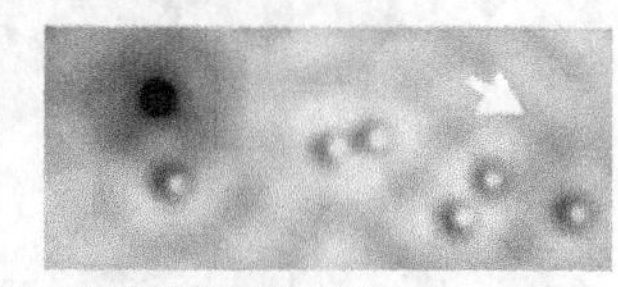

(b) 一氧化碳尖端的一氧化碳分子的成像变化

图 4.3.10　STM 移动一氧化碳分子（箭头处的一氧化碳分子已经被针尖移走）

拓展阅读

最小的电影

当然，对科学家来说，操控原子、分子可不仅仅是为了好玩儿的广告、电影。操控原子可以更好地研究其周围的电子结构。宾尼格和罗雷尔发明 STM 的初衷就是为了研究表面原子及其电子结构。直到今天，IBM 还有一个团队专门操控原子，研究其周围的电子云分布，图 4.3.11 给出了两幅典型的 STM 图像。

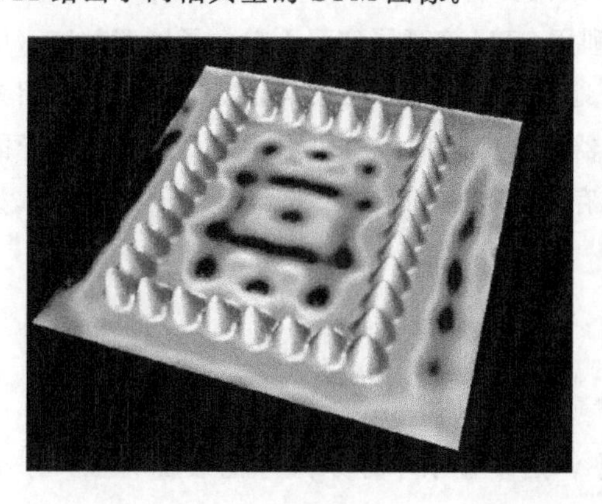

图 4.3.11　用 STM 操纵原子排成的特殊图案

扫描隧道显微镜最初发明用于成像原子尺度的表面，但在过去几年中，它进一步发展为一种操作工具，可以使用该工具以不同方式随意操作原子和分子，以创建和研究人工结构，

这些可能性为单个原子和单个分子层面的物理和化学实验带来了很多新机会。图 4.3.12 展示的是研究人员在绝对温度只有 4K 的低温下，用 STM 操纵铜晶体衬底上的单层氯原子，可以在精确的点阵中故意排出两个空位。通过在晶格中排列原子，可以改变原子结构来控制材料的电子性质。这种精确排列样品上原子的能力使量子材料设计成为可能，有希望服务于未来的量子计算机开发。

图 4.3.12 原子空位的创造

总之，STM 在材料学、物理学、化学、生命科学、微电子学等众多领域都得到了广泛的应用，极大地促进了纳米科学的发展。在物理学与材料学领域，科学家利用 STM 研究了石墨、硅、锗、金等材料的表面原子排布和超导材料的表面电子结构。在化学领域，科学家利用 STM 研究了分子在材料表面吸附、催化、氧化、钝化等过程。在生命科学领域，科学家用 STM 可以在溶液中成像的优点，获取了 DNA 的高分辨双链图像，甚至获得了 DNA 复制过程中的 STM 图像。在微电子学领域，科学家利用 STM 实现了室温下单电子隧穿效应（所谓单电子隧穿就是让电子排好队，一个接着一个地通过微观的材料结构，就像门诊大夫招喊就诊的病人一样），这为设计和制作各类单电子器件开辟了广阔的应用前景，比如单电子晶体管、量子点旋转门、单电子逻辑电路、单电子存储器等。

4.3.3 原子力显微镜

4.3.3.1 AFM 的发明

最早的 STM 就具有亚纳米的空间分辨率，足以显示单原子尺寸的表面特征，今天的 STM 可以做得更好，在表面科学中获得了广泛的应用。但 STM 从原理上就只能扫描具有一定导电能力的导体/半导体样品。作为一种通用的成像技术，却只能使导体/半导体样品成像，这显然是无法接受的。

有什么策略能突破样品导电性的限制？为了解决电子显微镜的荷电效应问题，可以在不导电样品表面镀上一层导电材料，STM 能否借鉴？不像用电子束成像的电子显微镜，成像信息来自于样品内部一定深度范围，STM太敏感了，只对样品表面一两层原子成像，如果用了导电镀膜，则只能看到镀膜的表面原子，根本看不到镀膜下面覆盖的样品，哪怕镀膜再薄都不行。

有什么措施能使不导电的样品进行STM成像？隧道电流的产生离不开导电样品，不用隧道电流可以解决这个问题。不用隧道电流也就不是STM了。发明STM的宾尼格一直在为此揪心。STM依靠导电针尖和导电样品之间的隧道电流成像，所以只能用于导电样品。要想对非导电样品成像就需要放弃隧道电流，能用什么信号呢？脑子里装着这个问题，宾尼格从IBM瑞士实验室来到了IBM美国实验室。这个实验室在阿尔马登，附近就是斯坦福大学。换了一个环境，宾尼格的思路更为跳跃，他想到了用大家熟悉的原子之间的作用力。

原子之间的作用力是原子的基本性质，早已写入基础的物理学教材。我们简单回顾一下。我们的世界是由原子构成的，这些原子喜欢结合在一起，当两个原子距离过近的时候，会相互排斥，而当它们之间的距离远了一些之后，则会相互吸引。原子力普遍存在，因此是通用的，不受样品导电与否的限制，原子力用于成像是宾尼格的创新，他接下来的工作更具有挑战性。

要用原子力来成像，首先要量化一下这个力有多大。通过查阅资料，宾尼格得知原子之间的作用力非常微弱，原子靠近时候的斥力稍微大一些，最大也就10^{-6}N，而引力就更小了，到了10^{-12}N，这远远小于任何天平测力计的测量范围，如何测量这么微弱的原子力呢？过河要搭桥，矛盾要转换，直接测量这么小的力做不到，能否把力转换成别的信号呢，比如光、电、位移什么的？根据胡克定律，我们知道力和变形位移成正比，比例系数就是材料的弹性模量。可以简单估算一下，要测出10^{-12}N这么小的力，这里的弹簧要非常柔软，弹性模量极低，要低到多少呢？考虑到已有的STM和压电发动机足以识别0.1nm的位移，我们假设10^{-12}N的力可以让测力弹簧变形0.1nm，则需要其弹性模量为0.01N/m；换句话说，这种弹簧是如此敏感，1g的重物就让其伸长1m。到哪里找弹性模量这么小的弹簧呢？据说宾尼格在厨房里，偶然看到振动的铝箔保鲜膜，找到了灵感——薄膜材料的弯曲模量就非常小，完全可以胜任这项工作。

想通了这些问题之后，身在IBM美国实验室的宾尼格，和IBM瑞士实验室的格伯（值得一提的是5年前，他曾帮助制作STM)，还有附近斯坦福大学的奎特三人合作，1985年研发出了历史上第一台原子力显微镜（AFM)，原创论文发表在1986年的《物理评论快报》上。不同于早先的STM用探针针尖和导电样品之间隧道电流成像，这个新装置用的针尖和样品间的原子力成像，所以被称为原子力显微镜。新的原子力显微镜不涉及隧道电流，无论样品导电与否，都可以成像。

历史上第一台AFM到底是怎么工作的呢？根据当时的论文，这台AFM的核心传感器是一块25μm、800μm长、250μm宽的特制金箔，金箔一端焊接了一个特制的金刚石针尖，这个传感器装置被称为悬臂梁。当悬臂梁上的针尖靠近样品时，针尖原子会和样品原子之间有微弱原子力，从而让金箔弯曲发生纳米量级的偏转。为了测出金箔的偏转大小，宾尼格等人在金箔上方安放了一个STM探针，以便STM电流测量金箔的偏转。悬臂梁针尖下的样品安装在压电元件上，该元件控制样品在三维位置。当悬臂梁上的金刚石针尖在样品表面上移动时，系统保持STM的隧道电流信号恒定，也就是保持悬臂梁偏转恒定，即针尖和样品间的原子力恒定，然后通过记录压电元件的精确扫描位置信号，绘制表面形状。形象地说，这个最早的 AFM 用一双纤细的手摸过样品表面，摸出了样品表面的高低起伏，只不过这双手的感官从隧道电流变成了原子力，更像我们的触觉了。1986 年公开的 AFM 具有什么样的成像精度呢？横向空间分辨率 0.3nm，纵向空间分辨率 0.1nm，虽然还比不上 STM，但这个精度足以分辨原子，而不管原子导电与否。

很快，后人用反射激光替代了悬臂梁上方的 STM，造出了更便于使用的 AFM。如今，作为通用成像设备，AFM 也和光学显微镜、电子显微镜一样走入了成千上万的实验室。

4.3.3.2 AFM 的原理与构造

同属于 SPM 系列，AFM 的结构和 STM 的结构非常类似。都是用一个探针在样品表面扫描，只不过 AFM 用原子力代替了隧道电流。两者共同的压电发动机、防震系统、图像处理等就不再赘述，这里重点讲述 AFM 所独有的原子间作用力、悬臂梁、光杠杆等内容。

（1）原子间作用力

AFM 用原子之间的作用力成像。我们在谈论原子、分子之间的作用力时，不需要考虑万有引力和原子核尺度的强弱作用力，只需要考虑电磁力就够了。只考虑原子和原子之间的电磁力也非常复杂，比如我们日常接触的宏观尺度上的静电力、磁力、摩擦力、压力都源于电磁力，微观尺度上让两个原子通过电子云融合结合成分子的化学键也是一种电磁力。AFM 中针尖在样品表面成像用到的原子力也是原子间的电磁作用力。我们显然不希望针尖和样品结合为一个整体，因此让原子电子云融为一体的化学键是不需要考虑的。

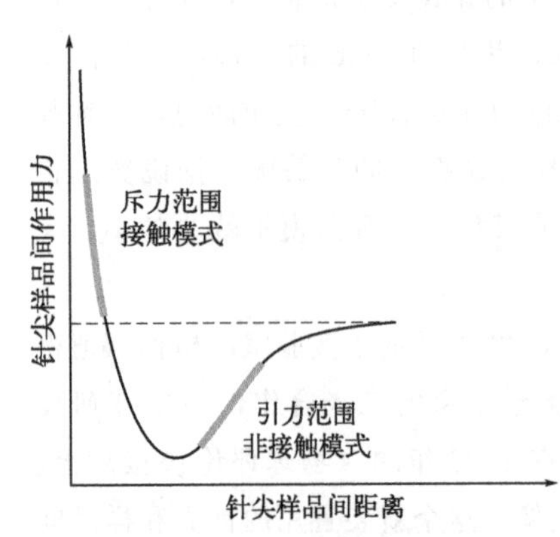

图 4.3.13 AFM 针尖和样品之间的作用力大小随距离的变化

我们通常说的接触，只是物理接触。探针和样品物理接触情况下，探针和样品间的距离非常小，小到针尖和样品的电子云都要接触了，由于每个电子都要占据自己的轨道，因此便会产生巨大的斥力；当我们把探针抬高，这个斥力会快速衰减。如果让针尖和样品原子间的距离再次远离，达到几个纳米的时候，引力（范德瓦耳斯力）开始起作用了，针尖和样品的原子相互吸引，只不过这个引力没有物理接触时的斥力那么大。范德瓦耳斯力是存在于中性分子或原子之间的一种电磁吸引力，主要来源于原子分子偶极矩之间的相互作用。如果距离再远的话，引力快速衰减，很快就可以忽略了。AFM 所利用的针尖和样品间的这个作用力可以用图 4.3.13 来表示：斥力较大但随距离衰减很快，以 −12 次幂的速度衰减；引力小一些，随距离衰减速度慢一些，以 −6 次幂的速度衰减，AFM 就用这个对距离非常敏感的原子间作用力来成像。图中还标出了对应的 AFM 工作模式，接触模式用的是斥力，非接触模式用的是引力。

（2）悬臂梁和针尖

AFM 用原子之间的作用力成像。虽然对单个原子来说，原子间的作用力不小，但对我们来说，原子间的作用力非常小，原子靠近时的斥力稍微大一些，也仅有 10^{-6}N，而引力就更小了，为 10^{-12} N。如何测量这么小的力呢？受薄膜材料弯曲振动启发，宾尼格创造性地提出了悬臂梁的概念。图 4.3.14 展示了工程中大量使用的悬臂梁和 STM 中所用的一个典型的悬臂梁。虽然样子和工程悬臂梁类似，但 STM 悬臂梁非常小，其长度为几百微米，厚度仅有十微米左右，一端固定，有针尖的一端悬空，悬空端的针尖受力后悬臂梁整体会发生弯曲变形或共振，通过弯曲程度或振动程度便可以计算出针尖受力大小。悬臂梁的弯曲力常数非常小，敏感度很高，微弱的原子力就可以让悬臂梁弯曲或振动。

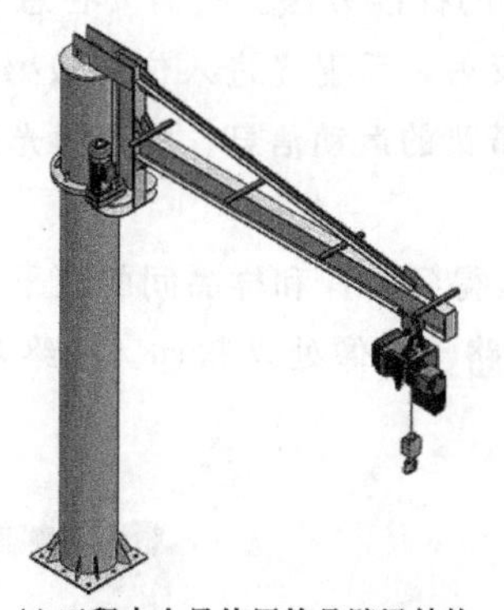

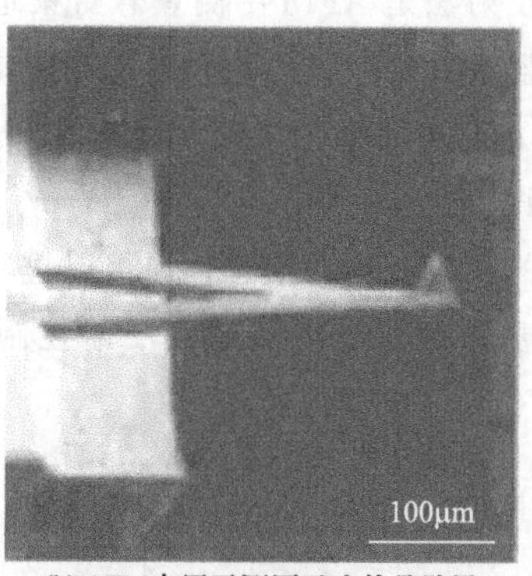

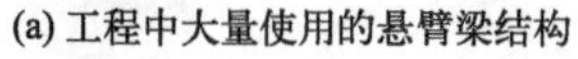

(a) 工程中大量使用的悬臂梁结构　　(b) AFM中用于测原子力的悬臂梁

图 4.3.14　悬臂梁结构

根据使用条件不同，AFM 针尖有不同的形状和材质（图 4.3.15）。无论什么形状什么材质，和 STM 类似，AFM 的针尖也要足够尖。如图 4.3.16 所示，如果探针不尖的话，探针上很多原子都和样品表面的原子发生相互作用，探测到的原子力是多个针尖原子的卷积。这样测得的图像会比样品上的真实尺寸大一些，无法区分相邻的细节，即图像空间分辨率严重下降。

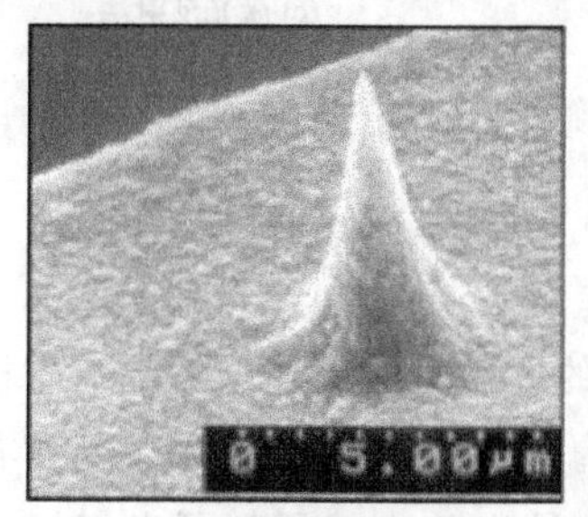

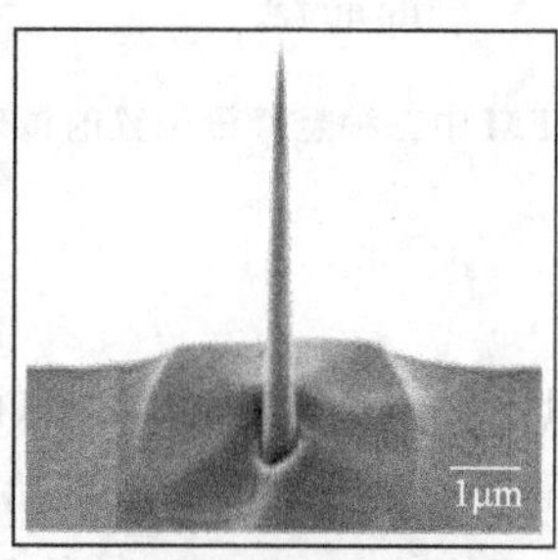

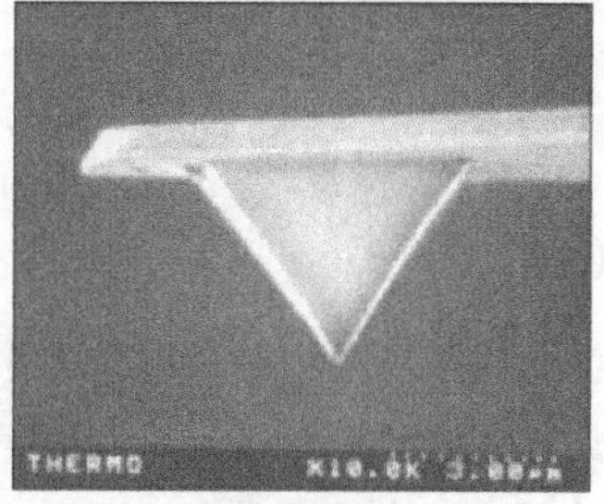

(a) 金刚石镀层的针尖　　(b) 聚焦离子束加工的针尖　　(c) 金镀层针尖

图 4.3.15　扫描电子显微镜下不同类型的 AFM 针尖图像

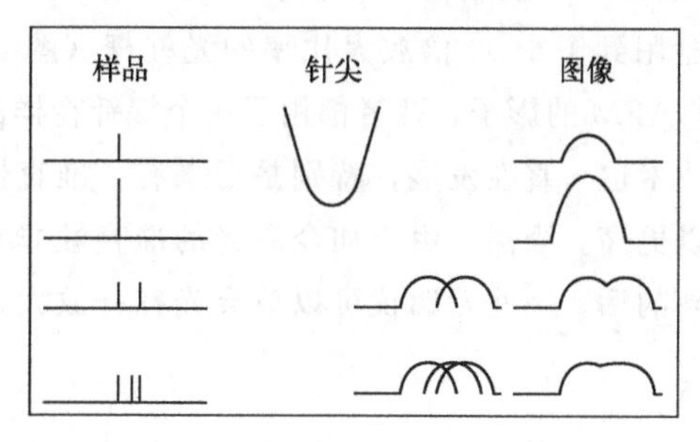

图 4.3.16　AFM 的探针针尖与所得图像的关系

(3) 悬臂梁位置检测

借助悬臂梁，我们可以将微弱的原子力转换为悬臂梁的位置运动，接下来就是如何设法准确测量悬臂梁的位置或运动了。图 4.3.17 给出了人们先后采用的三种悬臂梁位置运动测量方式。宾尼格当年用了一台 STM 来测量悬臂梁的位置，即为了测量悬臂梁的微小位移，将一台 STM 置于 AFM 的悬臂梁上。这样的设备显然使用不便，后来人们发明了电容法和激光反射法，今天激光反射法是 AFM 中测量悬臂梁运动的标准方法。只需要在悬臂梁上方装上一个小镜子，激光器发射的激光照射到小镜子后被反射，反射光进入位置敏感探测器（PSD），根据 PSD 探测到的激光位置信息就可以计算出悬臂梁的运动信息。关于激光反射法的原理我们在下一部分再详述。

有了悬臂梁的位置及运动信息，便可以进一步得到探针和样品间的原子力大小，用这个原子力可以进一步结合压电发动机、反馈控制电路、图像处理软件，最终获得样品表面的 AFM 图像。

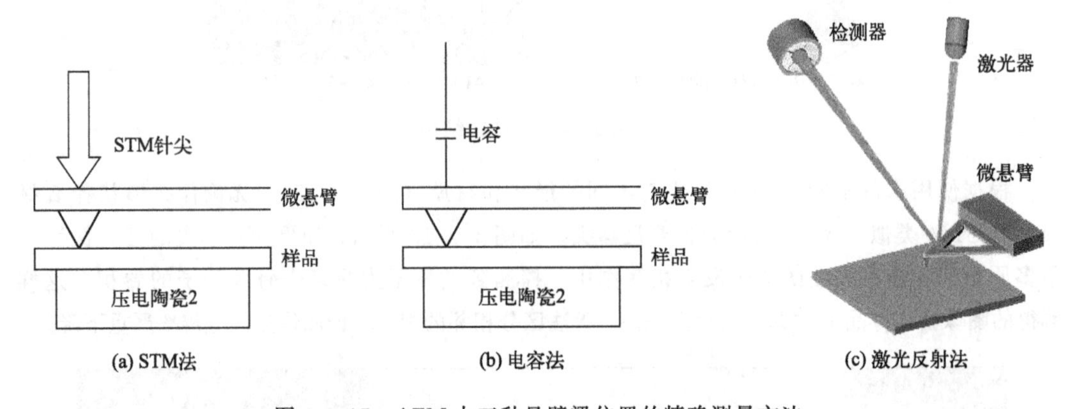

图 4.3.17　AFM 中三种悬臂梁位置的精确测量方法

(4) 光杠杆

激光反射法是今天 AFM 中测量悬臂梁位置及运动信息的通用方法，该方法基于光杠杆放大原理。光杠杆利用光的反射，可以测量样品的微小移动。事实上，为了获取牛顿万有引力常数，1798 年卡文迪许（Cavendish，1731—1810）做的扭秤实验中就用到了光杠杆（图 4.3.18）。

1929 年，施马尔茨（Schalmz）发明的表面轮廓仪也利用了光杠杆，为了获取样品表面尽可能精确的轮廓，该仪器用到了 1000 倍放大比率的光杠杆（图 4.3.19）。非常有趣的是，Schalmz 发明的轮廓仪有些 AFM 的影子。两者都用了一个探针在样品表面触摸，获取样品表面起伏轮廓信息。轮廓仪技术也一直在发展，特别是后来有了准直性更好的激光之后，轮廓仪中光杠杆的放大比率可以更高。当然，由于如今激光的准直性非常好，可以做成非常细的激光束，如果要求精度不高的话，一些轮廓仪可以放弃光杠杆放大，直接用激光扫描的方式获得样品表面轮廓。

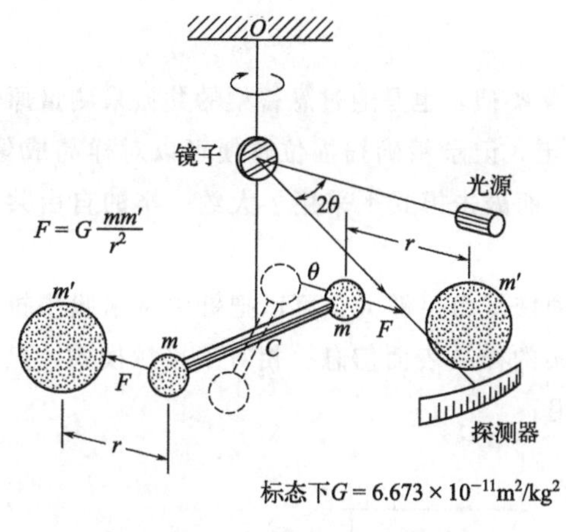

图 4.3.18　卡文迪许的扭秤实验

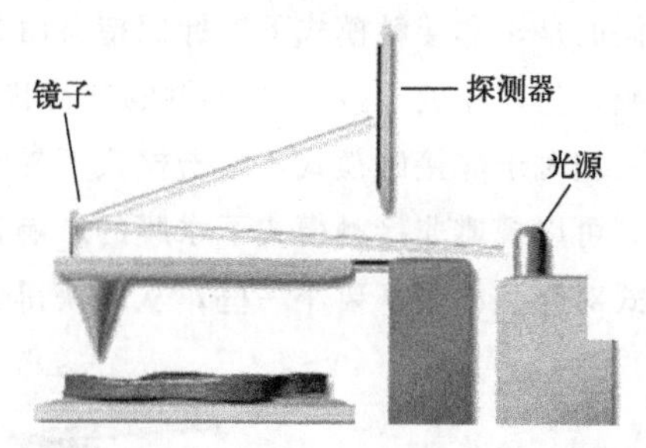

图 4.3.19　施马尔茨发明的表面轮廓仪

4.3.3.3 AFM 的工作模式

(1) 接触（斥力）模式

接触模式（contact mode）中 AFM 利用原子间的斥力工作。在该模式，悬臂梁下的针尖直接拖过样品表面，通过 PSD 探测悬臂梁偏移量，固定悬臂梁的弯曲程度，用探针移动轨迹来表征样品表面的高低起伏形貌。接触模式下，针尖和样品间的原子斥力保持恒定，斥力大小在 $10^{-10}\sim10^{-6}$N 之间，是类似于 STM 恒流模式下的一种恒力模式。

相对于后述的非接触模式和敲击模式，接触模式的扫描速度快，而且具有很高的空间分辨率，是 AFM 三种工作模式中唯一能够获得原子分辨率的成像模式。该接触模式的主要缺陷是由于探针直接与样品接触，不但探针可能被样品污染，而且有些表面柔弱的生物样品无法承受这么大的力，探针很可能会损坏这些脆弱的样品。

(2) 非接触（引力）模式

非接触模式（non-contact mode）下，针尖一般距离样品表面 5～10nm，用原子间的引力工作。开始扫描之前，使用安装在悬臂梁顶部的压电元件让悬臂梁带动针尖以略高于共振频率的速度振动，针尖和样品间的原子力会降低悬臂梁的共振频率，反馈回路通过改变从针尖到样品的距离来保持振幅恒定。在每个点记录针尖和样本之间的平衡距离，通过软件就可以绘出样品表面的高低起伏图像。非接触模式利用原子间的引力工作，原子力非常小，因此特别适合研究柔嫩物体的表面。

非接触模式通过针尖的振动测量，相对接触模式，成像分辨率不够高，而且非接触模式还有一个致命缺陷——水膜问题。由于样品和针尖距离几个纳米，在大气环境中，绝大多数样品会在表面形成一层水膜，水膜厚度正好是 AFM 非接触模式的工作距离。如果针尖粘在水膜上，水膜的表面张力远大于原子力；而如果让针尖远离水膜，则原子间的引力下降，分辨率下降。不但如此，STM 还会误把水膜当成样品表面。为了解决水膜问题，敲击模式（taping mode）应运而生。

（3）敲击模式

如图 4.3.20 所示，敲击模式和非接触模式非常类似，也是通过悬臂梁的共振来测量原子力，两者都是通过调整悬臂梁的高度保持振幅恒定，记录精确扫描位置便可以对样品成像。不同的是，非接触模式下探针保持自由共振振幅，而敲击模式下采用了大约一半的自由共振振幅，与样品处于接触-非接触的交替状态。

相对于非接触模式，敲击模式下悬臂梁的振动恢复力足够大，可以把针尖从水膜中拉出来，可以规避非接触模式下水膜的影响，获得真实的样品表面信息。相对于接触模式，敲击模式对样品的损害要小一些，从而获得了广泛应用。

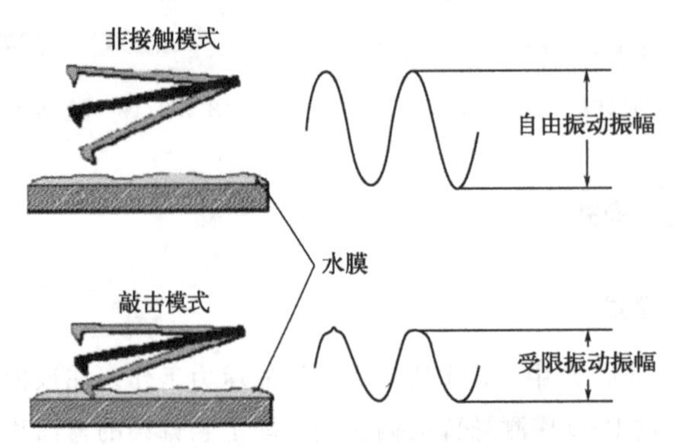

图 4.3.20　AFM 工作的非接触模式和敲击模式对比

4.3.3.4　AFM 的应用

从 STM 和 AFM 原理可知，相对于 STM 只能用于导体和半导体，AFM 对样品导电性没有要求，可以测量包括不导电的生物样品在内的任何样品。AFM 不但可以获得样品表面清晰的高分辨图像（接触模式下，具有原子分辨率），而且可以测量样品表面的粗糙度。图 4.3.21 展示的是一个清洁的玻璃表面的 AFM 图像。AFM 图像中，光洁如镜的玻璃表面看起来像砂纸一样粗糙，通过对 AFM 图像的 Z 轴高低起伏数据进行统计分析，得知样品表面的粗糙度为 0.8nm，约有 3 个原子的起伏度。

除了常规成像之外，改造后的 AFM 还有一些特殊用途，比如基于 AFM 的纳米压痕可以测量样品微观尺度上的硬度、弹性模量等力学参量。传统的硬度测试是将一特定形状的压头用一个垂直的压力压入试样，根据卸载后的压痕数据获得材料的硬度信息。随着科技发展，样品越来越细微，超出了传统压痕法的测试范围。在 AFM 基础上发展出来的纳米压痕技术很好地解决了传统压痕测量的缺陷。纳米压痕通过计算机程序控制超低载荷（微牛到毫牛）连续变化，实时测量压痕深度，由于施加的是超低载荷，传感器具有优于纳米尺度的位移分辨率，可以达到 0.1～100nm 的压深精度控制，从加载、卸载过程的荷载位移曲线可以推算样品的力学参数，特别适用于薄膜、涂层等超薄材料的力学性能测试，可在纳米尺度上测量材料的载荷-位移曲线、弹性模量、硬度、断裂韧性、黏弹性或蠕变行为等。

AFM 从原理上避开了 STM 对样品导电性的要求，成为一种高分辨的通用成像手段。AFM 应用范围广阔，改造后的 AFM 可以获得材料的力学、电学、磁学信息，获得了广泛的

(a) 平板玻璃图像

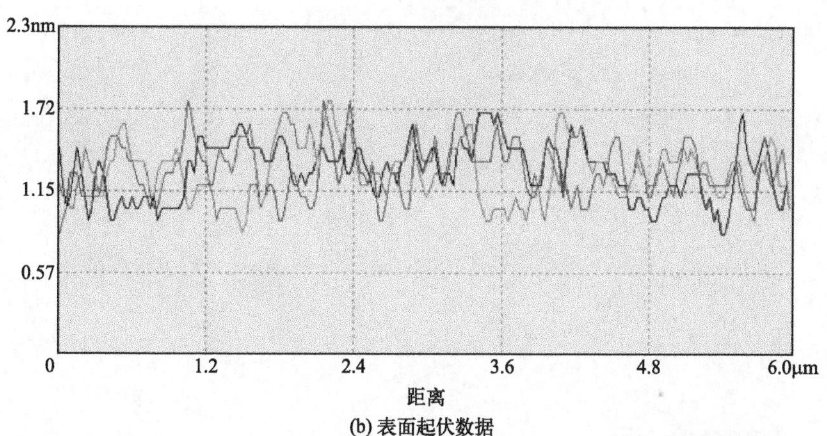

(b) 表面起伏数据

图 4.3.21　AFM 获取的平板玻璃图像及其表面起伏数据

应用。在材料学领域，AFM 及相关的扫描探针显微镜不但可以获得材料表面的三维形貌、表面粗糙度等相关显微结构信息，而且可以获得材料表面物理性质分布的差异，比如摩擦力、介电、压电、阻抗、电势、磁学性质等。在生命科学领域，AFM 不但可以原位检测细胞、核酸、蛋白质的显微组织结构，而且可以测量生物样品的杨氏模量、阻抗等力学和电学性能。在半导体工业领域，AFM 不但可以检测电子器件的表面图形化形貌结构，量化表面粗糙度、深度及表面缺陷等显微组织信息，而且可以测量材料器件的阻抗、电势、介电、压电、掺杂浓度等等。

思考题

1. 比较光学显微镜、扫描电子显微镜、透射电子显微镜、场发射离子显微镜、扫描隧道显微镜、原子力显微镜的极限分辨率，并思考决定其极限分辨率的因素。

2. 比较扫描隧道显微镜和原子力显微镜的异同。

3. 如果扫描隧道显微镜、原子力显微镜的针尖不够尖会怎么样？

4. 比较扫描隧道显微镜的恒高度模式、恒电流模式和扫描隧道谱模式。

5. 比较原子力显微镜的接触模式、非接触模式和敲击模式。

6. 能否结合自己所学知识创造一种新的扫描探针显微镜？

第5章

分子振动光谱分析

5.1 红外光谱分析技术

5.1.1 引言

实用光谱学的研究已有一百多年的历史了，而光谱的发现与研究最早可追溯到1666年，牛顿把通过玻璃棱镜的太阳光分解成了从红光到紫光的各种颜色的光谱，他发现白光是由各种颜色的光组成的，这是最早对光谱的研究。其后一直到1802年，渥拉斯顿观察到了光谱线，其后在1814年弗劳恩霍夫也独立地发现了它。牛顿之所以没有观察到光谱线，是因为他使太阳光通过了圆孔而不是通过狭缝。在1814—1815年之间，弗劳恩霍夫公布了太阳光谱中的许多条暗线，并以字母来命名，其中有些命名沿用至今，此后便把这些线称为弗劳恩霍夫暗线。

实用光谱学是由基尔霍夫与本生在19世纪60年代开始研究并应用的。他们证明光谱学可以用作定性化学分析的新方法，利用这种方法发现了几种当时还未知的元素，并且证明了太阳里也存在着多种已知的元素。从19世纪中叶起，氢原子光谱一直是光谱学研究的重要课题之一。在试图说明氢原子光谱的过程中，所得到的各项成就对量子力学法则的建立起了很大促进作用。这些法则不仅能够应用于氢原子，也能应用于其他原子、分子和凝聚态物质。

1881年阿布尼和费斯汀第一次将红外线用于分子结构的研究。他们用光谱仪拍下了46个有机液体的0.7～1.2μm区域的红外吸收光谱。由于检测器的限制，这种仪器所能够记录下的光谱波长范围十分有限。随后的重大突破是测辐射热仪的发明。1880年天文学家兰利在研究太阳和其他星球发出的热辐射时发明一种检测装置。该装置由一根细导线和一个线圈相连，当热辐射抵达导线时能够引起导线电阻非常微小的变化，而这种变化的大小与抵达辐射的大小成正比。这就是测辐射热仪的核心部分。该仪器突破了照相的限制，能够在更宽的波长范围检测分子的红外光谱。采用氯化钠作棱镜和测辐射热仪作检测器，瑞典科学家安特姆第一次记录了分子的基本振动（从基态到第一激发态）频率。1889年安特姆首次证实尽管CO和CO_2都是由碳原子和氧原子组成，但因为是不同的气体分子而具有不同的红外光谱图。这个试验最根本的意义在于它表明了红外吸收产生的根源是分子而不是原子，而整个分子光谱学科就是建立在这个基础上的。不久尤利乌斯发表了20个有机液体的红外光谱图，并且将在3000cm^{-1}的吸收带指认为甲基的特征吸收峰，这是科学家们第一次将分子的结构特征和光谱吸收峰的位置直接联系起来。

5.1.2 红外光谱的介绍

5.1.2.1 红外光谱的基本原理

将一束不同波长的红外射线照射到物质的分子上，分子发生振动能级迁移，某些特定波长的红外射线被吸收，从而形成这一分子的红外吸收光谱。每种分子都有其组成和结构决定的独有的红外吸收光谱，红外光谱分析可用于研究分子的结构和化学键，也可以作为表征和鉴别化学物种的方法。

远红外光谱主要是小分子的转动能级跃迁产生的转动光谱。此外还包括离子晶体、原子晶体和分子晶体产生的晶格振动光谱以及原子量较大或键的力常数较小的分子的振动光谱；中红外和近红外光谱是由分子振动能级跃迁产生的振动光谱。在各类分子中只有简单的气体或气态分子才产生纯转动光谱，而大量复杂的气、液、固态物质分子主要产生振动光谱。目前被广泛应用于化合物定性、定量和结构分析以及其他化学过程研究的红外吸收光谱，主要是波长处于中红外区的振动光谱。

任何物质的分子都是由原子通过化学键联结起来而组成的。分子中的原子与化学键都处于不断的运动中。它们的运动，除了原子外层价电子跃迁以外，还有分子中原子的振动和分子本身的转动。这些运动形式都可能吸收外界能量而引起能级的跃迁，每一个振动能级常包含很多转动分能级，因此在分子发生振动能级跃迁时，不可避免地发生转动能级的跃迁，因此无法测得纯振动光谱，故通常所测得的光谱实际上是振动-转动光谱，简称振转光谱。

红外光波通常分为四个区域：中红外区、近红外区、远红外区和极远红外区。近红外区主要对应O—H、N—H和C—H键的倍频吸收或组频吸收，吸收强度一般比较弱；中红外区为绝大多数有机和无机化合物的基频吸收所在，主要是振动能级的跃迁；远红外区主要对应分子纯转动能级跃迁及晶体的晶格振动。四个区域的信息见表5.1.1。

表5.1.1 红外光波四个区域

波谱区	近红外区	中红外区	远红外区	极远红外区
波长/μm	0.7～2.5	2.5～25	25～500	15～1000
波数/cm^{-1}	14286～4000	4000～400	400～20	667～10
跃迁类型	分子振动	分子振动	分子转动	分子转动

5.1.2.2 红外光谱与分子振动的关系

（1）双原子分子的振动

分子的振动运动可近似地看成一些用弹簧连接着的小球的运动。以双原子分子为例，若把两原子间的化学键看成质量可以忽略不计的弹簧，长度为r（键长），两个原子质量为m_1、m_2。如果把两个原子看成两个小球，则它们之间的伸缩振动可以近似地看成沿轴线方向的简谐振动。因此可以把双原子分子称为谐振子。这个体系的振动频率$\bar{\nu}$（以波数表示），由经典力学（胡克定律）可导出：

$$\bar{\nu}=\frac{1}{2\pi C}\sqrt{\frac{K}{\mu}} \tag{5.1.1}$$

式中，K 为化学键的力常数，N/m；C 为光速，数值为 3×10^{8} m/s；μ 为折合质量，kg，$\mu=\frac{m_1 m_2}{m_1+m_2}$。

双原子分子的振动频率取决于化学键的力常数和原子的质量，化学键越强，相对原子质量越小，振动频率越高。

H—Cl	2892.4cm^{-1}	C═C	1683cm^{-1}
C—H	2911.4cm^{-1}	C—C	1190cm^{-1}

同类原子组成的化学键（折合质量相同），力常数大的，基本振动频率就大。由于氢的原子质量最小，故含氢原子单键的基本振动频率都出现在中红外的高频率区。

(2) 多原子分子的振动

1) 基本振动的类型

多原子分子基本振动类型可分为伸缩振动和弯曲振动两类。下面将举例说明多原子分子振动的分类，在这里我们以亚甲基 CH_2 为典型案例进行介绍。

亚甲基 CH_2 的各种振动形式如下：

亚甲基的伸缩振动：

亚甲基的基本振动形式及红外吸收介绍如下。

(a) 伸缩振动用 ν 表示，伸缩振动是指原子沿着键轴方向伸缩，使键长发生周期性变化的振动。伸缩振动的力常数比弯曲振动的力常数要大，因而同一基团的伸缩振动常在高频区出现吸收。周围环境的改变对频率的变化影响较小。由于振动偶合作用，原子数 N 大于等于 3 的基团还可以分为对称伸缩振动和不对称伸缩振动，符号分别为 ν_s 和 ν_{as}，一般 ν_{as} 比 ν_s 的频率高。

(b) 弯曲振动用 δ 表示，弯曲振动又叫变形或变角振动。一般是指基团键角发生周期性变化的振动或分子中原子团对其余部分做相对运动。弯曲振动的力常数比伸缩振动的小，因此同一基团的弯曲振动在其伸缩振动的低频区出现，另外弯曲振动对环境结构的改变可以在较广的波段范围内出现，所以一般不把它作为基团频率处理。

2) 分子的振动自由度

多原子分子的振动比双原子分子振动要复杂得多。双原子分子只有一种振动方式（伸缩振动），所以可以产生一个基本振动吸收峰。而多原子分子原子数目越多，振动方式也越复杂，因而它可以出现一个以上的吸收峰，并且这些峰的数目与分子的振动自由度有关。

在研究多原子分子时，常把多原子的复杂振动分解为许多简单的基本振动（又称简正振动），这些基本振动的数目称为分子的振动自由度，简称分子自由度。分子自由度数目与该分子中各原子在空间坐标中运动状态的总和紧紧相关。经典振动理论表明，含 N 个原子的线型分子其振动自由度为 $3N-5$，非线型分子其振动自由度为 $3N-6$。每种振动形式都有它特定的振动频率，即有相对应的红外吸收峰，因此分子振动自由度数目越大，则在红外吸收光谱中出现的峰数也就越多。

5.1.2.3 红外吸收光谱产生条件

分子在发生振动能级跃迁时，需要一定的能量，这个能量通常由辐射体系的红外光来供给。由于振动能级是量子化的，因此分子振动将只能吸收一定的能量，即吸收与分子振动能级间隔 $E_{振}$ 的能量相应波长的光线。如果光量子的能量为 $E_L=h\nu_L$（ν_L 是红外辐射频率），当发生振动能级跃迁时，必须满足：

$$\Delta E_{振}=E_L \tag{5.1.2}$$

分子在振动过程中必须有瞬间偶极矩的改变，才能在红外光谱中出现相对应的吸收峰，这种振动称为具有红外活性的振动。例如图 5.1.1 为 CO_2 偶极矩的示意图。

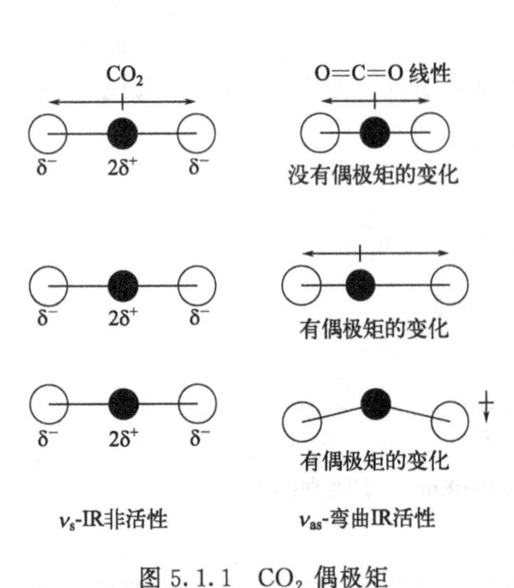

图 5.1.1 CO_2 偶极矩

红外吸收光谱产生的条件主要有以下两点。

① 分子振动时，必须伴随有瞬时偶极矩的变化。对称分子没有偶极矩，辐射不能引起共振，无红外活性，如 N_2、O_2、Cl_2 等。非对称分子有偶极矩，有红外活性。

② 只有当照射分子的红外辐射的频率与分子某种振动方式的频率相同时，分子吸收能量后，从基态振动能级跃迁到较高能量的振动能级，从而在图谱上出现相应的吸收带。

5.1.2.4 红外吸收峰的强度

分子振动时偶极矩的变化不仅决定了该分子能否吸收红外光产生红外光谱，而且还关系到吸收峰的强度。根据量子理论，红外吸收峰的强度与分子振动时偶极矩变化的平方成正比。因此，振动时偶极矩变化越大，吸收强度越强。而偶极矩变化大小主要取决于下列四种因素。

① 化学键两端连接的原子的电负性相差越大（极性越大），瞬间偶极矩的变化也越大，在伸缩振动时，引起的红外吸收峰也越强（有费米共振等因素时除外）。

② 振动形式不同对分子的电荷分布影响不同，故吸收峰强度也不同。通常不对称伸缩振动比对称伸缩振动的影响大，而伸缩振动又比弯曲振动影响大。

③ 结构对称的分子在振动过程中，如果整个分子的偶极矩始终为零，没有吸收峰出现。

④ 其他诸如费米共振、形成氢键及与偶极矩大的基团共轭等因素，也会使吸收峰强度改变。

关于红外吸收峰，以下是几个重要术语。

基频峰：由基态跃迁到第一激发态，产生的一个强的吸收峰。

倍频峰：由基态直接跃迁到第二激发态，产生的一个弱的吸收峰。

组频：如果分子吸收一个红外光子，同时激发了基频分别为 ν_1 和 ν_2 的两种跃迁，此时所产生的吸收频率应该等于上述两种跃迁的吸收频率之和，故称组频。

特征峰：凡是能用于鉴定官能团存在的吸收峰，相应频率称为特征频率。

相关峰：相互可以依存而又相互可以佐证的吸收峰称为相关峰。

5.1.3 红外光谱的定性与定量分析

红外光谱对样品的适用范围相当广，固态、液态或气态样品都能用该方法进行分析，无机、有机、高分子化合物也都可检测。红外光谱分析可用于研究分子的结构和化学键，也可以作为表征和鉴别化学物种的方法。红外光谱具有高度特征性，可以采用与标准化合物的红外光谱对比的方法进行分析鉴定。利用化学键的特征波数来鉴别化合物的类型，并可用于定量测定。由于分子中邻近基团的相互作用，使同一基团在不同分子中的特征波数有一定变化范围。此外，高聚物的构型、构象、力学性质的研究，以及物理、天文、气象、遥感、生物、医学等领域，也广泛应用红外光谱。

红外吸收峰的位置与强度反映了分子结构上的特点，可以用来鉴别未知物的结构组成或确定其化学基团；而吸收谱带的吸收强度与化学基团的含量有关，可用于定量分析和纯度鉴定。另外，在化学反应的机理研究上，红外光谱也发挥了一定的作用。但其应用最多的还是未知化合物的结构鉴定。红外光谱不但可以用来研究分子的结构和化学键，如用于力常数的测定和作为分子对称性的判据，而且还可以作为表征和鉴别化学物种的方法。

5.1.3.1 定性分析

红外光谱是物质定性的重要方法之一。它的解析能够提供许多关于官能团的信息，可以帮助确定部分乃至全部分子类型及结构。其定性分析有特征性高、分析时间短、需要的试样量少、不破坏试样、测定方便、分析成本低等优点。

定性分析依据：由于不同物质具有不同的分子结构，就会吸收不同的红外辐射能量而产生相应的红外吸收光谱。因此用仪器测绘试样物质的红外吸收光谱，然后根据各种物质的红外特征吸收峰位置、数目、相对强度和形状（峰宽）等参数，就可推断试样物质中存在哪些基团，并确定其分子结构。

传统的红外光谱法鉴定物质通常采用比较法，即与标准物质对照和查阅标准谱图的方法，但是该方法对于样品的要求较高并且依赖于谱图库的大小。如果在谱图库中无法检索到一致的谱图，则可以用人工解谱的方法进行分析，这就需要有大量的红外知识及经验积累。大多数化合物的红外谱图是复杂的，即便是有经验的专家，也不能保证从一张孤立的红外谱图上得到全部分子结构信息，如果需要确定分子结构信息，就要借助其他的分析测试手段，如核磁、质谱、紫外光谱等。尽管如此，红外谱图仍是提供官能团信息最方便快捷的办法。

5.1.3.2 定量分析

定量分析的依据是比尔（Beer）定律：

$$\lg\left(\frac{I_0}{I}\right)=\varepsilon Cl \tag{5.1.3}$$

式中，I_0 和 I 分别为入射光及通过样品后的透射光强度；$\lg(I_0/I)$ 为吸光度 (absorbance)，旧称光密度（optical density）；C 为样品浓度；l 为光程；ε 为光被吸收的比例系数，当浓度采用物质的量浓度时，ε 为摩尔吸收系数。比尔定律阐述为：光被吸收的量正比于光程中产生光吸收的分子数目。如果有标准样品，并且标准样品的吸收峰与其他成分的吸收峰重叠少时，可以采用标准曲线法以及解联立方程的办法进行单组分、多组分定量。对于两组分体系，可采用比例法。定量分析依据为同一物质不同浓度时，在同一吸收峰位置具有不同的吸收峰强度，在一定条件下试样物质的浓度与其特征吸收峰强度成正比关系，这就是定量分析的依据。但是由于具有谱图复杂、相邻峰重叠多、峰形窄、吸收池厚度不易确定等缺点，红外光谱法一般不用作定量分析。

5.1.3.3 红外光谱分析的特点

（1）红外吸收光谱具有高度的特征性

除光学异构外，没有两种化合物的红外光谱是完全相同的。红外光谱中往往具有几组相关峰可以相互佐证从而增强了定性和结构分析的可靠性，因此在官能团定性方面，是紫外、核磁、质谱等结构分析方法所不及的。红外光谱法可测定异构体，而质谱法对异构体的鉴别则无能为力，而且红外光谱测定的样品范围广，无机、有机、高分子等气、液、固态样品都可测定。另外，红外光谱测定的样品用量少（一般只需数毫克)。测定速度快（干涉型红外全程扫描谱图仅需数秒钟)，仪器操作简便、重现性好；设备费比核磁、质谱的低得多，并且已积累了大量标准红外光谱图（已有十多万张标准红外光谱图，还以每年两千张的速度在递增）可供查阅，所以它在有机物和高聚物的定性与结构分析中已得到普遍应用。

（2）红外光谱的局限性

有些物质不能产生红外吸收峰，例如原子（Ar、Ne、He 等)、单原子离子（K^+、Na^+、Ca^{2+} 等)、同核双原子分子（H_2、O_2、N_2 等）以及对称分子都无吸收峰；有些物质不能用红外光谱法鉴别，例如旋光异构体，不同分子量的同一种高聚物往往不能鉴别。因此一些复杂物质的结构分析，还必须用拉曼光谱、核磁、质谱等方法配合。此外，红外光谱中的一些吸收峰，尤其是指纹峰往往不能作理论上的解释，不像核磁谱峰那样都有其归属。红外光谱定量分析的准确度和灵敏度低于可见和紫外吸收光谱法。

5.1.4 红外光谱仪

红外光谱仪的研制可追溯到 20 世纪初期。1908 年科布伦茨制备并应用了以氯化钠晶体为棱镜的红外光谱仪；1910 年伍德和特罗布里奇研制了小阶梯光栅红外光谱仪；1918 年斯里特和蓝道尔研制出高分辨仪器。20 世纪 40 年代人们开始研究双光束红外光谱仪。1950 年由美国 PE 公司开始商业化生产名为珀金-埃尔默（Perkin-Elmer）21 的双光束红外光谱仪。与单光束光谱仪相比，双光束红外光谱仪不需要由经过专门训练的光谱学家进行操作，能够很快地得到光谱图。因此珀金-埃尔默 21 很快在美国畅销。珀金-埃尔默 21 的问世大大地促进了红外光谱仪的普及。

现代红外光谱仪是以傅里叶变换为基础的仪器。该类仪器不用棱镜或者光栅分光，而是用干涉仪得到干涉图，采用傅里叶变换将以时间为变量的干涉图变换为以频率为变量的光谱图。傅里叶红外光谱仪的产生是一次革命性的飞跃。与传统的仪器相比，傅里叶红外光谱仪具有快速、高信噪比和高分辨率等特点。更重要的是傅里叶变换催生了许多新技术，例如步进扫描、时间分辨和红外成像等。这些新技术大大拓宽了红外的应用领域，使得红外技术的发展产生了质的飞跃。

5.1.4.1 红外光谱仪的构成

红外光谱仪由光源（硅碳棒、高压汞灯、激光）、迈克尔逊（Michelson）干涉仪、检测器、计算机和记录仪组成。红外光谱仪的类型主要有色散型红外光谱仪和傅里叶变换红外光谱仪（FTIR）。与前者相比，后者具有巨大的优势，已逐步取代前者。

（1）光源

一般分光光度计中的氘灯、钨灯等光源能量较大，要观察分子的振动能级跃迁，测定红外吸收光谱，需要能量较小的光源。黑体辐射是最接近理想光源的连续辐射。满足此要求的红外光源是稳定的固体在加热时产生的辐射。常见的光源有：能斯特灯、碳化硅棒、白炽线圈、激光（CO_2、He、Ne 等激光器）。

（2）检测器

红外检测器有热检测器、热电检测器和光电导检测器三种。前两种用于色散型仪器中，后两种在傅里叶变换红外光谱仪中多见。

（3）傅里叶变换红外光谱仪

如图 5.1.2 所示，光源发出的光被分束器分为两束，一束经反射到达动镜，另一束经透射到达定镜。两束光分别经定镜和动镜反射再回到分束器。动镜以一恒定速度做直线运动，因而经分束器分束后的两束光形成光程差 d，产生干涉。干涉光在分束器会合后通过样品池，然后被检测。傅里叶变换红外光谱仪的检测器有热释电（TGS）、碲镉汞（MCT）等。

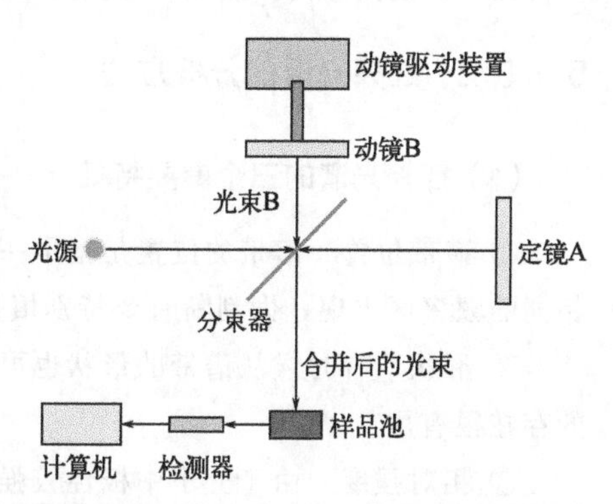

图 5.1.2　傅里叶变换红外光谱仪的构成

傅里叶红外变换光谱仪具有如下优点：

① 大大提高了谱图的信噪比，FTIR 仪器所用的光学元件少，无狭缝和光栅分光器，因此到达检测器的辐射强度大，信噪比大；

② 波长（数）精度高（$\pm0.01\text{cm}^{-1}$），重现性好；

③ 分辨率高；

④ 扫描速度快，傅里叶变换仪器动镜一次运动完成一次扫描所需时间仅为一至数秒，可同时测定所有的波数区间，而色散型仪器在任一瞬间只观测一个很窄的频率范围，一次完整

的扫描需数分钟。

5.1.4.2 样品的制备

固体样品的制备主要采用溴化钾压片法、糊状法、溶液法、薄膜法、显微切片法、热裂解法。

液体样品的制备主要采用液膜法、液体吸收池法。

气体样品一般都灌注于气体吸收池内进行测试。

5.1.5 红外光谱的应用与谱图解析

5.1.5.1 红外光谱的应用

由于红外吸收光谱法具有许多突出的优点，因此它在与化学有关的许多领域都有广泛的应用。在煤和石油化工厂产品以及染料、药物、生物制品、食品、环保等有机化合物的研究方面，可用于产品纯度或基团的鉴定、异构体的鉴别、分子结构的推断、化学反应机理的研究以及定量分析。在合成纤维、橡胶、塑料、涂料和黏合剂等高聚物研究方面，用于单体、聚合物、添加剂的定性、定量和结构分析。在有机化学中的立规度、端基、支化度、共聚物系列分布等链结构的研究，以及结晶变、取向性等聚集态结构的研究方面应用很广，还用于高聚物力学性能、聚合反应和光热老化机理等研究。在无机化合物研究方面，用于黏土、矿石、矿物等类型的鉴别及其某些加工工艺过程的研究，也可用于某些新型无机材料的测试，例如 Si_3N_4 中杂质 SiO_2 及 Si/N 比的测定，光纤中杂质 OH 基团的测定，半导体材料中 O、C 等杂质元素的测定和 GaAs 外延层厚度的测定，高聚物中无机填料的鉴定，催化剂表面结构、化学吸附和催化反应机理的研究以及络合物性质与结构研究等方面都有广泛的应用。此外，红外吸收光谱法还用于分子结构的基础研究，例如通过测定分子键长、键角来推断分子的立体构型，通过测定简振频率、计算力常数来推测化学键的强弱等。

5.1.5.2 红外光谱的分析方法

(1) 红外光谱的三个重要特征

① 谱带位置　谱带的位置是指示一定基团存在的最有用的特征，由于不同的基团可能在相同的频率区出现，做判断时要特别慎重。

② 形状　有时候从谱带的形状也可能得到相关基团的有关信息，这些对于鉴定特殊基团的存在很有用。

③ 相对强度　由于分子中极性较强的基团产生强的吸收带，有时我们可以根据相对强度进行分析。

(2) 同一基团振动峰

任一官能团由于存在伸缩振动（某些官能团同时存在对称和反对称伸缩振动）和多种弯曲振动，会在红外谱图的不同区域显示出几个相关吸收峰。所以，只有当几处应该出现吸收峰的地方都显示吸收峰时，才可以得出该官能团存在的结论。以甲基为例，在 $2960cm^{-1}$、$2870cm^{-1}$、$1460cm^{-1}$、$1380cm^{-1}$ 处都应有 C—H 的吸收峰出现。以长链 CH_2 为例，$2920cm^{-1}$、

2850cm^{-1}、1470cm^{-1}、720cm^{-1} 处都应出现吸收峰。

（3）谱图解析顺序

根据质谱、元素分析结果得到分子式。由分子式计算不饱和度 U。

$$U = 四价元素数 - (一价元素数/2) + (三价元素数/2) + 1$$

先观察官能团区，找出存在的官能团，再看指纹区。如果是芳香族化合物，应定出苯环取代位置。

根据官能团及化学合理性，拼凑可能的结构。

最后是进一步确认需与标样、标准谱图对照及结合其他仪器分析手段得出的结论。

（4）各类化合物的红外光谱

① 烷烃（表 5.1.2）

表 5.1.2　烷烃类化合物的特征基团频率

基团	振动形式	吸收峰位置	强度	备注
CH_3	$\nu_{as}\ CH_3$ $\nu_s\ CH_3$ $\delta_{as}\ CH_3$ $\delta_s\ CH_3$	2962±10 2872±10 1450±10 1380±10	s s m s	异丙基和叔丁基在 1380cm^{-1} 附近分裂为双峰
CH_2	$\nu_{as}\ CH_2$ $\nu_s\ CH_2$ δCH_2	2926±5 2853±10 1465±20	s s m	
CH	ν_s CH δCH	2890±10 约 1340	w w	
$(CH_2)_n$	δCH_2	约 720	w	$n \geqslant 4$，n 越大峰吸收强度越大

② 烯烃（表 5.1.3）

表 5.1.3　烯烃类化合物的特征基团频率

烯烃类型	ν(═C—H)/cm^{-1}	ν(C—C)/cm^{-1}	γ 面外(═C—B)/cm^{-1}
RHC═CH_2	3080 (m) 2975 (m)	1645 (m)	990 (s) 910 (s)
R_2C═CH_2	同上	1655 (m)	890 (s)
RHC═CHR (顺式)	3020 (m)	1660 (m)	760～730(m)
RHC═CHR (反式)	同上	1675 (w)	1000～950 (m)
R_2C═CHR′	同上	1670	840～790 (m)
R_2C═CHR_2'	同上	1670	无

③ 炔烃　端基炔烃有两个主要特征吸收峰：一是三键上不饱和 C—H 伸缩振动，C—H 约

在 3300cm^{-1} 处产生一个中强的尖锐峰；二是 C—C 伸缩振动，C—C 吸收峰在 2140～2100cm^{-1}。若 C—C 位于碳链中间，则只有 C—C 在 2200cm^{-1} 左右一个尖峰，强度较弱。如果在对称结构中，则该峰不出现。

④ 芳烃

ν（=C—H）：3100～3000cm^{-1}（芳环 C—H 伸缩振动）

ν（C=C）：1650～1450cm^{-1}（芳环骨架伸缩振动）

面外=C—H：900～650cm^{-1} 用于确定芳烃取代类型（与芳环取代基性质无关，而与取代个数有关，取代基个数越多，即芳环上氢数目越少，振动频率越低）面外=C—H，倍频 2000～1600cm^{-1}，用于确定芳烃取代类型。

⑤ 醇和酚

游离 OH 伸缩振动　　3600cm^{-1} 尖峰

缔合 OH 伸缩振动　　3600cm^{-1} 又宽又强吸收峰

ν(C—O)　　1250～1000cm^{-1}

面内 OH　　1500～1300cm^{-1}

面外 OH　　650cm^{-1}

⑥ 醚　1210～1000cm^{-1} 是醚键的不对称伸缩振动 ν(C—O—C)

⑦ 羰基化合物（表 5.1.4）

表 5.1.4　羰基化合物的特征基团频率

化合物	ν(C=O)	其他特征频率
脂肪酮	1730～1700（最强）	
脂肪醛	1740～1720	2850、2740（m）左右费米共振 2 个
羧酸	1720～1680（缔合）	ν(OH) 3200～2500（宽） δ(OH) 约 930（宽）
羧酸盐	无	1650～1550、1440～1350
酯	1750～1730	—CO_2^- 的 ν_{as} 和 ν_s 1300～1000 两个峰 C—O—C 的 ν_{as}（最强）和 ν_s
酸酐	1825～1815，1755～1745	
酰胺	1690～1650	3500～3050 ν(NH) 双峰、δ(NH) 1649～1570（叔酰胺无）
酰卤	1819～1790	

⑧ 酸根与官能团（表 5.1.5）

表 5.1.5　酸根与官能团的波长

酸根与官能团	波长/cm^{-1}
AsO_4^{3-}	880～770
BO_3^{3-}	1500～1300、950～850、700～400

续表

酸根与官能团	波长/cm^{-1}
BO_4^5	880～700、700～400
CO_3^{2-}	1530～1320、1000～1040、890～800、745～670
CrO_4^{2-}	900～820
HCO	3300～2000、1930～1840、1700～1600、1000～940、840～830、710～690、670～640
H_2	3650～3000、1700～1590
OH^-	3700～2900
NO_3^-	1810～1730、1520～1280、1060～1020 850～800、770～715
PO_4^{3-}	1200～940、650～540
SiO_4^{4-}	1275～860、540～470
SO_4	1210～1040、680～570
VO_4^3	930～730
U_2O_7	900～880、480～470、280～270
WO_4	850～780、720～200

⑨ 不同状态的水（表 5.1.6）

表 5.1.6　不同状态的水的振动频率

不同状态的水	物态	μ_{as}	弯曲	μ_s
自由 H_2O	固态 液态 气态	3220 3615 3756	1620 1640 1959	3400 3450 3657
吸附态 H_2O		3435	1630	
结晶态 H_2O		3200	1670	
—OH 羟基		3640	1300	

5.1.5.3　红外谱图解析

红外光谱主要分为四个区（如图 5.1.3 所示）。

第一峰区：4000～2500cm^{-1}，X—H 单键的伸缩振动区。

第二峰区：<2500～2000cm^{-1}，三键和累积双键伸缩振动区。

第三峰区：<2000～1500cm^{-1}，双键伸缩振动区。

第四峰区：<1500～600cm^{-1}，弯曲振动，C—C、C—O、C—N 等伸缩振动，指纹区。

(1) 第一峰区（4000～2500cm^{-1}）。

X—H 伸缩振动吸收范围。X 代表 O、N、C、S，对应醇、酚、羧酸、胺、亚胺、炔烃、烯烃、芳烃及饱和烃类的 O—H、N—H、C—H 伸缩振动。

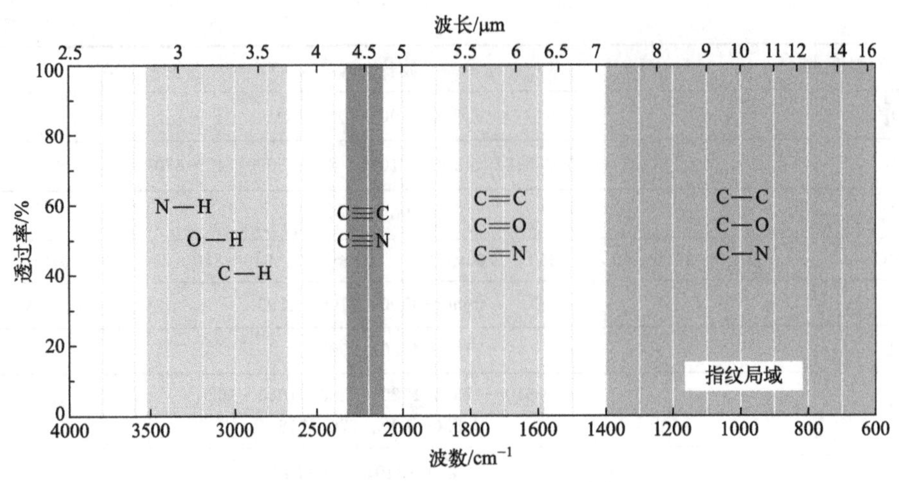

图 5.1.3 不同化学键的红外区域范围

(a) O—H

醇与酚：游离态范围是 3640～3610cm^{-1}，峰形尖锐；缔合态范围是 3300cm^{-1} 附近，峰形宽而钝。

羧酸：3300～2500cm^{-1}，中心约 3000cm^{-1}，谱带宽。

(b) N—H

胺类：游离态范围为 3500～3300cm^{-1}；缔合态吸收位置降低约 100cm^{-1}。

伯胺：3500cm^{-1}、3400cm^{-1}（吸收强度比羟基弱）。

仲胺：3400cm^{-1}（吸收峰比羟基要尖锐）。

叔胺：无吸收。

酰胺：伯酰胺：3350cm^{-1}、3150cm^{-1} 附近出现双峰。

仲酰胺：3200cm^{-1} 附近出现一条谱带。

叔酰胺：无吸收。

(c) C—H

烃类：3300～2700cm^{-1} 范围，3000cm^{-1} 是分界线。

不饱和碳（三键、双键及苯环）：＞3000cm^{-1}。

饱和碳（除三元环外）：＜3000cm^{-1}。

炔烃：约 3300cm^{-1}，峰很尖锐。

烯烃、芳烃：3100～3000cm^{-1}。

饱和烃基：3000～2700cm^{-1}，两个峰。

$—CH_3$：ν_{as} 约 2960（s）、ν_s 约 2870cm^{-1}（m）。

$—CH_2—$：ν_{as} 约 2925（s）、ν_s 约 2850cm^{-1}（s）。

$\diagdown$CH— ：约 2890cm^{-1}。

醛基：2850～2720cm^{-1}，两个吸收峰，C—H 伸缩振动与 C—H 弯曲振动（约 1390cm^{-1}）倍频产生费米共振。

巯基：2600～2500cm^{-1}，谱带尖锐，容易识别。

(2) 第二峰区（<2500～2000cm^{-1}）

三键（C≡C、C≡N），累积双键（C=C、=C< 、N=C=O等）谱带为中等强度吸收或弱吸收。干扰少，容易识别。

C≡C：2280～2100cm^{-1}，乙炔及全对称双取代炔在红外光谱中观测不到。

C≡N：2250～2240cm^{-1}，谱带较C≡C强。

C≡N：与苯环或双键共轭，向低波数移动20～30cm^{-1}。

(3) 第三峰区（<2000～1500cm^{-1}）

双键的伸缩振动区（C=O、C=C、C=N、N=O）；N—H弯曲振动区。

(a) C=O 1900～1650cm^{-1}，峰尖锐，强吸收峰。

酰卤：吸收位于最高波数端，为特征波，无干扰。

酸酐：两个羰基振动偶合产生双峰，波长位移60～80cm^{-1}。

酯：脂肪酯对应约1735cm^{-1}；不饱和酸酯或苯甲酸酯一低波数位移约20cm^{-1}。

羧酸：约1720cm^{-1}，若在3000cm^{-1}出现强、宽吸收，可确认羧基存在。

酮：唯一的特征吸收带。

酰胺：1690～1630cm^{-1}，缔合态约1650cm^{-1}，常出现酰胺Ⅰ、Ⅱ、Ⅲ带3个特征带。

伯酰胺对应约1690cm^{-1}（Ⅰ），1640cm^{-1}（Ⅱ氢键缔合）。

仲酰胺对应约1680cm^{-1}（Ⅰ），1530cm^{-1}（Ⅱ，N—H弯曲），1260cm^{-1}（Ⅲ，C—N伸缩）。

叔酰胺对应约1650cm^{-1}。

(b) C=C：1670～1600cm^{-1}，强度中等或较低。

烯烃：1680～1610cm^{-1}。

芳环骨架振动：（苯环、吡啶环及其他芳环）1650～1450cm^{-1}范围。

苯：约1600cm^{-1}，1580cm^{-1}，1500cm^{-1}，1450cm^{-1}。

吡啶：约1600cm^{-1}，1570cm^{-1}，1500cm^{-1}，1435cm^{-1}。

呋喃：约1600cm^{-1}，1500cm^{-1}，1400cm^{-1}。

喹啉：约1620cm^{-1}，1596cm^{-1}，1571cm^{-1}，1470cm^{-1}。

硝基、亚硝基化合物：强吸收。

脂肪族：ν_{as} 1580～1540cm^{-1}，ν_{s} 1380～1340cm^{-1}。

芳香族：ν_{as} 1550～1500cm^{-1}，ν_{s} 1360～1290cm^{-1}。

亚硝基：1600～1500cm^{-1}。

胺类化合物：$—NH_2$ 位于1640～1560cm^{-1}，s或m吸收带（弯曲振动）。

(4) 第四峰区（指纹区，<1500～600cm^{-1}）

X—C（X≠H）键的伸缩振动及各类弯曲振动。

(a) C—H弯曲振动

烷烃：

$—CH_3$ 对应的 δ_{as} 约1450cm^{-1}、δ_{s} 1380cm^{-1}；

$—CH(CH_3)_2$ 1380cm^{-1}、1370cm^{-1}（振动偶合）；

$—C(CH_3)_3$ 1390cm^{-1}、1370cm^{-1}（振动偶合）；

$\rangle$CH— 1340cm^{-1}（不特征）。

烯烃：

面内 1420～1300cm^{-1}，不特征；

面外 1000～670cm^{-1}，容易识别，可用于判断取代情况。

芳环：

面内 1250～950cm^{-1}，应用价值小；

面外 910～650cm^{-1}，可判断取代基的相对位置。

苯：910～670cm^{-1}；

一取代 770～730cm^{-1}、710～690cm^{-1}；

二取代邻 770～735cm^{-1}，对 860～800cm^{-1}，间 900～800cm^{-1}、810～750cm^{-1}、725～680cm^{-1}。

(b) C—O 伸缩振动　1300～1000cm^{-1}

醇、酚：1250～1000cm^{-1}，强吸收带。

酚：约 1200cm^{-1}。

伯醇：1050cm^{-1}。

仲醇：1100cm^{-1}。

叔醇：1150cm^{-1}。

醚：C—O—C 伸缩振动位于 1250～1050cm^{-1}，确定醚类存在的唯一谱带。

酯：C—O—C 伸缩振动，1300～1050cm^{-1}，2 条谱带，强吸收。

酸酐：C—O—C 伸缩振动，1300～1050cm^{-1}，强而宽。

(c) 其他键的振动

NO_2：对称伸缩振动，1400～1300cm^{-1}。

脂肪族：1380～1340cm^{-1}。

芳香族：1360～1284cm^{-1}。

COOH，COO^-：羧酸二聚体在约 1420cm^{-1}、1300～1200cm^{-1} 处出现两条强吸收带（O—H 面外弯曲振动与 C—O 伸缩振动偶合产生）。

NH_2：面内弯曲 1650～1500cm^{-1}；面外弯曲 900～650cm^{-1}。

$\leftarrow CH_2 \rightarrow_n$：800～700cm^{-1}，平面摇摆，弱吸收带。不同 n 时的吸收峰位置见表 5.1.7。

表 5.1.7　$\leftarrow CH_2 \rightarrow_n$ 中不同 n 时的吸收峰位置

n	1	2	3	≥4
吸收峰位置/cm^{-1}	785～770	743～734	729～726	725～722

5.1.5.4 红外图谱举例

图 5.1.4 为己烯（hexene）的红外光谱图，可以发现═C—H 拉伸振动的峰位于 3080cm^{-1}，以及 C—H 拉伸振动的峰，C═C 拉伸振动的峰，C—H 弯曲振动的峰。

图 5.1.5 为钠基蒙脱石的红外光谱。3434cm^{-1} 处对应层间水分子的伸缩振动；1635cm^{-1} 为层间水分子的弯曲振动；1091cm^{-1}、1041cm^{-1} 双峰为 Si—O—Si 伸缩振动；518cm^{-1} 可能

是 Si—O—Mg 弯曲振动引起的；470cm^{-1} 是 Si—O—Fe 弯曲振动引起的，其峰较高，说明铁的含量较高。

图 5.1.6 为常见的几种硅酸盐材料的红外光谱。含有结晶水的高岭土、石膏在 3500cm^{-1} 附近有—OH 的峰；含有 CO_3^{2-} 的 $BaCO_3$、SO_4^{2-} 的 $CaSO_4$、以及 ZrO_3^{2-} 的 $PbZrO_3$、TiO_3^{2-} 的 $SrTiO_3$ 都有相应的酸根特征峰。

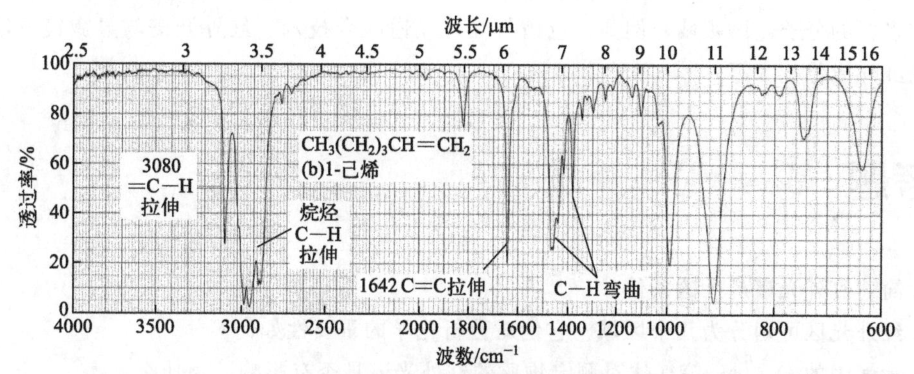

图 5.1.4 己烯的红外光谱

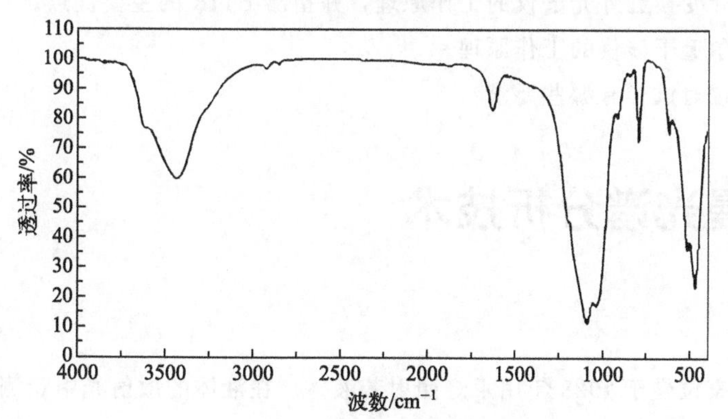

图 5.1.5 钠基蒙脱石的红外光谱

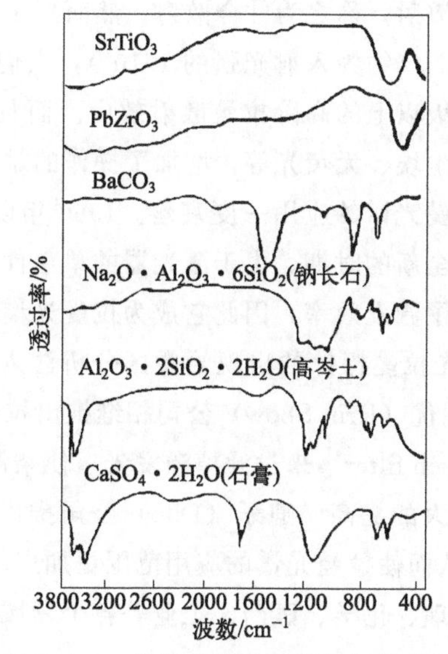

图 5.1.6 几种硅酸盐材料的红外光谱

5.1.6 红外光谱技术的新进展与展望

红外光谱技术的新进展有：漫反射傅里叶变换红外光谱技术、傅里叶变换衰减全反射红外光谱技术、红外联用技术。当代红外光谱技术的发展已使红外光谱的意义远远超越了对样品进行简单的常规测试并推断化合物的组成的阶段。红外光谱仪与其他多种测试手段联用衍生出许多新的分子光谱领域，例如，色谱与红外光谱联合技术、红外光谱与显微镜方法结合起来的红外成像技术等。

思考题

1. 简述红外光谱产生的条件。
2. 红外光区可划分为几个区域？它们对分析化学的重要性如何？
3. 大气中的 O_2、N_2 等气体对测定物质的红外光谱是否有影响，为什么？
4. 简述傅里叶变换红外光谱仪的工作原理，并指出 FTIR 的主要优点。
5. 简述迈克尔逊干涉仪的工作原理。
6. 红外光谱仪对试样有哪些要求？

5.2 拉曼光谱分析技术

5.2.1 引言

印度物理学家拉曼于 1928 年用汞灯照射苯液体，在液体的散射光中观测到了频率低于入射光频率的新谱线。与此同时，前苏联兰茨堡格和曼德尔斯塔在石英晶体中发现了类似的现象，即由光学声子引起的拉曼散射，称之为并合散射。然而到 1940 年，拉曼光谱的地位一落千丈，主要是因为拉曼效应太弱（约为入射光强的 $1/10^6$），人们难以观测研究较弱的拉曼散射信号，更谈不上测量研究二级以上的高阶拉曼散射效应。而且拉曼光谱分析要求被测样品的体积必须足够大、无色、无尘埃、无荧光等，增加了操作的难度。所以到 40 年代中期，红外技术的进步和商品化更使拉曼光谱的应用一度衰落。1960 年以后，红宝石激光器的出现使得拉曼散射的研究进入了一个全新的时期。由于激光器的单色性好，方向性强，功率密度高，用它作为激发光源，大大提高了激发效率，因此它成为拉曼光谱的理想光源。

20 世纪 70 年代中期，激光拉曼探针的出现给微区分析注入活力。80 年代以来，美国芬里克斯（SPEX）公司和英国瑞优（Rrin Show）公司相继推出拉曼探针共焦激光拉曼光谱仪，由于采用了凹陷波滤波器（notch filter）来过滤掉激发光，使杂散光得到抑制，这样入射光的功率可以很低，灵敏度得到很大的提高。迪乐（Dilo）公司推出了多测点在线工业用拉曼系统，采用的光纤可达 200m，从而使拉曼光谱的应用范围更加广阔。随探测技术的改进和对被测样品要求的降低，目前在物理、化学、医药、工业等各个领域拉曼光谱得到了广泛的应用，受到越来越多研究者的重视。

5.2.2 拉曼光谱的物理学原理

当光照射到物质上时会发生散射，散射光中除了与激发光波长相同的弹性成分（瑞利散射）外，还有比激发光的波长长的和短的成分，后一现象统称为拉曼效应。由分子振动、固体中的光学声子等元激发与激发光相互作用产生的非弹性散射称为拉曼散射，一般把瑞利散射（Rayleigh scattering）和拉曼散射合起来所形成的光谱称为拉曼光谱。

拉曼效应的机制和荧光现象不同，并不吸收激发光，因此不能用实际的上能级来解释，玻恩和黄昆用虚态能级概念说明拉曼效应，如图 5.2.1 所示，红外吸收的能量仅仅引起分子在基态的振动，而瑞利散射、斯托克斯拉曼散射与反斯托克斯拉曼散射的能量可以引起分子跃迁到虚态能级。

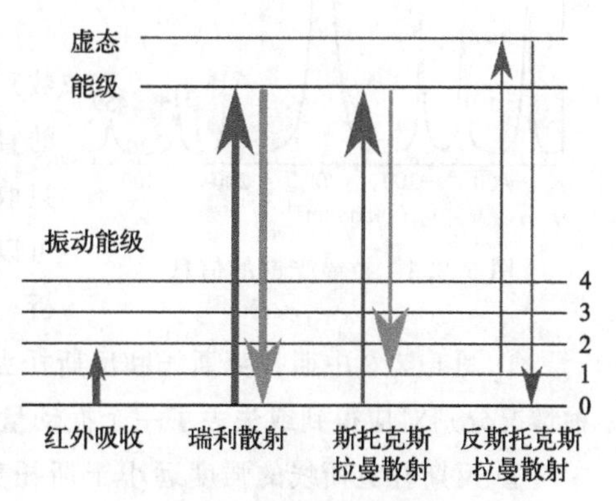

图 5.2.1 包括拉曼光谱和红外光谱的虚态能级

拉曼效应中能量变化如图 5.2.2 所示：当频率为 ν_0 的单色光作用于分子时，可能发生弹性碰撞或非弹性碰撞。原来处于基态 $E_v=0$ 的分子受到能量为 $h\nu_0$ 的入射光子激发而跃迁到一个受激虚态（virtual state），因其不稳定而立即辐射跃迁回到基态 $E_v=0$，此过程对应弹性碰撞，辐射跃迁的频率为 ν_0，为瑞利散射线；处于虚态的分子也可以跃迁到激发态 $E_v=1$，这种过程对应非弹性碰撞，光子的部分能量传递给分子，辐射跃迁的频率为 $\nu_0-\nu$，为拉曼散射的斯托克斯线（Stokes scattering）。类似的过程也可能发生在处于激发态 $E_v=1$ 的分子受到能量为 $h\nu_0$ 的入射光子激发而跃迁到受激虚态，而后辐射跃迁回到激发态 $E_v=1$，此过程对应于弹性碰撞，辐射跃迁频率为 ν_0，为瑞利散射线；处于虚态的分子也可能跃迁到基态 $E_v=0$，这种过程对应非弹性碰撞，光子从分子振动或转动中得到能量，辐射跃迁的频率为 $\nu_0+\Delta\nu$，为拉曼散射的反斯托克斯线（anti-stokes scattering）。

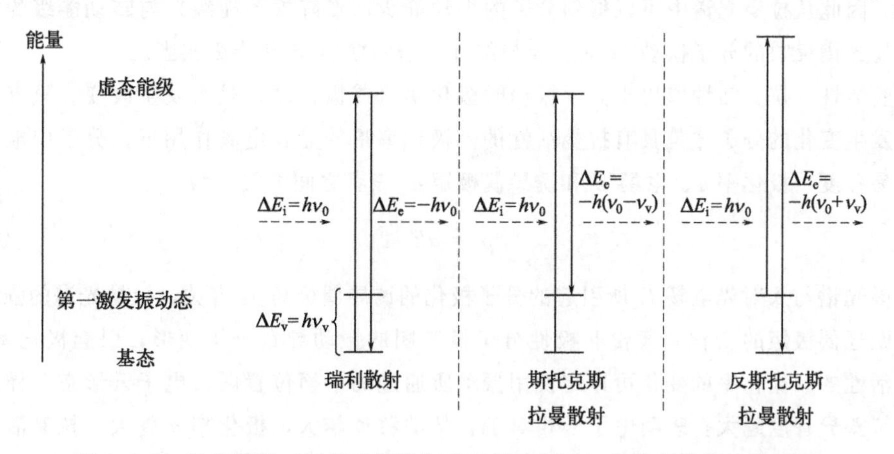

图 5.2.2 拉曼散射（斯托克斯线与反斯托克斯线）和瑞利散射的能级图

图 5.2.3 为拉曼光谱中包含的信息，纵坐标是散射强度，用任意单位表示，横坐标是拉曼位移，通常采用相对于瑞利线的位移数值表示，单位为波数（cm^{-1}），瑞利线的位置为零

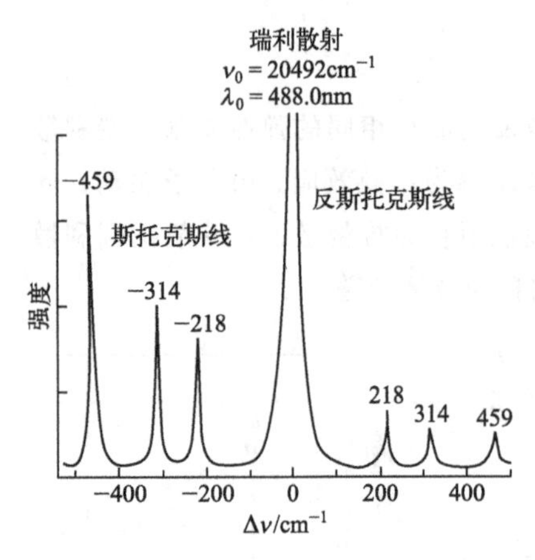

图 5.2.3　拉曼光谱的信息

点。位移为正数的谱线是斯托克斯线，位移为负数的是反斯托克斯线。由于它们完全对称分布在瑞利线的两侧，一般记录的拉曼光谱只取斯托克斯线。

不同物质的 $\Delta\nu$ 不同，同一物质的 $\Delta\nu$ 与入射光频率无关。$\Delta\nu$ 是表征分子振-转能级的特征物理量，是定性与结构分析的依据。

拉曼位移（Raman shift）的定义为瑞利线（激发波数）与拉曼线的波数差。因此拉曼位移是分子振动能级的直接量度。拉曼位移即散射光频率与激发光频之差，只取决于散射分子的结构，而与 ν_0 无关，所以拉曼光谱可以作为分子振动能级的指纹光谱，适用于分子结构分析。分析时需注意以下两点。

① 图 5.2.3 中斯托克斯线和反斯托克斯线对称地分布于瑞利线的两侧，这是由于上述两种情况分别对应得到或失去了一个振动量子的能量。

② 反斯托克斯线的强度远小于斯托克斯线的强度，这是基于玻尔兹曼（Boltzmann）分布的原理，处于基态振动上的粒子数远大于处于激发态振动上的粒子数。实际上，反斯托克斯线的强度 $I_{\text{anti-Stokes}}$ 与斯托克斯线的强度 I_{Stokes} 比满足以下公式：

$$\frac{I_{\text{anti-Stokes}}}{I_{\text{Stokes}}}=\left(\frac{\nu-\nu_i}{\nu+\nu_i}\right)^4 e^{-\frac{h\nu}{kT}} \tag{5.2.1}$$

式中，ν 是激发光的频率；ν_i 是振动频率；h 是普朗克常数；k 是玻尔兹曼常数；T 是绝对温度。

拉曼频率及强度、偏振等标志着散射物质的性质。从这些数据可获得被测物质的结构及组成方面的信息，因此拉曼光谱得到广泛的应用。拉曼效应起源于分子振动（和点阵振动）与转动，因此从拉曼光谱中可以得到分子的振动能级（点阵振动能级）与转动能级的结构信息。拉曼光谱反映的分子振动-转动能级与红外光谱的振动-转动能级相当。

拉曼活性：拉曼活性取决于分子振动时极化率（或极化度）是否发生改变。只有振动时极化率发生变化的分子才是具有拉曼活性的。极化率指的是在电场作用下，分子中电子云变形的难易程度。极化率 α、电场 E 和诱导偶极矩 μ_i 三者之间的关系为

$$\mu_i=\alpha E \tag{5.2.2}$$

拉曼光谱与入射光电场 E 所引起的分子极化的诱导偶极矩 μ_i 有关，拉曼光谱的强度正比于诱导跃迁偶极矩的变化。通常非极性分子及基团的振动导致分子变形，引起极化率变化，是拉曼活性的。极化率的变化可以定性用振动所通过的平衡位置两边电子云形态差异的程度来估计，差异程度越大，表明电子云相对于骨架的移动越大，极化率 α 越大。拉曼活性与红外活性具有如下规律。

① 互相排斥规律：凡有对称中心的分子，若有拉曼活性，则红外是非活性的；若有红外活性，则拉曼是非活性的。例如同核双原子分子 N_2、Cl_2、H_2 等无红外活性却有拉曼活性，这是由于这些分子平衡态或伸缩振动引起核间距变化时无偶极矩改变，对振动频率（红外光）

不产生吸收，但两原子间键的极化率在伸缩振动时会产生周期性变化，核间距最远时极化度最大，最近时极化度最小，由此产生拉曼位移。

② 互相允许规律：凡无对称中心的分子，除属于点群 D_{5h}、D_{2h} 和 O 分子外，可既有拉曼活性又有红外活性。

③ 互相禁止规律：少数分子的振动模式，既非拉曼活性，又非红外活性。如乙烯分子的弯曲，在红外和拉曼光谱中均观察不到振动谱带。

因此，拉曼光谱和红外光谱在分子结构表征中是互补的两种手段，两者结合可以较为完整地获得分子振动的信息。

5.2.3 拉曼光谱仪的构造和原理简介

拉曼光谱仪一般由光源、外光路、色散系统及信息处理与显示系统组成，如图 5.2.4 所示。拉曼光谱仪分为激光拉曼光谱仪（laser Raman spectroscopy）和傅里叶变换拉曼光谱仪（FT-Raman spectroscopy）。

① 激发光源：常用的有 Ar 离子激光器、Kr 离子激光器、He-Ne 激光器、Nd-YAG 激光器、二极管激光器等。拉曼激发光源波长为 325nm（UV）、488nm（蓝绿）、514nm（绿）、633nm（红）、785nm（红）、1064nm（IR）。

② 样品装置：包括直接的光学界面、显微镜、光纤维探针和样品。

③ 滤光器：激光波长的散射光（瑞利光）要比拉曼信号强几个数量级，必须在进入检测器前滤除，另外，为防止样品不被外辐射源照射，需要设置适宜的滤波器或者物理屏障。

④ 单色器和迈克尔逊干涉仪：有单光栅、双光栅或三光栅，平面全息光栅干涉器一般与红外光谱上使用的相同，为多层镀硅的 CaF_2 或镀 Fe_2O_3 的 CaF_2 分束器，也有用石英分束器及扩展范围的 KBr 分束器。

⑤ 检测器：传统的采用光电倍增管，目前多采用 CCD 探测器，傅里叶变换-拉曼光谱仪常用的检测器为 Ge 或 InGaAs 检测器。

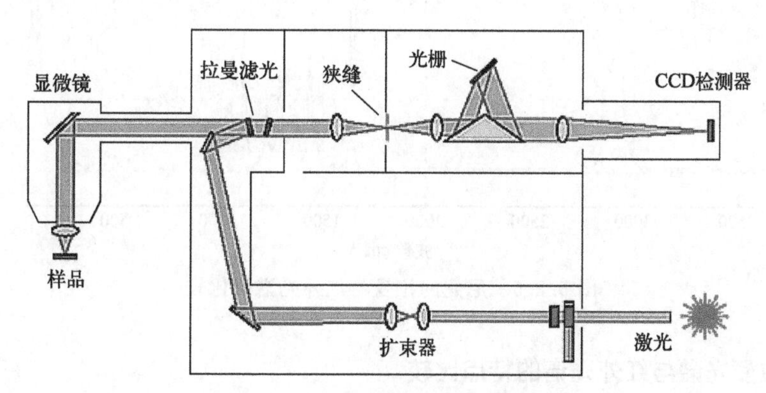

图 5.2.4 拉曼光谱仪器的构成

激光拉曼光谱因与红外光谱有着相同的波长范围且操作相对简单，因此备受重视。其优点如下：光源频率可调、分辨性好、分辨率高、谱峰常为尖峰、样品用量少（常规用量 2～2.5μg，微量操作时用量为 0.06μg）、只有少量的倍频及组频、样品测试范围广涵盖水溶液样品。

激光拉曼光谱仪中的激光易激发出荧光，从而影响测定结果。为了避免这一影响，研制了新型的傅里叶变换近红外激光拉曼光谱仪和激光共焦拉曼光谱仪。傅里叶变换拉曼光谱仪（FT-Raman spectroscopy）中光源为Nd-YAG钕掺杂的钇铝石榴石激光器（1.064 μm）；检测器为高灵敏度的铟镓砷探头。仪器还有激光光源、试样室、迈克尔逊干涉仪、特殊滤光器、检测器等组成部分。优点是避免了荧光干扰、精度高、消除了瑞利谱线、测试速度快。

5.2.4 拉曼光谱与红外光谱的比较

拉曼散射与红外吸收机理不同，所遵守的选择原则也不同。两种方法可以相互补充，这样对分子的基团结构可进行更深入的研究。

5.2.4.1 拉曼光谱与红外光谱谱图比较举例

尼龙（nylon 66）的拉曼光谱与红外光谱图比较如下，从图 5.2.5 中可以看出，同一物质，有些峰的红外吸收与拉曼散射完全对应，但也有些位置处有拉曼散射却无红外吸收，或有红外吸收却无拉曼散射。因此，红外光谱与拉曼光谱互补，可用于有机化合物的结构鉴定。红外光谱的入射光及检测光均是红外光，而拉曼光谱的入射光大多数是可见光，散射光也是可见光。红外光谱测定的是光的吸收，横坐标用波数或波长表示，而拉曼光谱测定的是光的散射，横坐标是拉曼位移。红外及拉曼光谱法的相同点在于，对于一个给定的化学键来说，其红外吸收频率与拉曼位移相等，均代表第一振动能级的能量。因此，对某一给定的化合物，某些峰的红外吸收波数与拉曼位移完全相同，红外吸收波数与拉曼位移均在红外光区，两者都反映分子的结构信息。

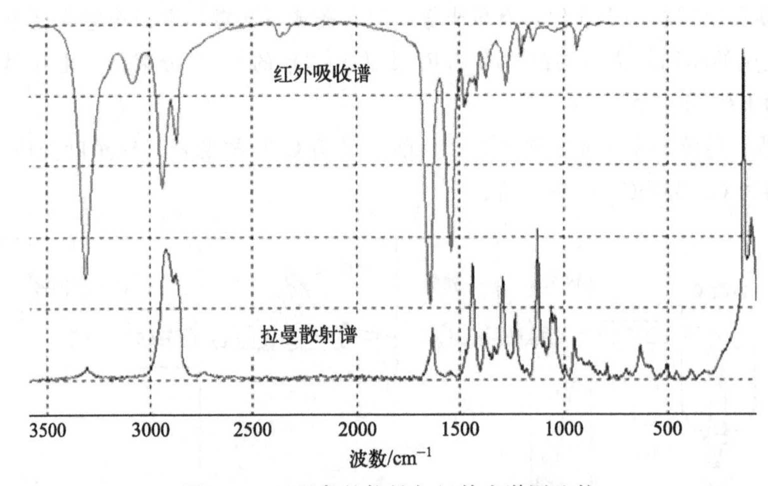

图 5.2.5 尼龙的拉曼与红外光谱图比较

5.2.4.2 拉曼光谱与红外光谱的特点比较

拉曼光谱与红外光谱的特点比较详见表 5.2.1。

表 5.2.1 拉曼光谱与红外光谱的特点比较

拉曼光谱	红外光谱
光谱范围 40～4000cm^{-1}	光谱范围 400～4000cm^{-1}

续表

拉曼光谱	红外光谱
更适合无机和配合物	
水可作为溶剂	水不能作为溶剂
样品可盛于玻璃瓶、毛细管等容器中直接测定	不能用玻璃容器测定
固体可直接测定，易于升温实验	固体常需要研磨，KBr 压片

5.2.4.3 拉曼光谱的优缺点

拉曼光谱的优点为：提供快速、简单、可重复且无损伤的定性定量分析，它无需样品制备过程，样品可直接通过光纤探头或者通过玻璃、石英和光纤测量；水的拉曼散射很微弱，拉曼光谱是研究水溶液中的生物样品和化学化合物的理想工具；拉曼一次可以同时覆盖 50～4000cm^{-1} 波数的区间，可对有机物及无机物进行分析，若让红外光谱覆盖相同的区间则必须改变光栅、光束分离器、滤波器和检测器。

化学结构分析中，独立的拉曼区间的强度和功能基团的数量相关；因为激光束的直径在它的聚焦部位通常只有 0.2～2mm，常规拉曼光谱只需要少量的样品就可以得到，这是拉曼光谱相对常规红外光谱一个很大的优势。而且，拉曼显微镜物镜可将激光束进一步聚焦至 20μm 甚至更小，可分析更小面积的样品。共振拉曼效应可以用来有选择性地增强大生物分子基团的振动，这些发色基团的拉曼光强能被选择性地增强 1000～10000 倍。

拉曼光谱不足之处有以下几点：

① 拉曼散射检测面积偏小；

② 不同振动峰重叠和拉曼散射强度容易受光学系统参数等因素的影响；

③ 荧光现象对傅里叶变换拉曼光谱分析存在干扰；

④ 在进行傅里叶变换光谱分析时，常出现曲线的非线性问题需处理；

⑤ 任何一物质的引入都会给被测体系带来某种程度的污染，这等于增大了一些误差的可能性，会对分析的结果产生一定的影响。

5.2.5 拉曼光谱的应用

拉曼光谱技术以其信息丰富、制样简单、水的干扰小等独特的优点，在化学、材料、物理、高分子、生物、医药、地质等领域有广泛的应用。

5.2.5.1 拉曼光谱在化学研究中的应用

拉曼光谱在有机化学方面主要是用作鉴定结构和分析分子相互作用的手段，它与红外光谱互为补充，可以鉴别特殊的结构特征或特征基团。拉曼位移的大小、强度及拉曼峰形状是鉴定化学键、官能团的重要依据。利用偏振特性，拉曼光谱还可以作为分子异构体判断的依据。在无机化合物中金属离子和配位体间的共价键常具有拉曼活性，由此拉曼光谱可提供有关配位化合物的组成、结构和稳定性等信息。另外，许多无机化合物具有多种晶型结构，它们具有不同的拉曼活性，因此用拉曼光谱能测定和鉴别红外光谱无法完成的无机化合物的晶型结构。

在催化化学中，拉曼光谱能够提供催化剂本身以及表面物种的结构信息，还可以对催化剂制备过程进行实时研究。同时，激光拉曼光谱是研究电极/溶液界面的结构和性能的重要方法，能够在分子水平上深入研究电化学界面结构、吸附和反应等基础问题并应用于电催化、腐蚀和电镀等领域。

5.2.5.2 拉曼光谱在高分子材料中的应用

拉曼光谱可提供聚合物材料结构方面的许多重要信息，如分子结构与组成、立体规整性、结晶与取向、分子相互作用以及表面和界面的结构等。从拉曼峰的宽度可以表征高分子材料的立体化学纯度，如无定形试样或头-头、头-尾结构混杂的样品，拉曼峰一般是弱而宽，而高度有序样品具有强而尖锐的拉曼峰。拉曼光谱在高分子材料方面的研究内容包括以下几项。

① 化学结构和立构性判断：高分子中的 C═C、C—C、S—S、C—S、N—N 等骨架对拉曼光谱非常敏感，常用来研究高分子的化学组分和结构。

② 组分定量分析：拉曼散射强度与高分子的浓度呈线性关系，给高分子组分含量分析带来方便。

③ 晶相与无定形相的表征以及聚合物结晶过程和结晶度的监测。

④ 动力学过程研究：伴随高分子反应的动力学过程如聚合、裂解、水解和结晶等发生时，相应的拉曼光谱中某些特征谱带会有强度的改变。

⑤ 高分子取向研究：高分子链的各向异性必然带来对光散射的各向异性，通过测量分子的拉曼散射退偏度，可以得到分子构型、分子对称性或构象等方面的重要信息。

⑥ 聚合物共混物的相容性以及分子相互作用研究。

⑦ 复合材料应力松弛和应变过程的监测。

⑧ 聚合反应过程和聚合物固化过程监控。

5.2.5.3 拉曼光谱技术在材料科学研究中的应用

拉曼光谱在材料科学中是物质结构研究的有力工具，在相组成界面、晶界等课题中可以做很多工作，主要包括以下几个方面。

① 薄膜结构材料研究：拉曼光谱已成为 CVD（化学气相沉积法）制备薄膜的检测和鉴定手段。拉曼可以研究单、多、微和非晶硅结构以及硼化非晶硅、氢化非晶硅、金刚石、类金刚石等层状薄膜的结构。如图 5.2.6 为金刚石与聚苯乙烯的拉曼光谱图，主峰的位置完全不同。

② 超晶格材料研究：可通过测量超晶格中应变层的拉曼频移计算出应变层的应力，根据拉曼峰的对称性，可以知道晶格的完整性。图 5.2.7 为超晶格材料在应力作用下的拉曼光谱图，可见有应力作用下，峰明显左偏，可以根据偏移的程度计算应力的大小。

③ 半导体材料研究：拉曼光谱可测出离子注入后的半导体损伤分布，可测出半磁半导体的组分、外延层的质量以及外延层混品的组分载流子浓度。

④ 耐高温材料的相结构拉曼研究。

⑤ 全碳分子的拉曼研究。

⑥ 纳米材料的量子尺寸效应研究。

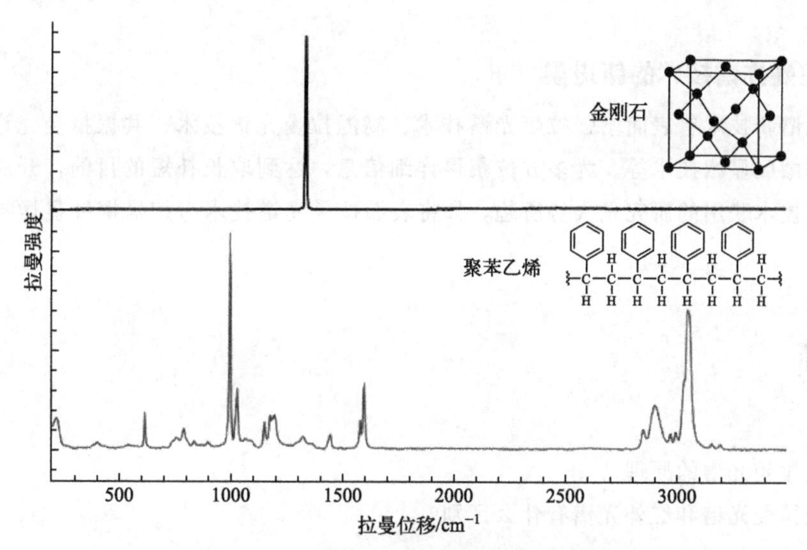

图 5.2.6　金刚石与聚苯乙烯的拉曼光谱

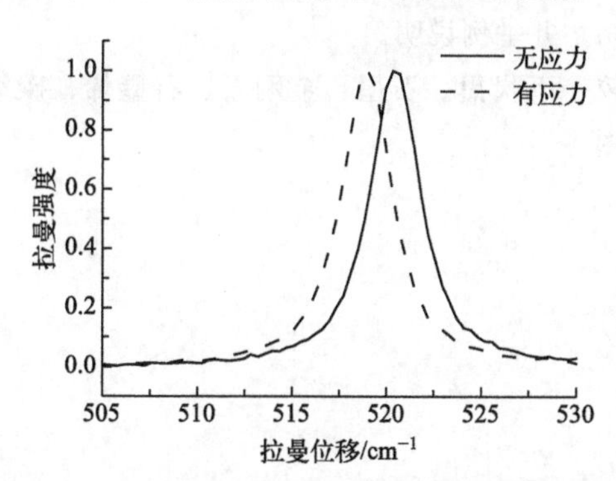

图 5.2.7　超晶格材料在应力作用下的拉曼光谱

⑦ 水泥材料的研究。图 5.2.8 为西地那非柠檬酸盐与微米纤维素的拉曼光谱图以及硫酸钙水泥材料的拉曼光谱图，硫酸钙的主峰在 $1010\mathrm{cm}^{-1}$ 附近。

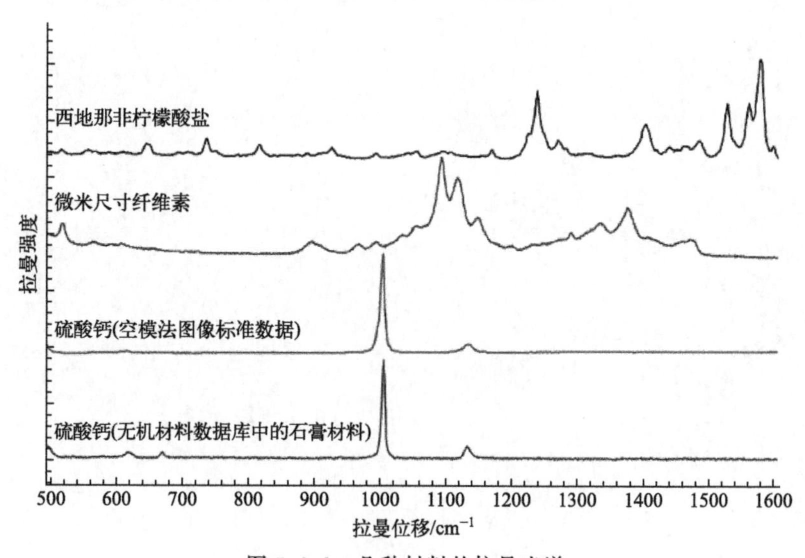

图 5.2.8　几种材料的拉曼光谱

5.2.6 拉曼光谱技术的新进展

拉曼光谱新技术有表面增强拉曼光谱技术、高温拉曼光谱技术、共振拉曼光谱技术、激光拉曼光谱微区显微技术等。为多方位获得详细信息，达到取长补短的目的，开展拉曼光谱与其他先进技术联用的研究是大势所趋，如将表面拉曼光谱技术与扫描探针显微技术进行实时联用等。

思考题

1. 试述拉曼光谱的原理。

2. 激光拉曼光谱和红外光谱有什么区别?

3. 简述拉曼仪器的构成。

4. 简述拉曼仪器的应用，并举例说明。

5. 调研文献，总结比较一下炭黑、石墨、金刚石、石墨烯、碳纳米管、纳米洋葱碳、富勒烯等炭材料的拉曼光谱图。

第6章 热分析

6.1 热分析概述

6.1.1 热分析技术发展史

热分析是研究物质物理过程和化学反应的一类重要实验技术，经过两百多年的发展，目前已发展成为与光谱法、质谱法、色谱法等分析方法相互并列和补充的重要分析手段之一，广泛应用于材料、医药、食品、地质、海洋、能源、生物技术、空间技术等领域。国际热分析协会1977年首次将热分析定义为“测量在程序控制温度下，物质的物理性质与温度依赖关系的一类技术”。

我国2008年11月开始实施的国家标准《热分析术语》(GB/T 6425—2008) 对热分析技术定义为：“在程序控制温度和一定气氛下，测量物质的某种物理性质与温度或时间关系的一类技术”。其定义中“物理性质”主要指物质的质量、温度、能量、尺寸、力学量、声学量、光学量、电学和磁学量等一种或多种性质。通过准确记录物质物理性质随温度或时间的变化，热分析能系统研究物质受热过程所发生的晶型转化、熔融、蒸发、脱水等物理变化规律或热分解、氧化、还原、成环等化学变化规律。“程序控制温度”通常包含恒温过程、按给定的变温速度进行线性升温或降温过程、非线性升温或降温过程等不同控温程序的组合。

热现象是人类在生活和生产中最早接触到的自然现象之一，然而人类对热现象理解和测量经历了漫长的过程。在热分析的发展历史上。人们最早发现和应用的是热重法，热重法的出现表明了人类对热及热重现象认识的提高和使用的进步。热分析技术作为一种科学实验方法，始于18世纪末。1780年英国的Higgins在研究石灰黏结剂和生石灰的过程中第一次使用天平测量了试样受热时所产生的重量变化。随后英国人Wedsnood于1786年观察到将黏土加热到“暗红”时出现明显失重，并测出了第一条热重曲线，这是热重法的开始。1887年，法国的Le Chatelier将热电偶插入受热黏土测量黏土在升温过程中温度变化规律，首次获得了最原始的差热曲线。1899年，英国的Roberts Austen采用两个热电偶反相连接，通过差热分析的方法直接记录样品和参比物之间的温差随时间变化的规律，提高了仪器的灵敏度和重复性，这是差热分析仪的原型。1915年日本的本多光太郎提出了“热天平”概念并设计了世界上第一台皿式热天平，并测试了$MnSO_4 \cdot 4H_2O$等化合物的热分解反应。

20世纪40年代末商品化的热天平和电子管式差热分析仪问世。20世纪50年代，苏联科学家提出热机械分析法。1955年荷兰的Boersma发明了热流型差示扫描量热仪，热分析技术取得突破性进展。1964年，Wattson和O'Neill等人首次提出“差示扫描量热（DSC）”的概念，进而发展成为差示扫描量热技术，Perkin Elmer公司采用该技术制造出首台DSC-1型差示扫描热分析仪。1968年出现热重-质谱联用仪后，热分析技术的各种联用逐步发展并日趋完善。1992年出现温度调制式DSC，梅特勒-托利多高灵敏度DSC传感器HSS7的出现使得热分析的灵敏度获得质的飞跃并导致快速扫描的差示扫描量热仪的问世。随着微电子技术、温度控制系统和软件分析系统的发展，热分析仪器的精确度、重现性、分辨力和自动数据处理软件都得到极大提升，同时热分析技术的应用领域逐步扩大。

我国在20世纪50～60年代就开始了热分析仪器的研制，1969年北京光学仪器厂研制出我国第一台热分析仪。1979年12月我国在中国化学学会物理化学学科委员会下成立了热力学、热化学、热分析专业组。目前我国生产的热分析仪器产品已从初期的机械式记录仪控制发展成为智能型微机控制，由单功能发展成为多功能联合型仪器。然而，目前国产热分析仪器与国际先进热分析设备相比，无论是工艺还是性能都还有一定的差距，需要进一步加强科研力量和增加科研投入。

6.1.2 热分析技术分类和特点

热分析是研究物质物理过程与化学反应的一种重要的实验技术，物质的平衡态和非平衡态热力学以及不可逆过程的热力学和动力学是该技术的理论基础。根据测量的物理性质不同，热分析可以分为9类17种，如表6.1.1所示。经过半个多世纪发展，热分析已经从单一检测手段发展成为一类拥有多种检测手段的仪器分析方法，可用于检测的物质因受热而引起的各种物理化学变化，使其成为各学科领域重要的实验技术，广泛应用于基础科学和应用科学的各个领域。最常用的热分析方法主要包括：差（示）热分析法（DTA）、热重法（TG）、差示扫描量热法（DSC）、热机械分析法（TMA）和动态热机械分析法（DMA）。相比其他分析测试方法，热分析技术具有如下特点。

① 制样简单且用量少。对大多数物质无需特殊处理或只做简单处理便可进行热分析实验，采用合适的试样容器几乎可对任何状态和形状的试样进行测试。热重仪可以分析0.1mg样品的质量随温度的变化，甚至几十纳克的样品可用于量热实验。一般差示扫描量热分析仪样品用量在5～20mg之间。

② 灵敏度高，分析时间短。仪表的灵敏度是指对被测参数变化仪表反应的灵敏程度。现代热分析仪器具有灵敏度高的特点，比如热重仪灵敏度可达0.1μg，微量差示扫描量热仪精度最高可达0.02μW，动态热机械分析仪的力学测量精度可达0.001N。完成一次热分析实验的时间根据具体研究目的不同可以有几分钟到几个小时的差别。目前不同热分析仪器变温范围、升降温速度范围有很大差别，需要根据样品性质和实验目的选择合适的分析仪器。

③ 可在静态和动态气氛下测量。根据样品性质和研究目的可采用静态气氛或动态气氛。静态气氛包括常压、高压或低压、真空。动态气氛包括氧气、惰性气体（如N_2、Ar、He）、还原气体（如H_2、CH_4、CO、C_2H_2、C_2H_4）、腐蚀气体（如SO_2、SO_3、NH_3、NO_2、N_2O、HCl、Cl_2、Br_2）、含水汽气体、其他反应气体等不同气氛。

④ 分析温度范围宽，温度控制程序灵活多样。对单一试样可以在很宽的温度范围内测试，当前热分析技术最低测量温度可到－265℃（8K），最高可达2800℃。由于灵敏度越高，仪器量程越小，高灵敏度的热分析仪实际量程和温度范围受限。比如高灵敏度的微量差示扫描量热仪温度范围一般低于150℃。

⑤ 可与其他技术联用，获取多种物理化学信息。在程序控制温度下，对一个试样同时采

用两种或多种热分析技术联用以及将热分析技术和光谱、色谱或质谱等技术联用，可以获得丰富的物理信息。其中 TG-DTA、TG-DSC 应用最广泛，可以在程序控温下同时得到物质在质量与焓值两方面的变化情况。将 TG、DTA 和 DSC 热分析技术与气相色谱联用，既可得到热分析曲线又可分析相应的分解产物，对揭示热分解反应机理极为有用。

表 6.1.1 热技术分类

物理性质	分析技术名称	简称	物理性质	分析技术名称	简称
1. 质量	1）热重法	TG	3. 热焓	9）差示扫描量热法	DSC
	2）热压质量变化测定		4. 尺寸	10）热膨胀法	
	3）逸出气体检测	EGD	5. 力学特性	11）热机械分析	TMA
	4）逸出气体分析	EGA		12）动态热机械分析	DMA
	5）放射热分析		6. 声学特性	13）热发声法	
	6）热微粒分析			14）热声学法	
2. 温度	7）加热曲线测定		7. 光学特性	15）热光学法	
	8）差热分析	DTA	8. 电学特性	16）热电学法	
			9. 磁学特性	17）热磁学法	

此外，需要注意的是热分析技术作为一类在一定程序控制温度和一定气氛下宏观性质测量技术，其实验结果受到热分析技术种类、仪器类型、待测物质的物理化学性质和热历史、实验条件（温度程序、实验气氛、样品制备操作）、实验环境的温湿度等因素的影响。因此对实验结果进行解析时，应综合考虑多种影响因素。

思考题

1. 简述热分析的定义和内涵。
2. 热分析有哪几种类型，其分别有什么特点？
3. 简述热分析技术的特点。
4. 列举热分析在高分子材料研究中的应用。
5. 列举热分析在金属材料研究中的应用。

6.2 差热分析法

6.2.1 差热分析基本原理和仪器组成

差热分析是在程序控温下用于测量试样物质与参比物之间温差与时间或温度对应关系的一种热分析技术。为精确获得试样物质的信息，要求参比物质在测试温度范围内不产生任何热效应，且比热容、热传导系数应尽量与试样物质接近，常用参比物有 Al_2O_3、石英、硅油、铂等。测试金属试样可用不锈钢、铜、金、铂等作参比物，测试有机物一般用硅烷、硅酮作参比物。当测试物质在程序控温下发生物理或化学状态的变化，如熔化、晶型转变、吸附、脱水、氧化等，会伴随吸热或放热现象，使得试样温度高于（发生放热效应）或者低于（发生吸热效应）参比物的温度，温差大小反映试样产生热效应的大小，差热分析仪记录的温度差随时间或温度变化关系即为差热曲线（DTA 曲线）。

差热分析仪试样和参比物之间温度差测试应用到热电偶的工作原理。如图 6.2.1 所示，当具有不同电子逸出功的两种金属丝 A 和 B 焊接组成闭合回路，如果两焊点的温度 T_1 和 T_2 不同就会产生接触热电势，检流计指针因闭合回路有电流流动发生偏转。如果 T_2 端温度已知（比如处于冰水环境中），便可以利用热电动势大小与 T_1-T_2 之间的线性关系得出 T_1 的温度值，便形成测温热电偶［图 6.2.1（a）］。而差热分析仪将两个反极性的热电偶串联（即两热电偶同极相连）就构成可用于测定两热源之间温度差的温差热电偶（或称为差示热电偶），如图 6.2.1（b）所示。将温差热电偶的两热端分别插在被测试样和待测温度区间内不发生热效应的参比物中，当试样和参比物在相同加热条件下升温，由通过检流计电流的大小便可测得升温过程中两者温度差，这即为差热分析的基本原理。

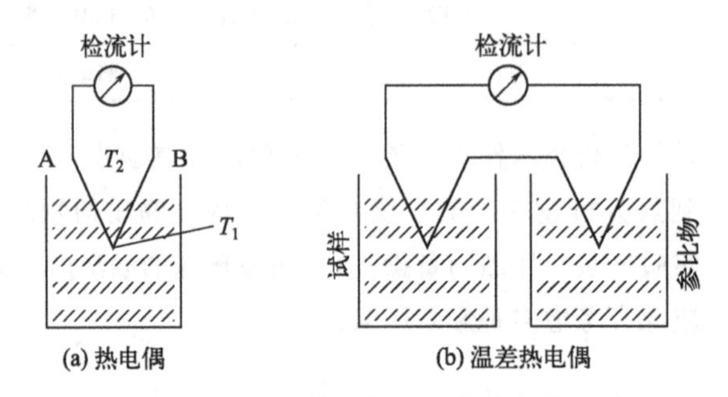

图 6.2.1　热电偶和温差热电偶

差热分析仪主要由热电偶、试样容器、加热炉、温度控制系统、信号放大系统和记录系统等部分组成，部分型号仪器还包括气氛控制系统和压力控制系统，其结构见图 6.2.2。炉内试样架上有两个坩埚分别盛放试样和参比物，测量参比物温度 T_R 的热电偶输出电势为 U_{TR}，测量试样和参比物温差 ΔT 的温差热电偶输出电势为 $U_{\Delta T}$，经过放大和 A/D 转换后输入计算机系统，计算机处理收集信号数据的同时输出炉温控制信号。从差热分析工作原理可知热电偶是差热分析中关键的元件。测试高精度和高稳定性要求热电偶材料能产生较高的温差电动势并在宽测温范围内与温度呈线性或接近线性的单值函数关系以及高温不氧化并耐腐蚀、电阻随温度变化小、导电率高、比热小、物理稳定性好、使用寿命长、材料加工性能好便于制造、机械强度高。在差热分析仪中一般中低温（500～1000℃）多采用镍铬-镍铝热电偶，高温（＞1000℃）时用铂-铂铑热电偶。

试样容器主要由坩埚和支架构成，坩埚材料一般选择耐高温且热传导性能好的材料，常用的有陶瓷、石英玻璃、刚玉、铂、钼、钨、铂金等。具体分析测试需根据试样物理化学性质的不同和测试目的的需要选择合适的坩埚以提高实验数据的可靠性，需要考虑的因素包括坩埚体积、坩埚材料、温度范围、气氛、样品性质等。选择坩埚最重要的条件是坩埚在测量温度范围内没有任何物理变化且不与样品发生反应。在高压实验和气体反应实验需要用到特

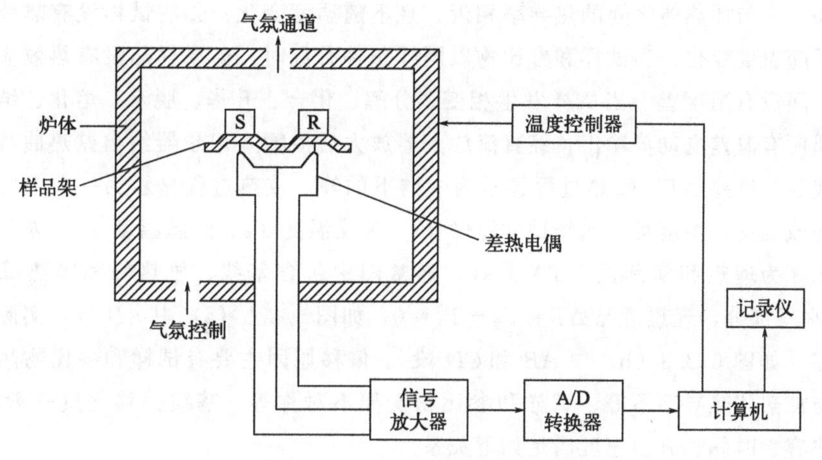

图 6.2.2　DTA 差热分析结构

殊类型的坩埚。坩埚装好样品后置于支架上，支架材料通常为导热性能好的材料，在使用温度不超过 1300℃时可采用金属镍作为样品支架，超过 1300℃时多采用刚玉质材料。样品室、试样坩埚、热电偶构成差热系统，是整个装置的核心部分。

加热炉是差热分析仪另一关键部件，按照热源可分为电热丝（钨丝、钼丝、硅碳棒）加热炉、红外加热炉、高频感应加热炉等；根据炉温可分为低温炉（低于 250℃）、普通炉、超高温炉（达 2400℃）；按结构型式可分为微型、小型，立式和卧式。加热炉要求具有均匀的炉温区以保证试样和参比物受热均匀，高控温精度、小热容量以便于调节升降温速度和小体积以便于维护；此外，炉体线圈不能对热电偶中的电流产生感应以防相互干扰。为提高仪器的抗腐蚀能力以及防止样品氧化或需要在一定的气氛下观察试样反应情况，可将炉体抽真空或通以保护/反应气氛。现在新一代热分析仪一般同时带有冷却系统以准确控制冷却过程，一方面为了进行低温（可以达到液氮对应温度甚至更低温度）热分析实验，另一方面可以研究物质冷却过程物理化学变化（特别对一些有机物和非晶态物质具有重要意义）。目前已有多种冷却系统应用于热分析仪器中，比如在加热炉外壳周围加循环冷却剂或者内置的制冷装置。

温度控制系统主要由加热器、冷却器、温控元件和程序温度控制器组成，用于控制测试时的加热条件，如升温速率、温度测试范围。程序温度控制器中的程序毫伏发生器发出的毫伏数和时间呈线性增大或减小的关系，使得炉子温度按给定程序均匀升高或降低。一般仪器升温速率可在 0.1～100℃/min 的范围内改变，常用速率为 1～20℃/min。

信号放大系统将温差热电偶产生的微弱温差电势放大并输送到显示记录系统。显示记录系统一般采用电子电位差记录仪或电子平衡电桥记录仪、示波器、*X-Y* 函数记录仪以及照相式的记录方式等以数字、曲线或其他形式信号将放大系统所检测到的物理参数对温度（或时间）的函数关系直观地显示出来。此外，有的仪器带有气氛控制系统和压力控制系统，该系统能够为相关研究提供气氛条件或压力条件。

6.2.2　差热分析曲线

差热分析作为在程序控制温度下测量试样与参比物之间的温度差与温度（时间）关系的一种热分析方法，其分析包含如下假定：①试样和参比物变温条件完全相同；②两者温度均匀分布；③两者与加热体之间的热导率相近，且不随温度变化；④在试样没有热效应时，两者热容都不随温度变化。当试样和参比物以同样条件升温时，如果样品没有热效应，则试样与参比物之间没有温度差。当试样发生相变、分解、化合、升华、脱水、熔化、结晶、吸附时，热电偶便有温差电动势输出，经直流放大器放大后由输入记录器给出差热曲线。差热曲线纵坐标代表温度差 ΔT，吸热过程显示为一向下的峰，放热过程显示为一向上的峰；横坐标代表时间或温度，温度可以选择试样温度 T_S、参比温度 T_R、炉膛温度 T_w（常用）。

图 6.2.3 为理想和实际的 DTA 曲线，通常图中包含基线、放热峰和吸热峰。基线为 DTA 曲线水平部分，理想情况 $\Delta T = T_S - T_R = 0$，如图 6.2.3（a）中 AB 段，实际情况时常会发生偏移［如图 6.2.3（b）中 AB 和 CD 段］。偏移原因主要有试样和参比物热容差别较大、它们与加热体热导率不等、试样和参比物支架不对称等。基线偏移程度一般用 ΔT_a 表示，与比热容、时间、升温速度满足如下关系：

$$\Delta T_a = (c_R - c_S)\varphi K^{-1}[1 - \exp(-Kt/c_S)] \tag{6.2.1}$$

式中，c_S 和 c_R 分别为试样和参比物的比热容；φ 为升温速率；K 为热传导系数。当时间 $t \to \infty$ 时，后面指数项为零，上式简化为

$$\Delta T_a = (c_R - c_S)\varphi / K \tag{6.2.2}$$

由该式可见，试样和参比物比热容差别越小，升温速度越低，基线偏离零线程度越小；如升温过程中试样比热容发生变化，基线的位置会发生变化，从而 DTA 曲线可以反映试样比热容变化。此外，K 值越大，基线偏移量越小，但是会降低 DTA 分析的灵敏度。

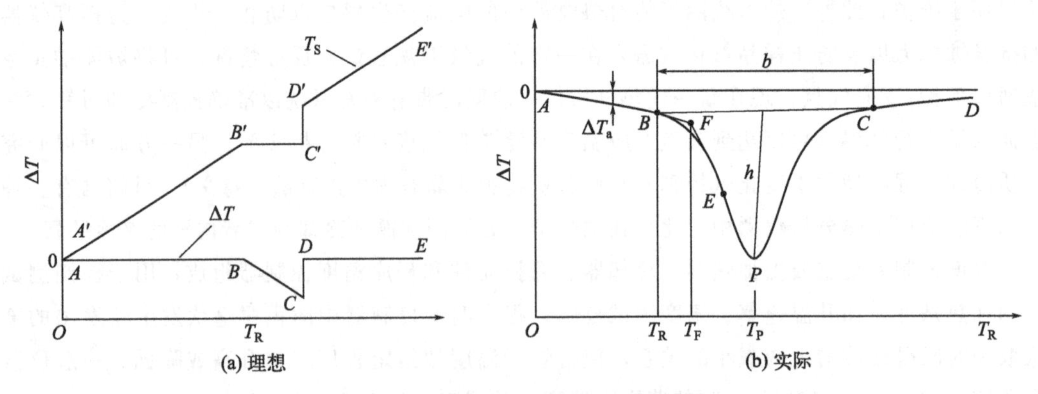

图 6.2.3　理想的和实际的 DTA 曲线

当试样在升温过程发生物理或者化学变化，会出现吸热或放热峰，理想的热效应峰为折线峰，如图 6.2.3（a）中的 BCD 峰，实际差热曲线为山峰形状，如图 6.2.3（b）BPC 峰。当试样在 B 点开始发生吸热过程时，到峰谷 P 时偏离基线最远，在 PC 中间某点吸热过程完全结束，但是该点试样温度低于参比物温度，试样温度按照指数关系升温至参比物温度。通常用外延始点（指峰的起始边陡峭部分的切线与外延基线的交点，如图中 F 点，一般把外延始点当作热效应发生起始点）、峰宽［如图 6.2.3（b）中 BC 段宽为 b］、峰高［指峰顶至内插基线间的垂直距离，如图 6.3.2（b）中 h］、峰面积（峰和内插基线之间所包围的面积）表征热效应峰。峰面积确定方法有多种，如积分仪法、等腰三角形法、剪纸称重法。上面关于表

征峰特征的几个参数中，最重要的是外延始点和峰面积。国际热分析及量热学联合会通过试样测定表明，外延起始温度与其他实验测得的反应起始温度最为接近，因此该协会用外延起始温度来表示反应起始温度。在一定的样品量范围内，样品质量与峰面积成正比，峰面积与热效应成正比，因而通常用峰面积表征试样热效应大小，在假定热阻为常数、试样内部温度均匀的条件下，热焓与峰面积有如下关系：

$$\Delta H = A/R \tag{6.2.3}$$

式中，ΔH 为热焓；A 为峰面积；R 为传热的热阻。实际加热体与样品热传导过程非常复杂，热阻 R 和热传导系数 K 均是温度系数，所以温度间隔过大的不同温度段的峰面积大小不能直接用来表征它们热效应差异。在较窄的温度范围内，可以认为 K 和 R 是常数。不过，由于差热分析的影响因素较多，因此通过测量峰面积很难进行准确的定量分析。此外，在给定条件下，峰的形状反映样品的具体变化过程，因此，从峰大小、峰宽、峰对称性可以获得样品物理或化学变化动力学的信息。此外，DTA 曲线分析需要注意两点：①峰温不代表反应的结束温度，反应结束温度在峰后曲线基线之前的某点；②峰顶温度表示试样和参比物温差最大的点，不代表最大反应速率（最大反应速率在峰顶之前）。

思考题

1. 从试样的差热曲线上可获得哪些信息？
2. 简述 DTA 工作原理。
3. 简述 DTA 在聚合物中的应用。
4. 升温速度对 DTA 曲线有何影响？

6.3 差示扫描量热法

差示扫描量热分析是在程序控制温度下，测量输入试样和参比物的能量差（或功率差）随温度变化的一种技术。该技术是为克服差热分析在定量测定上的不足而发展起来的一种新的热分析技术。在差热分析中，当试样发生热效应时升温速度是非线性的，且试样与参比物及试样周围的环境因有较大的温差会发生热传递，导致热效应测量的灵敏度和精确度偏低。因此差热分析仪一般只能进行定性或半定量分析，难以获得加热过程中试样温度和反应动力学的精确数据。而差示扫描量热法通过对试样热效应产生的能量变化进行及时补偿，使得试样与参比物之间无温差、无热传递，从而热损失减小，检测信号进一步增大，测试在灵敏度和精度方面大幅度提高，可对试样物理化学变化过程中的热量变化进行定量分析，而且具有比 DTA 更好的分辨率和重现性。

6.3.1 系统组成与原理

按照工作原理不同，DSC 可分为热流型差示扫描量热法和功率补偿型差示扫描量热法。

功率补偿型差示扫描量热仪又分为外加热和内加热两种类型，均采用零点平衡原理。外加热型分析仪主要特点是试样和参比物放在外加热炉内加热的同时，都附带独立的小加热器（一组补偿加热丝）和传感器，如图 6.3.1（a）所示。系统包含两个控制系统，一个用于温度控制使试样和参比物在预定速率下升温或降温，另一个用于补偿试样和参比物之间的温差。例如当样品温度低于参比物时，温差信号转化为温差电动势后经过差热放热器再送入功率补偿系统，使得流入试样侧加热丝的电流增大，参比物电流减小，直至试样和参比物二者温差消失。通过记录补偿给试样和参比物的功率差随温度或时间的变化关系，便获得试样的 DSC 曲线。整个仪器结构如图 6.3.1（b）所示。这类 DSC 仪经常与 DTA 仪组装在一起，通过更换样品支架和增减功率补偿单元即可方便实现两种功能的切换。而内加热型功率补偿差示扫描量热仪结构不同于外加热型仪器之处主要在于取消了外加热炉，因此该类仪器具有热惰性小、功率小、升降温速度快的优点。不足之处是内加热型仪器使用温度较低，因为高温下样品与周围环境之间的温度梯度变大，造成大量热量流失，大大降低了仪器的检测灵敏度和精度。

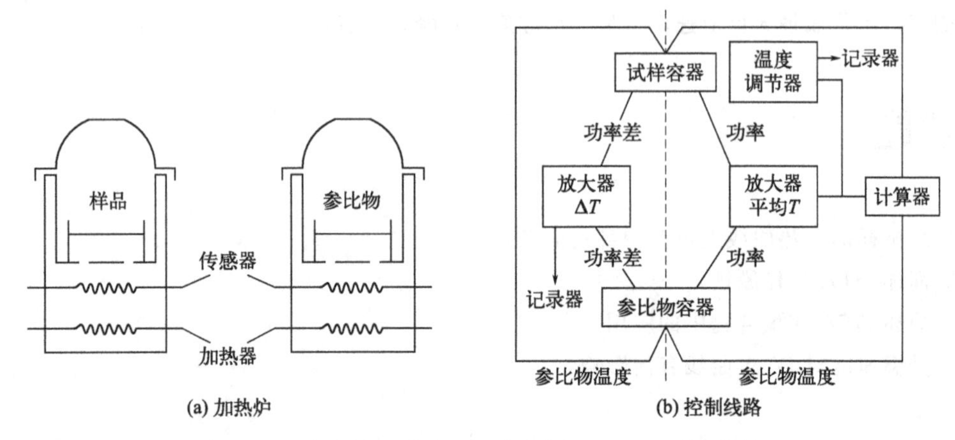

图 6.3.1 功率补偿型差示扫描量热仪加热炉和控制线路

热流型差示扫描量热法包括热流式和热通量式两种类型，两者都是采用差热分析的原理来进行量热分析，即当试样有热反应发生时试样和参比物存在温度差。热流式 DSC 构造与 DTA 相近，如图 6.3.2（a）所示。该类仪器一般利用具有优异耐腐蚀性能的康铜电热片作试样和参比物支架底盘，该电热片与下面的镍铬丝和镍铝丝组成热电偶以检测试样和参比物的差示热流。不同于 DTA，热流式 DSC 仪器在等速升温过程中能自动改变差示放大器的放大系数，以补偿温度变化对试样热效应测量的影响，因此在一定温度范围内可以定量测量热效应。热通量式 DSC 的结构如图 6.3.2（b）所示。该类仪器在试样支架和参比物支架附近的薄壁（氧化铝管壁）上安放几十至几百对互相串联的热电偶，其一端紧贴着管壁，另一端贴着均热片，然后将试样侧多重热电偶与参比物侧多重热电偶反接串联（热电堆式）。由于热电堆中热电偶很多，热端均匀分布在试样与参比物容器壁上，检测信号大，检测的试样温度是试样各点温度的平均值，使得测量曲线重复性好、灵敏度和精确度均很高。不过热通量 DSC 仍存局限性，首先高温时热辐射按照温度 4 次方关系快速增大，导致热阻大大减小，仪器不适合在高温下工作；其次温差电动势和热阻与温度呈非线性关系，关联 DSC 曲线上吸热或放热峰面积和热焓的换算因子复杂且具有较强的温度依赖性，因此要求精确测试试样热效应的每次实验都需测定校正曲线，以获得仪器常数 K 和温度之间函数关系。

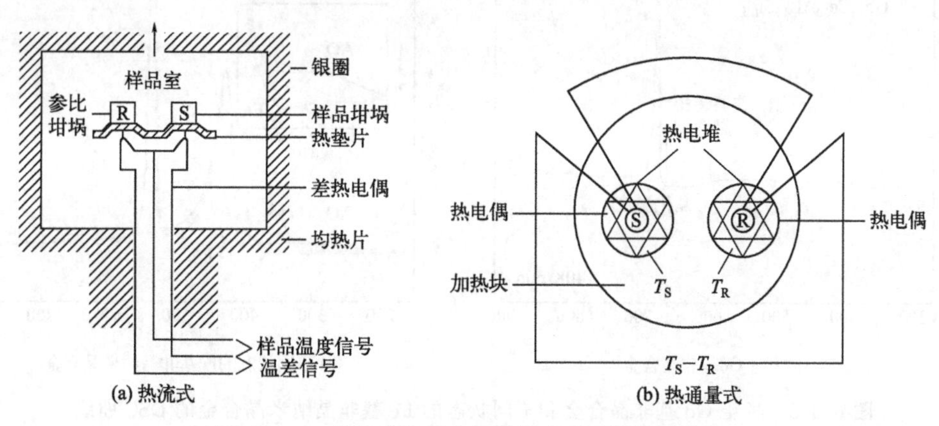

图 6.3.2　热流式差示和热通量式差示扫描量热仪

6.3.2 DSC 曲线

DSC 分析与 DTA 分析都是基于物质在加热过程中发生物理、化学变化过程伴随的吸热或放热现象，因此两者曲线外形特征一样。不同的是 DSC 曲线纵坐标表示试样放热或者吸热的速度（热流率），单位一般为 mW/mg，横坐标一般为温度或时间。另外，由于 DSC 采用热流或功率差表征热效应，其分析测试的灵敏度和分辨率均高于 DTA，从而在定量分析上具有更大优势。当试样在升温过程中不发生热效应的时候，差示功率为零，DSC 曲线为水平线（基线）。当试样发生吸热或者放热反应时，调节功率输出使得样品和参比物温差为零，差示功率偏离基线，出现吸热或者放热峰；反应结束后差示功率变回零，曲线回到基线。试样的热效应可以直接通过曲线的吸热或放热峰与基线所包围的面积来度量（通常需乘以一通过标样确定的仪器常数或修正常数）。在 DSC 曲线中，对诸如熔融、结晶、固-固相转变和化学反应等的热效应呈峰形；对诸如玻璃化转变等的比热容变化，则呈台阶形。

图 6.3.3 为典型 Gd 基金属玻璃和 Fe 基金属玻璃的 DSC 曲线。由图 6.3.3（a）可见该样品在升温过程中先发生吸热（吸热台阶）的玻璃转变（玻璃转变温度 T_g 为 602K）进入过冷液相区，之后发生晶化（晶化温度 T_x 为 678K），过冷区的宽度约为 76K，表明该合金体系具有良好的非晶形成能力。图 6.3.3（b）为一 Fe 基金属玻璃在铸态（AQ）、普通退火态（NA）和磁场退火态（FA）的 DSC 曲线，退火温度为 370℃，磁场退火（纵向）用的外场为 1000Oe（1Oe=79.5775A/m），退火时间为 15min。由图中曲线可见，该系列合金均有两个晶化峰，它们对应的晶化温度分别为第一晶化温度 T_{x1} 和第二晶化温度 T_{x2}。第一晶化温度 T_{x1} 与初始晶化相 α-Fe 形成相关，而第二晶化温度 T_{x2} 则对应 FeB 化合物的析出。此外，对比铸态 AQ 曲线与退火态曲线有较明显差异，这是因为退火后结构均发生了弛豫，系统能量降低。普通退火后的样品与磁场退火后的样品曲线也有不同，FA 样品能量状态更低；由图还可以观察到磁场退火样品的第一晶化温度相较于普通退火样品有所提升，这意味着磁场退火改变了合金的局域结构。

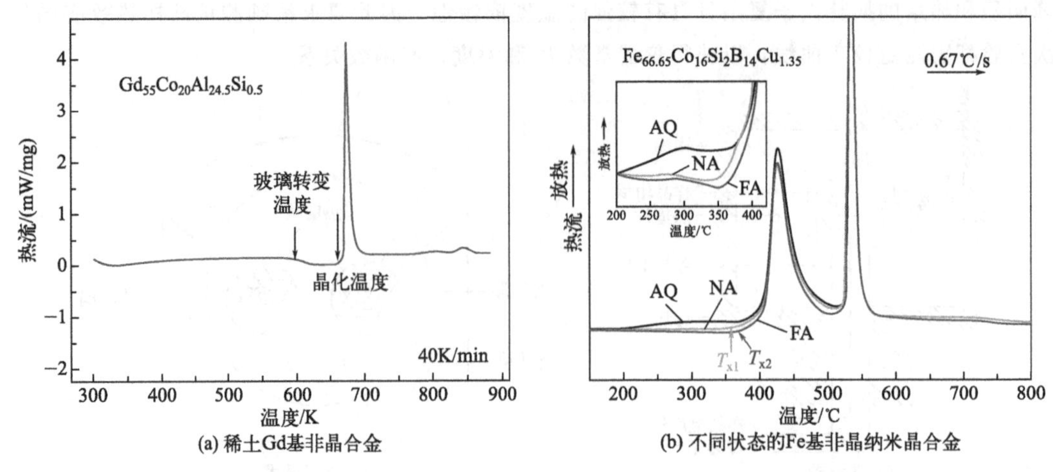

(a) 稀土Gd基非晶合金　(b) 不同状态的Fe基非晶纳米晶合金

图 6.3.3　稀土 Gd 基非晶合金和不同状态的 Fe 基非晶纳米晶合金的 DSC 曲线

思考题

1. 比较 DSC 和 DTA 工作原理和实验曲线的异同点。
2. 简述 DSC 在非晶合金中的应用。
3. 举例说明 DSC 在高分子材料研究中的应用。
4. 样品形态对 DSC 曲线有何影响?

6.4 热重分析法

热重分析是在一定程序控制温度和一定气氛下测量试样的质量与温度或者时间关系的一种技术。该技术是基于许多物质在变温过程中除了发生热效应外还产生质量变化，通过对试样质量变化分析可以鉴定不同的物质，研究物质化学组成、结构变化、化学反应动力学。作为热分析方法中应用领域最广的一种技术，热重分析法已广泛应用于冶金学、漆料及油墨科学、陶瓷学、矿物、医药、食品工艺学、聚合物科学、生物化学等相关领域。

6.4.1 仪器组成和基本原理

热重分析仪主要由质量检测系统（热天平系统）、加热炉、程序控温系统、气氛控制系统和记录仪等几部分组成（如图 6.4.1）。热天平系统是热重仪的核心部分，不同于一般分析天平，热天平横梁一端或两端置于一定气氛中的加热炉中，能自动、连续地进行动态称量，并记录处于程序控制温度和可控气氛中试样质量的连续变化。热天平量程一般小于分析天平，但是精度要高于分析天平，热天平的测量量程为 1～5g 不等，分辨率为 0.1～1μg。根据灵敏度，热天平可分为半微量天平（10μg）、微量天平（1μg）和超微量天平（0.1μg），一般天平灵敏度越高称重范围越小。按照天平和炉体的相对位置，热天平可分为上置式、悬挂式和水平式三种类型（如图 6.4.2），按照测试方式，热天平可以分为变位法和零位法两种。

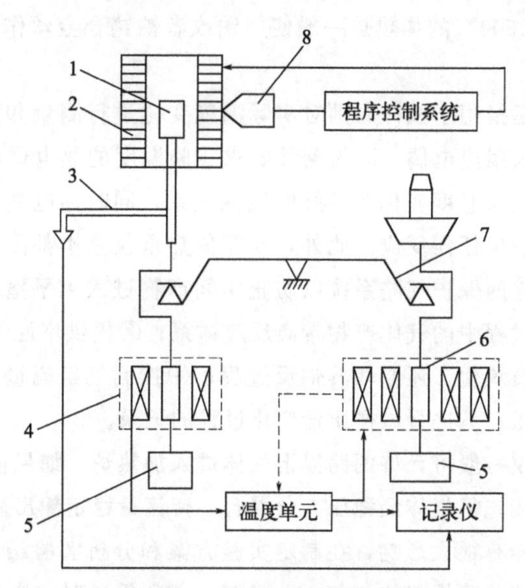

图 6.4.1　热天平结构

1—试样支持器；2—炉子；3—测温热电偶；4—传感器（差动变压器）；5—平衡锤；6—阻尼及天平复位器；7—天平；8—阻尼信号

变动法是根据天平横梁倾斜度或弹簧伸长与质量的比例关系，用差动变压器等检测横梁倾斜度或弹簧伸长来测定物质的质量。零位法采用差动变压器、光学法等测定天平梁倾斜度，根据获得的天平失衡信号调整天平系统中平衡复位器的线圈电流，使线圈转动以恢复天平平衡状态。热天平中装有阻尼器以加速天平趋向稳定，当天平摆动时就有阻尼信号产生，经放大器放大后再反馈到阻尼器中以促使天平快速恢复零位。由于线圈转动所施加的力（与线圈中电流成比例）与质量变化成比例，因此通过测量电流的变化便可获得热重分析（TGA）曲线。

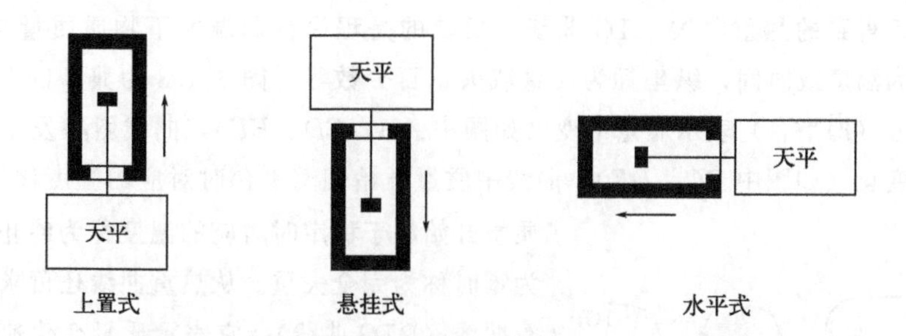

图 6.4.2　天平和炉体相对位置的三种类型（箭头表示装样时炉体运动方向）

热重仪温度变化主要通过温度控制系统实现，该控温系统由加热炉、程序温度控制器和温度传感器组成。加热炉是仪器重要组成部分，主要由加热元件、耐热炉体、热电偶、绝缘层、外罩和可移动机械部分组成。加热炉可以用电阻加热器、红外或微波辐射加热器、热液体或热气体换热器对试样按照程序控制温度系统设定的程序实现试样的温度变化。电阻加热器是最常用的加热装置。目前热重仪最高温度可达 2800℃，大多数仪器最高使用温度为 1000℃或 1500℃。加热炉内胆一般由陶瓷材料制成，加热丝紧密缠绕在外层。如果最高使用温度低于1000℃可以用康铜或者镍铬合金作为加热丝，使用熔融石英管与铬铝钴耐热型加热元件；最高工作温度为1500℃的加热炉一般使用铂或者铂铑合金丝作为加热丝；更高温度可使用其他陶瓷耐熔物。

温度测量系统主要是指用于试样周围对实际温度变化进行测量和控制的器件，温度传感器是其核心部件，通常采用热电偶。因为测量要求实验温度的热电偶与试样尽可能近或者直接接触，所以要求热电偶与温度变化有良好的线性关系，同时热电偶材料必须是惰性的，不能与试样以及中间产物发生任何反应。此外，现在的热重仪基本都配有气氛控制系统，大多数仪器的天平室包含独立的保护气路系统以防止中间产物进入天平室引起污染。气氛的作用主要有：①将试样加热过程中的气体产物带离反应体系；②提供惰性气氛保护易氧化的试样；③提供反应气体研究物质氧化、还原和其他反过程；④控制气氛流量，保证实验在不同压力环境（真空、常压、高压）下进行试样质量变化过程的记录。

现在商品化的热重仪一般可允许两路以上气体进入加热炉，如果使用两种气体作为气氛，需要在仪器外部或者前端先将气体经稳压充分混合，待流量稳定输出后经截止阀输入样品室。试样环境气氛对热重试样有很大影响，在制定实验方案和分析实验结果时需充分考虑实验气氛的影响；在使用到一些危险性气体（如 H_2、CH_4、CO 等）时，实验前必须严格检查气路和仪器密封性，实验过程必须严格按照实验规程，以免发生生命安全事故。

6.4.2 热重曲线

热重分析法可分为静态法和动态法，其中静态法又分等压测定和等温测定两种。等压测定是在程序控制温度条件下，测量物质在恒定挥发物分压下平衡质量与温度关系的一种方法，具有可减少热反应过程中氧化干扰的特点。等温测定是在恒温条件下测量物质质量与温度关系的一种方法，具有准确度高但费时的特点。动态法包括动态非等温热重分析和微商热重分析，均为在程序升温情况下测定试样质量变化与温度的关系。其中微商热重分析（derivative thermogravimetry，DTG）记录 TG 曲线对温度或时间的一阶导数，反映质量变化速率。

热重分析得到的热重曲线（TG 曲线）反映的是程序控制温度下物质质量与温度关系，横坐标通常为温度或时间，纵坐标为质量或失重百分数等。图 6.4.3 为典型的 TG 曲线。曲线的水平部分（即平台）表示质量不变（如图中 *AB*、*CD*、*EF*），曲线斜率发生变化的部分表示质量有变化（如图中 *BC*、*DE*），曲线中质量开始偏离平台时对应的温度称为起始温度，质量开始趋于稳定时对应的温度称为终止温度，质量为零时称为完全失重。从热重曲线还可求算出微商热重曲线（DTG 曲线），它表示质量变化速率与温度变化关系。如图 6.4.3 所示，微商热重曲线纵坐标为 dm/dT 或 dm/dt，横坐标为温度或时间。DTG 曲线峰的起止点对应 TG 曲线台阶的起止点，峰的数目对应 TG 曲线的台阶数，峰顶为失重（或增重）速率的最大值（对应于 TG 曲线的拐点），峰面积与失重量成正比。可见，微商热重曲线能更清楚地反映出不同温度下的质量变化速率，提高了分辨两个或多个相继

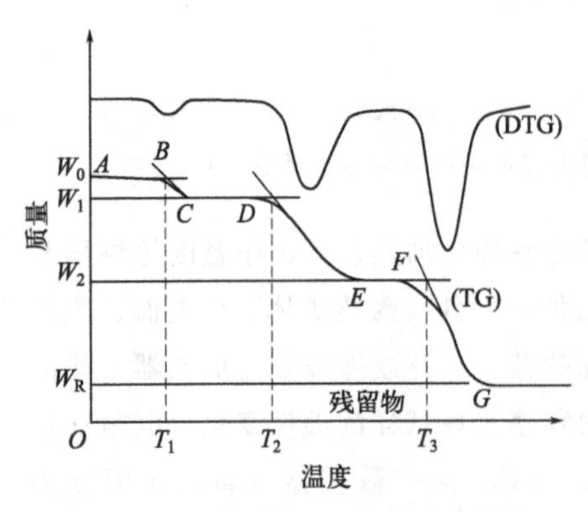

图 6.4.3 典型的 DTG 和 TG 曲线

发生的质量变化过程的能力，对于研究分解反应开始温度和最大分解速率对应温度很有用，这些值可方便地研究化学反应动力学过程。需要注意的是，实际测定的 TG 或 DTG 曲线与实验条件如加热速率、气氛、样品形态和质量等密切相关，分析的时候需要综合考虑实验条件。

思考题

1. 简述 DSC 实验的影响因素。
2. TG 实验气氛对实验主要有哪些影响。
3. 热分析实验中如何选择合适的坩埚容器?
4. 简述热重、差热分析和差示扫描量热的定义。
5. 简述热分析技术在玻璃材料研究中的主要应用。
6. 举例说明热分析在高分子材料研究中的应用。
7. 举例说明热分析联用技术的应用。

6.5 实验影响因素和应用举例

热分析的影响因素较多，主要包括仪器因素、试样特性和实验条件三方面。实验条件包括坩埚材料、升温速率、挥发物的冷凝、气氛等因素。试样特性包括样品状态、样品粒度、试样用量、样品的前处理等。此外，不同类型的仪器对实验条件依赖程度不一样，由于试样温度变化比质量变化更加依赖传热条件和机理，整体上 DTA 和 DSC 比 TG 更依赖于实验条件，而某些因素对 TG 影响更为显著。热分析作为一类研究物质物理过程与化学反应的重要分析技术已在金属、矿物、陶瓷、石油、食品、建材、地球化学、医药等领域得到了非常广泛的应用。TG 主要用于分析给定气氛中材料的热稳定性；DSC 和 DTA 主要应用于测定物质在热反应时的特征温度及吸收或放出的热量，包括物质相变、分解、化合、凝固、脱水、蒸发等物理或化学反应。

6.5.1 仪器因素的影响

(1) 试样容器

在热分析实验中样品一般放在坩埚中进行测试，避免样品与炉体或者传感器直接接触而造成污染。热分析仪常用的坩埚种类很多，有铝坩埚、陶瓷坩埚、高压坩埚、石墨坩埚、铂金坩埚、玻璃坩埚、铜坩埚、蓝宝石坩埚等。坩埚的类型、热容和热传导性能、质量等会影响测试结果。坩埚选择遵循如下的一般性原则：分析实验要求试样容器与试样之间在变温测试过程中不发生任何化学反应，也不能起催化作用（特殊需求情况除外），即坩埚材料对试样是惰性的（常用的有铂和陶瓷等）。一般坩埚质量越小峰的分辨率越高，在满足实验需求的前提下，尽可能用质量小的坩埚。坩埚热容量和热传导性能会影响测试热效应的分辨率和灵敏度，热容量小和热传导性好的坩埚温度梯度小。坩埚底部要平整保证坩埚和传感器之间有良好的热传导，从而减小传感器、坩埚和试样之间的温度梯度。坩埚在测试温度范围内不能发生任何物理化学转变，熔点要足够高。TG实验尽量用浅盘坩埚，有利于导热。

此外，实验之前需要了解试样的有关性质和不同类型坩埚有关特性以及使用场合，并结合具体测试条件和实验目的选择合适的坩埚材料。DSC实验使用最多的是铝坩埚，普通的铝坩埚传热性好，灵敏度、峰分离能力、基线性能等均较好，但是温度范围较窄（<600℃），常用于中低温型DSC，尤其是高分子有机物的测试。需要注意铝坩埚容易与氢氧化钠反应，在某些情况下会和一些金属样品形成低共熔合金。轻铝坩埚由于具有较短的时间常数可以用于测试薄膜或者粉末样品，比普通铝坩埚具有更好的分峰能力。PtRh坩埚传热性好、灵敏度高、峰分离能力强、基线性能佳、温度范围宽广，适于测量比热，易与熔化的金属样品形成合金，Pt对许多有机化合物和某些无机物起催化作用。Al_2O_3坩埚灵敏度、峰分离能力等较PtRh差，温度范围宽广（可用于高温1650℃），但是高温下量热精度较低，基线漂移较大，不适于测定比热，易与部分无机熔融样品（如硅酸盐、氧化铁等）反应或扩散渗透。高压坩埚常用于化学品或者反应性混合物的安全研究，金、铜、蓝宝石和玻璃坩埚一般用于特殊目的。

（2）气氛影响

热分析实验一般在一定气氛中进行，不同性质的气氛（惰性、氧化和还原气氛等）对热分析曲线有显著影响。测试前应结合实验目的来选择合适的实验气氛；在测试后对所得到的曲线进行解析时，必须清楚地了解实验所采用的气氛类型、压力和流速对曲线的影响程度；对于特殊气氛（反应性、腐蚀性和有毒气氛）的测试，还需注意其特殊配置的选择，并充分评估其对仪器和实验人员的安全性，以防对仪器和人体造成不可逆的损害。气氛的导热性对热分析也会产生影响，导热性能良好的气氛有利于向体系提供更充分的热量，提高分解反应速率。例如，由于氩气、氮气、氦气这三种惰性气体热导率依次递增，碳酸钙在这三种惰性气体中的热分解速率是依次递增的。气体流速的稳定性对热分析特别是热重实验很重要，热重分析仪减压阀压力小的波动会导致TG曲线显著的正弦波动。气氛压力变化对有体积变化的物理转变和化学反应有显著影响，压力导致的气体浓度升高可以加速多相反应。如果常压下试样发生两个重叠反应，它们对压力响应程度不同，可以通过提高压力将两个反应分离。对于有些试样，减压测试（部分真空）可以使两个相近的物理转变或者化学反应更好分离。例如，减压条件可以使得塑料中挥发性增塑剂在塑料分解之前挥发（常压下两者可能重叠）。气体、液体和固体的溶解性随着压力增大而变强。在TG实验中，需要考虑气体浮力和对流影响，温度升高会使试样周围气体密度下降，使得气体对试样和样品支架的浮力减小从而在TG曲线上出现表观增重；试样周围气体受热产生对流，向上热气流作用在天平上会表现出失重，这两个因素与仪器结构和制造仪器的材料有关。在具体TG实验中需要使用空坩埚按照样品同样的温度程序测试一条空白曲线来修正气体浮力的影响。此外，通过变换气氛还可以辨别热效应的物理化学类别。例如若试样在空气中测量的热分析曲线呈现放热峰，后续在惰性气氛中测试曲线放热峰大小不变的是结晶或固化反应，如变为吸热峰的是分解燃烧反应，呈现无峰或很小放热峰的为金属氧化类的反应。

（3）升温速度

升温速率对热分析试验的结果有十分明显的影响，是热分析实验重要的实验条件。一般DSC和TG实验常用升温速度为10～20K/min、不同类型的样品，不同的测试需求升温速率可以有很大的差别。例如，强放热的特殊热效应（如爆炸）使用的升温速度一般很小（如1K/min）。

快速升温使得反应滞后，热效应峰往高温方向移动，表现为反应的起始温度、峰值和终止温度增高。其次快速反应使得反应加快，反应峰增高变窄，峰型呈尖高状，提高了分析灵敏度。但是同时快速升温会使样品内温度梯度增大，峰分离能力下降，DSC基线漂移加大。图6.5.1（a）为不同升温速度下Gd基金属玻璃的DSC曲线，由图可见升温速度越高，玻璃转变温度（T_g）和晶化温度（T_x）均显著提高，玻璃转变台阶越明显。图6.5.1（b）为煤在不同升温速度下的TG曲线，可见升温速率越大，分解温度也越高。相反，慢速升温有利于试样DTA、DSC、DTG相邻反应峰的分离，峰形变宽变矮，峰面积减小，测试灵敏度下降。对TG测试曲线来说，慢升温速率相比快速升温时的失重台阶变缓变小。

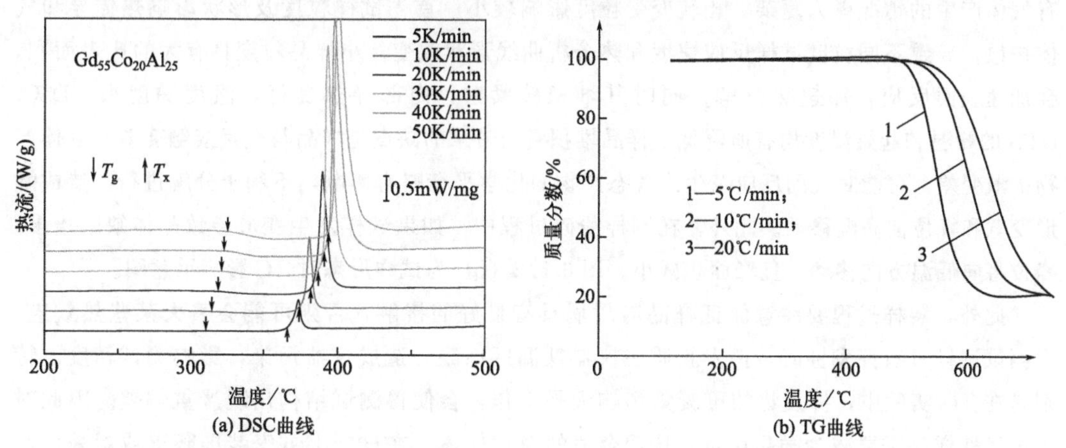

图6.5.1　Gd基金属玻璃在不同升温速度下的DSC曲线和煤在不同升温速度下的TG曲线

6.5.2　试样特性的影响

热分析实验样品制备需遵循一般性原则。样品前期处理不要改变样品的特性和组分（如水分丢失），样品在制备过程中不要发生反应和引入杂质。对于需要进行机械加工（切割、研磨、抛光）的样品，机械应力和热历史可能导致样品组织结构和能量状态发生改变（特别对于多晶型样品），制样过程中要注意尽量减小机械加工的影响，实验结果分析要考虑到制样过程可能的作用因素。

试样用量会影响试样温度梯度和测试灵敏度。样品用量小能减小样品内的温度梯度，测得特征温度较低但能更真实反映试样反应特征；有利于气体产物扩散，减少化学平衡中的逆向反应；相邻反应峰（或TG平台）分离能力增强。但是试样太少可能导致热分析仪对微弱信号检测灵敏度变得很差，影响实验结果。样品用量大能提高热分析灵敏度，但峰形加宽，峰值温度向高温漂移，相邻反应峰（平台）趋向于合并在一起，峰分离能力下降，且样品内温度梯度较大，气体产物扩散稍差。因此，试样用量需要结合样品的热效应大小、热传导性质、坩埚的材质、气氛、实验目的综合考虑。一般在满足灵敏度要求时，以较小的样品量为宜，特别是当被测试样具有挥发性时，更宜减小试样用量。图 6.5.2（a）为试样质量对 TG 影响示意图。

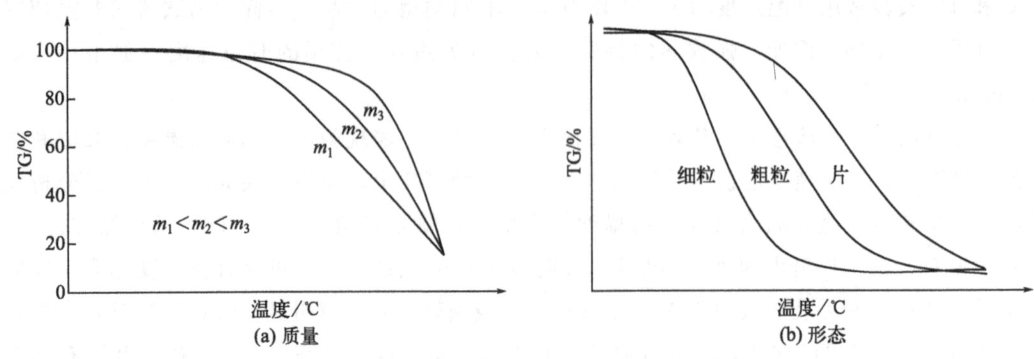

图 6.5.2　试样质量和形态对 TG 曲线的影响

试样形态如粒度和堆积紧密程度会对热分析曲线产生影响，特别是有气体参与反应或者有气体产生的情况更为复杂，相转变受粒度影响较小。首先试样粒度及形状影响热传导和气体扩散，导致不同粒度试样反应速度和热分析曲线形状改变。小样品粒度具有大的比表面积，会加速表面反应，加速热分解；同时其堆积较紧密，内部导热良好，温度梯度小，DSC、DTG 的峰温和起始温度均有所降低。样品堆积紧密带来的缺点是样品与气氛接触变差，气体产物扩散变差，可能对气固反应及生成气态产物的化学平衡略有影响，不利于分解进行，造成峰形变宽和峰位向高温移动。此外，在制样粉碎过程中，如果试样发生变形导致晶体缺陷增多，峰位将向低温方向移动，且峰面积减小。图 6.5.2（b）为试样形态对 TG 影响示意图。

此外，装样过程要注意保证样品与坩埚具有良好的接触，否则可能会丢失某些热效应。当测试试样具有挥发性时，挥发物质在仪器低温区冷凝，造成仪器污染，影响测试精度。特别是在 TG 实验中，挥发物的再凝集影响天平工作，会使得测试结构出现严重偏差。因此对于挥发性样品需要减少样品用量，选用合适的净化气体，在试样上方安装屏蔽罩或者采用水平结构的热天平。

6.5.3　实验条件的影响

由上面的介绍可见，热分析实验常要面临灵敏度与分辨率选择的矛盾。要提高实验灵敏度须提高升温速率和加大样品量；要提高实验分辨率则必须使用慢速升温和减小的样品量。由于增大样品量对灵敏度影响较大，对分辨率影响较小，而加快升温速率对两者影响都大，因此在热效应微弱的情况下，常选择较慢的升温速率（保持良好的分辨率），可适当增加样品量来提高灵敏度。

6.5.4　热分析应用举例

（1）玻璃材料的物理转变和焓弛豫

玻璃是一类典型的非晶态材料（包括硅酸盐玻璃、氧化物玻璃、有机物玻璃和金属玻璃等），是液体在没有结晶的前提下冷却而得到的一类固体。几乎所有类型（分子中有共价键、离子键、氢键和金属键）的材料在一定条件下都可以形成玻璃。玻璃物质结构具有长程无序、短程有序、宏观均匀、各向同性、短程不均匀等特征。由于能量上玻璃处于亚稳态，在升温过程中玻璃发生玻璃转变，即从玻璃态进入过冷液相区（对聚合物玻璃又称为橡胶态或高弹态），继续升温发生晶化行为。玻璃化转变是一种典型的非晶液-固转变，该过程中体系的结构并没有明显变化，但是过冷液体动力学性能如黏度发生巨大变化。玻璃化转变的研究已有近 70 年的历史，但是玻璃转变还是凝聚态物理和软物质领域尚未认识清楚的核心问题。玻璃转变温度是玻璃物质重要的物理量，需要注意的是玻璃转变不是出现在某一个特征温度，而是在一个较宽的温度范围，与实验条件相关。热分析技术是测试玻璃转变温度和研究玻璃转变行为的重要实验手段。按照测试方法不同玻璃化转变温度可分为两类：一类是传统的 DSC/DTA/TMA 技术获得的玻璃化温度，与冷却速率相关；另一类是所谓动态玻璃化转变温度，由 MDSC（调制差示扫描量热技术）、DMA 或 DEA（介电热分析）技术获得，与频率相关。

（2）金属玻璃非晶形成能力

DSC 测试能给出金属玻璃的玻璃转变和结构转变的特征温度和升温过程比热变化，利用经验规则可研究非晶合金形成能力大小。图 6.5.3（a）和（b）分别为 $(Gd_{0.2}Dy_{0.2}Er_{0.2}Co_{0.2}Al_{0.2})_{100-x}Si_x$ 高熵非金合金 DSC 升温过程合晶化和熔化曲线，当温度升高到玻璃转变温度（T_g）后，非晶合金转变为过冷液体，曲线呈现宽泛吸热峰；温度继续升高超过起始晶化温度（T_x），非晶合金迅速晶化，曲线呈现尖锐主放热峰和随后的弱次放热峰；继续升温超过熔化温度（T_m），合金发生熔化，曲线呈现尖锐吸热峰；最终当温度高于液相线温度（T_l），合金完全转变为液态。从晶化曲线可以看到，微量 Si 元素添加后，过冷液相区宽度（$\Delta T_x = T_x - T_g$）大幅提升，对应合金非晶形成能力的提升，随 Si 含量的增加，T_g 和 T_x 均向高温移动，表明合金热稳定性有所提高。从熔化曲线可以看到，0.5%和 1%（原子分数）Si 元素添加后，熔化行为变化不大，但当 Si 含量超过 2%后，T_l 明显提升，开始出现多个熔化峰，表明合金成分偏离共晶点，通常非晶形成能力较差。基于上述特征温度，可以进一步算得常用非晶形成能力判定参数，列于表 6.5.1。0.5%和 1% Si 元素添加后，相关参数均较大，意味着合金非晶形成能力较好。通过铜模铸造法制备不同直径块体非晶合金，表征合金非晶形成能力，不同 Si 含量合金临界直径也列于表 6.5.1。与 DSC 分析结果一致，0.5%和 1% Si 元素添加后，高熵非晶合金形成能力大幅提升，其中 $(Gd_{0.2}Dy_{0.2}Er_{0.2}Co_{0.2}Al_{0.2})_{99.5}Si_{0.5}$ 高熵非晶合金临界直径达 8.5mm（不加 Si 临界尺寸为 1.5mm）。

表 6.5.1 $(Gd_{0.2}Dy_{0.2}Er_{0.2}Co_{0.2}Al_{0.2})_{100-x}Si_x$ 高熵非金合金的各项参数

x/%	D_c/mm	T_g/K	T_x/K	T_l/K	ΔT_x/K	T_{rg}	γ
0	1.5	610	652	1053	42	0.58	0.39
0.5	8.5	618	682	1049	64	0.59	0.41
1	6	624	694	1061	70	0.59	0.41
2	5	629	697	1133	68	0.56	0.40
3	3	636	694	1147	58	0.55	0.39
4	1	640	695	1186	55	0.54	0.38

注：D_c 为临界直径，T_g、T_x 和 T_l 为特征温度，ΔT_x 为非晶形成能力判定参数，$T_{rg}=T_g/T_l$、$\gamma=T_x/(T_g+T_l)$。

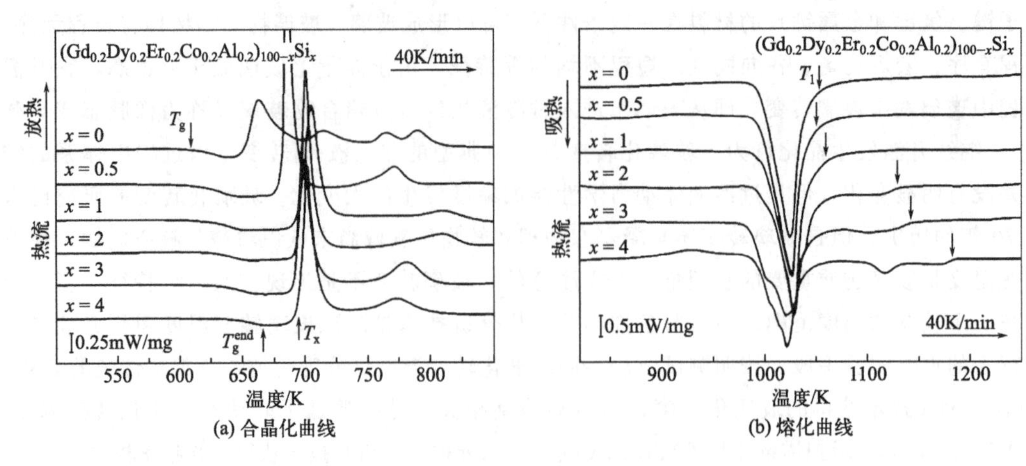

(a) 合晶化曲线　　(b) 熔化曲线

图 6.5.3　$(Gd_{0.2}Dy_{0.2}Er_{0.2}Co_{0.2}Al_{0.2})_{100-x}Si_x$（$x=0$，0.5，1，2，3，4）非晶合金晶化和熔化的 DSC 曲线

利用 DSC 可以测量样品比热，图 6.5.4（a）为采用温度步阶法测量得到的晶态、玻璃态和液态比热数据。可以看到，在 T_g 附近，玻璃态比热发生突变，对应玻璃转变行为。对晶态和液态比热数据拟合，根据经典热力学理论，可进一步计算得到金属液体吉布斯自由能差[$\Delta G^{l-x}(T)$]，如图 6.5.4（b）所示，进而表征晶化驱动力。相比于 $Gd_{20}Dy_{20}Er_{20}Co_{20}Al_{20}$ 合金，0.5% Si 元素添加后，相同约化温度下 $\Delta G^{l-x}(T)$ 明显降低，意味着合金液体晶化驱动力减小，即形成非晶的倾向增大，这是微合金化 Si 元素大幅改善 $Gd_{20}Dy_{20}Er_{20}Co_{20}Al_{20}$ 高熵非晶合金形成能力的热力学起源。

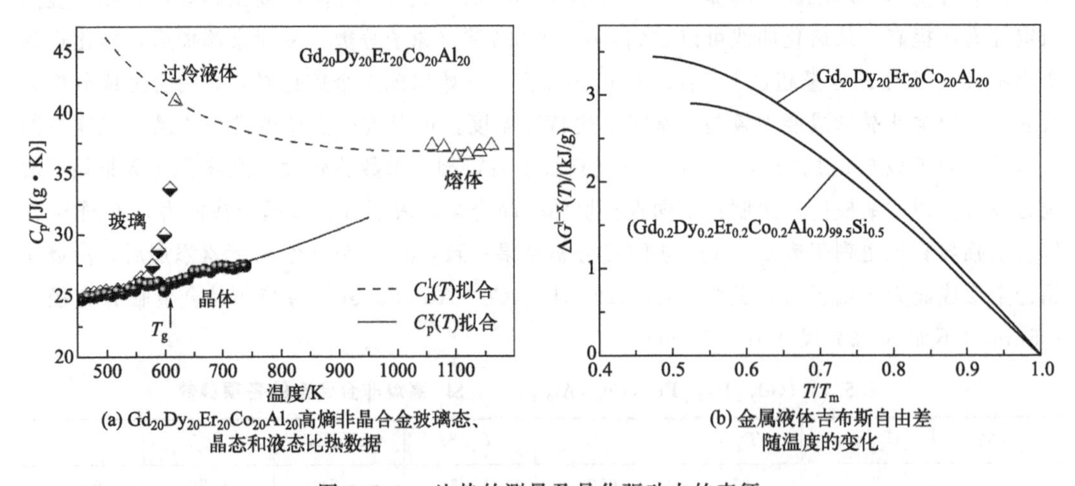

(a) $Gd_{20}Dy_{20}Er_{20}Co_{20}Al_{20}$高熵非晶合金玻璃态、晶态和液态比热数据　　(b) 金属液体吉布斯自由差随温度的变化

图 6.5.4　比热的测量及晶化驱动力的表征

（3）金属玻璃的晶化动力学

利用 DSC 可以研究非晶合金晶化动力学。$Gd_{55}Co_{17.5}Al_{27.5}$ 非晶合金可制备临界直径为 8mm 的大块非晶合金。在过冷液相区选取系列温度进行等温晶化，研究 $Gd_{55}Co_{17.5}Al_{27.5}$ 非晶合金晶化动力学。图 6.5.5（a）为 634～646K 间隔 3 K 测得的等温晶化曲线，以 634K 曲线加以说明，随等温时间延长，约 20min（对应晶化孕育期）后 DSC 曲线开始出现放热峰，表

明非晶合金开始晶化，持续近15min晶化结束。随等温温度升高，晶化过程加速，放热峰整体左移且晶化峰变得尖锐，晶化孕育期和总体晶化时间缩短。对DSC放热峰积分处理，可得到晶化体积分数随时间的变化情况，如图6.5.5（b）所示。可以看到，非晶合金晶化过程可分为四个阶段：一是晶化孕育阶段；二是起始阶段，此阶段较为缓慢；三是快速晶化阶段，迅速完成绝大部分区域的晶化；最后是缓慢趋于饱和阶段。

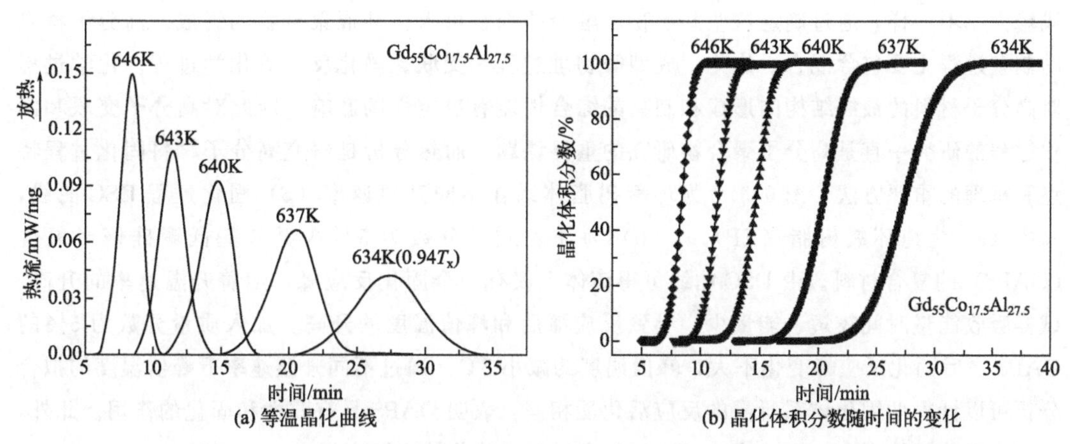

图6.5.5 $Gd_{55}Co_{17.5}Al_{27.5}$非晶合金不同温度下等温晶化曲线和对应晶化体积分数随时间的变化

此外，金属玻璃由于能量上处于亚稳态，在玻璃温度以下退火会发生焓弛豫，系统朝能量更低的状态演化，同时伴随局域结构和性能微小变化，DSC可以分析该过程焓弛豫行为。DSC还可以用于某些金属玻璃和其他玻璃体系中次级弛豫过程（如β弛豫）的研究。

（4）高分子材料中的应用

热分析已成为高分子材料的常规表征手段，可用于表征结构相变，分析残余单体、溶剂、添加剂含量以及研究热降解过程，用于生产过程的优化及考察外因对高分子性质的影响，以及研制新型的高分子聚合物与控制高聚物的质量和性能等。具体应用方面，TG常用于研究高分子聚合物的热稳定性（TG是评价高分子材料热稳定性最简单、最直接的方法）以及热分解和氧化降解等化学变化；也广泛用于研究涉及质量变化的所有物理过程，如测定水分、挥发物和残渣含量，水解和吸湿性，吸附和解吸，气化速度和气化热，升华速度和升华热；还可研究有填料的聚合物或共混物的组成；等。TG用于分析高分子材料中各种添加剂和杂质有独到之处。例如，在高分子材料尤其是塑料加工过程中溢出的挥发性物质，即使极少量水分、单体或溶剂都会产生小气泡，影响产品性能和外观，通过热重曲线分析其失重台阶的大小可以快捷有效地检测出在加工前高分子聚合物所含挥发性物质（如增塑剂、溶剂等）的含量。DSC常用于研究高分子材料的玻璃化转变温度、熔融温度、熔化热、结晶温度、结晶热、固化温度、固化反应动力学以及表征聚合、交联、氧化、分解等反应等，也可用于聚合物共混物的成分检测、含水材料中非结合水量及结合水量的测定。在应用DSC研究无定形高聚物玻璃转变过程和结晶过程类似于金属玻璃等其他玻璃物质。此外，利用DSC测定高分子共混物的玻璃转变温度还是研究高分子共混物结构的一种十分简便且有效的方法。不相容性的高分子共混物的DSC曲线上将显示共混高分子各自的玻璃化转变，而完全相容的高分子共混物的DSC曲线上将显示一个玻璃化转变。DTA常用于研究高分子聚合物的玻璃化转变、熔融及结晶过程，也可用于探究降解、固化反应机理，不过因为不能获得试样吸热、放热过程中热量的具体数值，DTA无法进行定量热分析和动力学研究。

下面举例说明热分析在高分子材料组分分析和固化反应中的应用。图6.5.6（a）为聚乙烯（PE）、聚丙烯（PP）及PE/PP共混物的DSC曲线，图6.5.6（b）为尼龙6和尼龙11共混物的DSC曲线（旁边数字为尼龙6和尼龙11的比例）。由图可见不同比例的共混物DSC曲线峰大小不一样，通过确定这些共混物熔融峰的面积可求得共混聚合物的组成。高分子材料的制备过程主要包含混合、均化、成型等物理过程和交联、固化反应等化学过程。化学过程对高分子材料的最终结构的形成和制品的综合性能有决定性的影响，因此对高分子交联和固化过程的研究一直是高分子聚合物研究的重要课题，而热分析是研究高分子材料固化过程特点和机理的重要方法。图6.5.7为环氧树脂体系在不同升温速率（β）固化过程DSC曲线，其中（a）为纯环氧树脂（EP），（b）为加入质量分数为5%八氨苯基低聚硅倍半氧烷（OAPS）的复合材料。由DSC曲线可得该体系仅有一个固化反应峰，随着升温速率的升高，试样吸收能量时间较短、能量少，导致反应滞后和峰值温度的升高。加入质量分数为5%的OAPS之后固化反应峰变化不大，峰值温度约减小2℃。通过不同升温速率下峰值温度的拟合分析可以计算两固化体系所需的反应活化能相同，表明OAPS具有改性和固化的作用。此外，动态力学分析发现，加入5% OAPS的复合材料玻璃化转变温度提高。

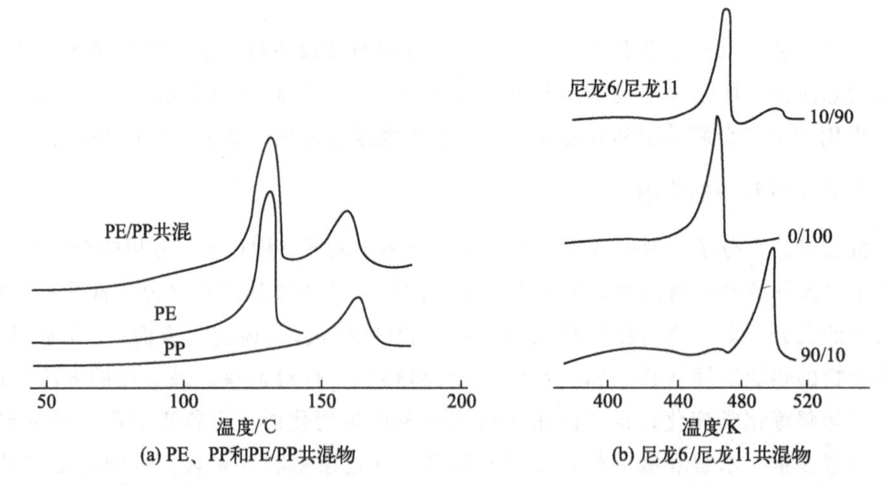

图6.5.6　PE、PP和PE/PP共混物以及尼龙6和尼龙11共混物的DSC曲线

（5）含能材料的热分解过程

高氯酸铵（ammonium perchlorate，AP）由于其优异的氧化性能，被广泛应用于固体火箭推进剂，且在推进剂组分中占比较大，它的热分解性能对复合固体火箭推进剂的燃烧性能有显著影响。提高AP的热分解效率，改善固体火箭推进剂的性能，已成为研究人员研究的重点，含能配合物将含能基团（硝基、二氰胺根、高氮杂环等）引入阴离子或配体中，可有效提高AP的催化效率。

图6.5.8是升温速率为10℃/min时一种含能配合物的DSC和TG-DTG曲线。从图6.5.8（a）可以看出，在低温段93.5℃处有一个尖锐的吸热峰（温度区间为65℃至114℃），而后在199.4℃处出现一个大的放热峰（温度区间为170℃至236℃）。结合图6.5.8（b）可

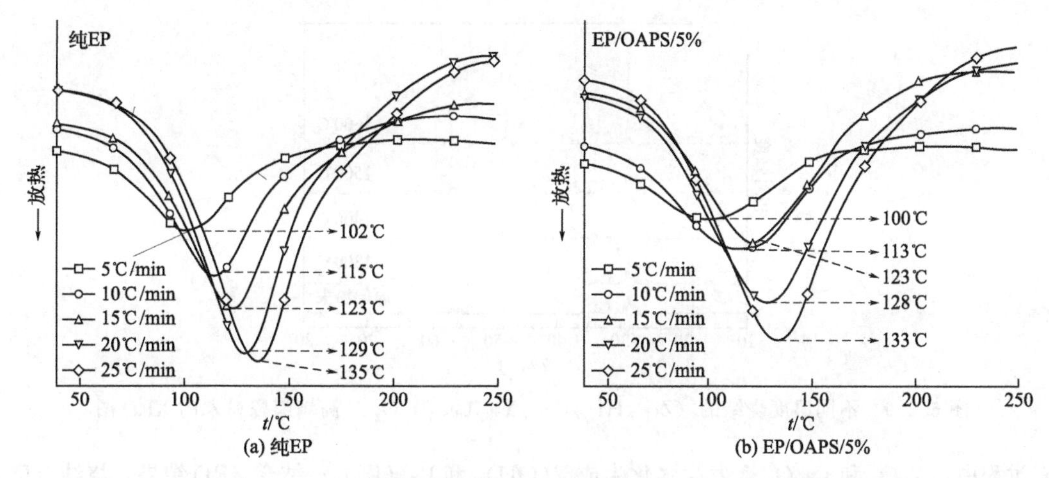

图 6.5.7　环氧树脂体系在不同升温速率固化过程 DSC 曲线

以看出对应的低温段及 100℃以下都没有质量损失，这说明配合物先发生一个吸热熔化过程，而 199.4℃处的放热峰对应着明显的质量损失，代表配合物在分解过程中产生大量的热和气体。分解结束后，配合物的质量减少约 65%，试验结束的残留物主要为残留的积炭。

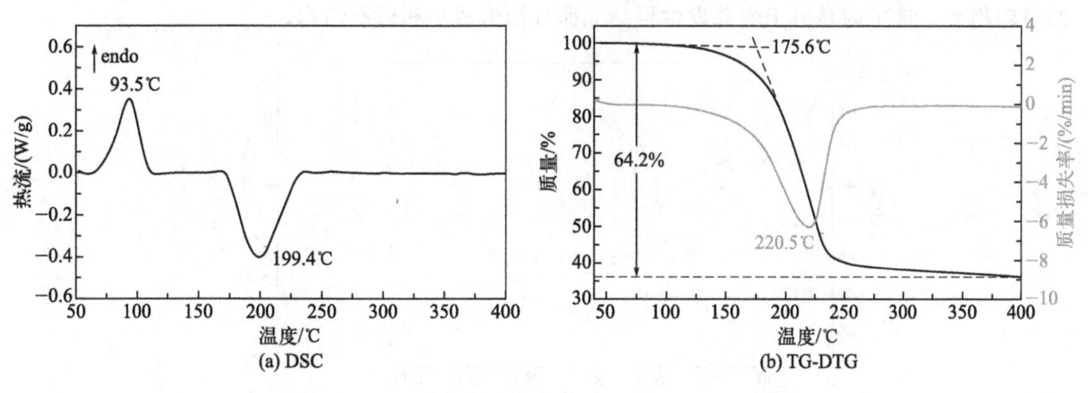

图 6.5.8　一种含能配合物的 DSC 和 TG-DTG 曲线

（6）陶瓷材料中的反应过程

热分析目前已广泛应用于原位反应过程，是研究材料反应过程中动力学、热力学的一种有效手段。图 6.5.9 为（$Zr_{1/7}Hf_{1/7}Ce_{1/7}Y_{2/7}La_{2/7}$）$O_{2-\delta}$ 高熵陶瓷粉末在不同温度下烧结 1 h 后的 XRD 曲线，陶瓷粉末由摩尔比为 1∶1∶1∶1∶1 的 ZrO_2、HfO_2、CeO_2、Y_2O_3、La_2O_3 球磨 6 h 得到。由图 6.5.9 可以看出，与烧结前相比，样品在 1300℃烧结后物相基本没有变化，在 1400℃烧结时，样品各角度范围内（如 $2\theta=48°$和 57°左右）的衍射峰开始合并，随着烧结温度进一步升高至 1600℃，主峰强度逐渐增强，杂峰强度逐渐减弱，最终形成单相的萤石结构。

图 6.5.10 为上述高熵陶瓷粉末的 TG-DSC 曲线，红色曲线由 TG 数据（黑色曲线）微分得到，可见在升温过程中该曲线有四个失重峰，位置分别在 80、300、600 和 1400℃附近。失重峰①对应粉末中吸附水的蒸发；失重峰②和③对应结晶水的蒸发，因为在球磨制备生料粉

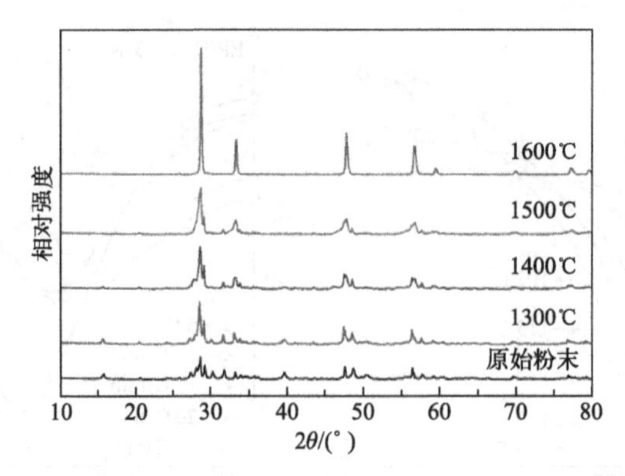

图 6.5.9　不同温度烧结的（$Zr_{1/7}Hf_{1/7}Ce_{1/7}Y_{2/7}La_{2/7}$）$O_{2-\delta}$ 高熵陶瓷粉末的 XRD 图

末过程中，Y_2O_3 和 La_2O_3 会发生水化生成 $Y(OH)_3$ 和 $La(OH)_3$；结合 XRD 结果，烧结温度在 1400℃以上时，烧结粉末的物相结构逐渐向单相结构转变，而失重峰④刚好位于 1400℃，可以推测失重峰④与单相固溶体的形成有着密切联系。综上所述，该 DSC 曲线主要分为四个阶段：阶段Ⅰ为吸附水脱附和部分结晶水蒸发吸收大量的热；阶段Ⅱ与粉体中剩余结晶水蒸发吸热有关；阶段Ⅲ主要是因为原料中某些氧化物之间发生固溶，吸收热量；阶段Ⅳ有放热的微弱趋势，这可能是由于陶瓷发生再结晶而逐渐形成单相萤石结构。

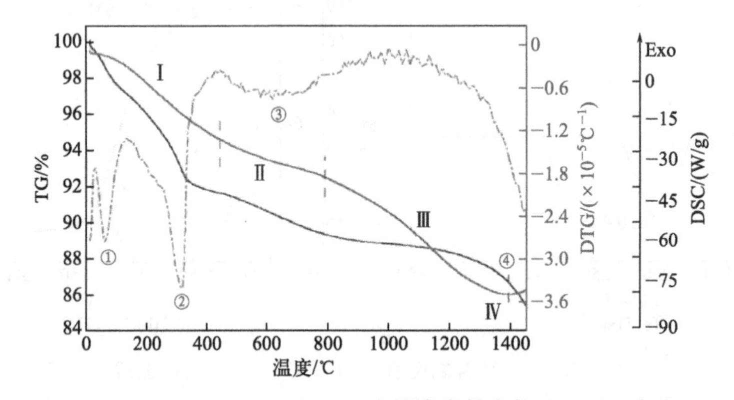

图 6.5.10　（$Zr_{1/7}Hf_{1/7}Ce_{1/7}Y_{2/7}La_{2/7}$）$O_{2-\delta}$ 高熵陶瓷粉末的 TG-DSC 曲线（Exo 指放热）

（7）高熵合金的氧化

高熵合金是一类由五种或五种以上主元素组成，各组元之间按等原子比或接近等原子比组成的新型合金（每种元素的原子分数在 5%～35%之间），具有很多优异的物理、化学和力学性能（如具有高强度、高硬度、高耐磨性、耐腐蚀性等性能特点）。然而在高温下抗氧化性不足严重限制其实际的工业应用。研究高熵合金在高温下的氧化行为和改善其抗氧化性对拓展高熵合金高温应用极其重要。TG 可以检测合金在一定温度下因氧化而导致的质量变化，从而分析合金氧化动力学，并比较不同合金的氧化速率，在高熵合金氧化分析中应用广泛。图 6.5.11（a）为 Ta_x-$(Mo\text{-}Cr\text{-}Ti\text{-}Al)_{1-x}$（$x$=0%，5%，10%，15%，20%）难熔高熵合金在 1200℃空气下恒温氧化 24h 后的 TG 曲线图。氧化曲线明显与 Ta 含量密切相关。Mo-Cr-Ti-Al 合金的氧化动力学表现出增重和减重的交替变化，氧化 24h 后，该合金总的质量变化

(Δm) 为负，表明其在氧化过程形成了挥发性氧化物。当 Ta 含量为 5%时，合金在氧化的前 7h 内表现出增重，而后氧化时间 (t) 延长呈减重变化，表明后续挥发性氧化物形成速率高于其他氧化物。Ta 含量高于 5%的合金在整个氧化过程中表现出连续的增重，表明氧不断向内扩散，形成氧化物导致增重。对 Ta-Mo-Cr-Ti-Al 合金的 TG 曲线进行双对数处理［如图 6.5.11 (b) 所示］，发现该合金的斜率为 1/2，其氧化动力学曲线呈现抛物线增长规律。表明该合金在 1200℃下具有良好的抗氧化性。

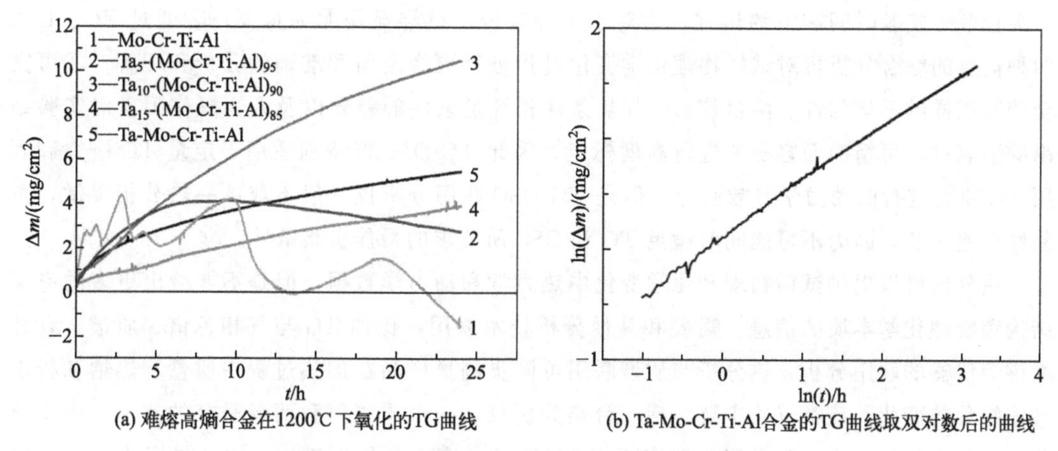

(a) 难熔高熵合金在1200℃下氧化的TG曲线

(b) Ta-Mo-Cr-Ti-Al合金的TG曲线取双对数后的曲线

图 6.5.11 高熵合金氧化分析中的 TG 曲线

(8) 热分析联用技术和其他技术发展

单一的热分析技术只能了解物质性质变化的某些方面，如 TG 只能反映物质受热过程中质量的变化，而无法反映其他性质（如热学等性质）变化情况；DSC 和 DTA 只能反映焓变而不能反映质量变化。综合运用多种热分析技术以及结合其他分析测试方法，可以从不同方面反映物质在升温过程中的物理化学变化，能提供对物质热效应本质更全面、更深入的分析和认识。热分析的联用技术，包括各种热分析技术联用，如 TG-DTA、TG-DSC 等；还包括热分析与其他分析技术的联用，如 TG-MS（质谱）、TG-GC（气相色谱）、TG-IR 等。按照 GB/T 6425—2008 的分类方法，热分析联用技术主要包括同时联用技术、串接联用技术和间歇联用技术。同时联用技术是指在程序控温和一定气氛下对试样同时采用两种或多种分析技术，如 TG-DSC，不同技术符号用“-”连接表示可以同时获得每种技术测试的结果。串接联用技术是指在程序控温和一定气氛下，对一个试样采用两种或多种热分析技术，后一种热分析仪器通过接口与前一种分析仪器相串接的技术，如 TG-DSC/FTIR、TG-DSC/MS（质谱），不同技术符号用“/”连接表示串接联用的两种或多种技术得到的试样物理量变化信息存在时间先后关系。间歇联用技术是指在程序控制温度和一定气氛下，对试样同时采用两种或多种热分析技术，仪器联用形式同串接联用技术，但是该分析技术采样是不连续的，如 TG/GC。一般间歇联用技术中后一种热分析技术所检测的是由与此联用的热分析技术产生的气体或其他产物的信息，二者之间也存在时间先后关系。本节对常见的几类联用技术做简单介绍。

TG-DSC（或 DTA）联用是最常见的同时联用技术，这类仪器与热天平相比主要区别在于将原有的 TG 试样支架换成了能同时使用 TG 和 DSC（DTA）测试的试样支架。常用 TG-DSC 仪主要有水平式和上皿式两种结构形式，仪器主要由程序温度控制系统、炉体、支持器组件、气氛控制系统、温度及温差测定系统、质量测量系统、仪器控制和数据采集处理系统等部分组成。试样坩埚与参比坩埚置于同一导热良好的传感器盘上，两者间的热交换满足傅里叶热传导方程。通过程序温度控制系统对加热炉加热，按照定量标定将温度变化过程中两侧热电偶实时测量得到的温差信号转换为热流差信号得到 DSC 曲线。同时整个传感器（样品支架）插在高精度的天平上，参比端不发生质量变化，由热天平实时测量试样在升温过程中的质量变化。TG-DSC 联用具有如下优点：①因只需一次实验即可得到 TG 和 DSC 两种信息，可大量节省实验时间和节约试样，这对于十分难得的试样显得尤为重要；②通过 TG、DSC 两种信息的综合分析可对试样物理化学变化过程进行更为全面和准确的分析和理解；③可完全消除试样的不均匀性、两台仪器间加热条件和气氛条件的差异以及人为操作因素对实验结果的影响；④可精确而容易地进行温度标定。因此 TG-DSC 仪特别适用于定量 TG 研究和利用 TG 曲线进行的动力学参数测定。但是 TG-DSC 联用分析仪一般不如单一热分析灵敏，重复性也差一些，因为不可能同时满足 TG 和 DSC 所要求的最佳实验条件。

热分析可以提供试样物理和化学变化中热力学和动力学数据，但是不能给出更多的有关结构和物理化学本质的信息，需要和其他分析技术联用，比如 TG 与气相色谱、质谱、红外光谱等仪器的联用分析。热分析与质谱联用可同步测量样品在加热过程中质量、热焓和析出气体组分的变化。该类仪器主要包括一台热分析仪、一台质谱仪和两者联合的接口。由于热分析仪在大气压工作，质谱仪一般需要在 10^{-6} mbar 真空条件下工作，因此二者之间的联用需要通过特殊设计的接口连接。一般通过加热的陶瓷毛细管使用载气（如 He 气）将热分析仪逸出的小部分气体（约 1%）带入质谱仪中实现联用。进入质谱仪的气体在电离室被电子轰击分解成阳离子，并进一步将这些阳离子按照质量/电荷大小进行分离，然后通过测量离子电流获得电流强度与质量/电荷比函数的图谱，与谱图库进行对比可以获得气体分子的信息。

热分析/红外光谱联用是另一种常见的热分析联用技术。该类联用仪器一般由热重仪主机、红外光谱仪主机、联用接口组件（加热器、隔热层等）、仪器辅助设备（自动进样器、机械泵和冷却装置等）、仪器控制和数据采集处理系统等部分组成，结构框架如图 6.5.12 所示。该联用技术利用吹扫气（通常为氮气或空气）将热分析仪加热过程的产物通过处于设定温度下的传输管线带入红外光谱仪光路中的气体池，然后通过光谱仪的检测器分析出气体组分结构。因此利用该联合技术可以获得不同温度下样品质量、温差或热流以及产生气体的红外光谱图。例如，应用 IR-DSC 联用技术，可根据 IR 提供的特征吸收谱带初步判断几种基团的种类，再由 DSC 提供的熔点和曲线，就可准确地鉴定共混物组成。这类联用技术对于共混物、多组分混合物和难以分离的复合材料的分析和鉴定来说是一种准确而快捷的方法。

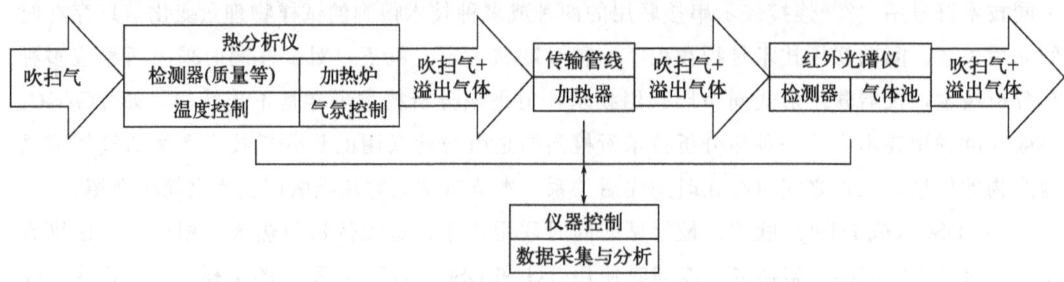

图 6.5.12 热分析/红外光谱联用仪结构

除了各种热分析联用技术不断得到发展外，新的方法和技术也不断应用到热分析当中。调制差示扫描量热（MDSC 或 DDSC）技术（或称调幅式 DSC 技术）、调制热重分析（MTGA）和闪速差示扫描量热法（Flash-DSC）是近年发展的新型热分析方法。MDSC 是在线性升温的基础上，另外重叠一正弦波加热方式进行调制。当试样缓慢地线性加热时，可得到高的解析度，而采用正弦波振荡方式加热，产生瞬间的剧烈温度变化，可同时兼具较好的敏感度和解析度，弥补了传统 DSC 不能同时具备高灵敏度和高解析度的不足。MDSC 相比传统 DSC 具有系列显著优点。比如，能够有效分离样品可逆和不可逆的热过程（如焓弛豫、冷结晶、汽化、玻璃转变等），准确阐明各种转变的本质；可以通过一次实验直接测量材料的比热；可实现在反应或动力学过程中热容变化的准等温测量；具有较高的灵敏度和分辨率，在不损失灵敏度的前提下能提高转变的解析度，对于检测微弱热效应具有显著优势。不足之处在于 MDSC 测试升温速度比较低（通常选择 5K/min 或 25K/min），实验时间长。作为传统 DSC 强有力的补充，MDSC 已在研究玻璃转变、结晶-熔融过程、热容变化等方面得到了较为广泛的应用，并越来越多地受到科学家的青睐。

20 世纪 90 年代氮化硅薄膜和微制造技术的发展推动热分析仪往微型化、高灵敏度、高温度分辨率、超高升/降温速率方向发展。2010 年梅特勒-托利多公司首次推出了第一代商业化的功率补偿型闪速扫描量热仪 Flash-DSC1。该公司最新商品化 FlashDSC 2＋升温速率达到 2400000K/min，升温速率范围已超过 7 个数量级，降温速率达到 240000K/min，温度范围为－95℃至 1000℃。该类仪器可在很短时间内对材料进行全面的热分析，极快的升温速率可缩短测量时间从而防止结构改变，能分析传统 DSC 无法测量的结构重组过程，可研究极快反应或结晶过程的动力学，等温测量可获得关于几秒内发生的转变或反应的动力学的信息，极快的降温速率可制备明确定义的结构性能的材料，例如在注塑过程中快速冷却时出现的结构，为研究材料热物理转变（如聚合物和金属玻璃的结晶与结构重组）和化学过程提供全新的视角。此外，热分析技术的另一发展趋势是具有更高的自动化程度，例如带有机械手的自动热分析测量系统，配有相应的软件包能自动检测数十个样品，还能实现自动设定测量条件和存储测试结果，使热分析仪器操作更简便、结果更精确、重复性与工作效率更高。

附　录

（电子版）

附录 1　常用物理常数

附录 2　质量吸收系数 μ_l/ρ

附录 3　原子散射系数 f

附录 4　各种点阵的结构因子 $|F_{HKL}|^2$

附录 5　粉末法的多重性因子 P_{hkl}

附录 6　角因数 $\frac{1+\cos^2 2\theta}{\sin^2\theta\cos\theta}$

附录 7　某些物质的德拜温度 Θ

附录 8　德拜函数 $\frac{\phi(x)}{x}+\frac{1}{4}$

附录 9　$\frac{1}{2}\left(\frac{\cos^2\theta}{\sin\theta}+\frac{\cos^2\theta}{\theta}\right)$的数值

附录 10　立方晶系的晶面夹角

附录 11　一些物质的晶面间距

附录 12　立方与六方晶体可能出现的反射

思考题参考答案

（电子版）

参考文献

[1] 黄超，刘丙战. 液晶显示器用导电粉的扫描电镜图像[J]. 光学技术，2003，29(4)：496-497.

[2] Liu N，Wu H，Mcdowell M T，et al. A yolk-shell design for stabilized and scalable Li-ion battery alloy anodes[J]. Nano Letters，2012，12(6)：3315.

[3] Jia C L，Mi S B，Urban K，et al. Atomic-scale study of electric dipoles near charged and uncharged domain walls in ferroelectric films[J]. Nature Materials，2008，7(1)：57.

[4] Zhang X，Zou D，Zhou Y，et al. Effect of Cl-Concentration onpitting corrosion property of maraging hardened stainless steel based on Pourbaixdiagram[J]. Materials Science Forum，2018，940：59-64.

[5] 林诗慧. 高碳钢低温贝氏体转变行为及回火对组织和性能的影响[D]. 秦皇岛：燕山大学，2016.

[6] Zhang Y，Guo G，Chen C，et al. An affordable manufacturing method to boost the initial Coulombic efficiency of disproportionated SiO lithium-ion battery anodes[J]. Journal of power sources，2019，426 (JUN. 30)：116-123.

[7] Fan X，Zhang Y，Zhu Y，et al. Hydrogen storage performances and reaction mechanism of non-stoichiometric compound $Li_{1.3}Na_{1.7}AlH_6$ doped with Ti_3C_2[J]. Chemical Physics，2018，513：135-140.

[8] 余焜. 材料结构分析基础[M]. 2 版. 北京：科学出版社，2010.

[9] 周玉. 材料分析方法[M]. 4 版. 北京：机械工业出版社，2020.

[10] Watts J F，Wolstenholme J. 表面分析(XPS 和 AES)引论[M]. 吴正龙，译. 上海：华东理工大学出版社，2008.

[11] 陈增波，潘承璜. 筒镜分析器电场终端圆盘[J]. 真空科学与技术，1983(05)：55，69-72.

[12] 张录平，李晖，刘亚平. 俄歇电子能谱仪在材料分析中的应用[J]. 分析仪器，2009(04)：17-20.

[13] 彭晓文，陈冷. 缓冲层 Ta 对退火 Co/Cu/Co 薄膜微观结构和界面互扩散的影响[J]. 材料导报，2018，32(22)：96-100.

[14] 李世杰，米菁，杜淼，等. $SiCrO_xN_y$ 选择性吸收涂层制备及性能研究[J]. 太阳能学报，2021，42 (2)：14-18.

[15] 梁轩铭，周帆，王金淑，等. ZnO 增强 MgO 薄膜的次级电子发射性能实验和理论研究[J]. 真空科学与技术学报，2020，40(09)：853-861.

[16] 唐占梅，丰涵，张平柱，等. 热挤压 690 合金管材在高温水中的长期均匀腐蚀行为[J]. 原子能科学技术，2019，53(03)：408-413.

[17] 刘明，程学群，李晓刚，等. 低合金钢筋在水泥萃取液中钝化膜的耐蚀机理研究[J]. 中国腐蚀与防护学报，2018，38(06)：558-564.

[18] 陈圣. 扫描俄歇电子能谱对镀锡板表层的直观表征[J]. 宝钢技术，2016(04)：26-29.

[19] 钟世德，王书运. 材料表面分析技术综述[J]. 山东轻工业学院学报(自然科学版)，2008(02)：59-64.

[20] 康俊勇，徐富春，蔡端俊，等. 微纳尺度俄歇电子能谱新技术开发及其应用进展[J]. 物理学进展，2008，028(004)：327-345.

[21] 周寰林，胡殷，朱康伟，等. 钽表面的甲烷等离子渗碳改性技术研究[J]. 真空科学与技术学报，

2018，038(001)：48-52.

[22] 薛仁杰，李守华，安亮，等. 高强 IF 钢冷连轧拉矫断带原因分析[J]. 热加工工艺，2020，49(23)：149-152.

[23] 刘振海. 热分析导论[M]. 北京：化学工业出版社，1991.

[24] 徐国华. 常用热分析仪器[M]. 上海：上海科学技术出版社，1990.

[25] 胡小安，管春平，王浩华. 热分析现状及进展[J]. 楚雄师范学院学报，2005，20(13)：37-40.

[26] 杨始哲. 热分析进展[J]. 合成技术及应用，1999，14(1)：25-29.

[27] 神户博太郎. 热分析[M]. 刘振海等，译. 北京：化学工业出版社，1982.

[28] 蔡正千. 热分析[M]. 北京：高等教育出版社，1993.

[29] 王培铭，许乾慰. 材料研究方法[M]. 北京：科学出版社，2005.

[30] 匡敬忠. 差热分析在玻璃相变中的应用[J]. 玻璃，2006，33(4)：29-33.

[31] Luo Q，Zhao D Q，Pan M X，et al. Magnetocaloric effect in Gd-based bulk metallic glasses[J]. Applied Physics Letters. 2006，89(8)：081914.

[32] 庄艳歆，赵德乾，张勇，等. 锆基大块非晶合金玻璃转变和晶化的动力学效应[J]. 中国科学，2000，30(5)：445-450.

[33] Shao L L，Wang Q Q，Xue L，et al. Effects of minor Si addition on structural heterogeneity and glass formation of GdDyErCoAl high-entropy bulk metallic glass[J]. Journal of Materials Research and Technology，2021，11：378-391.

[34] Shao L L，Xue L，Luo Q，et al. The role of Co/Al ratio in glass-forming GdCoAl magnetocaloric metallic glasses[J]. Materialia，2019，7：100419.

[35] Du Y L. Gaseous hydrogenation and its effect on thermal stability of $Mg_{63}Ni_{22}Pr_{15}$ metallic glass[J]. Chinese Physics Letters，2006，23(12)：21-23.

[36] 吴人洁. 现代分析技术在高聚物中的应用[M]. 上海：上海科学技术出版社，1987：616-647.

[37] 刘振海. 分析化学手册：第八分册[M]. 2 版. 北京：化学工业出版社，2000.

[38] 王雁冰，黄志雄，张联盟. DMA 在高分子材料研究中的应用[J]. 国外建材科技，2004，25(2)：25-27.

[39] Dobkowski Z. Thermal analysis techniques or characterization of polymer materials[J]. Polymer Degradation and Stability，2006，91：488-493.

[40] 钟野，李英，吴瑞强，李志敏，等. 含能配合物$[Cu(MIM)_2(AIM)_2](DCA)_2$ 的合成、结构及对 AP 热分解的催化[J]. 含能材料，2021，29(6)：501-508.

[41] 张丰年，郭猛，苗洋，等. 高熵陶瓷$(Zr_{1/7}Hf_{1/7}Ce_{1/7}Y_{2/7}La_{2/7})O_{2-\delta}$ 的制备及烧结行为[J]. 无机材料学报，2021，36(04)：372-378.

[42] Wright A J，Wang Q Y，Huang C Y，et al. From high-entropy ceramics to compositionally-complex ceramics：a case study of fluorite oxides[J]. Journal of the European Ceramic Society，2020，40(5)：2120-2129.

[43] Kuroda Y，Hamano H，Mori T，et al. Specific adsorption behavior of water on a Y_2O_3 surface[J]. Langmuir，2000，16(17)：6937-6947.

[44] Spiridigliozzi L，Ferone C，Cioffi R，et al. Entropy-stabilized oxides owning fluorite structure obtained by hydrothermal treatment[J]. Materials，2020，13(3)：558.

[45] Chen H，Zhao Z F，Xiang H M，et al. Effect of reaction routes on the porosity and permeability of

porous high entropy ($Y_{0.2}Yb_{0.2}Sm_{0.2}Nd_{0.2}Eu_{0.2}$)$B_6$ for transpiration cooling[J]. Journal of Materials Science & Technology, 2020, 38: 80-85.
[46] Cui S F, Yang W S, Qian Z N. Research thermal decomposition of lanthanum hydroxide by thermogravimetry[J]. Chemical Journal of Chinese University, 1987, 8(3): 271-272.
[47] Schellert S, Gorr B, Laube S, et al. Oxidation mechanism of refractory high entropy alloys Ta-Mo-Cr-Ti-Al with varying Ta content[J]. Corrosion Science, 2021, 192: 109861.
[48] 邢军. 同时联用技术的优点及应用[J]. 现代科学仪器, 1998, 5: 17-18.

porous high entropy (Y [illegible] Yb [illegible] Er [illegible] Lu [illegible]) [illegible] for transpiration cooling[J]. Journal of Materials Science & Technology, 20[illegible], [illegible]: 20-35.

[4[illegible]] [illegible] S F, Yang W S, [illegible] Z [illegible]. Kinetic thermal decomposition of cellulose by thermogravimetry[J]. Chemical Journal of Chinese Universities, [illegible], 27(8): [illegible].

[4[illegible]] [illegible] Guo D, Li [illegible] et al. Oxidation mechanism of [illegible] with [illegible] alloy [illegible] Al [illegible] at [illegible] temperature[J]. Corrosion Science, 20[illegible], [illegible]: 1088[illegible].

[4[illegible]] [illegible]. 高温[illegible]材料[illegible]研究[J]. [illegible], 2[illegible], 29(5): [illegible].